Hauptprobleme der Bodenmechanik

Von

J. Brinch Hansen und **H. Lundgren**

Dr. techn., Professor für Grundbau
an der Technischen Hochschule Dänemarks

Dr. techn., Professor für Wasserbau
an der Technischen Hochschule Dänemarks

Mit 150 Abbildungen

Springer-Verlag

Berlin / Göttingen / Heidelberg

1960

Titel der dänischen Ausgabe:

Geoteknik

Teknisk Forlag, Kopenhagen

ISBN-13: 978-3-642-94783-4   e-ISBN-13: 978-3-642-94782-7
DOI: 10.1007/978-3-642-94782-7

Vorwort

Die dänische Originalausgabe dieses Buches („Geoteknik", Kopenhagen 1958) wurde teils als Lehrbuch für die Bauingenieur-Studierenden an der Technischen Hochschule Dänemarks, teils als Handbuch für praktizierende dänische Tiefbauingenieure geschrieben.

Da es sich um die erste vollständige Darstellung der heutigen Bodenmechanik in Skandinavien handelt, ist es unsere Hoffnung, daß die jetzt vorliegende deutsche Ausgabe auch ähnliche Zwecke in Deutschland erfüllen wird.

Insofern neue Ergebnisse seit dem Erscheinen der dänischen Ausgabe zur Hand gekommen sind, wurden sie in der deutschen Ausgabe berücksichtigt.

Die Nomenklatur ist nicht genau dieselbe wie die in Deutschland zur Zeit übliche; sie stimmt dagegen größtenteils mit den in den angelsächsischen und skandinavischen Ländern verwendeten Bezeichnungen überein. Eine ausführliche Erklärung der Bezeichnungen befindet sich auf den S. VIII–XII.

Da viele der angegebenen Berechnungsverfahren ganz neu sind, kann man nicht erwarten, daß sie mit den zur Zeit geltenden Vorschriften in den deutschen Normen und Empfehlungen übereinstimmen. Es ist vielmehr unsere Hoffnung, daß die genannten neuen Methoden eine Anregung zur Modernisierung dieser Vorschriften geben könnten.

Die Abschn. 1–4 sind von H. LUNDGREN verfaßt. Für die deutsche Übersetzung dieser Abschnitte dankt er Herrn Ingenieur O. BEUCK und Herrn Architekt L. RÖNFELDT. Die zugehörigen Abbildungen sind von Frau A. HETLAND gezeichnet worden.

Der Abschn. 5 ist von J. BRINCH HANSEN geschrieben. Für die sprachliche Korrektur dankt er Fräulein K. KARSTENSEN. Die Abbildungen dieses Abschnittes sind von Fräulein E. BARUËL gezeichnet worden.

Kopenhagen, im Sommer 1960

J. Brinch Hansen   H. Lundgren

Inhaltsverzeichnis

Bezeichnungen

A	Porenwasserdruckbeiwert nach SKEMPTON	
A	Ankerzug oder Absteifungsdruck	t oder t/m
A	Flächeninhalt, z.B. einer Gründungsfläche	m² oder m²/m
A_m	Flächeninhalt eines Pfahlmantels	m²
A_p	Flächeninhalt einer Pfahlspitze	m²
u	Adhäsion (positiv wenn auf der Wand nach oben gerichtet)	t/m²
a	Scherfestigkeitskoeffizient	
B	Porenwasserdruckbeiwert nach SKEMPTON	
B	Breite, z.B. einer Gründungsfläche	m
b	Breite, z.B. eines Zellenfangedammes	m
b	Sohldruck (senkrecht zur Gründungsfläche)	t/m²
C	Konstante	
C	Verdichtungsindex	
C_u	Ungleichförmigkeitsgrad	
c	Kohäsion (in plastizitätstheoretischen Formeln positiv bei passivem Druck)	t/m²
c	Undränierte Scherfestigkeit von wassergesättigtem Boden	t/m²
c_v	Scherfestigkeit gemessen durch Flügelsonde (ungestört)	t/m²
c_v'	Scherfestigkeit gemessen durch Flügelsonde (gestört)	t/m²
D	Tiefe, z.B. einer Gründungsfläche	m
D_r	Relative Dichte	
d	Korndurchmesser	mm
d	Durchmesser eines kreisförmigen Fundamentes	m
d	Tiefe	m
d	Tiefenfaktor eines Fundamentes	
d_s	Spezifisches Gewicht der Bodenkörner	
E	Energie	tm oder tm/m
E	Elastizitätsmodul oder Formänderungsmodul	t/m²
E	Erddruck (senkrecht zur Wandfläche)	t/m
e	Porenziffer	
e	Erdspannung (senkrecht zur Wandfläche)	t/m²
e	Ausmittigkeit des Sohldruckes	m
F	Sicherheitsgrad (Totalsicherheit)	

F	Erddruck parallel zur Wandfläche (positiv wenn auf der Wand nach oben gerichtet)	t/m
f	Erdspannung parallel zur Wandfläche (positiv wenn auf der Wand nach oben gerichtet)	t/m²
f	Partialkoeffizient	
f	Stabilitätsverhältnis	
G	Schubmodul	t/m²
G	Eigengewicht	t oder t/m
G_p	Gewicht eines Pfahles	t
G_r	Gewicht eines Rammbäres	t
G_w	Gewicht einer Wand oder Ankerplatte	t/m
g	Eigengewichtsbelastung	t/m²
H	Waagerechte Kraft	t oder t/m
H	Höhe oder Stärke	m
H	Fallhöhe eines Rammbäres	m
h	Höhe oder Tiefe, z. B. Höhe einer Wand	m
h	Potential	m
h_c	Kapillare Steighöhe	m
I	Trägheitsmoment	m⁴ oder m⁴/m
I_0	Konsistenzindex	
I_P	Plastizitätsindex	%
i	Gradient	
$i\,^\cdot$	Neigungsfaktor eines Fundamentes	
J	Strömungskraft	t/m
j	Strömungsdruck	t/m³
K	Erddruckbeiwert	
K	Verdichtungsmodul	t/m²
k	Durchlässigkeitsziffer	m/sek
k	Sehnenlänge im Bruchkreis	m
k_s	Bettungsziffer	t/m³
L	Länge, z. B. einer Gründungsfläche	m
L_p	Pfahllänge	m
M	Moment	tm oder tm/m
m	Materialfaktor eines Pfahles	
N	Tragfähigkeitsbeiwert	
N	Komponente der resultierenden Kraft R senkrecht zur Sehne k (positiv entsprechend Druck in der Bruchlinie)	t/m
n	Porosität	%
n	Anzahl	
P	Auflast oder bewegliche Last	t oder t/m
p	Gleichförmige Auflast oder bewegliche Belastung	t/m²
Q	Wassermenge je Zeiteinheit	m³/sek

Q	Tragfähigkeit eines Fundamentes oder Pfahles	t oder t/m
Q_m	Mantelwiderstand eines Pfahles	t
Q_p	Spitzenwiderstand eines Pfahles	t
q	Wassermenge je Zeit- und Längeneinheit	m³/sek/m
q	Überlagerungsdruck	t/m²
$\bar{q}_0$	Wirksamer Überlagerungsdruck an Ort und Stelle	t/m²
$\bar{q}_{pc}$	Wirksamer Vorverdichtungsdruck	t/m²
R	Resultierende Kraft der Spannungen in einem Bruch- kreis	t/m
R	Sondenwiderstand	
R	Reichweite einer Grundwasserabsenkung	m
r	Halbmesser oder Radiusvektor	m
r	Regenerationsfaktor eines Pfahles	
S	Einsenkung eines Pfahles bei der Rammung	m
S_t	Empfindlichkeit (Sensitivität)	
S_w	Sättigungsgrad	%
s	Bogenlänge einer Bruchlinie oder Strömungslinie	m
s	Formfaktor eines Fundamentes oder Pfahles	
T	Temperatur	°C
T	Zeitfaktor	
T	Komponente der resultierende Kraft parallel mit der Sehne k (positiv entsprechend passivem Druck in der Bruchlinie)	t/m
T_s	Oberflächenspannung	g/cm
t	Zeit	sek
t	Resultierende Spannung in einer Bruchlinie (ausschließlich c und u)	t/m²
U	Verdichtungsgrad	%
u	Porenwasserdruck	t/m²
u	Bewegungskomponente	m
V	Senkrechte Kraft (positiv nach unten)	t oder t/m
v	Geschwindigkeit	m/sek
v	Winkel zwischen Bruchlinie und Waagerechten (positiv wenn die Bruchlinie von der Wand hinweg ansteigt)	
v	Winddruck je Flächeneinheit	t/m²
W	Wasserdruck	t oder t/m
w	Wasserdruck je Flächeneinheit	t/m²
w	Natürlicher Wassergehalt	%
w_L	Fließgrenze	%
w_P	Plastizitätsgrenze	%
w_S	Schwindgrenze	%
x	Waagerechte Koordinate oder Abstand	m
y	Waagerechte oder senkrechte Koordinate	m

z	Senkrechte Koordinate, Tiefe oder Abstand (positiv nach unten)	m
z	Geometrische Höhe (positiv nach oben)	m
z_j	Abstand vom Wandfuß bis Drucksprung (positiv nach oben)	m
z_p	Abstand vom Wandfuß bis Druckresultante (positiv nach oben)	m
z_r	Abstand vom Wandfuß bis Drehpunkt (positiv nach oben)	m
α	Halber Zenterwinkel im Bruchkreis (positiv für einen nach oben konkaven Kreis, negativ für einen konvexen)	
α	Einfallwinkel für Strömungslinie	
β	Böschungsneigung (positiv wenn die Erdoberfläche von der Wand hinweg ansteigt)	
γ	Raumgewicht des Bodens	t/m³
γ'	Raumgewicht des Bodens unter Auftrieb	t/m³
γ''	Raumgewicht des Bodens unter Auftrieb und Strömungsdruck	t/m³
γ_d	Raumgewicht des trockenen Bodens	t/m³
γ_m	Raumgewicht des wassergesättigten Bodens	t/m³
γ_w	Raumgewicht des Wassers	t/m³
δ	Wandreibungswinkel (positiv wenn entsprechend einer auf der Wand nach oben gerichteten Kraft)	
δ	Senkrechte Setzung oder waagerechte Bewegung	m
ϵ	Spezifische Längen- oder Winkeländerung (Verkürzung positiv)	
ζ	$z_p : h$	
η	Effektivitätsfaktor bei Rammung	
Θ	Neigungswinkel einer Wandfläche (positiv wenn der Boden überhängend ist)	
Θ	Winkel zwischen Radiusvektor und der Senkrechten	
$\varkappa$	Kohäsionsbeiwert nach HVORSLEV	
μ	Querdehnungszahl	
ν	Kinematische Viskosität	m²/sek
ν	Dehnungswinkel (positiv bei Verdichtung)	
ξ	$z_j : h$	
ϱ	$z_r : h$	
σ	Normalspannung	t/m²
$\bar{\sigma}$	Wirksame Normalspannung	t/m²
τ	Schubspannung	t/m²
φ	Winkel der inneren Reibung (in plastizitätstheoretischen Formeln positiv bei passivem Druck)	
ψ	arc tan $(2 \tan \varphi)$	

ω	Winkel zwischen der Sehne k und der Waagerechten (positiv wenn die Sehne von der Wand hinweg ansteigt)
ω	Winkel zwischen einer Grenzfläche und der Waagerechten
a	als Index oben verweist auf einen aktiven Erddruck
a	als Index unten verweist auf den Betriebszustand
c	als Index unten verweist auf einen Kohäsions-Beitrag
c	als Index unten verweist auf eine Verdichtungs-Setzung
cr	als Index unten verweist auf eine kritische Größe
f	als Index unten verweist auf den tatsächlichen Bruchzustand
i	als Index unten verweist auf eine Initial-Setzung
n	als Index unten verweist auf den nominellen Bruchzustand
nc	als Index unten verweist auf normal-verdichteten Boden
o	als Index oben verweist auf einen Ruhedruck
o	als Index unten verweist auf den Fall $\varphi = 0$
p	als Index oben verweist auf einen passiven Erddruck
p	als Index unten verweist auf einen Auflast-Beitrag
pc	als Index unten verweist auf vorverdichteten Boden
q	als Index unten verweist auf einen Überlagerungs-Beitrag
r	als Index oben verweist auf eine rauhe Wand
r	als Index unten verweist auf einen tatsächlichen Wert
s	als Index oben verweist auf eine glatte Wand
s	als Index unten verweist auf eine sekundäre Setzung
x	als Index oben verweist auf den Wandteil über einem Drucksprung
y	als Index oben verweist auf den Wandteil unter einem Drucksprung
z	als Index oben verweist auf einen Zonenbruch
γ	als Index unten verweist auf einen Eigengewichts-Beitrag
—	Eine waagerechte Linie über einem Symbol bezeichnet eine wirksame Größe
GWS	bedeutet Grundwasserspiegel
KWS	bedeutet Kapillarwasserspiegel

1 Grundbegriffe

Unter Grundbegriffe sind die fundamentalen Eigenschaften der Bodenarten zu verstehen.

Abschn. 1.1 behandelt die Klassifikationseigenschaften wie Korngröße, Porenziffer, Wassergehalt und Konsistenzgrenzen.

Abschn. 1.2 gibt zum Teil eine Darstellung der Spannungsverhältnisse im Boden, teils eine Erörterung der Begriffe (Potential, Gradient, Strömungsdruck und Durchlässigkeit), die für das Verstehen der Strömung des Wassers im Boden von grundsätzlicher Bedeutung ist.

Die Formänderungseigenschaften der verschiedenen Bodenarten werden in Abschn. 1.3 besprochen, während Abschn. 1.4 deren Festigkeitseigenschaften behandelt.

1.1 Klassifikationseigenschaften

1.11 Kornform und Korngröße

Eine Bodenart kann im allgemeinen als ein *Dreiphasensystem* bezeichnet werden, wobei die drei Phasen *Bodenkörner* (= feste Partikel = Trockenstoff), *Wasser* und *Luft* darstellen. Die Bodenkörner sind durch ihre Form, Größe und mineralogischen Eigenschaften charakterisiert.

Die *Kornform* von Sand, Kies und Stein kann folgendermaßen bezeichnet werden: Scharfeckig, kantig, abgerundet oder rund. Solche Körner haben meistens in allen drei Dimensionen Ausmaße von gleicher Größenordnung; größere Partikel können mehrere Minerale enthalten.

In feinkörnigen Bodenarten, wie z. B. fettem Ton, besteht jedes Korn aus einem Mineral. Einige Körner sind dreidimensional wie Sandkörner, während andere schuppen-, stab- oder nadelförmig sind. Besonders wenn es sich um eigentliche *Lehmminerale* handelt (z. B. Illit, Hydroglimmer oder Montmorillonit) sind *schuppenförmige* Körner in wesentlichem Maße vorhanden.

Die *Korngröße* wird mit einer einzigen Ziffer, dem Korndurchmesser, angegeben. Auf Grund der weit verschiedenen Kornformen ist es nötig, eine Bestimmung einzuführen, wie dieser Durchmesser gemessen werden soll. Größere Körner können durch Sieben gemessen werden. Hierbei wird der Durchmesser mit der *Maschenweite* des feinsten Siebes, durch welches das Korn hindurchgehen kann, bezeichnet. Bei feinsten Körnern, deren Größen in der Praxis durch Schlämmung bestimmt werden, wird der Korndurchmesser mit dem Durchmesser der Kugel bezeichnet, die die gleiche *Sinkgeschwindigkeit* hat.

Die Korngrößen werden in *Fraktionen* zusammengefaßt, jedoch verwendet man in den Instituten verschiedener Länder voneinander abweichende Fraktionsbezeichnungen.

Abb. 1.11.A zeigt die Einteilung, die in der bodenmechanischen Literatur am meisten angewandt wird und die zu empfehlen ist. Ursprüng-

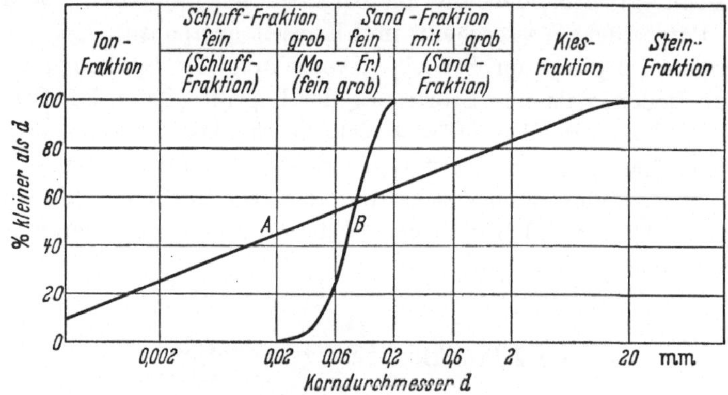

Abb. 1.11. A. Fraktionen und Kornverteilungskurven

lich wurde sie von MIT (Massachusetts Institute of Technology) aufgestellt. Man unterscheidet zwischen:

Ton-Fraktion:	kleiner als 0,002 mm (2 μ).
Schluff-Fraktion:	0,002—0,06 mm (2—60 μ).
Sand-Fraktion:	0,06—2 mm.
Kies-Fraktion:	2—20 mm.
Stein-Fraktion:	größer als 20 mm.

Die Schluff-Fraktion ist durch die Linie 0,02 mm geteilt, während die Sand-Fraktion durch die Linien 0,2 mm und 0,6 mm in Fein-, Mittel- und Grobsand eingeteilt ist.

Früher wurde eine andere internationale Einteilung angewandt, die ebenfalls in Abb. 1.11.A gezeigt ist: Die Schluff-Fraktion (0,002 bis 0,02 mm), die Mo-Fraktion (0,02 bis 0,2 mm) und die Sand-Fraktion (0,2 bis 2 mm). Bei dieser Einteilung muß zwischen Feinmo (kleiner als 0,06 mm) und Grobmo (größer als 0,06 mm) unterschieden werden.

Die *Kornverteilungskurve* ist eine graphische Darstellung der Korngrößenverteilung einer gegebenen Bodenprobe. Zu diesem Zwecke benutzt man ein Koordinatensystem, wie es in Abb. 1.11.A gezeigt ist. Die

Ordinaten geben an, wieviel Prozent der Körner (nach Gewicht) kleinere als auf der Abszisse in logarithmischer Skala angegebene Durchmesser d haben.

Besonders in den Sand- und Schluff-Fraktionen ist die Kornverteilungskurve als Mittel zur Charakterisierung von Bodenarten wertvoll. *Bei den Ton-Fraktionen sind die mineralogischen Eigenschaften von größerer Bedeutung als die Korngröße.*

Die *Kornverteilung* ist eine Bezeichnung für den Verlauf der Kornkurve. Zum Beispiel wird eine Bodenart mit flacher Kornverteilungskurve, in Abb. 1.11.A mit A bezeichnet, *gut verteilt* genannt. Im Gegensatz hierzu wird eine steile Kornverteilungskurve, wie die mit B bezeichnete, als *gut sortiert* angesprochen.

Manchmal braucht man als Maß für die Kornverteilung den sogenannten *Gleichförmigkeitskoeffizienten* C_u, der durch

$$C_u = \frac{d_{60}}{d_{10}} \qquad (1.11.1)$$

definiert ist, wobei d_{60} und d_{10} den Korndurchmessern bei 60% und 10% Durchgang entsprechen. Bodenarten mit $C_u = 1{,}5 - 2$ werden als sehr gut sortiert charakterisiert.

Die zu den verschiedenen Kornkurven gehörigen *Bodenartbezeichnungen* werden in Abschn. 1.17 besprochen.

1.12 Das spezifische Gewicht des Kornes

Das spezifische Gewicht des einzelnen Kornes d_s (eine unbenannte Ziffer) wird wie gewöhnlich definiert.

Bei *anorganischen Bodenarten* ändert das spez. Gewicht sich nur wenig. Für reinen Quarzsand gilt 2,65 und für feinkörnige Bodenarten liegt es normalerweise etwas höher, bis zu 2,85.

Bei wesentlichem Inhalt von besonders schweren und besonders leichten Mineralen kann das spez. Gewicht außerhalb des Intervalles 2,65 bis 2,85 liegen. Der Inhalt von *organischem Stoff* reduziert das spez. Gewicht. Für Torf z.B. liegt es manchmal nur wenig höher als 1,0.

1.13 Porenziffer

Der Teil der Bodenmasse, der aus Wasser und Luft besteht, wird im Ausdruck *Poren* zusammengefaßt.

Die Begriffe Porenziffer und Porosität werden zur Erklärung dessen gebraucht, wie das Verhältnis zwischen dem Volumen sämtlicher Poren und dem Volumen sämtlicher Körner ist.

Mit der *Porenziffer* e ist zu verstehen:

$$e = \frac{\text{Porenvolumen}}{\text{Kornvolumen}}. \qquad (1.13.1)$$

1*

Porosität n ist dagegen:

$$n = \frac{\text{Porenvolumen}}{\text{Totalvolumen}} .$$

(1.13.2)

Da das totale Volumen die Summe von Porenvolumen und Kornvolumen ist, hat man immer folgende Beziehungen zwischen e und n:

$$n = \frac{e}{1 + e} \quad \text{und} \quad e = \frac{n}{1 - n} .$$

(1.13.3)

Porenziffer und Porosität drücken also dieselbe Eigenschaft aus. In der Bodenmechanik wird aber *vorzugsweise die Porenziffer* angewandt, weil sie das Porenvolumen in Beziehung zu einem Volumen bringt, das seine Größe nicht verändert, auch wenn Wasser und Luft aus der Probe herausgepreßt wird.

„Körner", die aus gleich großen Kugeln bestehen, haben in dichtester Lagerung (Tetraeder-Lagerung) $e = 0,35$ und $n = 0,26$, dagegen in losester Lagerung (Würfel-Lagerung) $e = 0,91$ und $n = 0,48$.

Die e-*Werte*, die in der Natur vorkommen, liegen innerhalb weiter Grenzen. So gibt es sehr fette und weiche Tonarten mit einer Porenziffer bis zu $e = 9$ (Mexico City). Das bedeutet, daß nur 10% des Tonvolumens aus festem Stoff bestehen, während 90% Wasser sind. Andererseits hat sehr fester Moränenlehm eine so geringe Porenziffer wie $e = 0,2$. Wenn Ton in der geologischen Entwicklung hohem Druck (und hoher Temperatur) ausgesetzt gewesen ist, erhält man die metamorphen Bergarten Schieferton, Tonschiefer, Glimmerschiefer und Gneis, deren Porenziffern bis zu $e = 0,01$ ständig abnehmen.

Reiner Sand hat normalerweise eine Porenziffer zwischen 0,5 und 1,0, während die Porenziffern für „gewöhnliche" anorganische Tonarten meistens zwischen 0,6 und 1,5 liegen.

Bei Bodenarten wie Sand und Kies spricht man von der *relativen Dichte.* Um diesen Begriff zu definieren denke man sich, daß für eine gegebene Sandart (durch standardisierte Methoden) die kleinste Dichte als Porenziffer $e_{\max}$ und die größte Dichte als Porenziffer $e_{\min}$ bestimmt sind. Für eine beliebige dazwischenliegende Porenziffer e setzt man die relative Dichte:

$$D_r = \frac{e_{\max} - e}{e_{\max} - e_{\min}} .$$

(1.13.4)

Die relative Dichte ist also eine Ziffer, die von 0 bis 1 wächst, wenn die Lagerung sich vom Losesten bis zum Festesten ändert.

Wie schon erwähnt, ist entweder Wasser oder Luft in den Poren enthalten. Normalerweise sind bei vielen Bodenarten die Poren mit Wasser gefüllt; man spricht dann von *wassergesättigten* Bodenarten. Der *Sättigungsgrad* S_w wird mit

$$S_w = \frac{\text{Wasservolumen}}{\text{Porenvolumen}}$$

(1.13.5)

definiert.

1.14 Wassergehalt

Während der Begriff Porenziffer mit Volumen verbunden ist, basiert der andere Fundamentalbegriff, *Wassergehalt w*, auf Gewicht:

$$w = \frac{\text{Wassergewicht}}{\text{Korngewicht}} \quad (\text{in } \%) . \qquad (1.14.1)$$

Wichtig ist, zu bemerken, daß sowohl die Porenziffer als auch der Wassergehalt im Verhältnis zum festen Bestandteil gemessen werden.

Der Wassergehalt natürlich vorkommender Bodenarten kann zwischen Null und mehreren hundert Prozent liegen. Gewöhnlich findet man sehr große Wassergehalte im Torf und im Schlamm.

Die bisher genannten, definierten Begriffe sind am leichtesten durch nachstehendes Schema dem Gedächtnis einzuprägen, wobei jede Kolonne für sich gelesen, das Verhältnis zwischen Volumen oder Gewicht wiedergibt:

Phase	Volumenverhältnis			Gewichtverhältnis	Spezifisches Gewicht	RaumGewicht	Phase
Poren	n	e	$\dfrac{1 - S_w}{S_w}$	$\dfrac{0}{w}$	$\dfrac{0}{1}$	$\dfrac{0}{\gamma_w}$	Luft / Wasser
Kern	$1 - n$	1	$\dfrac{1}{e}$	1	d_s	γ_s	Korn
Zus.	1	$1 + e$	$1 + \dfrac{1}{e}$	$1 + w$	$-$	γ	Zus.

Aus dem Schema sind leicht die verschiedenen Beziehungen zwischen e, n, S_w und w, z.B. die Formel (1.13.3), sowie folgende Beziehung zwischen Porenziffer und Wassergehalt zu ersehen:

$$w = \frac{e\, S_w}{d_s} . \qquad (1.14.2)$$

1.15 Raumgewicht

Mit dem *Raumgewicht* γ eines Bodenstoffes ist wie gewöhnlich das Gewicht je Raumeinheit zu verstehen; in der Bodenmechanik wird am besten mit t/m³ gerechnet. Das Raumgewicht von Erdarten liegt häufig zwischen 1,5 und 2,3 t/m³. Bei Torf u.a. kann es jedoch bis herab zu wenig über 1,0 t/m³ liegen, und bei den meisten Steinarten liegt es wie bekannt zwischen 2,5 und 3 t/m³.

Wenn im folgenden γ ohne Index gebraucht wird, ist damit immer das Raumgewicht von Bodenarten gemeint. Man kann jedoch auch von dem Raumgewicht der einzelnen Phasen sprechen: das *Raumgewicht des*

Wassers γ_w kann in der Bodenmechanik (abgesehen von gewissen Laboratoriumsversuchen) immer *gleich* 1,0 t/m³ gesetzt werden, darf aber nie in Formeln ausgelassen werden, da die Größe nicht dimensionslos ist. Das *Raumgewicht der Luft* kann immer *gleich* 0 gesetzt werden. Das *Raumgewicht des Kornes* γ_s findet normalerweise keine Verwendung; es ist am natürlichsten, bei allen Berechnungen das spezifische Gewicht d_s zugrunde zu legen. Dagegen spricht man nie vom spezifischen Gewicht der ganzen Bodenart, da Bodenarten Aggregate sind.

Soll mit Volumen und Gewichten verschiedener Phasen gerechnet werden, so ist es bequem, die Zahlen in einem Schema wie unten angeführt aufzustellen:

Phase	Volumen	Raumgewicht	Gewicht
Luft		0	0
Wasser		1	
Korn		x	x
Zus.	x		x

Wenn die mit x angegebenen Größen experimentell, d.h. durch Messung und Wiegen, bestimmt sind, können die übrigen Rubriken im Schema durch einfache Berechnung ausgefüllt werden. Danach können bei direkter Anwendung der Definitionen die Porenziffer, der Wassergehalt und der Sättigungsgrad usw. bestimmt werden.

Wenn eine Bodenmasse sich *unter dem Grundwasserspiegel* befindet, so ist deren Raumgewicht γ in gewöhnlicher Weise als Gewicht von 1 m³ der Masse, einschließlich des Wassers, welches die Masse enthält, definiert. Es ist jedoch oft bequemer mit „Raumgewicht minus Auftrieb" zu operieren. Diese Größe wird als das *reduzierte Raumgewicht* und mit γ' bezeichnet. Deshalb:

$$\gamma' = \gamma - \gamma_w \, . \tag{1.15.1}$$

Im übrigen kann die *allgemeine Beziehung* hergeleitet werden:

$$\gamma = (1 - n)\,\gamma_s + n\,S_w\,\gamma_w = \frac{d_s + e\,S_w}{1 + e}\,\gamma_w = \frac{1 + w}{1 + e}\,\gamma_s \, ; \tag{1.15.2}$$

das ergibt γ_d für *trockenen Boden* mit $S_w = 0$ und γ_m für *wassergesättigten Boden* mit $S_w = 1$. Hieraus läßt sich, in Verbindung mit Gl. (1.15.1), herleiten:

$$\gamma_d = \frac{d_s}{d_s - 1}\,(\gamma_m - \gamma_w) = \frac{d_s}{d_s - 1}\,\gamma'_m \, , \tag{1.15.3}$$

was jedoch auch direkt gefunden werden kann, da $d_s - 1$ das spez. Gewicht für Bodenkorn mit Abzug des Auftriebes ist.

1.16 Konsistenzgrenzen

Der Begriff Konsistenzgrenzen ist mit der Festigkeit des Bodens bei wechselndem Wassergehalt verknüpft; er findet daher keine Anwendung bei Bodenarten, die nur Sand und Kies-Fraktionen enthalten. Dagegen sind die Konsistenzgrenzen wichtige Bodenmechanische Begriffe bei Bodenarten wie *Ton und Schluff*.

Wenn Ton in der Natur durch Sedimentation entsteht, wird man anfangs mit einer sehr wässerigen Masse zu tun haben, die bei geringster Berührung flüssig wird. Mit dem Wachsen der Ablagerung wird allmählich ein Teil des Wassers aus den niederen Schichten herausgepreßt, wobei diese nach und nach fester werden. Bei einem gewissen Wassergehalt, der *Fließgrenze* w_L, geht der Ton von flüssiger zu plastischer Konsistenz über.

Der plastische Zustand ist dadurch gekennzeichnet, daß der Ton bei leichtem Druck sich ändert und daß die Formänderung verbleibt, wenn der Druck entfernt wird. Wird der Wassergehalt ständig vermindert, entweder durch den Druck der darüber liegenden Schichten oder durch Verdunstung, wird auch die Formbarkeit des Tones ständig vermindert, bis er bei der *Ausrollgrenze* w_P von plastischer in halbfeste Konsistenz übergeht.

Die Fließgrenze und die Ausrollgrenze werden in der Praxis durch gewisse standardisierte Laborversuche definiert, die in Abschn. 2.21 besprochen und immer mit gekneteten Proben durchgeführt werden.

Liegt der Wassergehalt unter der Ausrollgrenze, so wird der Ton leicht rissig, wenn er äußeren Einwirkungen ausgesetzt ist; aber normalerweise ist er wassergesättigt und deshalb ist die Farbe des Tones dunkel (dunkelgrau, dunkelbraun usw.). Ist der Ton fortgesetzter Verdunstung ausgesetzt, dann entsteht dadurch eine weitere Volumenverminderung, bis der Wassergehalt die *Schwindgrenze* w_S erreicht hat. Dieser Prozeß, der Schwinden oder Schrumpfen genannt wird, ist in Abschn. 1.22 eingehender besprochen.

Wenn die Schwindgrenze erreicht ist, kann die Wasserverdunstung keine weitere Volumenverminderung des Tones ergeben; deshalb wird nur den äußeren Poren das Wasser entzogen, und die Farbe des Tones verändert sich von dunkel zu hell (s. Abschn. 1.22). Der Ton, der unter der Schwindgrenze liegt, kann als fester Stoff betrachtet werden.

Bei weiter andauernder Verdunstung wird den Poren nach und nach alles Wasser entzogen, abgesehen von dem Wasser, das *hygroskopisch* an die Oberfläche der Körner gebunden ist.

Der Übersicht halber sind in Abb. 1.16.A die verschiedenen Grenzen im Verhältnis zueinander in einem Wassergehaltschema zusammengefaßt.

Die Fließ- und die Ausrollgrenze sind wichtige Hilfsmittel zur Charakterisierung von Bodenarten. Sie liegen desto höher, je fetter der Ton ist, weil die feinsten Körner das größte Wasserbindungsvermögen haben. Es wird darauf hingewiesen, daß alle Konsistenzgrenzen Eigenschaften der Bodenmaterialien darstellen und daher nichts über den natürlichen Wassergehalt des Bodens eines gegebenen Ortes aussagen.

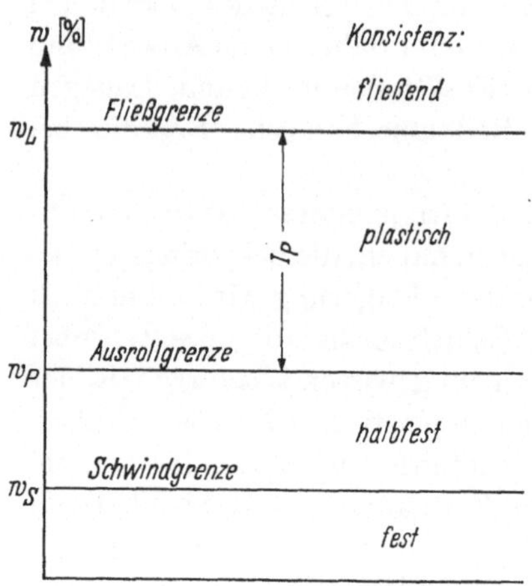

Abb. 1.16. A. Konsistenzgrenzen

Aus den genannten Grenzen wird der sogenannte *Plastizitätsindex* I_P hergeleitet:

$$I_P = w_L - w_P, \qquad (1.16.1)$$

der daher das Intervall (in Wasserprozentzahl gemessen) angibt, in dem der Boden plastisch ist. Eine Bodenart mit einem großen I_P-Wert wird sehr *plastisch* genannt.

Die Plastizität ist eine Eigenschaft, die in Verbindung mit dem Gehalt an Ton-Fraktion (Teilchen kleiner als 0,002 mm) steht, aber alle kleinen Teilchen sind hinsichtlich der Plastizität nicht gleich aktiv. Man hat, um dieses zum Ausdruck zu bringen, die sogenannte *Aktivität* mit folgender Gleichung eingeführt (SKEMPTON 1953):

$$\text{Aktivität} = \frac{\text{Plastizitätsindex}}{\text{Ton-Fraktion (in \%)}} . \qquad (1.16.2)$$

Die Aktivität ist somit ein Ausdruck für die chemischen Eigenschaften der Tonminerale und Ionen, die der Boden enthält.

Die relative Festigkeit des Bodens hängt natürlich davon ab, wo im Intervall $w_P - w_L$ der natürliche Wassergehalt w liegt. Deshalb ist der sogenannte *Konsistenzindex (Konsistenzzahl)* I_C eingeführt worden, der durch

$$I_C = \frac{w_L - w}{I_P} . \qquad (1.16.3)$$

definiert wird. Der Konsistenzindex ändert sich somit von 0 (an der Fließgrenze) bis 1 (an der Plastizitätsgrenze).

1.17 Klassifikation

Um eine *vollständige Charakterisierung* einer Bodenart zu geben, müßte eine große Anzahl von Eigenschaften beschrieben oder gemessen werden, die auf folgende Weise eingeteilt werden können:

A. Eigenschaften, die die Körner betreffen:

1. Kornform und Korngröße, hierunter die Kornverteilung.
2. Mineralogische Eigenschaften, hierunter: Das spez. Gewicht des Kornes, Farbe, Gehalt und Art von eventuellem organischen Stoff (Geruch).

B. Eigenschaften, die die Poren betreffen:

1. Sättigungsgrad.
2. Gehalt an Elektrolyten (Ionen) im Porenwasser.

C. Eigenschaften, die die Mikrostruktur betreffen:

1. Porenziffer (oder Wassergehalt), hierunter (bei Sand) die relative Dichte.
2. Die elektrochemischen Bindungen zwischen den einzelnen Körnern untereinander und zwischen den Körnern einerseits und dem Wasser mit dessen Ionen andererseits. Befindet sich eine Bodenart in ihrem natürlichen Zustand, so hat sie eine ganz bestimmte Mikrostruktur, und man spricht dann von *intaktem* (ungestörtem) Boden. Bei Störungen werden größere oder kleinere Teile der Bindungen zwischen den Körnern zerstört, aber selbst bei vollständiger *Knetung* werden bei feinkörnigen Bodenarten doch noch gewisse Kräfte zwischen den einzelnen Körnern vorhanden sein.
3. Orientierung der Körner (evtl. der Bindungen), so daß die Eigenschaften in verschiedenen Richtungen verschieden werden. Diese wird mit *Anisotropie* bezeichnet. Im Gegensatz hierzu stehen die *isotropen* Bodenarten, deren Eigenschaften (in einem gegebenen Punkt) in allen Richtungen die gleichen sind.

D. Eigenschaften, die die Makrostruktur betreffen:

1. Eventuelle *Risse*, womit luft- oder wassergefüllte Öffnungen gemeint sind.
2. Eventuelle *Spalten*, worunter „Spaltenflächen" zu verstehen sind, entlang welchen sich der Boden leicht öffnen und Risse bilden kann. Spalten entstehen meistens auf Grund einer Verminderung des Wassergehaltes bis zur Ausrollgrenze, sie können aber auch durch besondere kolloidchemische Prozesse (Synärese) verursacht werden. Die Spalten haben in gewöhnlichem Ton, im Gegensatz zu den Spaltenflächen der Kristalle, keine bestimmte Orientierung, sondern verlaufen unregelmäßig in allen Richtungen, indem sie „Klumpen" bilden, deren Masse in Millimeter oder Zentimeter gemessen werden.
3. Eventuelle *Inhomogenität*, im Gegensatz zu *homogenen* Bodenarten, deren Eigenschaften von Punkt zu Punkt die gleichen sind. Inhomogenität kann in einer Vermengung verschiedener Bodenarten, in einer eigentlichen Schichtung, im Vorhandensein von Pflanzenwurzeln usw. bestehen. Da es sich beim Boden immer um Körner verschiedener Größe und Form handelt, ist der Begriff Homogenität in gewissem Sinne relativ. Eine Bodenart, die zu 40% der Schluff-Fraktion und zu 60% der Ton-Fraktion angehört, die beide ganz gleichmäßig vermengt sind, wird deshalb als homogener Ton charakterisiert, während Moränenlehm (der alle Fraktionen von Stein bis Ton enthält) mit inhomogenem Lehm bezeichnet wird. Trotzdem kann eine ganze Moränenlehmablagerung als homogen charakterisiert werden, wenn die einzelnen Fraktionen gleichmäßig verteilt sind.

Sämtliche oben genannten Eigenschaften sind Funktionen der geologischen Geschichte der Erdarten. Weitere Klassifikationseigenschaften können von den genannten abgeleitet werden: z.B. sind die Konsistenzgrenzen w_L und w_P nur Funktionen der Eigenschaften unter *A.* und *B.*, indem sie bei geknetetem Material bestimmt werden.

Abgesehen von den unter *D.* genannten Punkten kann von den angegebenen Eigenschaften nicht gesagt werden, daß sie primär bodenmechanisches Interesse haben. Aber es ist im Prinzip vorstellbar, wenn alle Eigenschaften vollauf bekannt wären, hieraus die für den praktischen Bodenmechaniker wichtigen Funktionen wie Raumgewicht, hydraulische Eigenschaften, Formänderungseigenschaften und Festigkeit abzuleiten. Jedoch ist die Wissenschaft längst nicht imstande, eine vollständige Erklärung dieser Funktionen zu geben, ebenso wie die Kenntnis der strukturellen Probleme überhaupt sehr begrenzt ist.

Die Konsequenz hieraus ist, daß man sich zur *praktischen Charakterisierung* einer Bodenart mit der Angabe eines Teiles der Eigenschaften unter *A–D* begnügt und die übrigen Eigenschaften (Durchlässigkeit, Festigkeit usw.), die man für die Anwendung benötigt, durch direkte Messung bestimmt.

Die *Bodenartbezeichnungen* sind mit der Korngröße (Ton, Schluff, Sand, Kies und Stein) verknüpft, und es ist daher wichtig, klar zwischen den Bodenart- und Fraktionsbegriffen zu unterscheiden, wie diese in Abschn. 1.11 definiert sind. Vollständige Bodenbezeichnungen wie „lehmhaltiger Kies", „schluffhaltiger Sand" oder „tonhaltiger Schluff" erklären sich von selbst, aber es sei hervorgehoben, daß eine Bodenart, die in der Praxis „Schluff" benannt wird, gewöhnlich einen Teil Körner der Ton- und Sandfraktionen enthält. Gleicherweise enthält „Kies" meistens Teile der Sand-Fraktionen usw.

Besonders wird darauf hingewiesen, daß eine Bodenart schon bei einem Gehalt von 15–20% der Ton-Fraktion eine so gute Bindung hat, daß sie immer als eine Tonart oder als „Ton" charakterisiert wird. Ferner wird eine Moränenablagerung, die aus 20% Ton-Fraktion, 40% Schluff-Fraktion, 20% Sand-Fraktion und 20% Kies-Fraktion besteht, immer als Moränenlehm bezeichnet, obgleich die vollständige Bodenartbezeichnung „kies- und sandhaltiger, schluffiger Lehm" ist.

Die *praktische Beschreibung* einer Bodenart wird verschieden sein, je nachdem, ob es sich um eine der grobkörnigen Bodenarten (Kies oder Sand) oder um eine Bodenart, die wesentliche Mengen der zwei feinsten Fraktionen (Schluff und Ton) enthält, handelt.

Die Beschreibung der Bodenarten *Kies und Sand* wird folgende Eigenschaften umfassen:

a) Korngröße (Kornverteilung), Gehalt der Schluff- oder Ton-Fraktionen.
b) Kornform.
c) Farbe, Geruch (Gehalt organischer Stoffe).
d) Mineralogische Zusammensetzung der Körner.
e) Dichte.
f) Wassergehalt, Sättigungsgrad.
g) Inhomogenität, Schichtung.

Eine Beschreibung der Bodenarten *Schluff und Ton* wird in der Praxis folgendes erfassen:

a) Korngrößen, Gehalt der Sand- oder Stein-Fraktionen.
b) Farbe, Geruch (Gehalt organischer Stoffe).

c) Konsistenz (d.h. Festigkeit), die zahlenmäßig am Besten als Schubfestigkeit definiert wird, (s. Abschn. 1.46).

d) Sensitivität (d.h. Empfindlichkeit, (s. Abschn. 1.47), der Ausdruck für Herabsetzung der Schubfestigkeit durch Kneten.

e) Wassergehalt, Porenziffer, Sättigungsgrad, Raumgewicht.

f) Plastizität.

g) Konsistenz bei der Ausrollgrenze.

h) Risse, Spalten, Inhomogenität, Schichtung.

i) Art der Bruchoberflächen (körnig, matt, glatt, glänzend usw.).

Hierzu können noch andere Eigenschaften kommen, z.B. der Salzgehalt im Porenwasser, der in gewissen Fällen äußerst wichtige Bedeutung hat.

Von den oben genannten Eigenschaften a) bis i) soll die Beurteilung der Korngrößen und der Plastizität näher erläutert werden.

Die beste Bestimmung der *Kornverteilungskurve* ergeben natürlich die Sieb- oder Schlämmanalysen, aber oft ist es von Bedeutung, die Korngröße auch ohne eigentliche Versuche zu ermitteln. Körner der Sand-Fraktion können deutlich mit den Fingern gefühlt oder mit den Augen erkannt werden. Befinden sich keine Sandkörner in der Probe, kann Grobschluff (0,02–0,06 mm) zwischen den Zähnen als Knirschen bemerkt werden.

Die Feinschluff- und Ton-Fraktionen können leicht unterschieden werden, und zwar durch eine Untersuchung, ob eine sogenannte *Harmonikastruktur* vorhanden ist, die für Feinschluff charakteristisch und bei Grobschluff schwach angedeutet ist. Bei der Untersuchung muß die Probe einen passenden Wassergehalt (von w_P bis etwas unter w_L) haben. Die Harmonikastruktur zeigt dann die Fähigkeit zu reversiblen Deformationen („gummiartig"), wenn ein Klumpen wechselweise Zug- und Druckeinwirkungen ausgesetzt wird. Während dieser Einwirkungen verändert die Oberfläche ihr Aussehen zwischen blank (das Wasser tritt ein wenig aus den Poren hervor) und matt. Die Harmonikastruktur wird teilweise dadurch hervorgerufen, daß die Poren genügend grob sind, um dem Wasser ein Hin- und Herströmen in kurzer Zeit zu ermöglichen und zum Teil auch durch die geringen Bindungskräfte zwischen den einzelnen Körnern, so daß sie leicht ihre Stellung zueinander verändern können. Bei fetten Tonarten (deren Material vorwiegend aus Ton-Fraktionen besteht) sind die Körner sehr stark aneinander gebunden, und die Poren sind zu klein, um schnelle reversible Deformationen zuzulassen. Andererseits sind die Poren im Grobschluff so groß, daß die Probe nur wenig Bindung hat (s. die Besprechung der Kapillarität, Abschn. 1.22).

Auch die *Trockenfestigkeit* kann als Kriterium gelten, um zwischen Schluff und Ton zu unterscheiden. Die reine Schluff-Fraktion hat im lufttrockenen Zustand eine geringe Festigkeit und kann leicht zwischen den Fingern zerbröckelt werden, während die fettesten Tonarten sich schwer mit dem Fingernagel ritzen lassen.

Die *Plastizität* hat natürlich an sich kein bodenmechanisches Interesse, aber da sie leicht zu untersuchen ist und die Fließgrenze w_L und die Ausrollgrenze w_P wichtige bodenmechanische Eigenschaften indizieren, ist die Plastizität ein ausgesprochen nützlicher Begriff. Die Zusammendrückbarkeit einer Bodenart wird größer mit wachsendem w_L und gleichzeitig nimmt die Durchlässigkeit ab. Außerdem ist der Plastizitätsindex I_P bei einem bestimmten w_L-Wert bei den feinstkörnigen Bodenarten am größten. Wird dem Ton oder Schluff organischer Stoff beigefügt, wächst w_L stark, ohne wesentliche Veränderung von I_P.

Durch Wasserzusatz zu einer Bodenprobe und durch Trocknen derselben (Ausrollen auf saugfähigem Papier) bekommt man einen Begriff von den Konsistenzgrenzen w_L und w_P. Die Größe von I_P kann außerdem durch eine Untersuchung der Probe auf ihre Konsistenz bei w_P beurteilt werden. Eine Bodenart mit niedriger Plastizität (kleinem I_P) ist daher weich bei w_P, dagegen sind die sehr plastischen fetten Tonarten außerordentlich hart. Für diese gilt außerdem, daß sie sich bei w_P leicht mit einem Fingernagel polieren lassen und daß sie eine spiegelnde Oberfläche aufweisen, wenn sie mit einem Messer durchschnitten werden.

Die Bezeichnungen Stein, Sand, Schluff und Ton sind für *Mineralbodenarten* geeignet. Bei kleinerem Gehalt an organischem Stoff können Ausdrücke wie „schlammiger Sand", „organischer Schluff" oder „organischer Ton" verwendet werden. Für die eigentlichen *organischen Bodenarten* ist es jedoch nicht gut, Fraktionsbegriffe als Einteilungsgrundlage zu benutzen. Die Bezeichnungen sind auf diesem Gebiet mit der Entstehung der Erdarten verbunden, wie *Torf, Torfschlamm, Süßwasserschlamm* und *Salzwasserschlamm*, die alle im großen und ganzen vegetabilen Ursprungs und dunkelfarbig sind, während *Gyttja* animalisch ist (Kleintierexkremente) und hellfarbig sein kann. Gyttja ist an seiner großen Porosität (kleines Raumgewicht) und seinem schwammigen Charakter erkenntlich.

Grundsätzlich soll die Beschreibung, durch die eine Bodenart charakterisiert wird, unter Benutzung der *geläufigen bodenmechanischen Begriffe*, so vollständig wie irgend möglich sein. Bei internen Rapporten, die eine routinemäßige Identifikation einer größeren Anzahl von Bodenproben behandeln, benutzt man am besten besondere *Klassifikationssysteme*, die von verschiedenen Institutionen ausgearbeitet wurden. In diesen Systemen werden Symbole (als verkürzte Schreibweise) verwendet. Eines der besten Systeme ist das „Unified Soil Classification System", in dem anschauliche Buchstabensymbole gebraucht werden (A. A. WAGNER 1957).

1.2 Hydrostatik und Hydraulik

1.21 Neutrale und wirksame Spannungen

Abb. 1.21.A zeigt einen Schnitt im Boden. Die Schnittkräfte können wie gewöhnlich aus einer *Normalspannung* σ und einer *Schubspannung* τ zusammengesetzt werden. Diese Spannungen werden *total* genannt, weil sie sämtliche Kräfte darstellen, die durch den Schnitt übertragen werden. Normalspannungen gelten *positiv als Druck*.

Da der Boden ein Zwei- oder Dreiphasensystem ist, ist es von fundamentaler Bedeutung, zwischen den Teilen der Spannungen
zu unterscheiden, die durch die verschiedenen Phasen übertragen werden.

Es ist ersichtlich, daß die *Luftphase* in
diesem Zusammenhang keine eigentliche Rolle
spielt. Die Luft kommt teils als Luftpore, die

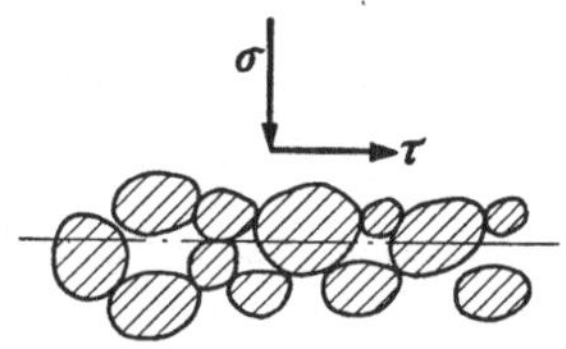

Abb. 1.21.A. Totale Spannungen

in Verbindung mit der Atmosphäre steht, teils als isolierte Luftblase vor. Im erstgenannten Fall ist der Druck in der Luft gleich Null (atm. Druck), und die Luft überträgt daher keine Spannungen. Der Druck der isolier-
ten Luftblasen ist gleich dem Druck des umgebenden Porenwassers plus einer Größe, die der Oberflächenspannung und dem Krümmungsradius entspricht, (vgl. die in Abschn. 1.22 behandelten Kapillardrucke). Der Spannungszustand im Boden würde sich infolgedessen überhaupt nicht ändern, wenn die Luftblasen durch Wasser ersetzt wären. Deshalb kann also auch in diesem Fall die Luft nicht selbständig an der Übertragung von Spannungen teilnehmen.

Es ist daher damit zu rechnen, daß die Spannungen im Boden teils als *Druck im Porenwasser* und teils als *Druck zwischen den Körnern* übertragen werden.

Der Porenwasserdruck wird auch *neutrale Spannung* genannt und mit u bezeichnet. (Der Ausdruck „neutral" wird angewandt, weil der Porendruck in bezug auf die Schubfestigkeit keine Bedeutung hat.) Bei Be-
trachtung des Schnittes in Abb. 1.21.A wäre es naheliegend anzunehmen, daß der Teil der totalen Spannung σ, der durch das Porenwasser über-
tragen wird, $u \cdot n$ sein müsse, wobei n die Porosität ist. Es verhält sich jedoch so, daß die ganze neutrale Spannung u bei der Übertragung von Schnittkräften aktiv ist. Dieses ist auf folgende Weise zu erklären: Die Kontaktfläche ist so klein im Verhältnis zu den Körnern, daß die Berührung als punktförmig angesehen werden kann. Das Wasser umgibt daher jedes Korn von allen Seiten, und dessen Druck u ergibt in jedem Korn eine allseitige Druckspannung gleicher Größe.

Der Teil der totalen Spannung, der nicht vom Porendruck aufgenommen wird, wird von Korn zu Korn durch Kontaktpunkte übertragen. Ob-

gleich diese Übertragung sehr kompliziert ist, können sämtliche Kräfte einer Flächeneinheit zu einer Spannung, nämlich der *wirksamen Spannung*, zusammengesetzt werden.

Für Normalspannungen ist daher:

$$\sigma = u + \bar{\sigma}\,, \tag{1.21.1}$$

wobei $\bar{\sigma}$ die *wirksame Normalspannung* ist. Da von Schubspannungen im Wasser abgesehen werden kann, ist die *Schubspannung* τ auch *wirksam*. Wird $\bar{\sigma}$ und τ vektorial zusammengesetzt, so ergibt sich daraus die *resultierende wirksame Spannung* $\bar{\sigma}_R$, d.h.

$$\bar{\sigma} + \tau = \bar{\sigma}_R \;\text{(Vektor)}\,. \tag{1.21.2}$$

In der Praxis ist es nur in wenigen Fällen möglich, direkt die wirksame Normalspannung anzugeben. Dagegen wird man gewöhnlich leichter die totale und die neutrale Spannung bestimmen können, wonach die wirksame Spannung aus Gl. (1.21.1) zu erhalten ist.

Unter *Grundwasserspiegel* versteht man die Fläche, in welcher *die neutrale Spannung gleich Null ist*, d.h. dem atmosphärischen Druck gleich ist.

Als Beispiel wird die Kiesablagerung in Abb. 1.21.B betrachtet. Den Stand des Grundwasserspiegels GWS nimmt man in einer Tiefe h_1 unter

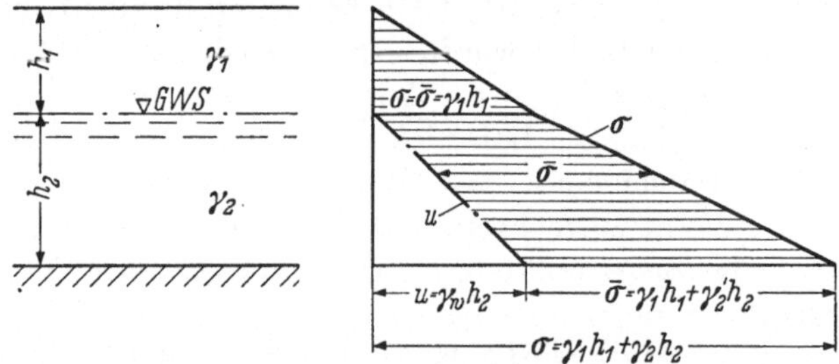

Abb. 1.21.B. Wirksame Spannungen

Terrain an. Die Variation der lotrechten Normalspannungen durch die Ablagerung ist rechts in der Abbildung gezeigt, indem die voll ausgezogene Kurve die totalen Spannungen und die strichpunktierte Kurve die neutralen Spannungen zeigt. Durch die trockene Kiesschicht von der Stärke h_1 hindurch wächst die totale Spannung linear von 0 bis $\gamma_1 h_1$. Wenn die Schicht ganz trocken ist, sind keine neutralen Spannungen vorhanden; deshalb ist die wirksame Spannung hier der totalen gleich. Unter dem Grundwasserspiegel ist das Raumgewicht γ_2 etwas größer, wodurch die totale Spannung an der Unterseite der Schicht den Wert $\sigma = \gamma_1 h_1 + \gamma_2 h_2$ erreicht. Vorausgesetzt, daß keine Strömung im Wasser vorhanden ist, wächst die neutrale Spannung an der Unterseite der

Schicht linear von 0 bis $u = \gamma_w h_2$. Subtrahiert man u von σ, dann erhält man die wirksamen Spannungen $\bar{\sigma}$, die durch Schraffierung gekennzeichnet sind. Auf der Schichtunterseite ist $\bar{\sigma} = \gamma_1 h_1 + \gamma_2' h_2$; dabei bedeutet γ_2' das reduzierte Raumgewicht, das in Abschn. 1.15.1 definiert wurde.

Wenn keine Strömung im Porenwasser stattfindet, ist es am bequemsten, wie aus obigem Beispiel hervorgeht, den Begriff *wirksames Raumgewicht* $\bar{\gamma}$ einzuführen; er wird definiert durch

$$\bar{\gamma} = \begin{cases} \gamma & \text{bei trockenem oder leicht feuchtem Boden.} \\ \gamma' = \gamma - \gamma_w & \text{bei wassergesättigtem Boden.} \end{cases} \qquad (1.21.3)$$

Bei Anwendung des wirksamen Raumgewichtes können in einem solchen Fall, der so einfach ist wie in Abb. 1.21.B dargestellt, die wirksamen Spannungen direkt berechnet werden. Es muß aber allgemein vor solchen direkten Berechnungen gewarnt werden, da leicht Fehler gemacht werden können, wenn Kapillarspannungen (s. Abschn. 1.22) oder Grundwasserströmungen vorkommen. Bevor man nicht eine ganz sichere Kenntnis von den Spannungsverhältnissen des Bodens hat, sollten die Berechnungen der Normalspannungen daher immer in folgender Reihenfolge geschehen: totale – neutrale – wirksame!

1.22 Kapillarität und Schwinden

Um das Verständnis des Begriffes Kapillardruck im Boden zu erleichtern, soll zunächst ein *gewöhnliches Kapillarröhrchen* (Abb. 1.22.A) mit dem Durchmesser d betrachtet werden, wobei vollständige Haftung zwischen Wasser und Röhrchenwand vorausgesetzt wird. Das Wasser steht im Kapillarröhrchen um die Strecke h_c (kapillare Steighöhe) höher als außerhalb im Gefäß, was bekanntlich durch die Oberflächenspannung T_s verursacht wird und

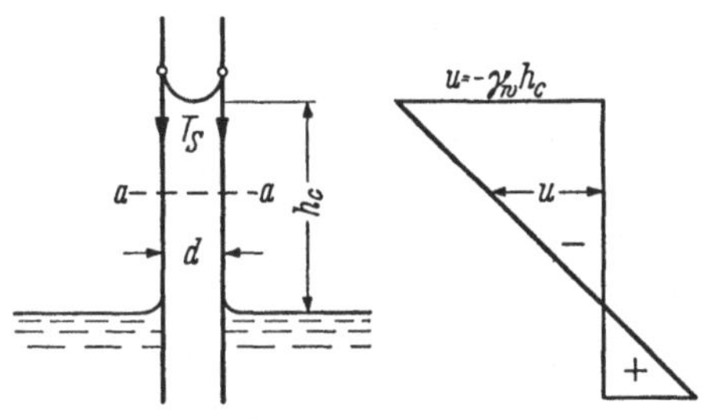

Abb. 1.22.A. Kapillarröhrchen

wodurch der Meniskus wie eine halbkugelförmige Membran entlang der Peripherie hängt. Der Meniskus übt hierbei eine senkrechte Zugkraft von $T_s \pi d$ auf die Röhrchenwand aus. Der Zustand kann physikalisch so aufgefaßt werden, daß die Wassersäule mit dem Durchmesser d und der Höhe h_c durch die Berührung des Meniskus mit der Wand an dieser hängt. Das ergibt dann die Gleichung

$$\gamma_w \frac{\pi}{4} d^2 h_c = T_s \pi d$$

und hieraus
$$h_c\, d = 0{,}3 \text{ cm}^2 ,\qquad\qquad (1.22.1)$$

indem T_s (Kraft je Längeneinheit) gleich 0,075 g/cm gesetzt werden kann.

Der Druck u im Wasser ist rechts in der Abb. 1.22.A gezeigt. Er ist gleich Null in der Höhe des Wasserspiegels des Gefäßes. Da im Kapillarröhrchen die Druckverteilung hydrostatisch ist, nimmt der Druck aufwärts bis zum Wert $u = -\gamma_w h_c$ in der Höhe des Meniskus ab. Es besteht also ein Unterdruck (im Verhältnis zum atmosphärischen Druck) im Kapillarröhrchen über dem Wasserspiegel des Gefäßes.

Wird ein waagerechter Schnitt a–a durch das Röhrchen gelegt, das unten unterstützt gedacht ist, so ist bekanntlich die gesamte Schnittkraft dem Gewicht des darüberliegenden Teiles des Röhrchens und des Wassers gleich. Im Wasser ist ein negativer Druck u, während der Druck in der Röhrchenwand der Summe des Röhrchengewichtes und der Wassersäule mit der Höhe h_c entspricht.

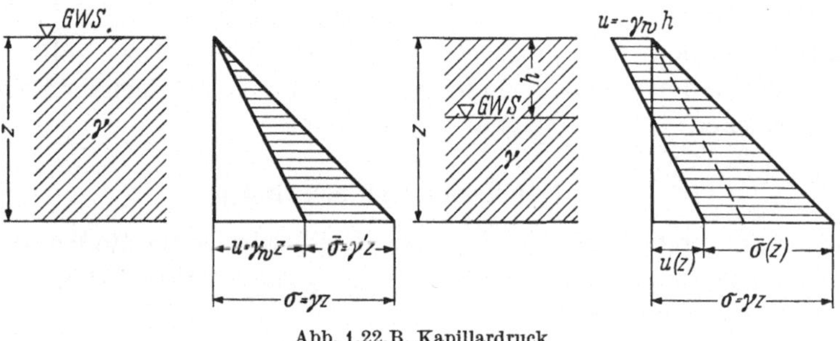

Abb. 1.22.B. Kapillardruck

In Abb. 1.22.B wird nun eine *feinkörnige Bodenmasse*, z.B. Ton betrachtet. Links in der Abbildung ist der Grundwasserspiegel *GWS* an der Bodenoberfläche liegend angenommen. Der Druck in der Tiefe z ist dann leicht zu berechnen:

Totale Spannung: $\sigma = \gamma z$.
Neutrale Spannung: $u = \gamma_w z$.
Wirksame Spannung: $\bar{\sigma} = \sigma - u = (\gamma - \gamma_w)\, z = \gamma' z$.   (1.22.2)

Die wirksamen Spannungen sind schraffiert.

Rechts in der Abbildung liegt der Grundwasserspiegel in der Tiefe h unter der Bodenoberfläche. In Abschn. 1.21 wurde der Grundwasserspiegel als die Fläche definiert, in welcher der Porendruck gleich Null ist. Da der Boden feinkörnig ist, werden die Poren normalerweise aber auch über dem Grundwasserspiegel wassergefüllt sein, indem sie als ein System zusammenhängender Kapillarröhrchen von unregelmäßiger Form aufgefaßt werden können. Die kapillare Steighöhe h_c kann bei fetten

Bodenarten außerordentlich groß sein. Bei einer Tonart mit einem „Porendurchmesser" $d = 0,1\,\mu = 10^{-5}$ cm erhält man z.B. nach Abschn. 1.22.1 eine kapillare Steighöhe von $h_c = 300$ m.

Setzt man voraus, daß die kapillare Steighöhe h_c der Bodenporen größer ist als h, dann können die Poren ganz bis zur Bodenoberfläche wassergesättigt sein. Die neutrale Spannung entspricht der hydrostatischen Druckverteilung mit dem Wert $u = -\gamma_w h$ an der Bodenoberfläche. Für die Tiefe z gilt:

$$u = -\gamma_w h + \gamma_w z = \gamma_w (z - h).$$

Die totale Spannung ist (wie früher):

$$\sigma = \gamma z.$$

Durch Subtraktion ist die wirksame Spannung zu erhalten:

$$\bar{\sigma} = \gamma z - \gamma_w (z - h) = \gamma_w h + \gamma' z. \tag{1.22.3}$$

Mit Abschn. 1.22.2 verglichen ist zu ersehen, daß die Variation des wirksamen Druckes mit der Tiefe z die gleiche ist ($\gamma' z$), aber überall ist sie mit der Größe $\gamma_w h$ erweitert worden, was dem „Hängen" der Porenwassersäule von der Höhe h an der Bodenoberfläche entspricht. Somit besteht eine weitgehende Analogie zwischen einem gewöhnlichen Kapillarröhrchen und den Bodenporen; nämlich im Kapillarröhrchen wird das Gewicht der Wassersäule h_c durch den Meniskus auf die Röhrchenwand übertragen, aber im Boden stellen die Körner die Kapillarröhrchen dar, und die Druckkraft dieser „Wand" ist der wirksame Druck. An der Bodenoberfläche werden die Poren durch eine Reihe kleiner Menisken abgeschlossen, deren Mittelkrümmung $1/r$ überall durch

$$T_s = \frac{1}{2} (-u)\, r \tag{1.22.4}$$

bestimmt ist, weil der Meniskus als eine gespannte Membran angesehen werden kann, die mit der Spannung T_s die Belastung $(-u) = \gamma_w h$ aufnimmt.

Über dem Grundwasserstand spricht man von der *Kapillarspannung* im Wasser, und damit ist die Zugspannung (Unterdruck) im Porenwasser zu verstehen.

In Bodenarten wie Sand und Grobschluff ist die kapillare Steighöhe verhältnismäßig gering. Abb. 1.22.C zeigt die Situation, in der der Grundwasserspiegel GWS so tief steht (h unter der Bodenoberfläche), daß die *kapillare Sättigungszone* von der Höhe h_c nicht die Bodenoberfläche erreicht. Aus dieser Abbildung gehen die Variationen der totalen Spannungen σ, der neutralen Spannungen u und der wirksamen Spannungen $\bar{\sigma}$ (schraffiert) hervor, unter der Voraussetzung, daß der Sand über dem

Kapillarwasserspiegel KWS trocken (ohne neutrale Spannungen) ist. In Wirklichkeit befindet sich über dem Kapillarwasserspiegel immer eine

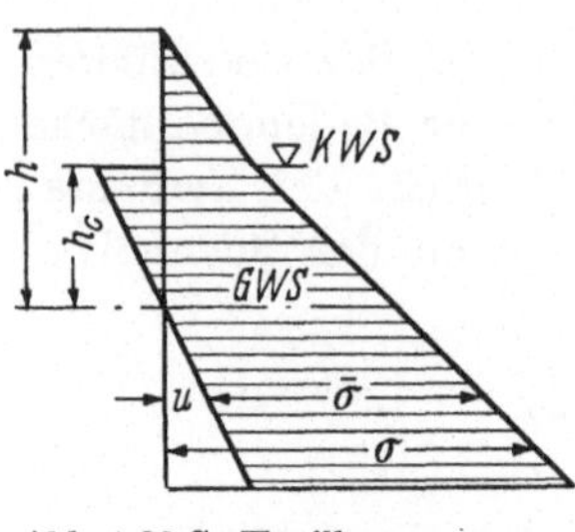

Abb. 1.22.C. Kapillarspannungen in Sand

Zone von feuchtem Sand; man sagt, sie enthält *Porenwinkelwasser*, weil es sich vorzugsweise um die Kontaktpunkte zwischen den einzelnen Körnern herum befindet. Es sind also auch hier Kapillarspannungen (Unterdruck im Porenwinkelwasser) mit den zugehörigen Erweiterungen der wirksamen Spannungen zwischen den Körnern vorhanden, aber die Größe dieser Kapillarspannungen hängt u. a. von den klimatischen Bedingungen (Niederschlag, Verdunstung) ab. Deshalb läßt man sie normalerweise unberücksichtigt, was in bezug auf das Stärkeverhältnis des Sandes auf der sicheren Seite ist.

Zur weiteren Vertiefung des Begriffes Kapillarspannung wird die *Entnahme einer Bodenprobe* aus einer gesättigten Tonschicht betrachtet. In der Natur wird der Ton verschiedenem senkrechten und waagerechten Druck ausgesetzt sein, aber hier wird der Einfachheit halber vorausgesetzt, daß der Druck aus allen Richtungen derselbe ist. Indem die Probe von ihrer Umgebung gelöst wird, verschwindet dieser Druck und das Tongerippe (aus allen Körnern bestehend) versucht sich, gleich einem Schwamm, etwas zu erweitern. Das wird jedoch durch das Wasser, das alle Poren ausfüllt, verhindert, denn das Wasser ist im Vergleich zum Tongerippe nicht zusammenpreßbar. Das Ergebnis ist, daß ein Unterdruck im Porenwasser mit dazugehörigem Druck zwischen den Körnern entsteht.

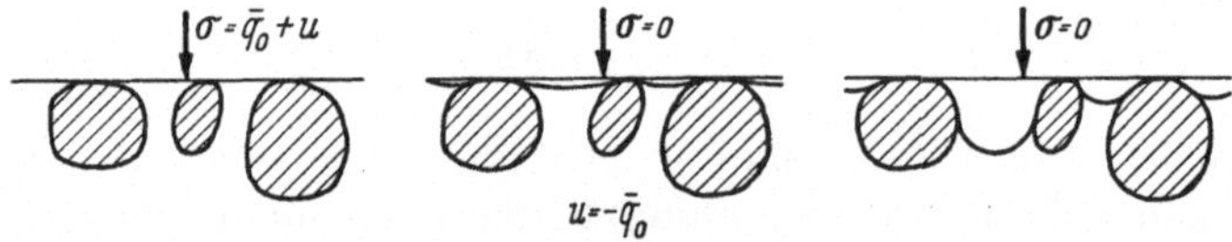

Abb. 1.22.D. Probeentnahme und Schwinden

Die Abb. 1.22.D zeigt schematisch die Spannungsverhältnisse. Links ist die Probe im Boden einem allseitigen wirksamen Druck $\bar{q}_0$ (und einem Porendruck u, der in diesem Zusammenhang ohne Bedeutung ist) ausgesetzt. Indem die Probe entlang der Geraden frei gelegt wird, entsteht ein Unterdruck im Porenwasser, dessen Oberfläche die Form leicht gekrümmter Menisken bekommt [vgl. Gl. (1.22.4)]. Bei idealen Verhältnissen wird der Druck im Porenwasser genau $u = -\bar{q}_0$ (Abb. 1.22.D Mitte). Da die äußere Belastung der entnommenen Probe gleich Null ist, ist die Spannung $\sigma = 0$, und deshalb sind die wirksamen Spannungen $\bar{\sigma} = -u$

$= \bar{q}_0$, d.h. dieselben wie vor der Entnahme. Das stimmt natürlich genau überein mit der Voraussetzung, daß bei der Entnahme keine Dehnung der Probe erfolgt.

Bei idealer Entnahme einer Tonprobe sorgt also die Kapillarspannung (Unterdruck im Porenwasser) dafür, daß keine Dehnung entsteht, und deshalb ist die entnommene Probe den gleichen wirksamen Spannungen wie im Boden unterstellt. In Wirklichkeit sind die Verhältnisse jedoch nicht so ideal, weil folgende Ursachen zu Abweichungen führen:

a) Die wirksamen Spannungen sind in der Natur verschieden in verschiedener Richtung.

b) Beim Freilegen der Probe geschieht ein geringes Kneten der Oberfläche der Probe (und möglicherweise andere Störungen der Struktur), und da die geknetete Schicht an die übrige Probe Wasser abgeben kann, wird der Unterdruck reduziert.

c) Die Probe kann während der Entnahme von der Umgebung Wasser saugen.

d) Das Wasser ist nicht ganz unzusammendrückbar, aber die Kapillarspannungen veranlassen eine kleine Dehnung, die sich wiederum durch ein Herabsetzen der wirksamen Spannung äußert.

Zum Schluß soll das Verhältnis der Kapillarspannungen zu dem Begriff *Schwinden der Tonarten* betrachtet werden. Von der Oberfläche der entnommenen Tonprobe geht eine langsame Verdunstung aus. Auf Grund der Haftung des Wassers an den Körnern hat die Abgabe des Wassers zwangsläufig größere Krümmungen der Menisken zur Folge. (Abb. 1.22.D rechts). Stärker gekrümmten Menisken entspricht ein größerer Unterdruck des Wassers [vgl. Gl. (1.22.4)], und dem größeren Unterdruck entspricht eine größere wirksame Spannung. Das Tongerippe kann jedoch nicht größerer wirksamer Spannung unterworfen werden, ohne daß eine Zusammendrückung geschieht (s. Abschn. 1.31). Daraus ist ersichtlich, daß eine kleine Wasserabgabe der Oberfläche einer Zusammendrückung der ganzen Probe (Schwinden) entspricht und daß das Wasser daher in Wirklichkeit gleichmäßig verteilt aus dem ganzen Volumen der Probe entweicht.

Dieser Schwindprozeß kann sich bei einer fetten Tonart sehr lange fortsetzen. Wird eine Probe von Zeit zu Zeit gewogen und gemessen, so zeigt sich für 1 g Gewichtsverlust eine Volumenverminderung von 1 cm³. Für jede Tonart gibt es indessen eine Grenze, die durch die Feinheit der Poren bestimmt ist. Wenn d den Durchmesser der „kleinsten Poren" bezeichnet, kann der Unterdruck im Porenwasser nach Gl. (1.22.4), entsprechend der kapillaren Steighöhe h_c, nicht größer werden als:

$$- u = \frac{4\,T_s}{d} = \gamma_w h_c.\tag{1.22.5}$$

Zu diesem Zeitpunkt sind die Menisken bis zu den „kleinsten Poren" eingezogen (die jedoch auch dicht an der Oberfläche gefunden werden können), und bei weiterer Verdunstung wird die Probe nicht mehr weiter

2*

zusammengepreßt. Es ist dann die *Schwindgrenze*, durch den Wassergehalt w_S bezeichnet, erreicht. Bis zur Schwindgrenze gelangt das Porenwasser ganz hinauf zur Oberfläche der Probe. Wird aber der Wassergehalt bis unter die Schwindgrenze hinab vermindert, dann verschwinden die Menisken ins Innere der Probe. Die Folge davon ist, daß die Farbe der Probe bei der Schwindgrenze ziemlich plötzlich von dunkel zu hell wechselt.

Zu erwähnen ist, daß der Unterdruck im Porenwasser im Verhältnis zum Druck der Atmosphäre gemessen wird. Er kann im Ton leicht so groß werden, daß eine regelrechte Zugspannung im Wasser entsteht. Indessen hat reines Wasser tatsächlich eine sehr bedeutende Zugfestigkeit, so daß aus diesem Grunde in der Praxis keine Grenze für Kapillarspannungen gesetzt wird. Befindet sich im Porenwasser eine kleinere Luftmenge, so wird sie als kleine Luftblasen in die Poren ausgeschieden. In diesen Poren ist natürlich positiver (absoluter) Druck vorhanden, was gleichzeitig mit großer Zugkraft im Porenwasser möglich ist, weil der Krümmungshalbmesser der Blasen außerordentlich klein ist [vgl. Gl. (1.22.4)].

1.23 Potential, Gradient und Strömungsdruck

Hat das Wasser in verschiedenen Teilen des Bodens verschiedene Energie, dann strömt es von den Gebieten mit größerer Energie in diejenigen mit kleinerer Energie. In der Hydraulik wird das Energieniveau als

$$E_w = z + \frac{u}{\gamma_w} + \frac{v^2}{2g} \tag{1.23.1}$$

geschrieben, wobei die drei Glieder wie bekannt die geometrische Höhe, die Druckhöhe und die Geschwindigkeitshöhe darstellen. Die zwei ersten Glieder ergeben zusammen die potentielle Energie, während das letzte der kinetischen Energie entspricht.

Bei Strömungen im Boden sind die Geschwindigkeiten immer so klein, daß von der Geschwindigkeitshöhe abgesehen werden kann.

Ebenso wie in der Hydraulik, wird auch hier der Begriff *Potential h* durch die Gleichung

$$h = z + \frac{u}{\gamma_w} \tag{1.23.2}$$

eingeführt, wobei z die geometrische Höhe und u der Porenwasserdruck ist. Mit dem Potential in einem Punkt ist somit das *Niveau* (oder die Kote) zu verstehen, bis zu welchem das Wasser in einem Steigrohr steigen würde, das in diesem Punkt angebracht wird (Abb. 1.23.A).

Da es der Potentialunterschied ist, der das Wasser zum Strömen bringt, führt man außerdem natürlich den Begriff *Gradient* ein, der das

Potentialgefälle je Längeneinheit ausdrückt. In der Abb. 1.23.A ist ein Strömungsrohr gezeigt, in welchem Wasser von Punkt A nach Punkt B strömt. Es wird vorausgesetzt, daß der Abstand ds zwischen diesen Punkten unendlich klein und s positiv in der Strömungsrichtung ist. Die Potentiale sind h, beziehungsweise $h + dh$ (wobei dh also negativ ist). Der Gradient in Richtung AB ist dann

$$i_{AB} = -\frac{dh}{ds}. \qquad (1.23.3)$$

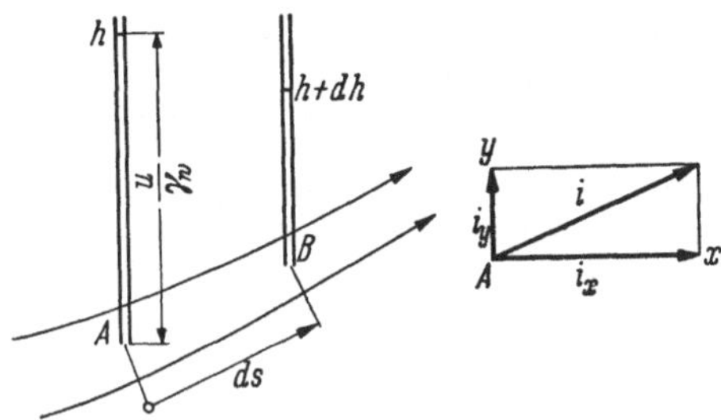

Abb. 1.23.A. Potential und Gradient

Der Gradient i_{AB} kann natürlich für jede beliebige Richtung definiert werden, unabhängig von der Richtung, in der die Strömung verläuft. Werden die Gradienten i_x und i_y in zwei zu einander senkrechten Richtungen (Abb. 1.23.A rechts) gewählt, dann können sie zu einem Vektor $\bar{i}$, der *Gradient im Punkte A* genannt wird, zusammengefaßt werden. Das gilt auch analog für 3 Dimensionen. Mit Vektorsymbolen ist dann

$$\bar{i} = \mathrm{grad}\,(-h). \qquad (1.23.4)$$

Der Vektor $\bar{i}$ gibt also die Richtung und die Größe des größten Gefälles der Potentialfläche h an.

Werden die *Kräfte* betrachtet, die auf 1 m³ des Bodens einwirken, so ist da zunächst das Raumgewicht γ des wassergesättigten Bodens, das in das reduzierte Raumgewicht $\gamma' = \gamma - \gamma_w$ und in das Raumgewicht des Wassers γ_w aufgeteilt werden kann. Letzteres hält das Gleichgewicht mit dem Porendruck in einer hydrostatischen Druckverteilung.

Da außerdem eine Strömung im Porenwasser vorhanden ist, ist die hydrostatische Druckverteilung von hydrodynamischem Druck überlagert, so daß außerdem eine Kraft auf das Porenwasser in 1 m³ Boden einwirkt, nämlich

$$\bar{j} = \bar{i}\gamma_w, \qquad (1.23.5)$$

die als ein Vektor in Richtung des Gradienten $\bar{i}$ aufzufassen ist. Es geschieht jedoch keine wesentliche Acceleration oder Deceleration des Wassers (vgl. die verschwindend kleine Geschwindigkeitshöhe), demnach muß es also zugleich von einer Kraft $-\bar{j}$ beeinflußt werden, die von den Körnern stammt.

Das Verhältnis ist hier das gleiche wie bei Wasserströmung in einem Rohr von konstantem Querschnitt: Die Mittelgeschwindigkeit des Wassers ist konstant, und das Potentialgefälle wird durch den Schubwiderstand entlang der Rohrwand im Gleichgewicht gehalten. Da Aktion

= Reaktion ist, hat die Strömung zur Folge, daß das Wasser auf das Rohr eine Kraft ausübt, die dem Potentialgefälle entspricht.

In gleicher Weise beeinflußt das im Boden strömende Wasser die umgebenden Körner mit Druck- und Schubspannungen, so daß das Wasser am Accelerieren gehindert wird, wobei die Kraft $\bar{\jmath}$ Gl. (1.23.5) auf die Körner übertragen wird. Diese Kraft wird *Strömungsdruck* genannt.

Da der Strömungsdruck somit vollen Einfluß auf die wirksamen Spannungen hat, kann es mitunter bequem sein, sie zu dem reduzierten Raumgewicht γ' zu addieren:

$$\gamma'' = \gamma' + \bar{\jmath} = \gamma' + i\gamma_w. \tag{1.23.6}$$

Dabei sind alle Größen als Vektoren aufzufassen. Das *wirksame Raumgewicht* $\bar{\gamma}$ des Bodens ist hiernach:

$$\left. \begin{aligned} \bar{\gamma} &= \gamma & &\text{bei trockenem oder feuchtem Boden.} \\ \bar{\gamma} &= \gamma' = \gamma - \gamma_w & &\text{bei gesättigtem Boden ohne Strömung.} \\ \bar{\gamma} &= \gamma'' = \gamma' + i\,\gamma_w & &\text{bei gesättigtem Boden mit abwärts-} \\ & & &\text{gerichteter Strömung.} \\ \bar{\gamma} &= \gamma'' = \gamma' - i\,\gamma_w & &\text{bei gesättigtem Boden mit aufwärts-} \\ & & &\text{gerichteter Strömung.} \end{aligned} \right\} \tag{1.23.7}$$

Bezüglich des Einflusses des Strömungsdruckes wird im übrigen auf Abschn. 3.2 hingewiesen.

1.24 Durchlässigkeit

Wird von groben Filtern (diese werden am Ende dieses Abschnittes besprochen) abgesehen, so ist die Wasserströmung im Boden immer *laminar*. Folglich gibt es Proportionalität zwischen Geschwindigkeit und Energieverlust, d. h. zwischen Geschwindigkeit und Gradient. DARCYS *Formel* lautet:

$$v = k\,i, \tag{1.24.1}$$

wobei v die Geschwindigkeit darstellt, während der Proportionalitätsfaktor k mit *Durchlässigkeitsziffer* bezeichnet wird.

Auf Grund der komplizierten Form der Poren ist es nicht möglich, die wirkliche Geschwindigkeitsvariation von Punkt zu Punkt zu verfolgen. Die Größe v bezeichnet daher die sogenannte *Filtergeschwindigkeit*, die folgendermaßen definiert wird: Wenn durch den Querschnitt A des Bodens eine Wassermenge Q (m³/sek) strömt, ist die Filtergeschwindigkeit $v = Q/A$. Die Größe v soll somit auf den Bruttoquerschnitt wirkend angenommen werden (Körner + Poren).

Die Größe k ist einmal von der Bodenart und zum anderen von der Viskosität des Wassers abhängig. Die erstgenannte Abhängigkeit soll nachfolgend näher erläutert werden. Die Abhängigkeit von der *Viskosität* ist hauptsächlich für Laborversuche von Bedeutung; k ist im übrigen umgekehrt proportional mit der kinematischen Viskosität v (k wächst also etwas mit der Temperatur).

Es ist einleuchtend, daß die *Makrostruktur* des Bodens einen außerordentlich großen Einfluß auf die Durchlässigkeit hat. In den oberen Schichten können Frost, Schwinden, Erdrutschungen, Pflanzenwurzeln u.a., Spalten oder Hohlräume hervorrufen, die das Strömungsbild völlig beherrschen. In Felsen werden die Zermalmungszonen gewöhnlich sehr durchlässig sein. Solche Zermalmungszonen können durch tektonische Bewegungen, oder in manchen Gebieten auch in der Eiszeit durch den Druck des Eises entstanden sein.

In diesem Zusammenhang seien auch *Inhomogenitäten* erwähnt, die bewirken, daß eine größere Erdmasse wasserdurchlässiger wird. Als Beispiel sei genannt, daß bei einer scheinbar homogenen Moränenlehmprobe der Wert $k = 10^{-10}$ m/sek gemessen wurde und daß nach dem Kneten (wobei alle feinsten Körner gleichmäßig verteilt wurden) k nur noch $0{,}3 \cdot 10^{-10}$ m/sek betrug.

Eine spezielle Form der Inhomogenität ist die *Schichtung*. Hier sind die waagerechte und die senkrechte Durchlässigkeit sehr verschieden. Dieses soll nachstehend näher besprochen werden.

In homogenem Boden hängt die Durchlässigkeit zunächst von der *Korngröße* ab. In der Natur ist die Variation jedoch sehr groß, nämlich von $k = 10^{-2}$ m/sek für Kies geltend bis $k = 10^{-12}$ m/sek für fetten Ton geltend. Hieraus geht hervor, daß der Ingenieur sich in der Praxis vor allem für die Größenordnung von k zu interessieren hat, während er nur selten mit größerer Genauigkeit rechnen kann. Der Wert k wird immer durch Messung bestimmt. Hier soll als Anleitung für die Wahl von Filtern o.ä. die Formel von HAZEN angeführt werden, die für lockere Lagerung und sehr gleichartigen Sand gilt:

$$k = (0{,}01 \text{ bis } 0{,}015)\, d_{10}^2 \qquad (k \text{ in m/sek und } d_{10} \text{ in mm}); \qquad (1.24.2)$$

d_{10} bezeichnet den Korndurchmesser bei 10% Durchgang. Die Formel kann natürlich nur eine Annäherung sein, weil k auch von der *Kornverteilung* und von der *Kornform* abhängt.

MANSUR (1957) hat eine Reihe Messungen von Sandsorten vorgenommen, die für $d_{10} < 0{,}5$ mm folgende Werte ergeben haben:

$$\left.\begin{array}{l} \text{Feldversuch:} \quad k = (0{,}01 \ \text{ bis } 0.02 \ \text{ bis } 0{,}05)\, d_{10}^2 \cdot \\[4pt] \text{Laborversuch:} \quad k = (0{,}005 \text{ bis } 0{,}013 \text{ bis } 0{,}03)\, d_{10}^2 \cdot \end{array}\right\} \qquad (1.24.3)$$
$$(k \text{ in m/sek und } d_{10} \text{ in mm})$$

Die 3 Zahlenbeiwerte geben die äußersten Grenzen, bzw. die „Mittelwerte" an.

Bei einer gegebenen Bodenart hängt k außerdem von der *Porenziffer* ab. Nach ENGELUND (1953) kann bei Sand mit folgender Relation zwischen dem Wert k_e mit der Porenziffer e und dem Wert k_1 mit der Porenziffer $e = 1{,}0$ gerechnet werden:

$$k_e = \frac{1 + e}{2}\, e^2 k_1 \,. \tag{1.24.4}$$

(Der Wert k_1 ist eine reine Rechengröße, ungeachtet dessen, ob eine so große Porenziffer existieren kann.) Diese Formel ist leicht anzuwenden, wenn man k für einen e-Wert bestimmt hat und für einen anderen Wert das k berechnen möchte.

Für eine Strömung in einer gegebenen Richtung können i und v in DARCYS Formel ($v = k\,i$) als skalare Größen betrachtet werden, wobei k stets mit der gegebenen Richtung verbunden ist. Bei *isotropem Boden*, d.h. Boden, dessen Strömungseigenschaften unabhängig von der betrachteten Richtung sind, ist k eine Konstante (in einem gegebenen Punkt), und DARCYS Formel kann auch als *Vektorgleichung* aufgefaßt werden, die den Geschwindigkeitsvektor $\bar{v}$ mit dem Gradient $\bar{i}$ verbindet. (Der Vollständigkeit halber sei bemerkt, daß isotroper Boden sehr wohl inhomogen sein kann, denn das Wort isotrop bedeutet, daß k in einem gegebenen Punkt in allen Richtungen gleich ist, während die Inhomogenität bewirkt, daß k sich von Punkt zu Punkt verändert.)

Der Boden wird als *anisotrop* (bezüglich der Durchlässigkeit) bezeichnet, wenn k in dem betrachteten Punkt von der Richtung abhängig ist. Bei geschichtetem Boden mit dünnen waagerechten Schichten (Abb. 1.24. A) wird die Durchlässigkeit k_1 in waagerechter Richtung (1-Richtung) daher immer viel größer sein als die Durchlässigkeit k_2 in senkrechter Richtung (2-Richtung). DARCYS Formel (1.24.1) muß dann als

$$\left.\begin{array}{l} \text{für 1-Richtung geltend:} \quad v_1 = k_1\, i_1 \\[4pt] \text{für 2-Richtung geltend:} \quad v_2 = k_2\, i_2 \end{array}\right\} \tag{1.24.5}$$

geschrieben werden. (Es sei bemerkt, daß anisotroper Boden durchaus homogen sein kann, wenn nur k_1 und k_2 sich nicht von Punkt zu Punkt verändern und die Richtungen *1* und *2* auch festliegen.)

Werden in Gl. (1.24.5) die Werte $\bar{i}_1$ und i_2 zu einem Vektor $\bar{i}$, und v_1 und v_2 zu einem Vektor $\bar{v}$ zusammengesetzt, so ist zu ersehen, daß $\bar{i}$ und $\bar{v}$ normalerweise einen Winkel miteinander bilden werden. Diese Vektoren sind nur parallel, wenn entweder i_1 oder i_2 gleich Null ist, d.h. wenn die Strömung entweder senkrecht oder parallel zur Schichtung verläuft. Es sei nun gezeigt, daß bei der Wahl von zwei

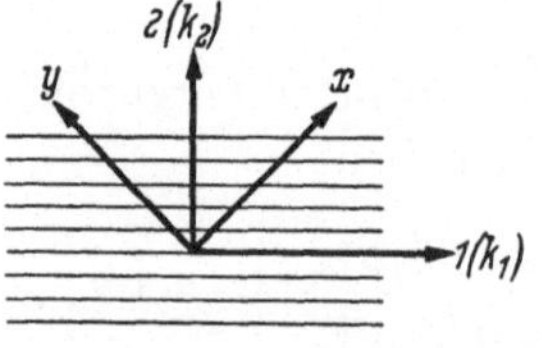

Abb. 1.24.A. Anisotroper Boden

beliebigen Richtungen x und y (Abb. 1.24.A) DARCYS Formel allgemein folgendermaßen geschrieben werden kann:

$$\bar{v} = \bar{\bar{k}}\, \bar{\imath}. \qquad (1.24.6)$$

Hierbei ist

$$\bar{v} = \begin{pmatrix} v_x \\ v_y \end{pmatrix} \quad \text{und} \quad \bar{\imath} = \begin{pmatrix} i_x \\ i_y \end{pmatrix},$$

während die Durchlässigkeitsziffer $\bar{\bar{k}}$ als ein *Tensor* (Matrix) aufgefaßt werden soll

$$\bar{\bar{k}} = \begin{pmatrix} k_x & k_{xy} \\ k_{xy} & k_y \end{pmatrix}. \qquad (1.24.7)$$

Die Richtungen *1* und *2* stellen somit die 1. und die 2. Hauptrichtung dieses Tensors dar, während k_1 und k_2 dessen Hauptwerte sind.

Danach wird die Abb. 1.24.B betrachtet, wo der Boden aus einer *Reihe von Schichten a, b, c* ... besteht, die jede für sich als homogen und isotrop angesehen werden können. Die Schichtstärken sind H_a, H_b, H_c..., zusammen H, und deren Durchlässigkeitsziffern k_a, k_b, k_c ...

Bei *waagerechter Strömung* durch den Boden sind die verschiedenen Schichten parallel verbundenen elektrischen Widerständen analog. Die gesamte Strömung ist

$$q = (k_a H_a + k_b H_b \cdots)i_1,$$

Abb. 1.24.B. Schichtboden

wobei i_1 der Gradient in waagerechter Richtung ist. Für alle Bodenschichten ist die durchschnittliche waagerechte Durchlässigkeitsziffer also k_1, mit

$$k_1 H = k_a H_a + k_b H_b + \cdots. \qquad (1.24.8)$$

Bei *senkrechter Strömung* durch den Boden sind die verschiedenen Schichten serienverbundenen elektrischen Widerständen analog. Infolge DARCYS Formel ist das Potentialgefälle durch eine Schicht:

$$-\Delta h = i H = \frac{v}{k} H.$$

Das gesamte Potentialgefälle durch alle Schichten wird deshalb:

$$-\Delta h = v\left(\frac{H_a}{k_a} + \frac{H_b}{k_b} + \cdots\right).$$

Hieraus wird folgende Formel für die durchschnittliche senkrechte Durchlässigkeitsziffer k_2 hergeleitet:

$$\frac{H}{k_2} = \frac{H_a}{k_a} + \frac{H_b}{k_b} + \cdots. \qquad (1.24.9)$$

Sind die Durchlässigkeiten k_a, k_b, ... sehr verschieden, dann ergibt sich aus den Gln. (1.24.8–9), daß k_1 von gleicher Größenordnung wie das größte k, und k_2 von gleicher Größenordnung wie das kleinste k ist, in Übereinstimmung damit, daß die durchlässigste Schicht einen großen Teil der waagerechten Strömung führen wird, während die am wenigsten durchlässige Schicht eine wesentliche Hinderung für die senkrechte Strömung darbietet.

Wie schon im Anfang dieses Abschnittes erwähnt, beruht DARCYS Formel und damit der Begriff Durchlässigkeitsziffer auf der Voraussetzung, daß die Strömung des Wassers laminar ist. In *groben Filtern* mit großer Geschwindigkeit kann die Wasserbewegung jedoch mehr oder weniger *turbulent* werden. Dieser Fall ist ausführlich von ENGELUND (1953) behandelt worden und er hat gezeigt, daß der Gradient als

$$i = a\,v + b\,v^2 \tag{1.24.10}$$

geschrieben werden kann, d.h. als Summe eines laminaren und eines turbulenten Energieverlustes. Ist v genügend klein, so kann von dem quadratischen Glied abgesehen werden, und das ergibt dann natürlicherweise $a = 1/k$. Ist v andererseits sehr groß, so wird das letzte Glied dominierend sein (Wasserströmung durch Gestein).

Die Beiwerte a und b sind vom mittleren Korndurchmesser d, die Porenziffer e und die kinematische Viskosität v des Wassers wie folgt abhängig:

$$a = \frac{\alpha}{e^2(1+e)}\frac{v}{g\,d^2}\,,$$
$$b = \beta\,\frac{(1+e)^2}{e^3}\frac{1}{g\,d}\,. \tag{1.24.11}$$

Dabei ist g die Schwerebeschleunigung, während α und β dimensionslose Beiwerte sind, deren numerischer Wert allein von der Kornform und der Kornverteilung abhängt. Der mittlere Korndurchmesser d wird hier so definiert, daß z.B. 100 Körner gewogen werden und das Gewicht dem einer gleichen Anzahl Kugeln mit dem Durchmesser d gleichgesetzt wird. Mit dieser Definition gibt ENGELUND folgende Werte für α und β an:

Kugelförmige, gleich große Körner: $\alpha = 780,\ \beta = 1{,}8$.
Gleichförmige, runde Körner: $\alpha = 1000,\ \beta = 2{,}8$. $\qquad$ (1.24.12)
Unregelmäßige, scharfe Körner: $\alpha \sim 1500,\ \beta \sim 3{,}6$.

1.25 Frostgefahr

Wenn das Wasser im Boden gefriert, dehnt es sich um etwa 10% aus. Dadurch kann natürlich die Struktur des Bodens zerstört werden und Rissebildung entstehen. Da diese Risse dem Regenwasser leichteren Zugang geben, können solche Frosteinwirkungen mit jeder Frostperiode tiefer und tiefer in den Boden eindringen.

Es ist jedoch nicht das eben genannte Phänomen gemeint, wenn von der Frostgefahr gewisser Bodenarten die Rede ist. Die eigentliche Frostgefahr steht in Verbindung mit feinkörnigen Bodenarten, die eine Tendenz zur Bildung von *Eislinsen* haben. Weil bisher noch keine vollständige Theorie zu den hierher gehörigen thermodynamischen Problemen vorliegt, ist es auch nicht möglich, Rechenschaft über die Bildung der Eislinsen zu geben. In groben Zügen ist folgende „Erklärung" vorstellbar:

In den feinen Poren kann eine Unterkühlung des Wassers geschehen, ohne daß es gefriert. Das unterkühlte Wasser hat größere thermische Energie als das Eis und wird daher zu dem schon gebildeten Eis hinzuströmen. Auf diese Weise können die Eislinsen zu bedeutender Stärke (bis zu mehreren Dezimetern) anwachsen, indem ständig Wasser von unten angesogen wird. Die Bildung von Eislinsen ist der Anlaß zu zwei Lästigkeiten:

1. Hebungen von Fundamenten oder von Straßenbelag bei Frost.
2. Starkes Aufweichen des Bodens bei der Schneeschmelze.

Da nur in feinen Poren eine Unterkühlung des Wassers möglich ist, muß eine Bodenart eine gewisse Menge feiner Körner enthalten, um *potentiell frostgefährlich* zu sein. Untersuchungen in verschiedenen Ländern haben ergeben, daß eine Bodenart als *frostsicher* angesehen werden kann, wenn der Gehalt der Schluff- und Ton-Fraktion (Körner kleiner als 0,06 mm) *geringer* ist als 15%. Ist der Gehalt dieser Fraktionen *über* 30%, dann ist die Bodenart entschieden *frostgefährlich*; dagegen ist das Übergangsgebiet von 15 bis 30% zweifelhaft und bedarf einer näheren Untersuchung.

Selbst wenn eine Bodenart potentiell frostgefährlich ist, braucht sie in der gegebenen Situation noch keine Gefahr zu bieten; die wirkliche Gefahr hängt in erster Linie davon ab, ob die Möglichkeit gegeben ist, daß die Eislinsen ständig Wasser von unten ansaugen können. Bei *Tonarten* mit einem Gehalt von mindestens 25% Körner kleiner als 0,002 mm ist die Durchlässigkeit so gering, daß der Gefrierprozeß gewöhnlich schneller in den Boden dringt als die Eislinsen des Wasser anziehen können. Solche Bodenarten sind daher nur in geringem Grade frostgefährlich. Die in der Praxis vorkommende größte Frostgefahr liegt bei Korngrößen um 0,02 mm, das heißt, daß *Schluff und besonders Grobschluff* am gefährlichsten sind.

Es besteht auch keine wirkliche Frostgefahr, wenn das *Grundwasser* so tief steht, daß die feinkörnigen Bodenarten über der kapillaren Steighöhe liegen.

Schließlich hängt die wirkliche Frostgefahr natürlich auch vom Klima ab, indem der Frost bis in unterschiedliche Tiefen eindringen kann.

1.3 Formänderungen

1.31 Zusammendrückbarkeit

In Abb. 1.31.A ist eine Bodenprobe (punktiert) skizziert, die in einem zylindrischen Behälter mittels eines Kolbens (schraffiert) zusammen-

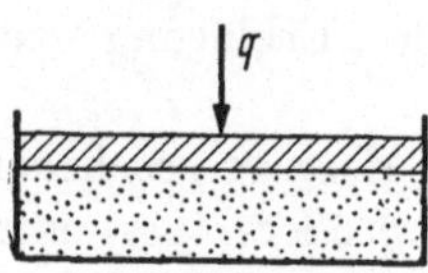

gedrückt wird. Der Kolben ist porös, so daß das aus den Poren ausgepreßte Wasser leicht entweichen kann. Die Belastung q auf den Kolben ist nach Verlauf einiger Zeit der wirksamen Spannung $\bar{q}$ der Bodenprobe gleich. Ein solcher Prozeß, wo der wachsende Druck eine Minderung des Porenvolumens mit sich führt, wird *Verdichtung* (Konsolidierung) genannt. Der entgegengesetzte Prozeß,

Abb. 1.31.A.　Verdichtungsversuch

wo das Porenvolumen wächst, wird mit *Schwellung* bezeichnet.

Bei den grobkörnigen Bodenarten *Kies und Sand* ist die Zusammendrückbarkeit so gering, daß gewöhnlich davon abgesehen werden kann, wenn nicht von sehr lockerer Lagerung die Rede ist. Eine Steigerung der Lagerungsdichte wird bei diesen übrigens besser durch eine Kombination von Druck und Rüttlung erreicht. Ein Beispiel einer für Sand geltenden Verdichtungskurve ist aus der Abb. 1.31.B zu ersehen, wobei $\bar{q}^{2/3}$ als Abszisse gewählt wurde. Bezüglich der Variation der Formänderungen mit der Spannung wird auf Gl. (1.33.2) hingewiesen.

Bei dem Verdichtungsversuch ist die senkrechte Spannung $\bar{q}$ natürlich die größte wirksame Hauptspannung, die sonst mit

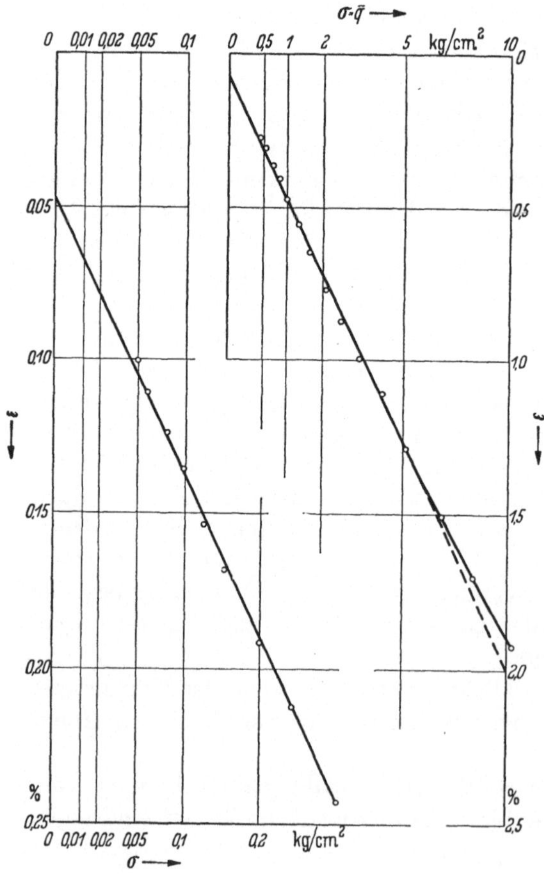

Abb. 1.31.B. Verdichtungsdiagramm einer Sandprobe

$\bar{\sigma}_1$ bezeichnet wird, während die waagerechte Spannung die geringste wirksame Hauptspannung ist und mit $\bar{\sigma}_3$ bezeichnet wird. Die waagerechte Spannung bei dem Verdichtungsversuch wird auch der dem senkrechten Druck entsprechende *Ruhedruck* genannt. Messungen haben ein fast konstantes Verhältnis zwischen $\bar{\sigma}_3$ und $\bar{\sigma}_1$ ergeben. Dieses Verhältnis, das *Ruhedruckbeiwert* genannt wird, liegt bei etwa 0,4 bis etwa 0,5 für dicht gelagerten, beziehungsweise locker gelagerten Sand.

Bei Bodenarten, die wesentlichen Gehalt der *Schluff- und Ton*-Fraktion haben, sind die Verdichtungseigenschaften von großer Bedeutung. Der Gehalt an organischem Stoff ergibt besonders große Zusammendrückbarkeit. In Abb. 1.31.C ist ein typischer Verlauf einer Verdichtungskurve gezeigt, wobei die Abszisse in logarithmischer Skala die wirksamen Spannungen und die Ordinate die Porenziffer angibt.

Wenn sich Ton in der Natur ablagert, so hat er einen Wassergehalt, der in der Nähe der Fließgrenze liegt. Allmählich wird mit dem Wachsen der sedimentierten Schicht das Wasser aus dem untersten Teil herausgepreßt. Wird der Zusammenhang zwischen der wirksamen Spannung und der Porenziffer aufgezeichnet, so ergibt das die in der Abb. 1.31.C mit *I* bezeichnete Kurve, die *Stammkurve* genannt wird. Diese Kurve ist in einem großen Intervall der e-Achse nahezu geradlinig, biegt aber natürlich bei großem Druck ab, da e nicht unter eine gewisse Grenze gehen kann. Die Lage der Stammkurve ist von der Tonart abhängig; sie liegt bei fetten Tonarten höher als bei mageren. Liegt der Punkt $(\bar{q}_0, e)$ einer gegebenen Tonprobe dem in der Natur bestehenden Druck $\bar{q}_0$ entsprechend auf der Stammkurve, so wird der Ton als *normalverdichtet* angesprochen, denn diese Lage zeigt, daß die Probe früher keinem größerem Druck als $\bar{q}_0$ ausgesetzt gewesen ist.

Wenn eine Tonschicht zunächst bis zu dem Druck $\bar{q}_{pc}$ verdichtet und dann (unter Wasseransaugung) entlastet wird, erhält man den in der Abbildung gezeigten *Entlastungsast II*, der hier zu einem Druck von 1 t/m² zurückgeführt ist. Die Abbildung zeigt auch den *Wiederbelastungsast III*, dem der Ton bei erneuter Belastung folgt. Der Wiederbelastungsast erreicht bei $\bar{q} = \bar{q}_{pc}$ fast die Stammkurve, welcher er danach mit einer

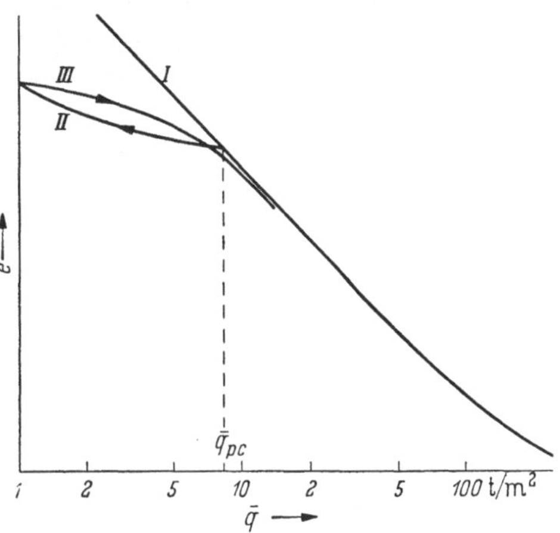

Abb. 1.31.C. Verdichtungsdiagramm für Ton

etwas verminderten Porenziffer folgt. Die Formänderungen, die mit dem Entlastungs- und Wiederbelastungsast verbunden sind, kann man daher, ohne wesentliche Fehler zu machen, als *reversibel* bezeichnen. (Dagegen können sie nicht elastisch genannt werden, da sie nicht dem HOOKEschen Gesetz folgen und bedeutende Hysteresis zeigen.) Der Teil der Zusammendrückung der Stammkurve, der nicht reversibel ist, entspricht den *permanenten* oder *irreversiblen Formänderungen*.

Eine Tonprobe, die sich auf dem Entlastungs- oder Wiederbelastungsast befindet, wird als *vorverdichtet* unter dem Druck $\bar{q}_{pc}$ bezeichnet. Eine solche Vorverdichtung kann leicht im Labor hervorgebracht werden. In der Natur stammt eine Vorverdichtung entweder von größerer Belastung früherer geologischer Perioden (Bodenschichten, die später erodiert sind, oder Gletscher der Eiszeit) oder von größerer Kapillarspannung zu einem Zeitpunkt, als wärmeres Klima vorherrschte oder der Grundwasserspiegel tiefer lag. In Abschn. 2.23 wird besprochen, wie der Vorverdichtungsdruck durch Laborversuche bestimmt werden kann.

Die Größe der Zusammendrückbarkeit in einem Punkt des Verdichtungsdiagrammes ist durch die Neigung der Kurve in dem betreffenden Punkt angegeben, indem der *Verdichtungsmodul K* eingeführt wird, der durch die Gleichung

$$\frac{-de}{1+e} = \frac{d\bar{q}}{K} \qquad (1.31.1)$$

definiert ist. Es ist ersichtlich, daß die Definition analog der durch das HOOKEsche Gesetz gegebenen Definition des Elastizitätsmoduls ist, abgesehen von dem Seitendruck und der Querdehnung, die nicht in Gl. (1.31.1) enthalten sind.

Infolge Gl. (1.31.1) entspricht K der *Tangentenneigung* des Verdichtungsdiagrammes. Es ist am gebräuchlichsten, die Differentiale de und $d\bar{q}$ durch endliche Differenzen zu ersetzen, wobei K der *Sehnenneigung* entsprechen wird. In diesem Fall soll statt e im Nenner $(1 + e)$ der Wert e_0 (die Porenziffer in situ) eingesetzt werden, so daß die Zusammendrückung im Verhältnis zur ursprünglichen Stärke der Tonschicht steht.

Bei normalverdichtetem Ton ist K in einem großen Teil der $\bar{q}$-Skala proportional dem $\bar{q}_0$, und hier kann vorteilhaft der sogenannte *Verdichtungsindex C* benutzt werden, der als

$$C = \frac{-de}{d(\log\bar{q})} \qquad (1.31.2)$$

definiert wird. C ist konstant bei einer Verdichtungskurve, die geradlinig in der logarithmischen $\bar{q}$-Skala ist.

Bei normalverdichtetem Ton (wie auch bei Sand) besteht zwischen Seitendruck und der senkrechten Spannung ein fast konstantes Verhältnis. Dieses Verhältnis, der *Ruhedruckbeiwert*, ist meistens 0,6 bis 0,8.

Die Entlastung des senkrechten Druckes hat eine langsamere Verminderung des Seitendruckes zur Folge, der somit bei vorverdichtetem Ton wesentlich größer sein kann als die senkrechte Spannung.

In dem eben Genannten ist nur von senkrechter Zusammendrückung des Bodens die Rede gewesen, wo die waagerechten Formänderungen verhindert waren. In der Praxis kann jede Kombination senkrechter und waagerechter Zusammenpressung vorkommen. Die bisher behandelte senkrechte Zusammenpressung wird daher *gewöhnliche oder einachsige Verdichtung* genannt. Wird die Zusammenpressung durch *hydrostatischen Druck*, d. h. durch den gleichen Druck in allen 3 Richtungen hervorgebracht, so spricht man von *allseitiger Verdichtung*. Die Verdichtungskurve gleicht völlig der der einachsigen Verdichtung (Abb. 1.31.C), liegt aber etwas tiefer. Auf Grund der Anisotropie des Bodens wird die Zusammendrückung nicht in allen 3 Richtungen die gleiche sein.

1.32 Schubformänderungen

Während im vorigen Abschnitt Formänderungen behandelt wurden, bei denen die Volumenänderung das Entscheidende war, soll nun der allgemeine Fall, wo das Bodenelement von gewissen Normalspannungen σ_1, σ_2, und σ_3 in 3 zueinander rechtwinkeligen Richtungen beeinflußt wird, wie in Abb. 1.32.A angedeutet, besprochen werden. Die Spannungen werden so numeriert, daß $\sigma_1 \geqq \sigma_2 \geqq \sigma_3$ ist. Die Abbildung repräsentiert einen *beliebigen Spannungszustand* in einem beliebigen Punkt einer Bodenmasse.

Mit Rücksicht auf die folgende Darstellung genügt es, den Fall zu betrachten, bei dem $\sigma_2 = \sigma_3$ ist und σ_3 konstant gehalten wird, während σ_1 vom Ausgangswert $\sigma_1 = \sigma_3$ anwächst. Dieses entspricht übrigens einem *triaxialen Druckversuch* (s. Abschn. 2.25) mit wachsender senkrechter Spannung und konstantem Seitendruck.

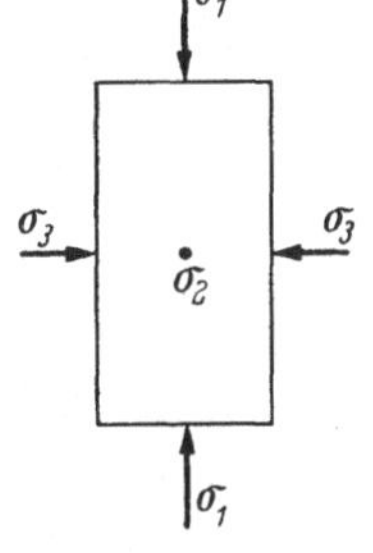

Abb. 1.32.A. Triaxialer Spannungszustand

Da bei einem solchen Druckversuch wachsende Schubspannungen $\tau = 1/2\,(\sigma_1 - \sigma_3)$ auftreten, gibt es gewisse Verschiebungen der Körner im Verhältnis zueinander. Die hierdurch entstehenden Formänderungen werden *Schubformänderungen* genannt.

Ist die Rede von *Sand*, dann wird der Versuch gewöhnlich mit ganz trockenem Material durchgeführt, und die Schubformänderungen werden mit gewissen Volumenänderungen verbunden sein.

Bei feinkörnigen Bodenarten wie *Ton*, kann der Triaxialdruckversuch auf verschiedene Weise durchgeführt werden; entweder indem man zuläßt, daß Wasser ausgepreßt wird (Dränage) oder indem man es verhindert (s. Abschn. 2.25). Für einen undränierten Versuch mit wassergesättigtem Ton ist das Volumen der Probe konstant, und es handelt sich dann um reine Schubformänderungen. Geschieht dagegen eine Auspressung des Wassers, so handelt es sich um eine Kombination von Schubformänderung und Verdichtung.

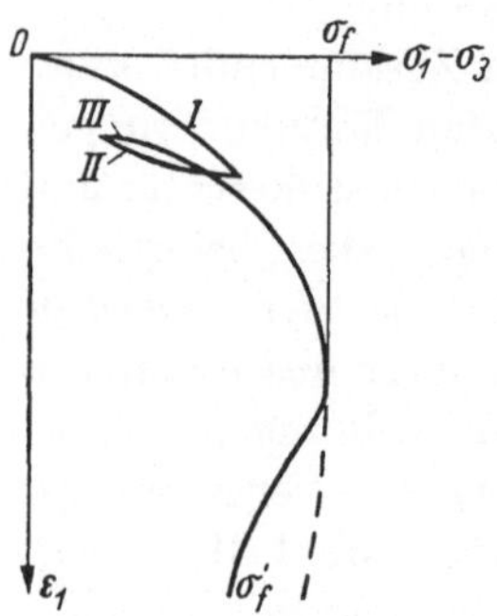

Abb. 1.32.B. Arbeitskurve des Druckversuches

Abb. 1.32.B zeigt die allgemeine Form der *Arbeitskurve* bei einem Druckversuch, wobei die Differenzspannung $\sigma_1 - \sigma_3$ als Abszisse und die Verkürzung ε_1 als Ordinate eingezeichnet ist. Der *Entlastungsast II* und der *Wiederbelastungsast III* bilden eine Belastungsschleife mit *reversiblen Formänderungen*. Bei σ_f erreicht die Differenzspannung ihren maximalen Wert, der *Druckfestigkeit* genannt wird. Nach dem Bruch fällt die Arbeitskurve in gewissen Fällen (bei locker gelagertem Sand oder geknetetem Ton) fast senkrecht, wie durch die punktierte Linie angegeben, während sich in anderen Fällen die Spannung um einen neuen Wert σ_f' stabilisiert.

Im übrigen werden die Schubformänderungen bei Sand und Ton im folgenden Abschnitt einzeln diskutiert werden.

1.33 Schubformänderungen bei Sand

Die Schubformänderungen im Sand entstammen teilweise von einer Bewegung der Körner im Verhältnis zueinander, d.h. von *Gleitungen* an den Berührungspunkten, und zum Teil von einer *Plattdrückung* der einzelnen Körner an den Berührungspunkten. Eventuelle Quetschungen der Ecken oder Kanten scheinen keine praktische Bedeutung bei Sandformänderungen zu haben.

Plattdrückungsformänderungen sind an sich im Verhältnis zu Gleitungsformänderungen klein, wie es aber später noch ersichtlich wird, sind sie bei einigen Gleitungen von wesentlicher Bedeutung.

Plattdrückungsformänderungen können als *elastische* Formänderungen angesehen werden, wogegen Gleitungen als *plastische* Formänderungen bezeichnet werden müssen. Gleitungen sind in der Weise zu verstehen, daß die relative Bewegung von zwei Körnern, die einander berühren, normalerweise klein ist im Verhältnis zum Korndurchmesser (höchstens einige Prozent), während es eine seltene Ausnahme ist, daß zwei Körner einander „passieren". Erst bei einem Spannungszustand nahe des Bruches wird eine wesentliche Anzahl der Körner so weit gleiten, daß sie ihre Nachbarkörner passieren.

Um die Natur der Gleitungen bei Sand zu erklären, wird ein triaxialer Druckversuch mit trockenem Sand (vgl. Abb. 1.32.A) betrachtet, wobei σ_1 stufenweise vom Ausgangswert $\sigma_3 (= \sigma_2)$ bis zum Bruch wächst.

Werden vor Beginn des Versuches, wo allseitiger Druck herrscht, die Kräfte betrachtet, die zwischen je zwei Sandkörnern in den Berührungspunkten übertragen werden, so erhält man ein Bild wie in Abb. 1.33.A gezeigt, wo die Kontaktkräfte symbolisch mit σ_3 bezeichnet sind, weil sie mit dieser Größe proportional sind. Neuere Untersuchungen scheinen zu zeigen, daß die meisten dieser Kontaktkräfte nur wenig von der Normalen zur Berührungsfläche abweichen.

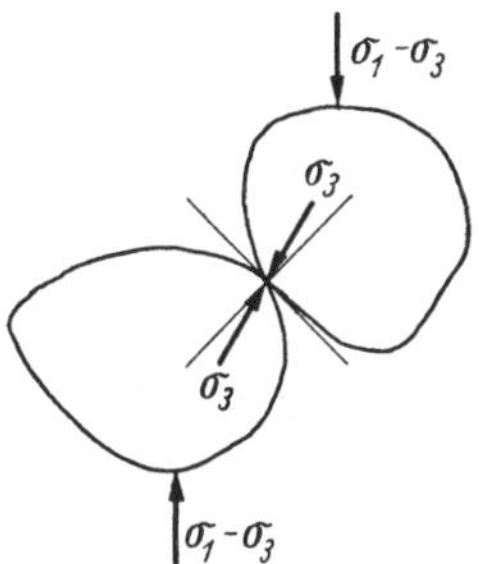

Abb. 1.33.A. Kräfte zwischen zwei Sandkörnern

Wenn die senkrechte Spannung von σ_3 bis σ_1 (ein wenig) gesteigert wird, wird die Differenzspannung $\sigma_1 - \sigma_3$ Anlaß zu einer kleinen Drehung der Kontaktkräfte geben (vgl. die symbolischen Kräfte $\sigma_1 - \sigma_3$ in der Abbildung). Durch diese Drehung wird jedoch zunächst nur in einzelnen Fällen der Reibungswinkel für Quarz gegen Quarz überschritten werden. Allmählich trifft dieses aber für immer mehr Kontaktpunkte zu, wobei die Körner aneinander gleiten. Diese Gleitungen werden *primäre Gleitungen* genannt.

Denkt man sich zwei Versuche ausgeführt mit $\sigma_3 = 1$ kg/cm² bzw. $\sigma_3 = 2$ kg/cm², so wird der Druck zwischen den Körnern im letzteren Fall doppelt so groß sein wie im ersteren. Um entsprechende Gleitungen hervorzurufen, muß die Differenzspannung daher auch doppelt so groß sein, da es sich um ein Reibungsphänomen handelt. Die primären Gleitungen werden hiernach eine Funktion des *Spannungsverhältnisses*

$$\frac{\sigma_1 - \sigma_3}{\sigma_3}$$

sein.

Nach obiger Folgerung sollte im Anfang fast keine plastische Formänderung (Gleitungen) vorhanden sein; dieses erweist sich jedoch als nicht richtig, und die Ursache hierzu sind die elastischen Deformationen (die Plattdrückung der Körner in den Kontaktpunkten). Auf Grund des unregelmäßigen Aufbaues der Sandstruktur können diese Plattdrückungen nicht ohne gewisse kleinere lokale Umlagerungen stattfinden, d.h. nicht ohne kleine relative Verschiebungen der Körner im Verhältnis zueinander. Diese Gleitungen werden *sekundäre Gleitungen* genannt, da sie indirekt (durch die elastischen Deformationen) hervorgebracht werden, während die primären Gleitungen sich direkt durch Spannungen entwickeln.

Es kann leicht bewiesen werden, daß die elastischen Deformationen proportional zu $\sigma^{2/3}$ sind, und es ist natürlich anzunehmen, daß dies auch für die sekundären Gleitungen gilt, was durch Versuche bestätigt wird.

Alles in allem führt das für die spezifische Verkürzung in der σ_1-Richtung zu folgender *Gleichung*:

$$\varepsilon_1 = f_1'\left(\frac{\sigma_1 - \sigma_3}{\sigma_3}\right) + \frac{\sigma_1^{2/3} - \sigma_3^{2/3}}{E_s^{2/3}}\left[f_1^{\text{el}} + f_1''\left(\frac{\sigma_1 - \sigma_3}{\sigma_3}\right)\right]. \qquad (1.33.1)$$

Hierbei sind:

f_1' die primären Gleitungen.
E_s der Elastizitätsmodul der Sandkörner (des Quarzes).
f_1^{el} eine Konstante, die den elastischen Formänderungen entspricht.
f_1'' die sekundären Gleitungen.

Solange das Verhältnis σ_1/σ_3 kleiner als 2 bis 2,5 ist, ist das zweite Glied in Gl. (1.33.1) (die sekundären Gleitungen) das wichtigste; übersteigt jedoch das Verhältnis die angegebene Grenze, so wird das erste Glied (die primären Gleitungen) schnell völlig dominierend.

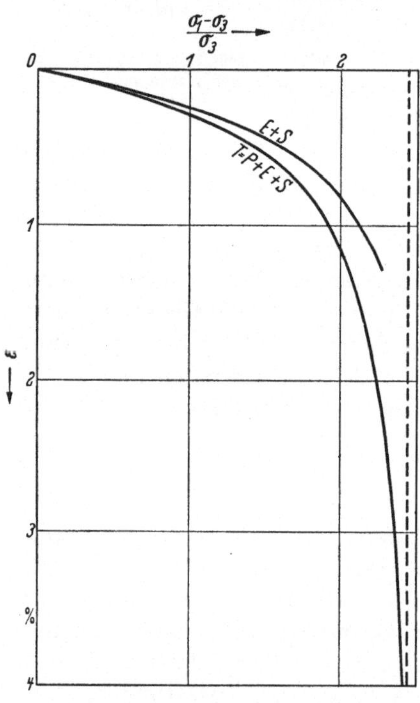

Abb. 1.33.B. Arbeitskurve für Sand

Abb. 1.33.B zeigt die *triaxiale Arbeitskurve* einer Sandprobe, wobei die Kurve $E + S$ die Summe der elastischen Deformationen und die sekundären Gleitungen angibt, während die Kurve T die totalen Deformationen darstellt. Die punktierte Linie gibt die Spannung beim Bruch an.

Ein kleinerer Teil sowohl der primären als auch der sekundären Gleitungen wird reversibel sein und daher zusammen mit den elastischen Gleitungen in einer Entlastungs- und Wiederbelastungsschleife auftreten. Diese *reversiblen Gleitungen* geben Anlaß zu schwacher Hysteresis.

Wird ein *Verdichtungsversuch* mit Sand in gleicher Weise analysiert wie soeben beim Triaxialversuch, so wird sich zeigen, daß elastische Formänderungen und die damit verbundenen sekundären Gleitungen auftreten, wogegen keine primären Gleitungen vorhanden sein können, weil das Verhältnis σ_3/σ_1 konstant (gleich dem Ruhedruckbeiwert 0,4 bis 0,5) ist. In der Gl. (1.33.1) fällt also das erste Glied fort, und f_1'' ist eine Konstante:

$$\varepsilon_1 = \left(\frac{\sigma_1}{E_s}\right)^{2/3}(f_1^{\text{el}} + f_1''). \qquad (1.33.2)$$

Wie man sieht, ist die Verdichtungskurve in der Abb. 1.31.B hiermit in guter Übereinstimmung.

1.34 Schubformänderungen bei Ton

Im Ton ist das Korn von einer Wasserhaut umgeben, darum kann ein Plattdrücken der Körner nicht stattfinden. Formänderungen können dadurch entstehen, daß Körner aneinander gedrückt werden, oder daß sie im Verhältnis zu einander verschoben werden. Die Kräfte werden zwischen den Körnern, welche einander genügend nahe sind, durch die Wasserhaut hindurch von Korn zu Korn (mit Hilfe von elektrochemischen Kräften) übertragen.

Bei Schubformänderungen in Ton mit konstantem Wassergehalt sollen sich einige der Körner, die durch elektrochemische Kräfte in Kontakt miteinander stehen, einander nähern (die Wasserhäute werden dünner), während sich andere voneinander entfernen sollen. Wird Ton verdichtet, so werden die Körner sich durchweg nähern. Nach dem heutigen Wissen besteht kein Grund, anzunehmen, daß Schubformänderungen und Verdichtungsformänderungen verschiedener Art sind.

Es steht nicht fest, ob es im Ton Formänderungen gibt, die im eigentlichen Sinne elastisch genannt werden können (d. h. HOOKES Gesetz folgen). Wenn solche existieren, sind sie jedenfalls viel geringer als die *plastischen*. Es ist daher ratsam, bis auf weiteres alle Formänderungen im Ton als plastische zu betrachten, und das gilt sowohl für Schubformänderungen wie auch für Verdichtungsformänderungen.

Bei einer Entlastung und Wiederbelastung (vgl. *II* und *III* in der Abb. 1.32.B) kann man die *reversiblen Formänderungen* zwischen zwei Spannungsgrenzen finden und den dazugehörigen Formänderungsmodul E definieren. Dieser Modul spielt natürlich u. a. bei Schwingungsvorgängen eine Rolle. Er darf jedoch nicht als ein Elastizitätsmodul aufgefaßt werden, denn er ist desto größer, je kleiner die schwingende Kraft ist (vgl. Hysteresis in der Abb. 1.32.B).

Die *Arbeitskurve* der totalen Schubformänderungen bei Ton ist sozusagen von Anfang an gekrümmt, und oft kann sie über eine lange Strecke einer Parabel von der Form

$$\varepsilon_1 = \alpha \left(\sigma_1 - \sigma_3 \right)^n \qquad\qquad (1.34.1)$$

angenähert werden (wobei σ_3 konstant gehalten wird). Der Wert n kann z. B. etwa 2 sein.

Unter diesen Umständen kann natürlich von einem konstanten Formänderungsmodul keine Rede sein. Bei vielen Anwendungen ist es aber sehr praktisch, eine Gerade der Arbeitskurve anzupassen und den dazugehörigen Modul zu verwenden. Es muß nur genau angegeben werden, wie groß der Teil der Arbeitskurve ist, den dieser Modul repräsentiert.

Oft wird z. B. der Punkt der Arbeitskurve verwendet, wo die Differenz-spannung

$$\sigma_1 - \sigma_3 = 0,50\,\sigma_f$$

ist, um einen „*Mittelmodul*" E_{50} mit Hilfe der zugehörigen Formänderung ε_{50} als

$$E_{50} = \frac{0,50\,\sigma_f}{\varepsilon_{50}} \tag{1.34.2}$$

zu definieren. Es ist selbstverständlich, daß E_{50} nur einen vagen Begriff von dem Verlauf der Arbeitskurve bei kleinen Spannungen gibt; bei Spannungen größer als $0,50\,\sigma_f$ ist E_{50} bei normalen Tonarten auf Grund der starken Krümmung in der Nähe des Bruches ohne Interesse.

Aus dem soeben Angeführten und aus Abschn. 1.31 ist folgendes zu entnehmen: Wenn sich die Belastung einer wassergesättigten Tonmasse verändert, so werden dadurch plastische Formänderungen hervorgerufen. Man kann diese wiederum in zwei Gruppen einteilen:

1. Schubformänderungen, bei denen das Volumen der Tonmasse nicht ver-ändert wird.

2. Verdichtungsformänderungen, bei denen eine Wasserauspressung geschieht.

Sofern es sich um eine größere Tonmasse handelt, kann die Wasser-auspressung lange Zeit beanspruchen. Daher werden die Schubform-änderungen auch *initiale Formänderungen* genannt. Dieses darf nicht in der Weise aufgefaßt werden, daß die ganze Schubformänderung plötz-lich geschieht, denn alle plastischen Formänderungen benötigen eine ge-wisse Zeit (vgl. die Besprechung des Kriechens in Abschn. 1.35). In der Praxis werden aber die initialen Formänderungen bei Bauwerken nor-malerweise auftreten, bevor die Verdichtungsformänderungen richtig be-gonnen haben.

In *nicht-wassergesättigtem Ton* wird im Augenblick der Belastungs-änderung ein Zusammendrücken der Luft geschehen, und diese Volumen-veränderung gehört natürlich zu den initialen Formänderungen.

1.35 Rheologische Erscheinungen

Unter *Rheologie* ist die Lehre von den Formänderungen plastischer Körper zu verstehen. Als Grenzfälle umfaßt die Rheologie die Lehre von elastischen Körpern auf der einen Seite und die Lehre von viskosen Flüs-sigkeiten auf der anderen Seite. In diesen Grenzfällen hängt die Schub-spannung nur von der Formänderung (reine Elastizität), bzw. nur von der Formänderungsgeschwindigkeit (reine Viskosität) ab. In allen Zwischenfällen (plastische Stoffe) ist die Schubspannung sowohl von der Formänderung als auch von der Formänderungsgeschwindigkeit und im allgemeinen auch von früheren Formänderungen abhängig. Sand und Ton sind typische Beispiele von plastischen Stoffen. Es ist daher er-

forderlich, ihre rheologischen Eigenschaften kurz zu erläutern. Da die
Rheologie eine junge Wissenschaft ist, hat sie im wesentlichen noch
phänomenologisch-empirischen Charakter, während die analytische
Rheologie noch im Werden ist,

Eine Erscheinung von fundamentaler Bedeutung innerhalb der Rheologie ist das sogenannte *Kriechen*, damit ist gemeint, daß die Formänderungen zeitabhängig sind. Bei der Anbringung der Belastung kommt
teils eine augenblickliche Formänderung zustande und teils ein mit der
Zeit wachsendes Kriechen. Das Kriechen je Zeiteinheit ist zu Beginn am
größten und nimmt mit der Zeit stark ab.

Der Ton ist in der Bodenmechanik immer als ein plastischer Stoff
mit bedeutendem Kriechen angesehen worden. Daß Sand auch wesent-

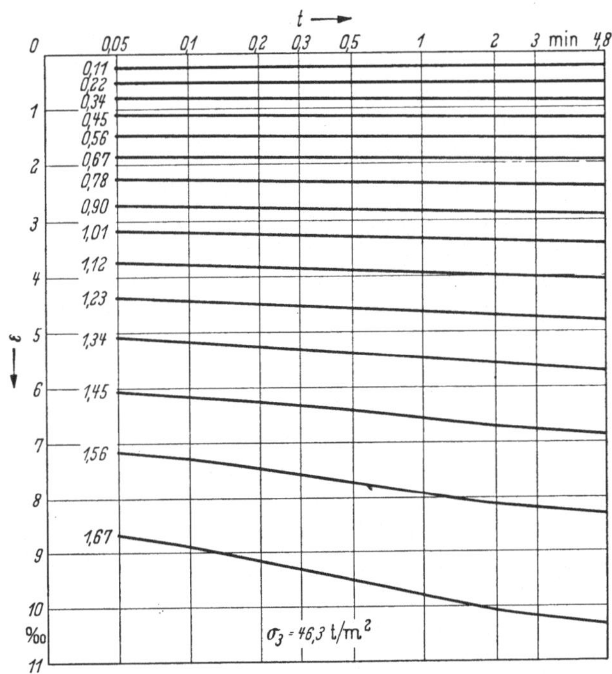

Abb. 1.35.A. Kriechen bei triaxialem Druckversuch mit Sand

liches Kriechen zeigt, geht aus der Abb. 1.35.A hervor, wo die Kurven
das Anwachsen der Formänderung im Laufe der Zeit bei den einzelnen
Belastungsstufen eines triaxialen Druckversuches darstellen. Der Wert
des Verhältnisses $(\sigma_1 - \sigma_3)/\sigma_3$ ist an jeder Kurve vermerkt.

Es ist nicht möglich, allgemeine Formeln für die Variation des Kriechens mit der Zeit anzugeben. Aus Mangel an Theorien wird gewöhnlich
in der empirischen Rheologie das Kriechen als Funktion der Zeit in einem

doppeltlogarithmischen Diagramm dargestellt, welches sich beim näheren Studium des Kriechens von Ton ebenfalls anwenden läßt.

Bei Sandversuchen mit verschiedenen Belastungstypen wird das Kriechen oft proportional mit log t bei den unteren Belastungsstufen gefunden. Bei höheren Belastungsstufen (dem Bruch entgegen) kann das Kriechen anfangs linear mit der Zeit sein, um danach allmählich zum gewöhnlichen logarithmischen Kriechen überzugehen.

Das Kriechen in den einzelnen Belastungsstufen ist bis zu einem gewissen Grade relativ. Wird eine Belastungsstufe sehr lange beibehalten, so ist auch das Kriechen in dieser Stufe entsprechend groß, und das Ergebnis ist eine Verminderung der Formänderung in der nachfolgenden Belastungsstufe.

Bei Verdichtungsversuchen mit Ton entsteht, wenn der Überdruck im Porenwasser verschwunden ist, ein Kriechen, die sogenannte sekundäre Verdichtung, die mit log t proportional ist (s. Abschn. 2.23).

Es ist eine Folge des Kriechens, daß der Widerstand gegen eine bestimmte Formänderung von der *Formänderungsgeschwindigkeit* abhängt. Wenn eine Formänderung schnell erzwungen wird, ist der Widerstand größer als bei einer kleinen Formänderungsgeschwindigkeit.

Eine weitere Konsequenz des Kriechens ist die Erscheinung, die *Relaxation* genannt wird und worunter folgendes zu verstehen ist: Um eine gewisse Formänderung hervorzurufen, ist eine bestimmte Spannung erforderlich. Wird die Formänderung danach konstant gehalten, so nimmt die Spannung mit der Zeit ab; zunächst schnell, aber allmählich langsamer und langsamer.

Schließlich ist es auch eine Folge des Kriechens, daß man bei *wiederholter Belastung* ständig *wachsende Formänderungen* erhält. Eine Reihe von Versuchen zeigt, daß der Formänderungszuwachs ungefähr dem Logarithmus der Anzahl der Belastungswiederholungen folgt.

Eine andere rheologische Erscheinung ist die *Hysteresis*, die sich dadurch zeigt, daß ein Entlastungsast und der dazugehörige Wiederbelastungsast nicht zusammenfallen. Beispiele der Hysteresisschleifen sind in Abb. 1.31.C und 1.32.B gezeigt. Der letzte Teil des Entlastungsastes weist häufig etwas „negatives Kriechen" auf, d.h. eine mit der Zeit abnehmende Formänderung. Im wesentlichen könnte die Hysteresis vielleicht als ein Ergebnis des Kriechens auf den zwei Ästen erklärt werden, aber es hängt doch wohl eher damit zusammen, daß Kriechen und Hysteresis eine gemeinsame Ursache in der Wechselwirkung zwischen zwei Energieformen haben.

Die letzte rheologische Erscheinung, die erwähnt werden soll, ist die sogenannte *Formänderungshärtung*, die bei einigen Bodenarten auftritt und sich als Erhöhung der Festigkeit, verursacht durch vorausgehende Formänderung (Kriechen), zeigt.

1.4 Schubfestigkeit

1.41 Mohrs Spannungskreis

Der MOHRsche Spannungskreis sowie dessen Herleitung wird hier als bekannt vorausgesetzt. Nur sei erwähnt, daß die Druckspannungen in der Bodenmechanik positiv gerechnet werden.

Normalerweise wird nur der MOHRsche Kreis verwendet, der der größ-ten Hauptspannung σ_1 und der kleinsten Haupt-

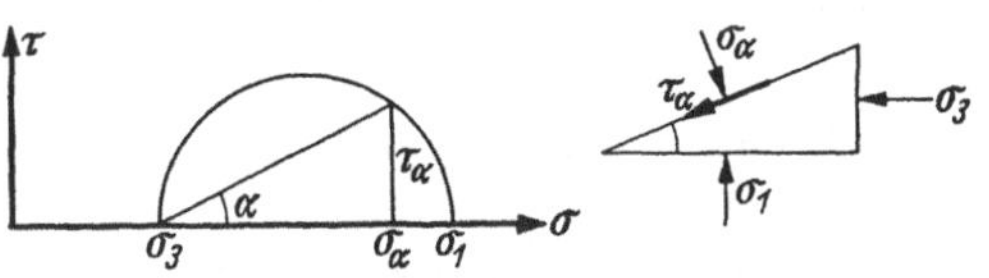

Abb. 1.41.A. MOHRs Spannungskreis

spannung σ_3 (Abb. 1.41.A) entspricht. Aus diesem Kreis findet man bekanntlich leicht die Normalspannung σ_α und die Schubspannung τ_α in einer Ebene, welche die mittlere Hauptspannung σ_2 enthält und mit der Richtung von σ_3 den Winkel α bildet.

1.42 Bruchbedingungen

Es ist von vornherein einleuchtend, daß alle Bruchbedingungen bei Bodenarten prinzipiell durch die *wirksamen Spannungen* ausgedrückt werden müssen; eine Erhöhung der neutralen Spannungen bis zu einem beliebigen Wert kann nämlich keinen Einfluß auf den Bruchzustand haben, weil das Wasser keine Schubspannung aufnehmen kann. Das Ein-führen des Begriffes „wirksame Spannungen" durch TERZAGHI im Jahre 1925 war daher ein bahnbrechender Faktor in der Entwicklung der modernen Bodenmechanik.

Wenn man isotropen Boden betrachtet, d.h. eine Bodenart, deren Formänderungs- und Festigkeitseigenschaften in allen Richtungen gleich sind, so folgt daraus, nach den allgemeinen mathematischen Prinzipien von invarianten Größen, daß eine *wissenschaftlich korrekte Bruch-bedingung* alle drei wirksamen Hauptspannungen in symmetrischer Weise enthalten muß. In den letzten Jahren ist innerhalb der Bodenmechanik versucht worden, auf diese Weise dem generellen Bruchproblem auf den Grund zu gehen, aber man ist von einer Aufklärung noch weit entfernt, u. a. weil genaue Versuchsdaten sowie ein tieferes theoretisches Verständ-nis fehlen. Der Umstand, daß eine Bodenart durch die Formänderungen, welche die Belastung mit sich bringt, anisotrop werden kann, ist übrigens eine Hinderung für die Anwendung des Invarianzprinzipes in der Boden-mechanik.

Alle Versuche zeigen jedoch deutlich, daß $\bar\sigma_1$ und $\bar\sigma_3$ den größten Ein-fluß auf die Festigkeit haben, und in der Praxis begnügt man sich mit *Bruchbedingungen, die nur diese zwei Hauptspannungen enthalten.*

Wird bei Versuchen die Schubfestigkeit bestimmt, so ist sicherheits-
halber $\bar{\sigma}_2 = \bar{\sigma}_3$ zu wählen (so wie es bei triaxialen Druckversuchen der
Fall ist). Der andere Grenzfall $\bar{\sigma}_2 = \bar{\sigma}_1$ ergibt infolge neuerer Untersuchungen eine Schubfestigkeit, die bei Ton 10 bis 20% höher liegt, wes-
halb es hier als zulässig gelten darf, vom *Einfluß der mittleren Hauptspannung* abzusehen .Bei Sand bedeutet $\bar{\sigma}_2$ wesentlich mehr, aber es gibt
noch keine rationellen Methoden, bei denen dieses berücksichtigt werden
kann. Die Steigerung der Schubfestigkeit, die man erhält, wenn $\bar{\sigma}_2 > \bar{\sigma}_3$
ist, wird daher normalerweise nur als eine zusätzliche (unbekannte)
Sicherheit aufgefaßt.

Die Bruchbedingung bei einer *gegebenen Bodenart mit bestimmter
Porenziffer* wird am besten durch die eine Reihe MOHRscher Kreise um-
hüllende Kurve ausgedrückt, wobei jeder Kreis für sich einen Bruch-

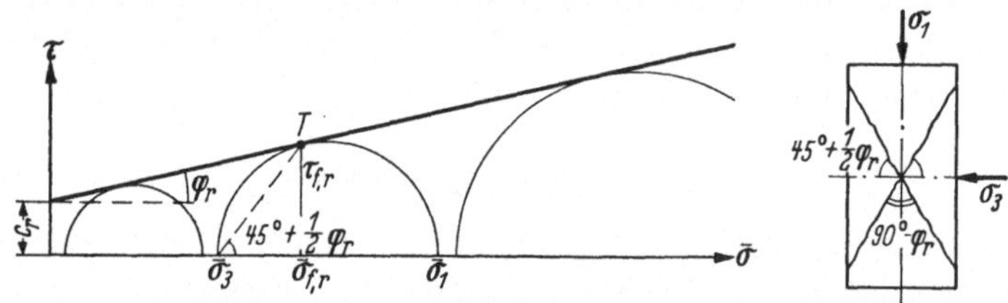

Abb. 1.42.A. Die echte Bruchbedingung (HVORSLEV)

zustand ($\bar{\sigma}_1$, $\bar{\sigma}_3$) darstellt. In der Praxis kann diese Kurve mit genügender
Genauigkeit, wie in Abb. 1.42.A gezeigt, als eine Gerade angenommen
werden. Man sagt, daß die *echte Bruchbedingung*, auch *Hvorslevsche
Bruchbedingung* genannt, durch die zuvor beschriebene Gerade repräsentiert wird.

Diese HVORSLEVsche Linie ist durch das auf der τ-Achse abgeschnit-
tene Stück c_r und durch die Neigung φ_r im Verhältnis zur $\bar{\sigma}$-Achse gekennzeichnet. Die Strecke c_r wird die *echte Kohäsion* genannt, während
man φ_r als den *echten Reibungswinkel* bezeichnet. Beide Begriffe zusammengefaßt bilden die *echten Schubfestigkeitsbeiwerte*. Weil der Tangentpunkt T der wirksamen Normalspannung $\bar{\sigma}_{f,r}$ und einer Schubspannung $\tau_{f,r}$ entspricht, kann die *echte Bruchbedingung* als

$$\tau_{f,r} = c_r + \bar{\sigma}_{f,r} \tan \varphi_r \,. \qquad (1.42.1)$$

geschrieben werden.

Ist eine Hüllkurve von einer Reihe MOHRscher Kreise für den gleichen
Baustoff vorhanden (Abb. 1.42.A), so entspricht der Tangentpunkt T
bekanntlich der *Bruchfläche* (dieses ist durch eine gedachte infinitesimale
Änderung des MOHRschen Kreises im Bruchzustand einzusehen). Infolge
der Abbildung bilden die Bruchfläche und die $\bar{\sigma}_3$-Richtung einen Winkel

von $45° + 1/2\,\varphi_r$. Die Abb. 1.42.A ist die gebräuchliche Darstellung der MOHRschen Kreise innerhalb der Bodenmechanik. In Wirklichkeit muß die ganze Abbildung gleichzeitig in der $\bar{\sigma}$-Achse gespiegelt werden. Es handelt sich also tatsächlich um *zwei Bruchflächen* (s. rechten Teil der Abb. 1.42.A), die gegenseitig einen Winkel von $90° - \varphi_r$ bilden und die symmetrisch um die zwei Hauptspannungsrichtungen liegen.

Da infolge der Bruchbedingung nur die Spannungen in der (σ_1, σ_3)-Ebene Interesse haben, wird oft das Wort Bruchflächen durch *Bruchlinien* ersetzt.

Die Spannungen $\bar{\sigma}_{f,\,r}$ und $\tau_{f,\,r}$ sind die *echten Bruchspannungen*.

Wie oben hervorgehoben, basiert die echte Bruchbedingung auf der wirksamen Spannung bei einer bestimmten Bodenart, wenn diese sich bei verschiedenen äußeren Bedingungen, aber mit gleicher Porenziffer, im Bruchzustand befindet. Bei Sand ist die echte Bruchbedingung leicht zu bestimmen und für die Anwendung von entscheidender Bedeutung (s. Abschn. 1.43). Bei Ton ist die Bestimmung dagegen schwierig, aber bei

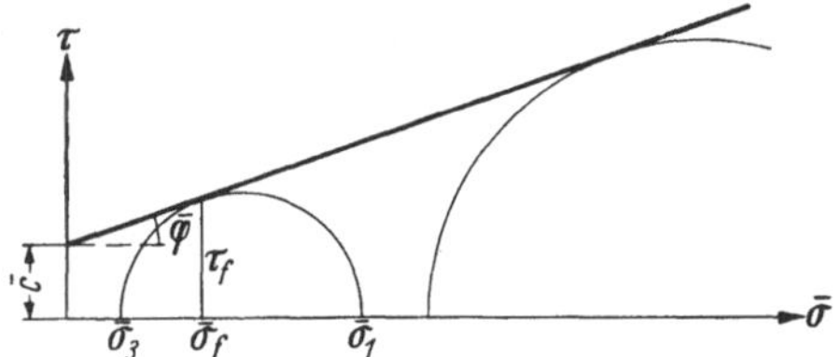

Abb. 1.42.B. Die wirksame Bruchbedingung

den Untersuchungen der Bruchprobleme ist der Gebrauch der echten Bruchbedingungen nicht direkt erforderlich (s. Abschn. 1.44 bis 1.46). Daher ist es praktisch, auch andere Bruchbedingungen einzuführen.

Werden bei einer *gegebenen Bodenart mit veränderlicher Porenziffer* durch eine Reihe MOHRscher Kreise die *wirksamen Spannungen* im Bruchzustand bestimmt, kann in der Praxis mit genügender Genauigkeit eine geradlinige Hüllkurve (Abb. 1.42.B) aufgetragen werden, die als die *wirksame Bruchbedingung* bezeichnet wird. Diese wird als

$$\tau_f = \bar{c} + \bar{\sigma}_f \tan \bar{\varphi} \qquad (1.42.2)$$

geschrieben, wobei $\bar{c}$ die *wirksame Kohäsion* und $\bar{\varphi}$ der *wirksame Reibungswinkel* ist.

Während die echten Schubfestigkeitsbeiwerte einer gegebenen Bodenart eindeutige Funktionen der Porenziffer sind, muß schon hier betont werden (s. Näheres unter Abschn. 1.45), daß die *wirksamen Schubfestigkeitsbeiwerte* von der geologischen Geschichte der Bodenart abhängen.

Sowohl die echten als auch die wirksamen Schubfestigkeitsbeiwerte sind in den wirksamen Spannungen begründet, und ihre Anwendung erfordert also eine Kenntnis des Porendruckes. In gewissen Fällen ist es möglich, ein Bruchproblem allein mit Hilfe der totalen Spannungen zu analysieren. Daher mögen die MOHRschen Kreise für die *totalen Span-*

nungen bei verschiedenen Belastungszuständen mit der zugehörigen Hüllkurve konstruiert werden. Wird diese Kurve als Gerade angenommen (Abb. 1.42.C), so handelt es sich um die *scheinbare Bruchbedingung*, die auch die *Coulombsche Bruchbedingung* genannt wird,

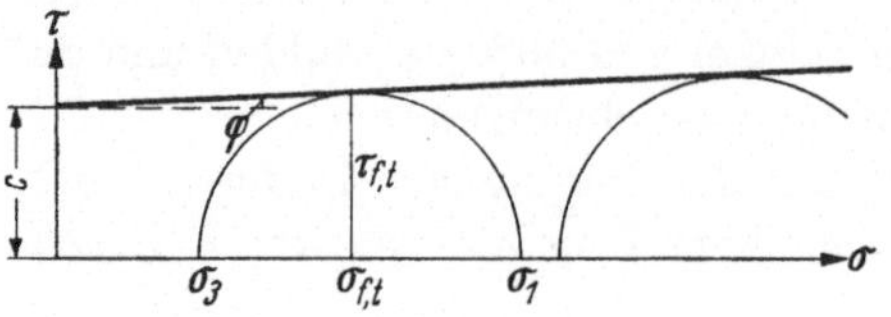

$$\tau_{f,t} = c + \sigma_{f,t} \tan \varphi, \quad (1.42.3)$$

wobei c die *scheinbare Kohäsion* und φ der *scheinbare Reibungswinkel* ist.

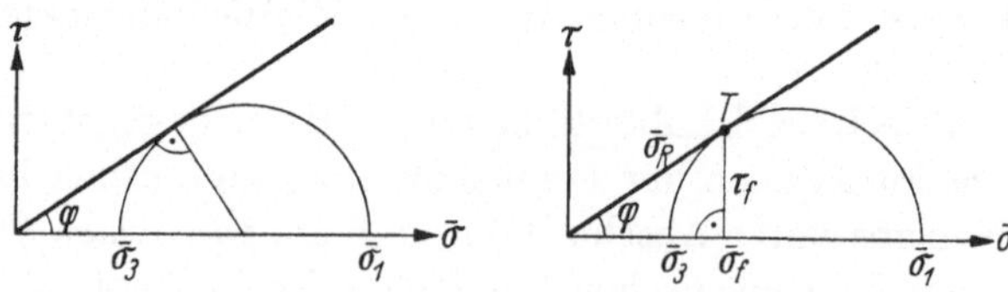

Abb. 1.42.C. Die scheinbare Bruchbedingung (COULOMB)

Die *scheinbaren Schubfestigkeitsbeiwerte* sind nicht nur von der geologischen Geschichte, sondern in hohem Grade auch davon abhängig, wie die neue Belastung hinzugefügt wird.

Während COULOMBS Bruchbedingung schon aus dem Jahre 1776 stammt, erschien die von HVORSLEV im Jahre 1936, und die wirksame Bruchbedingung kam erst nach 1950 richtig zur Anwendung. Solange nur mit COULOMBS Bruchbedingung gearbeitet wurde, konnte man bei Versuchen mit einer gegebenen Tonart fast jeden Wert der „Kohäsion" und des „Reibungswinkels" erhalten. Das liegt daran, daß die scheinbaren Beiwerte sehr vom Dränierungszustand abhängen, wobei jeder Zustand zwischen „völliger" und „keiner Dränierung" denkbar ist. Es hat also nur dann einen Sinn, von scheinbaren Beiwerten zu sprechen, wenn die Belastungs- und Dränierungsumstände genau definiert sind.

1.43 Schubfestigkeit von Sand

In den letzten Jahren ist versucht worden, eine Umwertung des Begriffes „Schubfestigkeit von Sand" zu schaffen. Wenn diese Bestrebungen zu Ende geführt sind, wird eine rationellere Auffassung von der Wechselwirkung zwischen den Spannungen und den Formänderungen entstehen, die eine epochemachende Bedeutung für große Gebiete der

Abb. 1.43.A. Bruchbedingung bei Sand

Bodenmechanik haben wird. Diese Theorien sind jedoch noch nicht so weit entwickelt, daß sie in einer zusammenhängenden Darstellung der Bodenmechanik Verwendung finden können; deshalb muß man sich notwendigerweise hier mit der Wiedergabe der klassischen Theorie begnügen.

Sand ist eine *reine Reibungsbodenart*, weil die echte Kohäsion $c_r = 0$ ist. Der echte Reibungswinkel φ_r wird der Einfachheit halber nur mit φ bezeichnet, da es bei Sand keine Möglichkeit des Mißverstehens gibt.

Aus der in Abb. 1.43.A gezeigten Bruchbedingung bei Sand ist leicht die Relation zwischen Hauptspannungen und φ abzuleiten. Zum Beispiel erhält man aus dem links gezeigten rechtwinkligen Dreieck

$$\sin \varphi = \frac{\frac{1}{2}(\bar{\sigma}_1 - \bar{\sigma}_3)}{\frac{1}{2}(\bar{\sigma}_1 + \bar{\sigma}_3)} = \frac{\bar{\sigma}_1 - \bar{\sigma}_3}{\bar{\sigma}_1 + \bar{\sigma}_3}. \tag{1.43.1}$$

Daraus folgt

$$\frac{\bar{\sigma}_1}{\bar{\sigma}_3} = \frac{1 + \sin \varphi}{1 - \sin \varphi} = \frac{1 - \cos(90 + \varphi)}{1 + \cos(90 + \varphi)} = \tan^2\left(45 + \frac{\varphi}{2}\right). \tag{1.43.2}$$

Das ergibt wiederum direkt

$$\frac{\bar{\sigma}_3}{\bar{\sigma}_1} = \tan^2\left(45 - \frac{\varphi}{2}\right). \tag{1.43.3}$$

Die beiden letzten Relationen haben in der Bodenmechanik eine wichtige Bedeutung.

In der Abb. 1.43.A gibt der Tangentpunkt T die Spannungen $\bar{\sigma}_f$ und τ_f der Bruchfläche an. Die Abbildung zeigt, daß $\bar{\sigma}_R^2 = \bar{\sigma}_3 \cdot \bar{\sigma}_1$ ist, oder

$$\bar{\sigma}_R = \bar{\sigma}_3 \tan\left(45 + \frac{\varphi}{2}\right) = \bar{\sigma}_1 \tan\left(45 - \frac{\varphi}{2}\right). \tag{1.43.4}$$

Ferner ist

$$\bar{\sigma}_f = \bar{\sigma}_R \cos \varphi = 2\,\bar{\sigma}_3 \sin^2\left(45 + \frac{\varphi}{2}\right) = 2\,\bar{\sigma}_1 \sin^2\left(45 - \frac{\varphi}{2}\right) \tag{1.43.5}$$

und

$$\tau_f = \bar{\sigma}_f \tan \varphi. \tag{1.43.6}$$

Der Reibungswinkel ist von folgendem abhängig:

1. Kornform.
2. Korngröße.
3. Kornverteilung.
4. Porenziffer.

Der *Einfluß der Kornform* besteht natürlich darin, daß scharfkantige Körner den größten Reibungswinkel ergeben.

Der *Korngrößeneinfluß* ist indirekt, weil kleinere Körner geneigt sind, sich lockerer zu lagern als größere. Wenn die Kornform und die relative Lagerungsdichte gleichartig sind, ergibt eine gut verteilte Sandsorte einen größeren Reibungswinkel als eine gut sortierte.

Die *Variation des Reibungswinkels mit der Porenziffer* folgt für eine gegebene Sandsorte nachstehender Relation

$$\varphi^\circ + a \log e = \text{konstant.} \tag{1.43.7}$$

Hier wird φ in Grad gemessen, und der Logarithmus der Porenziffer e wird mit der Grundzahl 10 angenommen. Diese empirische Formel ist aus der Bearbeitung einer Reihe durch CHEN (1948) sehr gewissenhaft ausgeführter Triaxialversuche abgeleitet worden. Die Konstante a soll daher CHENs Konstante genannt werden. Bei den soeben genannten und bei vielen später durchgeführten Versuchen hat es sich gezeigt, daß normalerweise

$$\text{CHENs Konstante } a = \text{etwa } 60° \tag{1.43.8}$$

gesetzt werden kann. Hiernach ergibt eine Erhöhung der Porenziffer von 4% eine Verminderung des Reibungswinkels von etwa 1°. Bei einigen Sand- und Kiessorten kann die Porenziffer sich so stark ändern, daß die Variation des Reibungswinkels 15° wird.

Die Bestimmung des Reibungswinkels muß natürlich normalerweise durch Messung erfolgen; entweder durch Laborversuche oder durch Feldversuche. Einen geschätzten Begriff von dessen Größe bei *gewöhnlichen Sand- und Kiessorten* kann man durch folgende Gleichung erhalten

$$\varphi = 36° + \varphi_1 + \varphi_2 + \varphi_3 + \varphi_4 , \tag{1.43.9}$$

wobei der Ausgangswert von 36° (der im Verhältnis zu den Versuchsresultaten etwas auf der sicheren Seite gewählt wurde) für eine Sandsorte gilt, die in jeder Hinsicht als eine „Mittelsandsorte" bezeichnet werden kann, während die Glieder φ_1 bis φ_4 Korrektionen der Abweichungen von den „Mitteleigenschaften" sind. Die Korrektionen können folgend veranschlagt werden:

Korrektion für die Kornform:

$$\varphi_1 = + 1° \text{ bei scharfen Körnern,}$$
$$= \quad 0° \text{ bei mittleren Körnern,}$$
$$= - 3° \text{ bei abgerundeten Körnern,}$$
$$= - 5° \text{ bei sehr runden Körnern.}$$

Korrektion für die Korngröße:

$$\varphi_2 = \quad 0° \text{ bei Sand,}$$
$$= + 1° \text{ bei feinem Kies,}$$
$$= + 2° \text{ bei mittlerem und grobem Kies.}$$

Korrektion für die Kornverteilung:

$$\varphi_3 = - 3° \text{ bei gut sortierten Sandsorten,}$$
$$= \quad 0° \text{ bei mittlerer Kornverteilung,}$$
$$= + 3° \text{ bei gut verteilten Sandsorten.}$$

Korrektion für die Lagerungsdichte:

$$\varphi_4 = - 6° \text{ bei lockerster Lagerung,}$$
$$= \quad 0° \text{ bei mittelfester Lagerung,}$$
$$= + 6° \text{ bei festester Lagerung.}$$

Faßt man alle reinen Reibungsbodenarten zusammen, so kann der *Reibungswinkel* sehr stark, nämlich *von 20° bis 60° variieren*. Dabei gilt der kleinste Wert für Schluff in lockerster Lagerung, während bei gleichmäßig verteiltem, scharfkantigem Kies (oder Schotter) in festester Lagerung die höchste Grenze erreicht werden kann.

Vor der Entstehung der modernen Bodenmechanik wurde der Reibungswinkel des Sandes meistens dem *Böschungswinkel* gleichgesetzt. Das ist jedoch völlig irreführend, denn bei trockenem und bei wassergesättigtem Sand entspricht der Böschungswinkel zwar dem für recht lockere Lagerung geltenden Reibungswinkel, der sich mit der Lagerungsmethode etwas ändert, aber bei feuchtem Sand kann der Böschungswinkel dagegen wesentlich größer werden.

Früher war es auch gebräuchlich, den Reibungswinkel unter Wasser kleiner anzunehmen als über Wasser. Das beruhte insofern auf einem Mißverständnis, weil der Reibungswinkel vom *Sättigungsgrad* unabhängig ist.

Wie in Abschn. 1.42 dargestellt, hängt die Schubfestigkeit nur von den *wirksamen Spannungen* ab. Bei trockenem Sand gibt es keine Probleme, da die totalen Spannungen den wirksamen Spannungen gleich sind. Bei feuchtem Sand gibt es einen Unterdruck im Porenwasser (Kapillarspannungen), so daß die wirksamen Spannungen größer sind als die totalen; feuchter Sand hat also eine größere Schubfestigkeit als trockener Sand.

Bei wassergesättigtem Sand muß auch der Porendruck bekannt sein, um die Schubfestigkeit berechnen zu können. In den meisten Fällen sind jedoch damit keine Schwierigkeiten verbunden, da auf Grund der großen Durchlässigkeit ein schneller Ausgleich der Potentialunterschiede geschieht. Der Vollständigkeit halber sei erwähnt, daß der Begriff wirksame Bruchbedingung [s. Gl. (1.42.2)] beim Sand keine Rolle spielt, weil die Porenziffer und daher auch der Reibungswinkel sich bei der Belastungsänderung nicht nennenswert verändern.

Falls eine *Strömung* im Sand vorhanden ist, muß man den Strömungsdruck berücksichtigen [s. Gl. (1.23.5)]. Bei aufwärtsgehender Strömung mit großem Gradient können die wirksamen Spannungen eventuell gleich Null werden, wobei der Sand seine Schubfestigkeit ganz verliert und fließend wird (Schwimmsand). Diese Probleme werden in Abschn. 3.2 näher erläutert.

In Verbindung mit der Porendruckfrage muß hier der sogenannte *Schwimmsandrutsch* erwähnt werden, der mit dem Begriff kritische Porenziffer zusammenhängt. Um diese Erscheinung zu verstehen, muß man zunächst die Volumenänderung des Sandes betrachten, z. B. bei einem Triaxialversuch. Man denke sich, daß $\bar{\sigma}_1$ allmählich von (dem festen Wert) $\bar{\sigma}_3$ bis zum Bruch erhöht wird. Unter dieser Einwirkung wird der Sandkörper natürlicherweise in senkrechter Richtung zusammengepreßt, und in waagerechter Richtung dehnt er sich etwas aus. Während des ersten Teiles dieses Prozesses wird das Ergebnis immer eine gewisse Volumenverminderung sein, was bei einer Betrachtung der Formänderungsenergie zu erkennen ist. In der Nähe des Bruches wird, abgesehen von sehr lockerer Lagerung, ein Volumenzuwachs entstehen, der darin begründet ist, daß die Körner aneinander vorbeiwandern müssen, sozusagen „übereinander gehoben" werden. Diese Dehnung vor dem Bruch wird *Dilatation* genannt.

Wie das Resultat von Volumenverminderung + Dilatation wird, hängt von der Porenziffer ab. Bei einer festgelagerten Sandmasse ist die Volumenverminderung gering, die Dilatation dagegen groß, so daß der Sand beim Bruch ein größeres Volumen hat als ursprünglich. Umgekehrt erfährt eine locker gelagerte Sandmasse durch einen großen Teil des Prozesses eine Volumenverminderung, während die Dilatation schließlich gering ist, weshalb der Sand hier beim Bruch ein kleineres Volumen als das ursprüngliche hat.

Wenn nun bei einer großen Masse von locker gelagertem und wassergesättigtem Sand, z. B. bei einem Damm, in einem begrenzten Gebiet eine große Formänderung entsteht, (eventuell ein Bruch infolge eines kleineren Erdbebens, einer Sprengung usw.), dann wird der Sand in dem betreffenden Bereich versuchen, sein Volumen zu vermindern. Hierbei bleibt etwas Wasser „übrig", und wenn dieses auf Grund der großen Ausbreitung der Sandmasse nicht durch die Oberfläche des Dammes herausströmen kann, entsteht ein Überdruck im Wasser. Die wirksamen Spannungen, und damit also auch die Schubfestigkeit des Sandes in dem begrenzten Gebiet, werden dadurch verringert. Ein größerer Teil der gesamten Schubkraft muß nun in die Nachbargebiete überführt werden, die dabei in die gleiche Situation kommen, wobei der Überdruck im Porenwasser sich zu den Seiten hin verbreitert. Die Folge davon ist, daß ein großer Teil der Sandmasse im Laufe weniger Sekunden fließend wird.

Ein Schwimmsandrutsch dieser Art beseitigte während des Baues des 66 m hohen Fort-Peck-Dammes eine Sandmasse von 4 Mill. m³, ebenso wie in mehreren Ländern durch entsprechende Rutschungen in den Abfallprodukten der Grubenbetriebe Naturkatastrophen verursacht wurden.

Da sehr lockere Lagerung somit eine potentielle Gefahr bedeutet, ist die Porenziffer, bei der die gesamte Volumenänderung bis zum Bruch gleich Null ist, als die sogenannte *kritische Porenziffer* e_{cr} definiert worden. Liegt die Porenziffer des Sandes über der kritischen, so wird also eine Tendenz zur Volumenverminderung bestehen, die gefährlich werden kann. Die ganze Formänderungsfrage ist jedoch so kompliziert (u. a. ist e_{cr} von $\bar{\sigma}_3$ abhängig), daß man das Problem als nicht vollständig gelöst betrachten muß. Auf jeden Fall kann festgestellt werden, daß die Gefahr des Schwimmsandrutsches in großen Massen von feinem, gleichartigem und locker gelagertem Sand besteht.

1.44 Die echte Schubfestigkeit von Ton

Die echte Schubfestigkeit von Ton wird normalerweise nicht bei praktischen Bruchproblemen angewandt, aber der Begriff ist zum Verstehen der wirksamen Schubfestigkeit (s. Abschn. 1.45) und der scheinbaren Schubfestigkeit (s. Abschn. 1.46) von Bedeutung.

Mit Hinweis auf Abschn. 1.42.1 hängt die echte Schubfestigkeit einer gegebenen Tonart mit einer bestimmten Porenziffer von zwei Größen ab: Der echten Kohäsion c_r und dem echten Reibungswinkel φ_r.

HVORSLEV (1937) zeigte, daß der *echte Reibungswinkel* unabhängig von der Porenziffer bei einer gegebenen Tonart als *konstant* angesehen werden kann. Heute muß jedoch hinzugefügt werden, daß dieses nur für „gewöhnliche" homogene Tonarten gilt, während man bei mageren Tonarten wie tonigem Schluff, und bei so kompakten Bodenarten wie Moränenlehm sicher damit rechnen muß, daß φ_r mit abnehmender Porenziffer etwas wächst (analog dem Sand). Da diese Bodenarten gleichzeitig etwas Kohäsion haben, sind sie als „Übergangsbodenarten" zu betrachten, die übrigens hier nicht diskutiert werden sollen. Für die eigentlichen

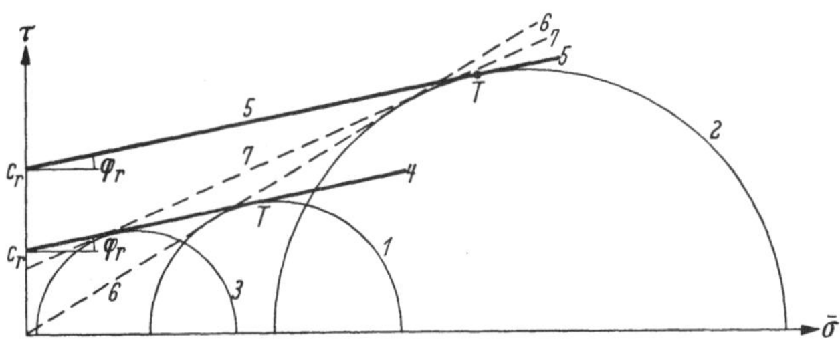

Abb. 1.44.A. Echte Schubfestigkeit von Ton

Tonarten sind Werte des φ_r bestimmt, die von 2° bei den fettesten (Bentonit) bis zu 30° bei den magersten variieren. Von hier aus besteht ein gleichmäßiger Übergang durch Schluff bis zu Sand und Kies.

Ebenfalls hat HVORSLEV gezeigt, daß die *echte Kohäsion* stark wächst, wenn die Porenziffer vermindert wird. Bei *normalverdichtetem Ton* gilt die Relation

$$c_r = \varkappa\,\bar\sigma_1 , \tag{1.44.1}$$

wobei $\bar\sigma_1$ die größte wirksame Hauptspannung beim Bruch ist. Da die echte Schubfestigkeit $\tau_{f,r} = c_r + \bar\sigma_{f,r} \tan\varphi_r$ ist, wachsen somit beide, der Kohäsions- und der Friktionsbeitrag, proportional zu den wirksamen Spannungen.

Bei normalverdichtetem Ton ist daher die echte Schubfestigkeit *proportional zu den wirksamen Spannungen*. Dieses Verhältnis wird durch

die Abb. 1.44.A illustriert, indem die Kreise *1* und *2* den Bruch einer
Probe normalverdichteten Tones darstellen, wobei die Spannungen des
Kreises *2* doppelt so groß als die des Kreises *1* sind. Die entsprechenden
Porenziffern sind e_1 und e_2; dabei ist e_2 natürlich kleiner als e_1, weil die
Probe in diesem Fall unter größerem Druck verdichtet worden ist. Die
echte Bruchbedingung der zwei Porenziffern ist durch die Linien *4* und *5*
dargestellt, die beide mit der $\bar{\sigma}$-Achse den Winkel φ_r bilden, aber auf
der τ-Achse die Strecken c_r im Verhältnis $1 : 2$ abschneiden, in Übereinstimmung mit Gl. (1.44.1).

Aus der Abb. 1.44.A geht hervor, daß alle Mohrschen Kreise, die
normalverdichtete Proben einer gegebenen Tonart darstellen, den Nullpunkt als gemeinsames Ähnlichkeitszentrum haben. Auf andere Weise
ausgedrückt, haben alle Kreise eine ge-
meinsame Tangente durch den Nullpunkt, die punktierte Linie *6*. Diese Linie
wird in Abschn. 1.45 näher besprochen.

Bei dem Verdichtungsdiagramm Abb.
1.44.B (das als Ausschnitt der Abb. 1.31.C
betrachtet werden kann) ist aus der
Stammkurve *I* abzulesen, welcher Verdichtungsdruck $\bar{q}_1$ und $\bar{q}_2$ der Porenziffer
e_1 und e_2 entspricht. In der Praxis ist
annähernd $\bar{q}_2 = 2\,\bar{q}_1$.

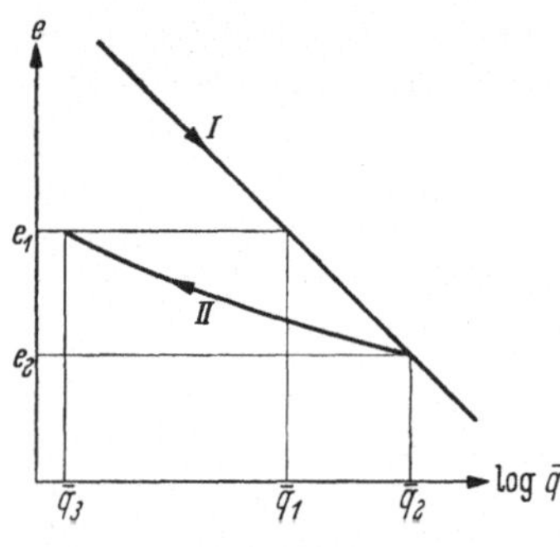

Abb. 1.44.B. Ausschnitt des Verdichtungsdiagrammes

Wird eine normalverdichtete Tonprobe mit dem Druck $\bar{q}_2$ zunächst verdichtet und dann bis zum Druck $\bar{q}_3$ ent-
lastet (Schwellung), so handelt es sich um einen *vorverdichteten Ton*.
Besonders $\bar{q}_3$ kann so gewählt werden, daß die Porenziffer $e_3 = e_1$ ist.
Aus der Abb. 1.44.B geht dann hervor, daß $\bar{q}_3$ wesentlich kleiner als $\bar{q}_1$
ist, weil der Entlastungsast *II* wesentlich flacher ist als die Stammkurve *I*.

Da die vorverdichtete Probe mit geringerem Druck bei der Porenziffer e_1 gehalten werden kann als die normalverdichtete, werden auch
die wirksamen Spannungen, sofern die Probe zum Bruch geführt wird
(bei der Porenziffer e_1), geringer sein als bei der normalverdichteten
Probe. Dieses Verhältnis ist durch den Mohrschen Kreis *3* in der Abb.
1.44.A gezeigt. Da die Kreise *1* und *3* dem Bruch bei gleicher Tonart mit
gleicher Porenziffer entsprechen, wird die echte Kohäsion c_r auch die
gleiche sein. Die Linie *4*, die die Bruchbedingung angibt, tangiert daher
die beiden Kreise *1* und *3*. In der Praxis werden gerade die echten Beiwerte c_r und φ_r in der Weise bestimmt, daß zwei Tonproben, eine normalverdichtete und eine vorverdichtete, mit gleicher Porenziffer zum Bruch
geführt werden.

Da der Ton bei der Verdichtung in der Natur verschiedenen Spannungen in senkrechter und waagerechter Richtung ausgesetzt ist, muß mit einer gewissen *Anisotropie* gerechnet werden, die sich dadurch äußert, daß die Schubfestigkeit etwas von der Richtung der Bruchfläche abhängig ist. Auf Grund der begrenzten Kenntnisse von der Struktur kann darauf in der Praxis nicht Rücksicht genommen werden; auch wäre der Effekt vermutlich sehr gering im Verhältnis zur allgemeinen Streuung der Schubfestigkeit des Tones in situ.

1.45 Die wirksame Schubfestigkeit von Ton

Der Begriff wirksame Schubfestigkeit von Ton wird in der Praxis bei der Analyse der *Dauer-Standfestigkeit* (oder der Analyse mit wirksamen Spannungen) verwandt. Hiermit ist eine Untersuchung des Bruchproblemes bei einer Belastung zu verstehen, die so lange eingewirkt hat, daß ein völliger Ausgleich von den Porenüberdrücken (Verdichtung) oder Porenunterdrücken (Schwellung) erfolgt ist.

Mit Bezugnahme auf Abb. 1.44.A entspricht bei einer Lagerung *normalverdichteten Tones* der Bruchzustand in den verschiedenen Tiefen der Lagerung den Kreisen *1* und *2* und entsprechenden Kreisen. Der Kreis *2* ist in der Abb. 1.45.A wiedergegeben. Die genannten Kreise haben die Linie *6* als gemeinsame Tangente, die durch den Nullpunkt verläuft.

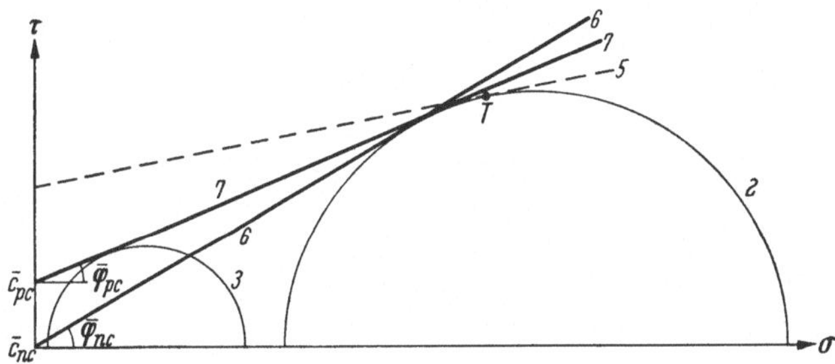

Abb. 1.45.A. Die wirksame Schubfestigkeit von Ton

Die echte Schubfestigkeit ist den Ordinaten der Punkte T gleich, wo die Linien *4* und *5* (und die analogen), die die echte Bruchbedingung darstellen, die MOHRschen Kreise berühren. Die Punkte T liegen ebenfalls auf einer Geraden, der T-Linie, die etwas unterhalb der Linie *6* und durch den Nullpunkt verläuft. Die T-Linie stellt die echte Schubfestigkeit der ganzen normalverdichteten Lagerung dar (mit Porenziffern, die sich mit dem Druck ändern).

Durch Laborversuche wird die Linie *6* direkt bestimmt, und sie kann danach ein wenig nach unten korrigiert werden, so daß sie der T-Linie entspricht. In der Praxis ist diese Abweichung jedoch gering im Verhältnis zur Unsicherheit der Versuchsergebnisse. Normalerweise wird die Linie *6* als Repräsentant der *wirksamen Schubfestigkeit der betreffenden Lagerung* benutzt.

Im Anschluß an Gl. (1.42.2) gilt daher bei *normalverdichtetem Ton*

$$\text{Wirksame Kohäsion } \bar{c}_{nc} = 0 \,. \qquad (1.45.1)$$

Der zugehörige wirksame Reibungswinkel $\bar{\varphi}_{nc}$ ist aus der Abb. 1.45.A zu ersehen.

Bei *vorverdichtetem Ton*, der bis zur Porenziffer e_2 vorverdichtet war (dem Kreis *2* entsprechend) und danach entlastet wurde, werden Bruchzustände gefunden, die durch die Kreise *2* und *3* und die dazwischenliegenden Kreise bestimmt sind. Auch hier gibt es eine *T*-Linie, die die echte Schubfestigkeit wiedergibt, aber in der Praxis durch die gemeinsame Tangente *7* ersetzt wird.

Die wirksamen Beiwerte $\bar{c}_{pc}$ und $\bar{\varphi}_{pc}$ bei vorverdichtetem Ton gehen aus der Abbildung hervor. Der wirksame Reibungswinkel ist kleiner als bei normalverdichtetem Ton und ziemlich charakteristisch für die betreffende Tonart (s. jedoch Abb. 1.46.B hinsichtlich der Hysteresis und Krümmung).

Die wirksame Kohäsion hängt im wesentlichen nur von der Vorbelastung ab und wird vermutlich bei vielen Tonarten einigermaßen proportional zu dieser sein.

Es sei auf den wesentlichen *Unterschied zwischen den echten und den wirksamen Festigkeitsbeiwerten* hingewiesen; die echte Kohäsion ist allein von der aktuellen Porenziffer abhängig, während die wirksame Kohäsion von der Vorbelastung abhängt, im großen und ganzen aber unabhängig von der aktuellen Porenziffer ist. Außerdem ist zu ersehen, daß die wirksamen Festigkeitsbeiwerte für normalverdichteten Ton bei Verminderung der Porenziffer (Mehrbelastung) sich erheblich von den Beiwerten bei Vergrößerung der Porenziffer (Entlastung) unterscheiden.

Bei Ton, der so stark vorverdichtet ist, daß der Wassergehalt die Nähe der Ausrollgrenze erreicht, gelten besondere Verhältnisse, weil der Ton seinen homogenen Charakter verliert und *rissiger Ton* wird (s. Abb. 1.17.D2). Die Schubfestigkeit bei rissigem Ton hängt hauptsächlich vom Widerstand entlang den Rißflächen ab. Bei der Analyse mit wirksamen Spannungen muß normalerweise $\bar{c} = 0$ gesetzt werden, so wie bei normalverdichtetem Ton.

Bekommt rissiger Ton die Möglichkeit Wasser aufzusaugen, z.B. dadurch, daß die Risse sich ein wenig öffnen, so wird der Ton um die Risse herum aufgeweicht und die Schubfestigkeit wird bis zu einem Bruchteil von der des intakten Tones herabgesetzt.

1.46 Die scheinbare Schubfestigkeit von Ton

Bezugnehmend auf Gl. (1.42.3) ist die scheinbare Bruchbedingung in den *totalen Spannungen* begründet, und wenn der Porendruck nicht bekannt ist, so ist daher der einzige Aufschluß, den man über die wirksamen Spannungen erhält,

$$\bar{\sigma}_1 - \bar{\sigma}_3 = \sigma_1 - \sigma_3 \,. \tag{1.46.1}$$

Wird ein Versuch mit Ton, bei dem nur die totalen Spannungen gemessen werden, in einer solchen Weise durchgeführt, daß man keine genaue Kontrolle der Wasserabgabe oder -aufnahme hat, so ist das Resultat für bodenmechanische Berechnungen wertlos. In der Praxis kann die scheinbare Schubfestigkeit deshalb nur unter der ausdrücklichen Voraussetzung angewandt werden, daß der *Wassergehalt sich nicht verändert*, wenn die Probe belastet und zum Bruch geführt wird. Es wird dann von der *undränierten Schubfestigkeit* gesprochen. Diese kommt bei der Analyse der *Anfangs-Standfestigkeit* zur Anwendung, d.h. wenn die Sicherheit eines Bauwerkes gegen Bruch unmittelbar nach der Belastung untersucht wird, zu einem Zeitpunkt, wo noch keine Verdichtung (oder Schwellung) hat erfolgen können.

Bei *wassergesättigtem* Ton (und anderen wassergesättigten Bodenarten) gelten besonders einfache Verhältnisse, wie in Abb. 1.46.A gezeigt.

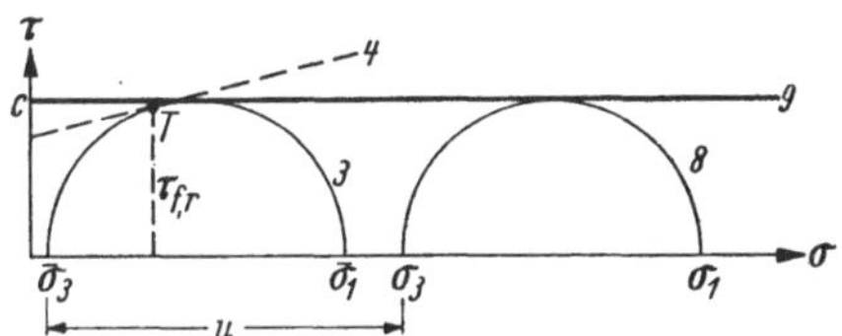

Abb. 1.46.A. Undränierte Schubfestigkeit von wassergesättigtem Ton

Hier entspricht der Kreis *3* den wirksamen Spannungen und der Kreis *8* den totalen. Die Kreise sind gleich groß, und Kreis *8* entsteht durch eine parallele Verschiebung u (= Porendruck) des Kreises *3* nach rechts. Da das Wasser als nicht zusammendrückbar angesehen werden kann, wird jede (hydrostatische) Vergrößerung des äußeren Druckes sich nur in einer entsprechenden Vergrößerung des Porendruckes zeigen; die echte Schubfestigkeit wird dadurch nicht verändert. Bei einem undränierten Bruchversuch mit wassergesättigtem Ton kann man also jeden Kreis mit demselben Durchmesser wie Kreis *8* als Resultat erhalten.

Indem die Linie *4* die echte Bruchbedingung darstellt, würde eine waagerechte Linie durch den Tangentpunkt T die echte Schubfestigkeit angeben. In der Praxis wird diese Linie durch Linie *9* ersetzt, die durch die höchsten Punkte der Kreise geht. Für wassergesättigten Ton erhält man hiernach:

Undränierte Schubfestigkeit = scheinbare Kohäsion =

$$= c = 1/2\,(\sigma_1 - \sigma_3)\,, \tag{1.46.2}$$

Scheinbarer Reibungswinkel $\varphi = 0$. $\tag{1.46.3}$

4*

Bei *nicht wassergesättigtem Ton*, wie er sich z. B. beim Komprimieren der Aufschüttung in einem Damm befindet, wird eine Vergrößerung des äußeren Druckes ein Zusammendrücken der Luftbläschen hervorrufen, d. h. daß sich die Porenziffer verringert, ohne daß der Wassergehalt verändert wird. Die geringere Porenziffer bedeutet eine Erhöhung der echten Kohäsion, und gleichzeitig wachsen die wirksamen Spannungen ein wenig. Das Ergebnis ist eine Vergrößerung der echten Schubfestigkeit, und die undränierte Schubfestigkeit ändert sich daher, wie in der Abb. 1.42.C angedeutet, mit einem scheinbaren Reibungswinkel φ größer als Null.

Da der echte Reibungswinkel φ_r für eine gegebene Tonart konstant ist, geht aus der Abb. 1.46.A hervor, daß bei *wassergesättigtem Ton* ein konstantes Verhältnis zwischen der undränierten Schubfestigkeit c (Halbmesser im MOHRschen Kreis) und der echten Schubfestigkeit $\tau_{f,r}$ (Ordinate zu T) besteht. Speziell folgt hieraus (vgl. Linie *6* in Abb. 1.44.A) daß die undränierte Schubfestigkeit *normalverdichteten Tones* proportional zur wirksamen Belastung $\bar{q}$ ist, was durch die Gerade *I* in Abb. 1.46.B verdeutlicht wird.

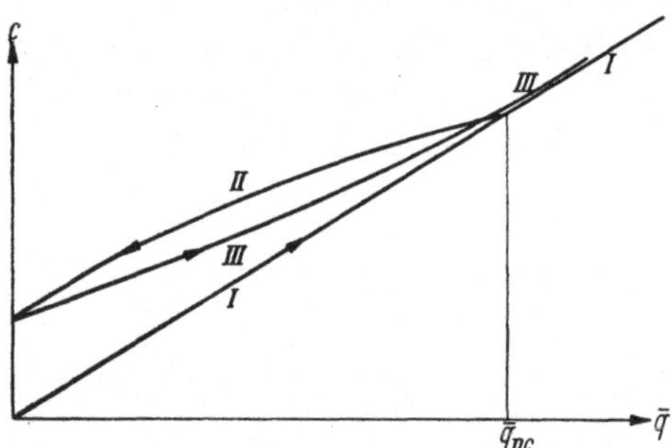

Abb. 1.46.B. Undränierte Schubfestigkeit als Funktion des Verdichtungsdruckes

Diese Abbildung wird das *Festigkeitsdiagramm* des Tones genannt, und die Gerade *I* ist die *Stammkurve* des Diagrammes, die als

$$c_{nc} = a_{nc}\,\bar{q} \qquad\qquad (1.46.4)$$

geschrieben werden kann, wobei c_{nc} die undränierte Schubfestigkeit von normalverdichtetem Ton und a_{nc} ein dimensionsloser Beiwert ist.

Ist Ton mit der Belastung $\bar{q}_{pc}$ *vorverdichtet* und danach wieder entlastet worden, so ändert sich die Schubfestigkeit wie durch den *Entlastungsast II* angegeben. Der Entlastungsast ist über eine lange Strecke ziemlich geradlinig, biegt aber bei den kleinsten Werten des $\bar{q}$ etwas nach unten ab. Die Abbildung zeigt außerdem den *Wiederbelastungsast III*, der dem erneuten Verdichtungsdruck entspricht. Über die Krümmung der Kurve *III* ist wenig bekannt, aber bei $\bar{q}$-Werten größer als $\bar{q}_{pc}$ schließt sie sich genau der Kurve *I* an.

Das Festigkeitsdiagramm der Abb. 1.46.B ist in mancher Hinsicht dem Verdichtungsdiagramm der Abb. 1.31.C analog, z. B. zeigen die Kurven *II* und *III* etwas Hysteresis. Es besteht natürlich auch ein Zusammenhang zwischen den beiden Diagrammen, indem der Teil von c, der von der echten Kohäsion herrührt, den Variationen der Porenziffer im Verdichtungsdiagramm folgt.

Die Abb. 1.46.B entspricht einer Tonart, bei der sowohl die echte Kohäsion als auch die echte Reibung von Bedeutung ist. Wenn die Kohäsion im Verhältnis zur Reibung klein ist, werden *II* und *III* ganz in der Nähe von *I* liegen. Im Grenzfalle des reinen Reibungsbodens sind alle drei Kurven zusammenfallend.

Die Hysteresis im Festigkeitsdiagramm ist am größten, wenn die Entlastung ganz bis auf Null gebracht wird. Bei einer kleineren Entlastung werden die Kurven *II* und *III* fast zusammenfallend und geradlinig sein. Bei früheren Abb. 1.44.A (die echte Schubfestigkeit) und 1.45.A (die wirksame Schubfestigkeit) sind unter dieser vereinfachenden Voraussetzung gezeichnet (s. Linie 7), um die Darstellung nicht zu sehr zu komplizieren.

Werden *II* und *III* annähernd geradlinig angenommen, so kann die undränierte Schubfestigkeit des vorverdichteten Tones als

$$c_{pc} = a_{nc}\,\overline{q} + a_{pc}(\overline{q}_{pc} - \overline{q}) \tag{1.46.5}$$

geschrieben werden, welches für $\overline{q} = \overline{q}_{pc}$ identisch mit Gl. (1.46.4) wird.

Die *Festigkeitsbeiwerte* a_{nc} und a_{pc} sind von der Tonart abhängig. Bei britischen und norwegischen marinen, anorganischen Tonarten ist ein

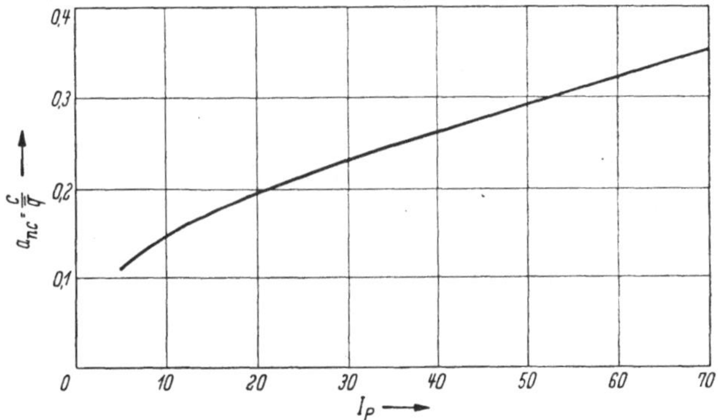

Abb. 1.46.C. Der Festigkeitsbeiwert a_{nc} bei normalverdichtetem marinem, anorganischem Ton

deutlicher Zusammenhang zwischen a_{nc} und dem Plastizitätsindex I_P (BJERRUM 1954) gefunden worden, wie aus der Abb. 1.46.C hervorgeht, wo die Kurve Mittelwerte der Versuchsresultate abgibt, die durchweg nicht mehr als $\pm$ 0,03 davon abweichen.

Es muß betont werden, daß die Abb. 1.46.C nur bei anorganischen Tonarten angewandt werden kann. Ein wesentlicher Gehalt an *organischem Stoff* kann auf Grund der chemischen Umbildung die Schubfestig-

keit weit über die für anorganischen Ton geltenden Werte heben. Es ist
sogar fraglich, ob Bodenarten wie Schlamm, Torf u.a. überhaupt ein
konstantes Verhältnis zwischen c_{nc} und $\bar{q}$ haben.

In Schweden hat man bei Ton mit bis zu ungefähr 3% organischem
Gehalt in einer Reihe von Fällen gefunden, daß folgende Relation mit
guter Annäherung erfüllt wird:

$$a_{nc} = 0{,}45\,w_L\,. \tag{1.46.6}$$

Dabei wird die Fließgrenze w_L in absoluten Massen eingesetzt (HANSBO 1957).

Weiter sei betont, daß die Abb. 1.46.C nur für marine
Tonarten gilt. Die Bedeutung des *Salzgehaltes* wird in
Abschn. 1.47 besprochen.

Es ist wahrscheinlich, daß der Beiwert a_{pc} in ähnlicher Weise wie a_{nc} sich als Funktion von I_P ändert. In
vielen Fällen wird bei plastischem Ton a_{pc} über 50% des
a_{nc} ausmachen, aber bei Ton mit geringer Plastizität wird
a_{pc} klein sein im Verhältnis zu a_{nc}. Es liegen jedoch noch
zu wenig Untersuchungen vor, um die a_{pc}-Kurve aufzeichnen zu können, und deshalb muß dieser Beiwert
in jedem einzelnen Fall bestimmt werden.

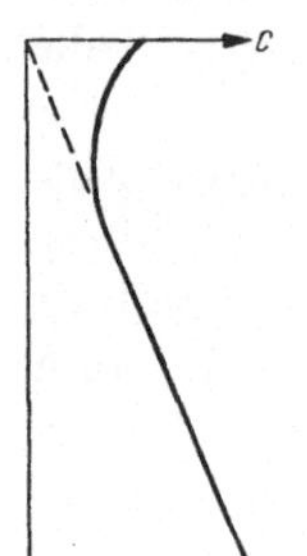

Abb. 1.46.D
Die Variation der
Schubfestigkeit
mit der Tiefe bei
normalverdich-
tetem Ton

Die *Variation der Schubfestigkeit mit der Tiefe* bei normalverdichtetem Ton geht aus der Abb. 1.46.D hervor. Die Abweichung von der
linearen Variation mit z in der obersten Zone wird durch die sogenannte
Trockenkruste verursacht. Jedoch ist durch ROSENQVIST (1955) gezeigt
worden, daß die erhöhte Schubfestigkeit in der obersten Zone bei norwegischen Tonarten durch Verwitterung verursacht wird, wobei Na-
Ionen durch K-Ionen ausgetauscht werden; hier handelt es sich also um
eine *Verwitterungskruste*.

1.47 Empfindlichkeit und Thixotropie

Beim Kneten geschieht normalerweise eine bedeutende Herabsetzung
der Schubfestigkeit des Tones. Die *Empfindlichkeit* (Sensitivität) S_t wird
als das Verhältnis

$$S_t = \frac{c_{\text{ungestört}}}{c_{\text{geknetet}}} \tag{1.47.1}$$

zwischen den undränierten Schubfestigkeiten definiert. Wenn $S_t = 1 - 2$
ist, handelt es sich um geringe Empfindlichkeit, zwischen 2 und 4 um
mittlere und von 4 bis 8 um hohe Empfindlichkeit. Ist S_t größer als 8,
so spricht man von *Quickton*. In Norwegen, Schweden und Kanada gibt
es Quickton mit der Empfindlichkeit 500 bis 1000. Die Bildung von
Quickton beruht auf einem speziellen Prozeß, der später besprochen
wird.

Bei „normalen" Tonarten ist die Empfindlichkeit bei der Fließgrenze nur gering. Nimmt der Wassergehalt ab, so wächst die Empfindlichkeit bis zu einem gewissen Wert, um dann wieder abzunehmen, so daß S_t etwa $= 1{,}0$ ist bei der Ausrollgrenze. Bei *rissigem Ton* kann S_t sogar etwas unter 1,0 sein, da der Ton beim Kneten wieder homogen werden kann, so daß die Risse ihren Einfluß einbüßen.

Wird die Bestimmung des S_t gewünscht, dann muß die geknetete Festigkeit immer unmittelbar nach dem Kneten gemessen werden, weil der Ton die Eigenschaft hat, im Ruhezustand seine Festigkeit wiederzugewinnen. Diese Erscheinung wird *Regeneration* genannt und beruht auf der sogenannten *Thixotropie*, womit in der kolloidalen Chemie der Wechsel zwischen Auf- und Abbau von Verbindungen bei gewissen Stoffen bezeichnet wird.

Den Ton betreffend muß man sich vorstellen, daß die elektrochemischen Verbindungen zwischen den Tonkörnern, die zum Teil beim Kneten unterbrochen wurden, nach und nach wiederhergestellt werden. Dieser Prozeß verläuft gleich nach dem Kneten am schnellsten und nimmt gradweise ab. Es kann sich über einen sehr langen Zeitraum erstrecken. In manchen Fällen wird anorganischer, homogener Ton von geringer Empfindlichkeit in der Zeit von einigen Monaten bis zu einigen Jahren seine volle Festigkeit wiedererhalten. Bei größerer Empfindlichkeit wird die ursprüngliche Festigkeit nicht innerhalb absehbarer Zeit wiedererreicht (SKEMPTON und NORTHEY 1952). Im übrigen machen sich bei den verschiedenen Tonarten viele verschiedene Verhältnisse geltend.

Beim *Quickton* sind besondere Umstände vorhanden, wie mit großer Deutlichkeit durch die Untersuchungen gezeigt wurde, die ROSENQVIST (1955) mit norwegischem Quickton durchführte. Es ist hier die Rede von postglazialer mariner Ablagerung, die sich später über die Meeresoberfläche erhoben hat und damit den Grundwasserströmungen durch mehrere Jahrtausende ausgesetzt gewesen ist. Der größte Teil dieser Formation besteht aus Ton mit normaler Empfindlichkeit, aber an einigen Stellen haben die Grundwasserströmungen jedoch den Salzgehalt im Porenwasser bis unter 10% reduziert, und hier beginnt eine wesentliche Änderung der Tonstruktur.

Selbst bei starkem Auswaschen der Ionen (Entlaugung) geschieht an und für sich nur eine verhältnismäßig geringe Verminderung (z.B. bis 60%) der ungestörten Schubfestigkeit, weil diese auf den Bindungen zwischen den Körnern beruht und die Ionen hier nicht so stark der Auswaschung ausgesetzt sind wie die freien Ionen im Porenwasser. Wird aber der entlaugte Ton geknetet, so steht nur eine relativ geringe Anzahl Ionen der gleichen Körnermenge zur Verfügung, und das bewirkt daß die Wasserbindungsfähigkeit viel geringer ist als die des Tones mit dem großen Salzgehalt. Die Fließgrenze fällt also stark, und wenn die Entlaugung sehr kräftig war, dann kann sie bis weit unter den natürlichen Wassergehalt (der während des Entlaugungsprozesses nur wenig vermindert wurde) sinken. Das sind dann die sehr „quicken" Tonarten, die beim Kneten fließend werden. Wird dem fließenden Ton etwas NaCl beigefügt, so versteift er sich wieder und wird wie „normaler" gekneteter Ton. (Die gleiche Menge KCl ergibt größere Schubfestigkeit, vgl. die im Anschluß an Abb. 1.46.D erwähnte Verwitterungskruste.)

Quickton ist in Norwegen und Schweden die Ursache vieler katastrophaler *Rutschungen* gewesen. Die Schubfestigkeit im gekneteten Zustand ist so gering, daß sogar Böschungen mit einer Neigung von wenigen Graden rutschen können. Es wird heute angenommen, daß die fortschreitende Entlaugung sehr oft der eigentliche Anlaß zu Rutschungen war.

2 Bodenuntersuchungen

Noch vor 20 bis 30 Jahren war es ziemlich selten, daß die Bodenverhältnisse vor Beginn der Bauarbeiten untersucht wurden. Durch bittere Erfahrungen ist man jedoch inzwischen zu der Erkenntnis gekommen, daß der Boden als ein sehr unzuverlässiges Baumaterial zu betrachten ist, dessen Eigenschaften gründlich untersucht werden müssen, um gegen Überraschungen gesichert zu sein. Wenn ein Ingenieur heute ein Bauwerk von wesentlicher Größe ohne vorhergehende Bodenuntersuchungen plant oder sogar beginnt, kann das ohne weiteres als unverantwortlich bezeichnet werden.

Der Umfang der Untersuchungen hängt natürlich von der Art und Größe des geplanten Bauwerkes sowie von den Kenntnissen der Geologie des betreffenden Gebietes und der bodenmechanischen Eigenschaften der dort bestehenden Bodenarten ab. Zu diesen Untersuchungen gehören normalerweise *Bohrungen*, von denen Proben ins Laboratorium geschickt werden. Aus zeitlichen und wirtschaftlichen Gründen werden dann die meisten bodenmechanischen Untersuchungen im *Labor* vorsichgehen; dies ist auch berechtigt, wenn es sich um routinemäßige Untersuchungen „gewöhnlicher" Bodenarten handelt. Ist dagegen die Rede von neuen und schwierigen Problemen, so darf nicht vergessen werden, daß die Laborprobe nur einen kleinen Teil des Bodens repräsentiert, und daß dieser Teil außerdem mehr oder weniger gestört ist. Es kann daher nicht stark genug betont werden, einen wesentlichen Teil der Untersuchungen ins *Feld* zu verlegen, wobei weit bessere Aufschlüsse über die Eigenschaften der Bodenarten *in situ* zu erhalten sind.

2.1 Felduntersuchungen

Da es in diesem Buch nur möglich ist, einen kleinen Ausschnitt der existierenden Felduntersuchungsmethoden zu bringen, soll einleitend auf die umfassende Monographie von Hvorslev (1949) hingewiesen werden. Es erfolgen jedoch ständig Erneuerungen auf diesem Gebiet.

2.11 Einleitende Untersuchungen

Schon in möglichst frühem Stadium jedes Bauvorhabens sollte man sich um die Aufklärungen der Bodenverhältnisse bemühen, die ohne eigentliche Bohrungen o.a. beschafft werden können. Es handelt sich um folgendes Material:

a) Die geologischen Verhältnisse des Gebietes. In den geologischen Instituten vieler Länder sind recht ausführliche Aufschlüsse über den allgemeinen geologischen Charakter des Gebietes zu finden, um einen Überblick zu erhalten über die möglichen Bodenschichten, die bei den späteren Bohrungen angetroffen werden können. In Erdbebengebieten müssen Auskünfte über existierende Sprünge beschafft werden.

Bei größeren Bauvorhaben sollte ein geologischer Beistand herangezogen werden, und wenn es sich um Damm- oder Tunnelanlagen usw. handelt, ist ein ständiges Mitwirken eines Ingenieurgeologen erforderlich.

In Gebieten, deren geologischer Aufbau nicht genügend bekannt ist, wird die Luftphotographie mit Erfolg angewandt, wobei die meisten geologischen Formationen voneinander unterschieden werden können. Bei einigen Formationen können Fotos sogar recht ausführliche geologisch-bodenmechanische Aufklärung geben.

b) Bohrungen, die in der Nähe stattgefunden haben. In einigen Ländern und größeren Städten befinden sich zentrale Bohrarchive, von denen Auskünfte über frühere Bohrungen eingeholt werden können. Besonderes Interesse haben Aufschlüsse über die Lage des Grundwasserspiegels.

c) Der lokale topographische Charakter. Der Bauplatz und seine nächste Umgebung werden gründlich auf das Vorhandensein von Moorlöchern oder Spuren früherer Wasserläufe und Seen untersucht. In der Nähe von Städten und gewissen Industrien kann die ursprüngliche Topographie durch Aufschüttung verändert worden sein; hierauf ist besonders zu achten.

d) Nachbarbauten u.a. Naheliegende Bauten sind im Hinblick auf Setzungen (Risse) zu untersuchen, ferner müssen Auskünfte über eventuelle Bodenuntersuchungen eingeholt werden. Bestehende Aufgrabungen werden inspiziert.

2.12 Sondierungen

Unter Sondierungen sind alle Untersuchungsmethoden zu verstehen, die einen gewissen Aufschluß über die Lage der Schichtgrenzen, der Festigkeit des Bodens u. ä. geben.

Bei Ingenieurarbeiten von großem Ausmaß (Straßenbau, Deichbau u. a.) sind in einigen Fällen *geophysische Methoden* angewandt worden. Es handelt sich hier um die Bestimmung der Schichtgrenzen oder des Grundwasserspiegels durch Messung der elektrischen Leitfähigkeit des Bodens (geoelektrische Sondierung), der Fähigkeit, Erschütterungen nach Explosionen weiterzuleiten (seismische Sondierung) oder der Fähigkeit, Schwingungen eines Pulsators weiterzugeben (dynamische Sondierung). Es würde zu weit führen, diese Methoden näher zu erläutern, deren Anwendung Spezialisten erfordert.

Bei gewöhnlichen Ingenieurarbeiten ist nur die Rede von *mechanischen Sondierungsmethoden*, wobei irgendein Gerät zur Untersuchung der Festigkeit in den Boden getrieben wird. Im Laufe der Zeit ist in den verschiedenen Ländern eine Unzahl solcher Geräte angewandt worden, deshalb sollen hier nur einige der wichtigsten erwähnt werden.

Eine gewöhnliche Eisenstange kann in Moorgebieten angewandt werden, um die Sohle der sehr weichen Schicht zu finden.

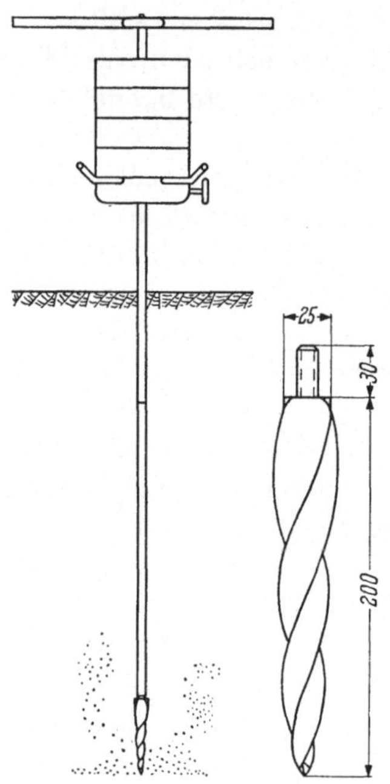

Abb. 2.12.A. Sondenbohrer

Diese Methode eignet sich zur Herstellung eines recht dichtmaschigen Sondierungsnetzes bei Straßenarbeiten, Deichbau u. a., sie gibt aber keinen Aufschluß über den eigentlichen festen Boden, und deshalb müssen die Sondierungen durch vereinzelte Bohrungen ergänzt werden.

Der belastete Sondenbohrer erfordert nur einfache Ausrüstung, er kann von 3 (eventuell 2) Männern bedient werden und ist schnell im Gebrauch. Er wird für orientierende Sondierungen vor den eigentlichen Untersuchungsbohrungen empfohlen. Der Abstand zwischen den Sondierungen kann 15 bis 50 m je nach der Art des Bauwerkes und der Variation der Bodenverhältnisse betragen.

Der Sondenbohrer ist in Abb. 2.12.A gezeigt. Die 200 mm lange Spitze ist aus 25 mm Vierkantstahl hergestellt, der pyramidenförmig zugespitzt

ist mit einer $^3/_4$ Verwindung um die eigene Achse. Die Abb. 2.12.B zeigt
ein Beispiel des Sondierungsdiagrammes. Zuerst werden die Senkungen
bei 50 und 100 kg Belastung aufgeschrieben. Danach wird der Handgriff

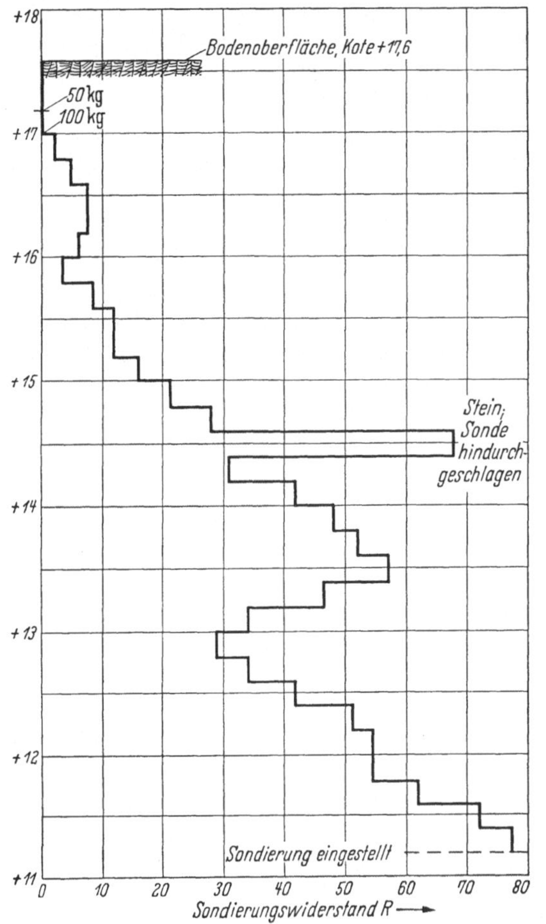

Abb. 2.12.B. Sondierungsdiagramm

Abb. 2.12.C. Die holländische
Sonde

gedreht und die Anzahl R der halben Umdrehungen gezählt, die für je
20 cm Senkung erforderlich ist. Wenn die „Kanten" der Spitze über den
größeren Teil der Länge 3 bis 4 mm breit geworden sind, ist die Spitze un-
brauchbar und muß ausgewechselt werden.

Zur Benutzung als einziges Untersuchungsgerät ist der Sondenbohrer
nicht geeignet, denn seine Verwendung hat folgende *Mängel:*

1. Die Bohrung gibt keine Auskunft über die Art der Bodenschichten.
2. Die Spitze kann in hochliegenden Kies- oder Sandschichten stocken, ohne
eine darunter liegende weichere Schicht zu entdecken.

3. Die Mantelreibung oder Adhäsion der Bohrstange kann den falschen Eindruck einer mit der Tiefe wachsenden Festigkeit geben.

4. Die Bodenschichten werden von der Bohrspitze gestört, so daß man keinen Eindruck von der intakten Schubfestigkeit erhält.

5. Über dem Grundwasserspiegel können Kapillarspannungen im feuchten Sand einen zusätzlichen Widerstand ergeben. Ein plötzliches Fallen des Widerstandes kann also durch den Grundwasserspiegel verursacht werden und braucht nicht eine minder feste Lagerung anzudeuten.

Die holländische Sonde (Tiefensonde) gibt bedeutend bessere Aufschlüsse, erfordert aber auch schwerere, maschinelle Ausrüstung. Sie ist das beste existierende Sondierungsgerät zur Bestimmung der Länge und Tragfähigkeit von Spitzenpfählen im Sand.

In Abb. 2.12.C ist die Sonde im Schnitt dargestellt. Sie besteht aus der Spitze P von der Form eines 60°-Kegels, der unterhalb der Bohrstange S angebracht ist. Um die Stange herum (aber ohne Verbindung mit dieser) befindet sich das Rohr M, das wie ein Schutzmantel die Reibung zwischen Boden und Stange verhindert. Die Manschette A um das unterste Ende E des Rohres verhindert das Eindringen von Bodenteilchen zwischen Rohr und Stange.

Rohr und Stange werden gleichzeitig hinabgedrückt, während die beiden Widerstände gemessen werden. Der Druck Q_p auf den Kegel entspricht dem Widerstand einer Pfahlspitze. Bei Ton entspricht die Adhäsion Q_m des Rohres einer starken Knetung.

Bei der holländischen Sonde ist der unter Punkt 3 des Sondenbohrers erwähnte Mangel behoben, und abgesehen von Punkt 1 sind die übrigen Mängel nicht so ausgeprägt wie beim Sondenbohrer.

Die *Rammsonde* besteht aus einem Kegel an einer Stange, die mit Hilfe eines Rammklotzes mit einer gewissen Fallhöhe in den Boden getrieben wird. Der Rammklotz wird von einer Motorwinde gehoben. Da es sich hier um eine dynamische Einwirkung handelt, ist es zweckmäßig, die Rammsonde zur Bestimmung der erforderlichen Länge von Spitzenpfählen anzuwenden, denn man kann dieses als eine Art Modellversuch einer Pfahlrammung ansehen.

2.13 Bohrungen

Mit Bohrungen sind hier die eigentlichen Untersuchungsbohrungen gemeint, wobei Proben von den verschiedenen durchbohrten Bodenschichten entnommen werden.

Abb. 2.13.A zeigt den schematischen Schnitt durch zwei Bohrungen. Normalerweise ist die Anwendung eines *Futterrohres* (Bohrrohr) F mit einem Durchmesser von 2″ bis 8″, je nach der Größe der gewünschten Probe erforderlich. Innerhalb des Futterrohres wird der Boden mit Hilfe verschiedener *Bohrgeräte* (nicht gezeigt), wie Spiralbohrer, Tellerbohrer, Ventilbohrer („Sandeimer") usw. entfernt. Das bohrende Gerät wird zu diesem Zweck an eine *Bohrstange BS* geschraubt. Die Bodenproben, die durch diese Geräte entnommen werden, nennt man *gestörte Proben*. Zum Hinabdrücken und Heraufziehen des Futterrohres und der Bohrstange ist ein *Dreibein* oder ein *Bohrturm* (nicht gezeigt) erforderlich; gewöhnlich wird eine Motorwinde angewandt.

Wenn solche Bohrgeräte wie die eben genannten benutzt werden, spricht man von *Trockenbohrung* (auch wenn sie unter dem Grundwasserspiegel vor sich geht, so daß eventuell Wasser im Bohrloch steht). In vielen Ländern wird die Trockenbohrung als eine viel zu langsame Methode angesehen. Es werden daher *Spülbohrungen* angewendet, wobei die Bohrstange hohl ist, so daß ein kräftiger Wasserstrom auf den Boden des Bohrloches geschickt werden kann. Am Ende der Bohrstange wird verschiedenes Schneidewerkzeug angebracht, welches das Loslösen des Bodens besorgt, indem die Bohrstange gleichzeitig mit dem Hinabdrücken rotiert. Bei der Spülbohrung erkennt man die Änderung der Bodenschichten nur daran, daß das Spülwasser (vom Futterrohr) die Farbe wechselt oder daß der Bohrwiderstand sich wesentlich ändert. Es besteht also die große Gefahr, daß kleinere Veränderungen nicht beachtet werden und daß man außerdem aus dünneren Schichten keine Proben entnehmen kann, bevor diese nicht ganz durchbohrt sind. Spülbohrungen sollten daher, ebenso wie Sondenbohrungen, nur für eine vorläufige Orientierung gebraucht werden.

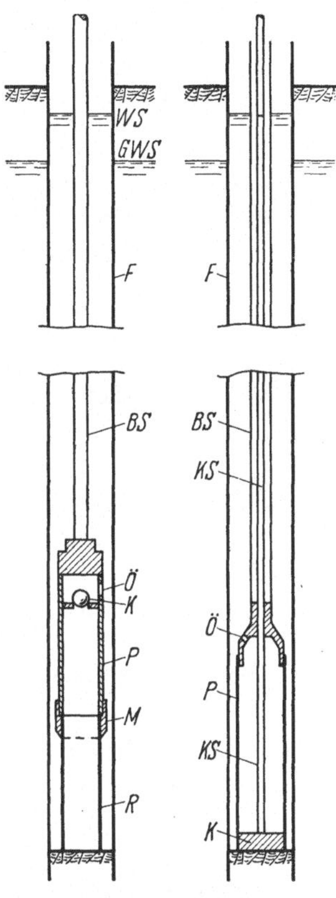

Abb. 2.13.A. Bohrungen mit Entnahmegeräten (für ungestörte Proben)

Sobald die Bohrung auf eine neue Schicht trifft, oder bei mächtigeren Schichten alle 1 bis 4 m, sollte eine *ungestörte Probe* entnommen werden, indem das *Probeentnahmegerät P* an der Bohrstange befestigt wird. Es gibt unzählige verschiedene Typen von Entnahmegeräten. Das in der Abb. 2.13.A links gezeigte besteht aus einer ganz einfachen Konstruktion, an welcher unten das Proberohr R mit Hilfe einer Überwurfmutter M befestigt ist. Das Gerät wird so tief ins Bohrloch gedrückt, daß die obersten (gestörten) Schichten in den Probeentnehmer gelangen, wobei der Boden im Probezylinder so wenig wie möglich gestört wird. Während des Hinabdrückens können Wasser und Luft durch das Kugelventil K und die Öffnungen $Ö$ entweichen. Jedoch darf das Entnahmegerät nicht so tief gedrückt werden, daß die Gefahr einer Komprimierung der Probe besteht. Wenn der Probeentnehmer genügend tief in den Boden eingedrungen ist, wird er um eine viertel Umdrehung bewegt und heraufgezogen, dabei sorgt das Kugelventil dafür, daß die Probe nicht herausgleitet. Mit diesem Entnahmegerät können keine ungestörten Proben von nicht bindigem Boden genommen werden.

Um die Störungen der Bodenprobe zu vermindern, muß der Probezylinder R möglichst dünnwandig sein. Der untere Rand ist geschärft und schwach nach innen gebogen, so daß die untere Öffnung um 1% enger ist als der Innendurchmesser des Zylinders. Dadurch wird die Reibung an der Innenwand herabgesetzt.

Werden längere Proben benötigt, so ist es besser, einen *Kolbenprobeentnehmer* zu verwenden. Ein solcher ist rechts in der Abb. 2.13.A dargestellt. Während das Gerät ins Bohrloch geführt wird, befindet sich der Kolben K in seiner tiefsten Stellung. Wenn die Probe entnommen werden soll, wird der Kolben durch die Kolbenstange KS festgehalten, während der Probeentnehmer P mit Hilfe der hohlen Bohrstange BS hinabgedrückt wird. Die wichtigste Funktion des Kolbens ist, die Probe oben zu stützen und das Herausfallen beim Hochziehen zu verhindern.

Ein entscheidendes Kriterium der Qualität eines Probeentnehmers ist das *Flächenverhältnis*:

$$\text{Flächenverhältnis} = \frac{\text{Totalquerschnitt} - \text{Öffnungsquerschnitt}}{\text{Öffnungsquerschnitt}} . \qquad (2.13.1)$$

Dabei entspricht der Zähler offenbar dem Teil des Bodens, der durch die Wandstärke des Probeentnehmers verdrängt wird. Ein guter Probeentnehmer hat ein Flächenverhältnis von *unter* 10%.

Die entnommenen Proben werden gewissenhaft *versiegelt* (z. B mit einer Mischung von Paraffin und Wachs), um jegliche Veränderung des Wassergehaltes zu verhüten.

Bei Untersuchungsbohrungen ist es von größter Wichtigkeit, daß für jede Probe, die aus bindigem Boden entnommen worden ist, ein *Flügelsondenversuch* (s. Abschn. 2.14) durchgeführt wird. Dadurch erhält man eine einfache Messung der Schubfestigkeit, die viele komplizierte Laborversuche ersetzen kann.

In einem genau geführten *Schichtenverzeichnis* werden folgende Eintragungen vorgenommen: Die Kote unter Terrain, alle Schichtgrenzen, eine kurze Beschreibung der Bodenschichten und der eventuellen Beimischungen, die entnommenen Proben, die Flügelsondenversuche, besondere Messungen, der Stand des Grundwasserspiegels und das Steigen des Wassers in den durchlässigen Schichten. Ein gut ausgebildeter und gewissenhafter Bohrleiter kann für die Untersuchung und damit für das ganze Projekt von entscheidender Bedeutung sein.

Das Ergebnis der Bohrung wird als *Bohrprofil* aufgezeichnet (Abb. 2.13.B), in welchem die Koten, Schichtgrenzen, entnommene Proben

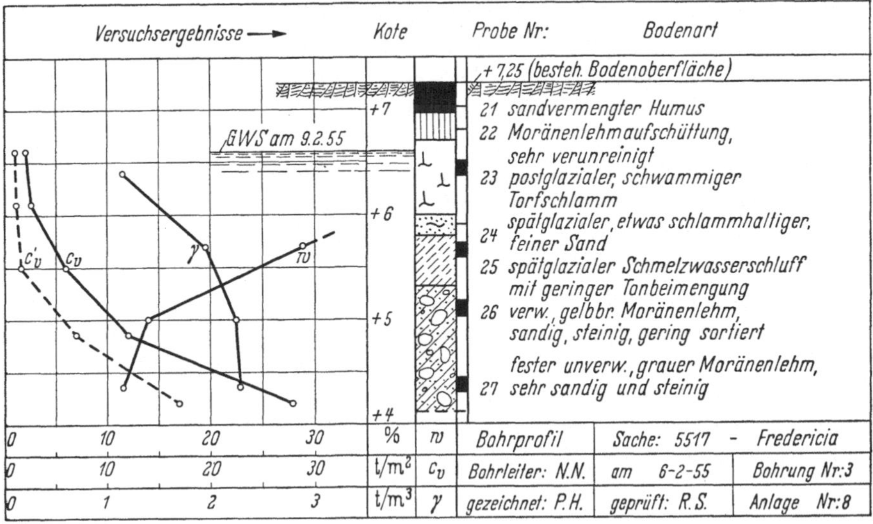

Abb. 2.13.B. Bohrprofil

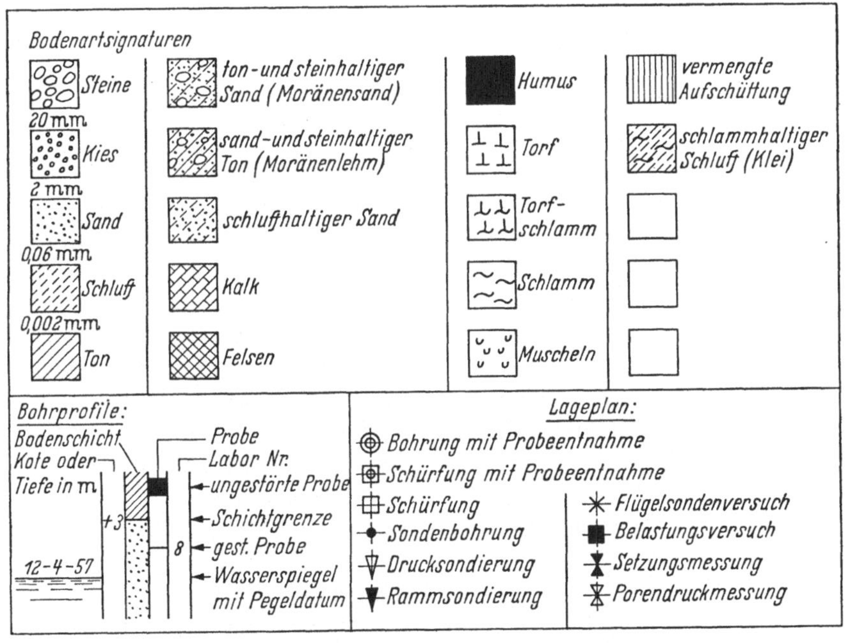

Abb. 2.13.C. Bodenart- und Feldversuchsignaturen

und der Stand des Grundwasserspiegels gemäß dem Schichtenverzeichnis eingetragen werden. Außerdem wird die durch Laboruntersuchungen festgelegte, bodenmäßige und geologische Beschreibung angegeben, die oft etwas von der Beschreibung des Bohrleiters abweichen wird. Durch eine graphische Darstellung der Ergebnisse der Flügelsondenversuche (c_v und c'_v) und der Laborversuche, z.B. des Raumgewichtes γ und des Wassergehaltes w kann das Bohrprofil noch ergänzt werden.

Es wird empfohlen, bei allen Bohrprofilen die in Abb. 2.13.C gezeigten *Bodenartsignaturen*, sowie bei allen Lageplänen die in derselben Abbildung dargestellten Signaturen für Bohrungen, Sondierungen u. a. zu verwenden.

Bei kleineren Bauwerken in Gebieten, in denen die geologischen Verhältnisse gut bekannt sind, können die Bohrungen manchmal ganz oder teilweise durch *Schürfgruben* ersetzt werden.

In diesen Gruben werden die Bodenschichten besichtigt, Proben entnommen und Flügelsondenversuche in verschiedenen Tiefen unter der Sohle ausgeführt. Schürfgruben geben einen besseren Überblick über die Änderungen der Bodenschichten, aber sie sind kostspieliger als Bohrungen, wenn sie mehr als 2 bis 3 m tief gegraben werden müssen.

2.14 Flügelsondenversuche

Die Abb. 2.14.A stellt eine Flügelsonde in der Perspektive dar. Sie besteht aus zwei gekreuzten senkrechten Platten von der Höhe H und der Breite B, die an das Ende einer Bohrstange geschweißt sind. Die Sonde wird so weit in die Sohle eines Bohrloches oder einer Schürfgrube hineingedrückt, daß die Flügel mindestens um die Strecke $2H$ in den ungestörten Boden dringen. Danach wird die Sonde mit gleichmäßiger Geschwindigkeit so langsam gedreht, daß mindestens 3 Minuten vergehen, bevor der maximale Widerstand des Bodens erreicht ist. Der Widerstand wird durch Messung des Drehmomentes bestimmt, woraus die *undränierte Schubfestigkeit* c_v des Bodens errechnet werden kann. Man nimmt an, daß diese mit ihrem vollen Wert auf die ganze Oberfläche des Zylinders mit der Höhe H und dem Durchmesser B, der durch das Drehen der Flügel von der Bodenmasse losgelöst wird, einwirkt. Die Höhe der Flügel ist gewöhnlich 1,5 bis 2mal so groß wie die Breite.

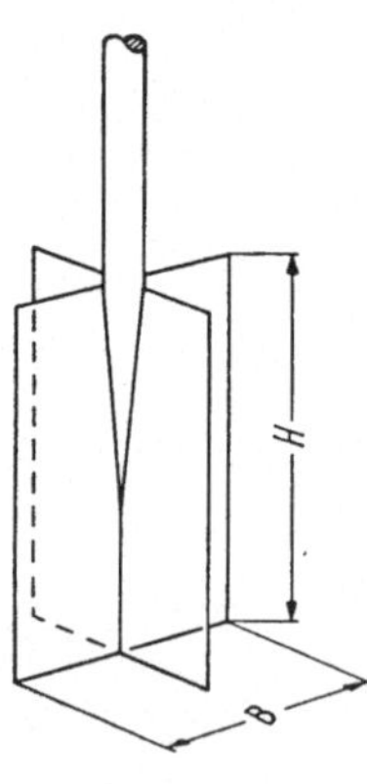

Abb. 2.14.A. Flügelsonde

Nachdem man die ungestörte Schubfestigkeit c_v ermittelt hat und die Zeit, die die Drehung der Flügel bis zum Bruch des Bodens beansprucht, notiert worden ist, wird die Sonde schnell 10 volle Umdrehungen bewegt und dann der ganze Versuch wiederholt.

Hierdurch erhält man die *gestörte Schubfestigkeit* c_v' und kann die *Empfindlichkeit* als $S_t = c_v/c_v'$ berechnen [s. Gl. (1.47.1)].

Der Flügelsondenversuch ist die beste Methode, die zur Bestimmung der Schubfestigkeit an bindigem Boden in situ bekannt ist. Wenn man bedenkt, daß die Entnahme von wirklich ungestörten Proben bei vielen Bodenarten unmöglich ist, so wird man die große Bedeutung eines jeden Aufschlusses über den Zustand in situ leicht einsehen. Kein Ingenieur, der die Verantwortung einer Bohrarbeit trägt, sollte von der Forderung nach Durchführung von Flügelsondenversuchen ablassen, nur weil diese eventuell die Bohrungen etwas verteuern könnten. Die Kenntnis von der Flügelsondenfestigkeit kann bei der Planung große Einsparungen bringen, weil sie häufig zeigt, daß der Boden stärker und fester ist als aus den Laborversuchen hervorgeht.

Eine sehr wichtige Ausnahme von der Regel, daß die Flügelsondenversuche von entscheidender Bedeutung sind, bildet jedoch *rissiger Ton*, weil die Flügelsonde hierbei viel zu große Werte angibt. Dieses hängt damit zusammen, daß der Bruch beim Versuch entlang einer erzwungenen Fläche geschieht, während eine freie Bruchfläche bei einer größeren Tonmasse hauptsächlich den Rissen folgen würde.

In Schweden ist eine Flügelsonde konstruiert worden (mit besonderer Schutzvorrichtung für Flügel und Bohrstange), die in großer Tiefe ohne eigentliche Bohrung verwendet werden kann, indem sie direkt durch dicke weiche Schichten gedrückt wird.

2.15 Probebelastungen

Die Probebelastung einer Konstruktion, entweder in vollem oder reduziertem Maßstab, ist gewöhnlich das beste Mittel zur Bestimmung der Tragfähigkeit.

Bei *Pfählen* ist die Probebelastung in vollem Maßstab das einzige sichere Mittel. Wenn bei einem Bauwerk mindestens 100 bis 200 Pfähle zur Verwendung kommen sollen, so sind daher eine oder mehrere Probebelastungen durchzuführen, gewöhnlich zusammen mit einer Anzahl *Proberammungen*, die über die ganze Baufläche verteilt werden. Bei Pfählen in Ton ist es wegen der Thixotropie des Tones erforderlich, die Probebelastung so spät wie möglich, d.h. mindestens einen Monat nach der Rammung auszuführen. Der Pfahl kann direkt bis zum Bruch geführt werden, aber bis dahin nimmt man oft mehrere Entlastungen vor zur Bestimmung der reversiblen Formänderungen. Wenn sich unter der Pfahlspitze nur Reibungsboden befindet, gibt der Versuch auch Aufschluß über die Setzungen. Dieses gilt jedoch nicht, wenn man Ton vorfindet; weil die Verdichtungssetzungen sich über viel längere Zeit erstrecken als die Probebelastung.

Bei *Fundamenten* kann nur selten die Rede von Probebelastung in vollem Maßstab sein, dagegen können *Feldbelastungsversuche* mit kleineren Platten von außerordentlichem Nutzen sein. Eine einfache Auslegung der Versuche kann natürlich nur möglich sein unter der Voraussetzung, daß der Boden unter dem Fundament in einer etwa zweimal so großen Tiefe wie der Breite homogen ist.

Handelt es sich um *Fundamente auf Sandboden*, so sind bei einer berechnungsmäßigen Bestimmung der Bruchbelastung verschiedene Schwierigkeiten vorhanden, wie z.B. die Entnahme ungestörter Proben, die korrekte Messung des Reibungswinkels und die Bestimmung der zugehörigen Tragfähigkeitsbeiwerte. Bei größeren Bauanlagen, wo es in wirtschaftlicher Hinsicht von wesentlicher Bedeutung ist, die Tragfähigkeit voll auszunutzen, läßt diese sich bedeutend einfacher durch direkte Modellbelastungsversuche bestimmen, z.B. mit 5 bis 30 cm Platten. Auf Grund der Feuchtigkeit des Sandes, des Kriechen u.a. erfordert die Ausführung der Versuche Erfahrung und große Genauigkeit (s.a. Abschn. 4.22). In der bodenmechanischen Literatur sind unzählige Beispiele mangelhaft durchgeführter Versuche zu finden.

Bei *Fundamenten auf Tonboden* kommen Modellbelastungsversuche nur in Frage, wenn es sich um ungewöhnliche Aufgaben oder um Bodenarten, deren Eigenschaften im voraus nicht genügend bekannt sind, handelt. Da im Ton zwei Arten der Formänderungen (Initialdeformation und Verdichtung) auftreten, die beide, obgleich in verschiedener Weise, mit der Zeit wachsen, ist es wichtig, sich darüber im Klaren zu sein, welcher Belastungsversuchstyp in dem konkreten Fall erforderlich ist. Man unterscheidet zwischen drei Typen:

    a) Schneller Belastungsversuch.
    b) Langsamer Belastungsversuch oder Feldverdichtungsversuch.
    c) Temporierter Versuch.

Ein *schneller Belastungsversuch* kann im Laufe von 10 bis 30 Minuten durchgeführt werden. Jede Belastungsstufe kann $^1/_2$ bis 1 Minute dauern, aber bei einigen Versuchen sind Entlastungsschleifen zur Bestimmung der reversiblen Setzungen einzulegen. Bei einem schnellen Versuch erhält man den Hauptteil der Initialsetzungen (Schubdeformationen), aber nur einen minimalen Teil der Verdichtungssetzungen, so daß der Versuch zur Bestimmung der Sicherheit eines Fundamentes unter der Voraussetzung dient, daß die Belastung durch das Bauwerk im Laufe kurzer Zeit geschieht (Anfangs-Standfestigkeit). Bei einigen Versuchen kann man die Belastung einstellen, wenn sie der Gebrauchsbelastung des Fundamentes entspricht, und nachher die darauffolgenden Verdichtungssetzungen messen.

Bei einem *langsamen Belastungsversuch* wird jede Belastungsstufe so lange beibehalten, bis die Setzung einigermaßen konstant ist. Hier wird also bei jeder Stufe die Erreichung der vollen Verdichtungssetzung erstrebt, welches dem Fundament eines Bauwerkes entspricht, dessen Errichtung sich über lange Zeit erstreckt. Da jede Stufe ziemlich lange andauert, muß die Anzahl der Belastungsstufen stark begrenzt werden; es sollten jedoch mindestens 5 bis 6 (gleich große) Stufen bis zur Gebrauchsbelastung eingehalten werden. Bei einem langsamen Belastungsversuch ergeben sich im Anfang größere Setzungen als bei einem schnellen Versuch. In einem späteren Stadium kann das Verhältnis entgegengesetzt sein, weil durch die mit dem langsamen Versuch verbundene Wasserauspressung aus dem Ton seine Festigkeit und damit die Fähigkeit, der nachfolgenden Erhöhung der Belastung zu widerstehen, vergrößert wird.

Der *temporierte Belastungsversuch* ist ein Mittelweg, bei dem versucht wird, das Belastungstempo der Geschwindigkeit anzupassen, mit der die Belastung des Bauwerkes auf das Fundament einwirkt. Da es auf die Festigkeitszunahme des Tones ankommt, muß das Modellgesetz über den Zeitverlauf der Verdichtung angewandt werden [s. Gl. (3.42.3)]. Führt man den Versuch bei homogenem Ton im Maßstab $1 : n$ aus, wird die Zeitskala somit $1 : n^2$. In einigen Fällen konnte dadurch, daß im voraus temporierte Belastungsversuche durchgeführt wurden, die Belastung der Fundamente bis zum Doppelten des Wertes erhöht werden, der mit Hilfe von Flügelsonden- und schnellen Belastungsversuchen gefunden wurde.

Für Belastungsversuche bei Ton sollte der *Plattendurchmesser* nicht unter 10 cm sein, ausgenommen bei sehr fetten Tonarten. Mit kleinen Platten werden relativ zu große Setzungen gemessen, verursacht durch das Kneten der Tonoberfläche beim Herrichten. Bei mageren Tonarten, wie Moränenlehm, ist ein Durchmesser von mindestens 30 cm erwünscht.

2.16 Porendruckmessungen

Wenn eine Baugrube bis unter den Grundwasserspiegel hinab ausgehoben werden soll, und in anderen Fällen, wo die Gefahr von Instabilität vorhanden sein kann, ist es von entscheidender Bedeutung, den Druck im Porenwasser messen zu können, weil ein großer Porendruck (neutrale Spannung) die wirksamen Spannungen herabsetzt und dadurch die Schubfestigkeit vermindert.

Die Messung ist bei *Sand- und Kiesschichten* einfach. Zum Beispiel kann eine Bohrung von $1^1/_2$ bis $3''$ Durchmesser bis zu der betreffenden Schicht geführt werden, wo man dann einen Filter anbringt und das Steigen des Wassers im Bohrrohr beobachtet.

Bei Porendruckmessungen in *Schluff- und Tonschichten* ist es zweckmäßig, besonders konstruierte *Piezometer* zu verwenden, da eine feinkörnige Bodenschicht nicht imstande ist, die zur Messung in einem Bohrrohr erforderliche Wassermenge abzugeben.

5*

Als Beispiel eines Piezometers, das einfach in seinem Aufbau, leicht zu bedienen und schnell reagierend ist (weil dazu keine nennenswerte Abgabe des Bodenwassers nötig ist), sei ein vom norwegischen Geotechnischen Institut konstruiertes Gerät erwähnt. Es besteht aus einem $^5/_4''$ Stahlrohr, das mit einer Spitze versehen ist, so daß das Piezometer direkt in weiche Schichten gedrückt werden kann. Auf 30 cm Länge, von der Spitze gemessen, hat das Rohr eine Oberfläche von poröser Bronze. Der dahinter gelegene Hohlraum ist mit einem Plastikrohr verbunden, das im Innern des Stahlrohres an die Bodenoberfläche führt und hier z. B. an ein Manometer angeschlossen werden kann.

2.17 Durchlässigkeitsmessungen

Bei Baugruben unter dem Grundwasserspiegel ist es wichtig, die Zuströmung des Wassers zu kennen. Eine vorläufige Beurteilung ergeben die Laborversuche mit entnommenen Proben; da aber die Durchlässigkeit in situ gegenüber Unregelmäßigkeiten der Lagerungsverhältnisse [vgl. Gln. (1.24.6) und (1.24.7)] sehr empfindlich ist, kann man nicht ohne Feldmessungen auskommen, wenn die Frage der Wasserzuströmung und Grundwasserabsenkung für die Ausführung der Bauarbeit wesentlich ist.

Die Durchlässigkeitsmessungen können in Verbindung mit den *gewöhnlichen Bohrungen* vorgenommen werden. Die einfachste, aber zugleich auch gröbste Weise besteht darin, das Futterrohr ganz mit Wasser zu füllen und die gradweise Absenkung des Wasserspiegels zu beobachten. Besser ist, etwas Filtermaterial auf der Sohle des Bohrloches anzubringen und das Futterrohr ein wenig zu heben. Es gibt hier eine Reihe von Möglichkeiten, für welche die hydraulischen Berechnungen durch Hvorslev (1951) aufgestellt wurden.

Erfordert die Baugrube eine Grundwasserabsenkung, so sind die oben genannten einfachen Messungen durch eine oder mehrere *Probegrundwasserabsenkungen* (s. Abschn. 3.32 u. 3.33) zu vervollständigen. Außer dem Filterbrunnen, aus dem gepumpt werden soll, werden mindestens 3 bis 4 Pegelbrunnen gebohrt, deren Abstände vom Pumpenbrunnen z. B. $r = 0{,}5$ m, 2 m, 10 m und 50 m sein können. Für verschiedene Pumpmengen werden dann die Pegelstände als Ordinaten in ein Koordinatensystem eingetragen, dessen Abszisse $\log r$ ist.

2.18 Inspektion und Kontrolle

Ungeachtet dessen, wie gründlich die Voruntersuchungen gewesen sind, können die Untersuchungen im Feld nicht bei Beginn der Bauarbeiten als abgeschlossen angesehen werden. Da man während der Voruntersuchungen nur Kenntnisse über einen verschwindend kleinen Bruchteil der Bodenmasse, die für das Bauwerk von Bedeutung ist, erhält, kann man während des Bodenaushubes den Zusammenhang zwischen den einzelnen Profilen ersehen. Oft tauchen ganz neue Bodenschichten auf, die von den Bohrungen umgangen wurden. Der aufsichtsführende Ingenieur hat daher die Verantwortung dafür, daß eine gründliche *Inspektion* der ganzen Baugrube stattfindet und daß gegebenenfalls Aufzeichnungen über die Art des ausgehobenen Bodens gemacht werden, sofern diese für die Gründung des Bauwerkes von Bedeutung sein könnte. (Letzteres gilt besonders, wenn die Baugrube von Spundwänden eingefaßt wird und die Grenzen der Schichten später nicht mehr festgestellt werden können.) Außerdem muß er dafür sorgen, daß zu den neuen Problemen, die durch seine Beobachtungen eventuell entstehen, auch Stellung genommen wird, was nicht selten eine Revision des ganzen Fundierungsprojektes oder eines Teiles davon zur Folge hat.

Bei der Inspektionsarbeit muß eine *Klassifizierung* der vorkommenden Bodenschichten vorgenommen werden, die oft den *Beistand eines Geologen* erfordert. Eventuell sind auch weitere *Feldbelastungsversuche* oder Laborversuche notwendig.

Ist die volle Ausnutzung der Tragfähigkeit des Bodens für Fundamente auf bindigem Boden erwünscht, so ist man gezwungen, die *Schubfestigkeit* bei jedem einzelnen Fundament zu messen, da diese von einer Stelle zur anderen wesentlich abweichen kann. Diese Messungen sollten als Flügelsondenversuche durchgeführt werden. Hierbei ist z. B. die durch das dänische Geotechnische Institut entwickelte *Handflügelsonde*,

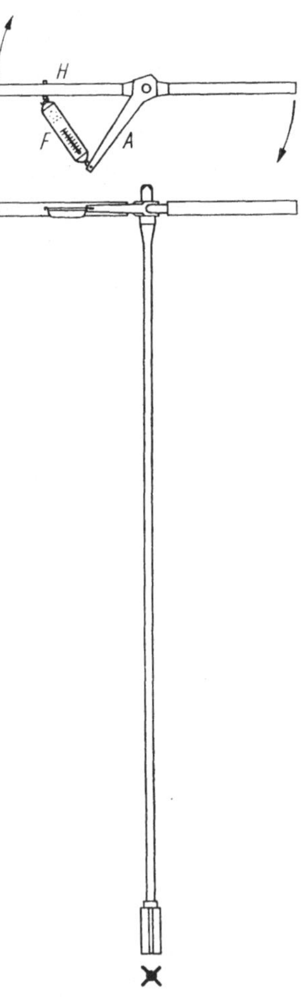

Abb. 2.18.A. Handflügelsonde

die in der Abb. 2.18.A gezeigt ist, anzuwenden. Die Sonde kann mit einem Hammer bis zu 1,4 m in den Boden getrieben werden, wonach durch Drehen des Handgriffes H eine Kraft durch die Federwaage F auf den Hebelarm A überführt wird, der in fester Verbindung mit der Bohrstange steht und das Drehmoment auf diese überträgt.

Während und nach Beendigung der Bauarbeiten können verschiedene *Überwachungen* erforderlich sein.

Porendruckmessungen können nötig sein, um die erforderliche ständige Standfestigkeit zu sichern, wenn es sich um Baugruben, Böschungen oder Dämme handelt.

Bei Erdarbeiten, die eine gewisse Zusammendrückung der Aufschüttung erfordern, müssen ständig *Raumgewichtsbestimmungen* vorgenommen werden. Da gewöhnlich keine ungestörten Proben aus komprimierter Aufschüttung genommen werden können, kann folgende Methode angewandt werden: Aus einem kleinen, planierten Gebiet wird etwa 1 Liter Boden entnommen, dessen Naturfeucht- und Trockengewicht bestimmt werden. Das Volumen der Aufgrabung wird mit besonderen Apparaten oder mit Hilfe eines „Normalsandes" (gleichförmige runde Körner), der auf eine „standardisierte" Weise in das Loch gefüllt wird, gemessen.

Bei wichtigen Bauwerken wird die Richtigkeit der bodenmechanischen Berechnungen durch *Setzungsbeobachtungen* kontrolliert. Handelt es sich um Setzungen von 5 cm oder mehr, so kann ein optisches Präzisionsnivellement ($^1/_2$ bis 1 mm) angewendet werden. Betragen die Setzungen jedoch nur wenige Zentimeter, dann ist ein hydrostatisches Nivellement (0,1 mm) vorzuziehen. Dieses hat, außer der größeren Genauigkeit, den Vorteil, daß man ohne Schwierigkeiten, d. h. ungeachtet der Baugerüste usw., zu einem frühen Zeitpunkt damit beginnen kann.

In diesem Zusammenhang sei auch auf die Bedeutung von *Durchbiegungsmessungen* an Spundwänden, Fangedämmen, Stützmauern und Bollwerken hingewiesen.

Bei großen Konstruktionen, wie z. B. Erdstaudämmen, ist die Kontrolle der Berechnungsvoraussetzungen mit Hilfe von *Spannungsmessungen* von Interesse. Zu diesem Zweck ist in den USA, Deutschland und Schweden eine große Anzahl von Druckdosen konstruiert worden. Es ist jedoch nicht möglich, diese hier näher zu erläutern. Bei den meisten Typen ist die Betriebssicherheit nicht so gut wie es erwünscht ist.

2.19 Andere Felduntersuchungen

Herrschen besondere Verhältnisse, so kommen auch spezielle Untersuchungen, wie z. B. *dynamische Untersuchungen* in Verbindung mit Maschinenfundamenten (s. Abschn. 4.29), zur Anwendung.

Im übrigen sei hier noch erwähnt, daß es heute möglich ist, die *Korrosivität* des Bodens hinsichtlich der Verwendung von Stahlpfählen (ROSENQVIST 1956) zu messen. Zeigt die Untersuchung, daß kathodischer Schutz notwendig ist, so müssen zur Dimensionierung der Schutzanlage Messungen der Bodenleitfähigkeit durchgeführt werden.

2.2 Laboratoriumsversuche

Bei sehr großen Unternehmen, wie z. B. Erdstaudämmen, wird oft ein Feldlaboratorium errichtet, wo die einfacheren bodenmechanischen

Versuche ausgeführt werden können. Abgesehen davon sollten die durch Bohrungen entnommenen Proben in ein Zentrallaboratorium geschickt werden, wo man über moderne Spezialausrüstungen und die *erforderlichen Sachkenntnisse* verfügt.

Der projektierende Ingenieur sollte darauf aufmerksam sein, daß die Mehrzahl der zur Zeit existierenden bodenmechanischen Laboratorien weit unter dem erwünschten Standard liegt. Meistens werden die Bodenproben routinemäßig verschiedenen Prüfungen unterworfen, von denen mehr als die Hälfte überflüssig sind. Tragfähigkeiten und Setzungen werden durch wertlose Triaxial- und Verdichtungsversuche mit sogenannten „ungestörten" Proben bestimmt. Eine Koordination des Laborversuchsprogrammes mit den betreffenden besonderen geologischen und bautechnischen Problemen gibt es ziemlich selten.

Bei den unten besprochenen verschiedenen Laborversuchen wird nur in Hauptzügen auf diese eingegangen. Derjenige, der die Versuche durchführen soll, muß sich einen guten Teil Labortechnik aneignen. In diesem Punkt sei auf die gute Anleitung von LAMBE (1951) aufmerksam gemacht.

2.21 Klassifikationsversuche

Alle Proben werden einer *bodenmäßigen und geologischen Beurteilung* unterzogen, die u.a. zur Auswahl der Proben für verschiedene Versuche benutzt werden kann.

Die *Kornverteilungskurve* findet nur ausnahmsweise Verwendung. Der Teil der Kornverteilungskurve, der über 0,06 mm liegt, wird durch eine *Siebanalyse* bestimmt, während feinere Partikel durch eine *Schlämmanalyse* (kleiner als 0,15 mm) ermittelt werden. Bei Letzterer wird die Konzentration des geschlämmten Materials zu verschiedenen Zeitpunkten mit Hilfe von CASAGRANDES Aräometer (oder von ANDREASENS Pipettenmethode) bestimmt.

Das *spezifische Gewicht der Bodenkörner* wird genau wie bei anderen Stoffen durch die Pyknometermethode festgestellt.

Die *Porenziffer* soll von allen Sand- und Kiesproben durch Wiegen des Trockenstoffes in einem bestimmten Volumen bestimmt werden.

Der *Wassergehalt* muß von allen feinkörnigen Proben bestimmt werden. Definitionsmäßig ist der Wassergehalt dem Gewichtsverlust (in Prozent des Trockenstoffes) durch Trocknen im Ofen bei 105°C gleich.

Der *organische Gehalt* wird am leichtesten, aber auch nur annähernd, als der Gewichtsverlust bestimmt, der durch Glühen der ofengetrockneten Probe bei 900°C entsteht. (Für chemisch gebundenes Wasser der Tonminerale und eventuell für die Umbildung von Kalk in gebrannten Kalk muß korrigiert werden.) Eine genauere Methode ist das Oxydieren mit 30% H_2O_2 (MUHS 1957), aber hierbei entstehen Fehler, wenn Fe^{++}-Verbindungen vorkommen. Einfach anzuwenden ist die kolorimetrische Methode, wobei die Humussäure durch NaOH extrahiert wird, und wobei die Farbe des umgebildeten Produktes von der Konzentration abhängt; aber der volle organische Gehalt wird hierdurch nicht bestimmt. Die genaueste Methode ist vermutlich die Oxydierung durch $K_2Cr_2O_7$ mit nachfolgender Titration.

Das *Raumgewicht* soll von allen ungestörten Proben ermittelt werden.

Die *Konsistenzgrenzen* sind wichtige Klassifikationseigenschaften, und sie sollten daher für eine passende Auswahl von feinkörnigen Proben bestimmt werden. Bevor die Konsistenzgrenze einer Probe bestimmt wird, werden alle größeren Körner als 1,5 mm entfernt.

Die *Fließgrenze* w_L wird mit Hilfe eines standardisierten Apparates bestimmt, der seinerzeit von CASAGRANDE entwickelt wurde. Ein Teil des Materials wird in eine Schale gefüllt und mittels eines besonderen Spatels zieht man eine Furche von 8 mm Tiefe. Die Schale wird dann einer Reihe von Schlägen durch freien Fall aus 10 mm Höhe ausgesetzt. Wenn sich nun nach genau 25 Schlägen 12 mm der Furche schließen, ist der Wassergehalt gemäß der Definition bei der Fließgrenze.

Da die ganze bodenmechanische Literatur an diese Definition anknüpft, wird es schwer sein, diese zu ändern. Ton und Feinschluff verhalten sich jedoch völlig verschieden den Erschütterungen gegenüber, von denen hier gesprochen wird, und es erscheint daher besser, wenn die Definition von w_L auf einer gewissen Schubfestigkeit (in der Nähe von 25 g/cm²) gegründet wäre.

Die *Ausrollgrenze* w_P wird als der Wassergehalt definiert, bei dem die Bodenart sich zu 3 mm starken Rollen auswalzen läßt, ohne zu zerbröckeln. Die Methode ist einfach und gibt eine sichere Bestimmung.

2.22 Hydraulische Versuche

Die *Durchlässigkeitsziffer* k kann auf verschiedene Weise bestimmt werden.

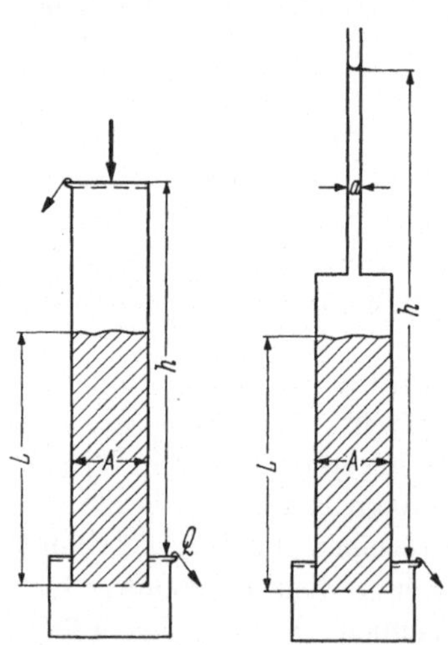

Abb. 2.22.A. Durchlässigkeitsmessungen

In der Abb. 2.22.A links ist ein *Versuch mit konstantem Potential* gezeigt. Es wird leicht die folgende Formel zur Bestimmung von k hergeleitet:

$$Q = vA = k\frac{h}{L}A. \tag{2.22.1}$$

Wird k bei der Temperatur $T°$ gemessen, so erhält man für die Normaltemperatur 10°C.

$$k_{10} = k_T \frac{v_T}{v_{10}},\qquad\qquad (2.22.2)$$

wobei v die kinematische Viskosität ist.

Ein Durchlässigkeitsversuch mit konstantem Potential kann nur bei sehr krobkörnigen Bodenarten von Nutzen sein. Normalerweise wird der in der Abb. 2.22.A rechts gezeigte *Versuch mit fallendem Potential* angewandt, wo das Wasser, das hindurchströmt, aus einem Kapillarröhrchen mit der Querschnittsfläche a genommen wird. Wenn man die kapillare Steighöhe in diesem Rohr mit h_c bezeichnet [aus Gl. (1.22.1) errechnet], so findet man durch Lösen einer Differentialgleichung 1. Grades folgenden Zusammenhang zwischen h und der Zeit t:

$$-\ln(h - h_c) = k\frac{A}{aL}(t - t_0).\qquad\qquad (2.22.3)$$

Auf semilogarithmischem Papier ergibt sich daher eine Gerade, deren Neigung das k bestimmt.

Wichtig ist, bei allen Durchlässigkeitsversuchen *luftfreies Wasser* zu benutzen, da sonst ausgeschiedene Luftblasen die Poren verstopfen.

In Verbindung mit *Verdichtungsversuchen* kann für jede Belastungsstufe eine Bestimmung der Durchlässigkeitsziffer mittels Zeitsetzungskurven [s. Gl. (2.23.1)] erlangt werden.

Einige Bodenarten (z.B. grober Kies mit einem geringen Gehalt von feinem Sand) sind *hydraulisch instabil;* das ist so zu verstehen, daß die Durchlässigkeit sich

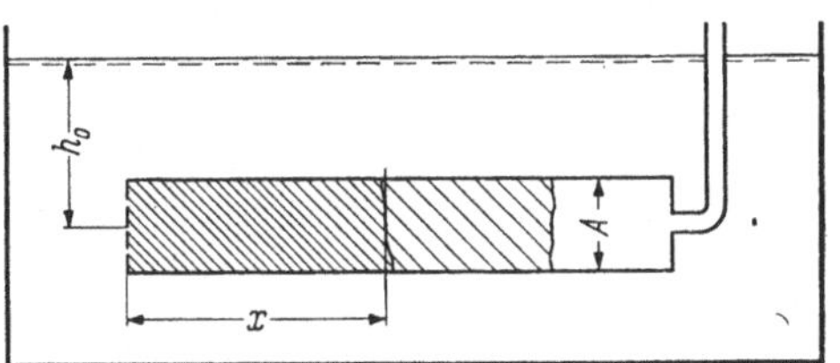

Abb. 2.22.B. Horizontaler Kapillaritätsversuch

durch das Auswaschen der kleinen Körner nach und nach verändert.

Die *Kapillarität* kann mit besonderen Apparaten gemessen werden. Für Sand kann sehr einfach der in der Abb. 2.22.B gezeigte horizontale Kapillaritätsversuch angewendet werden. Hierzu benötigt man trockenen Sand in einem Glas, das plötzlich unter Wasser getaucht wird. In der Zeit t ist das Wasser um das Stück x in den Sand eingedrungen. Mit h_c = der kapillaren Steighöhe und n = der Porosität erhält man wiederum durch Lösen einer Differentialgleichung 1. Grades:

$$x^2 = \frac{2k}{n}(h_0 + h_c)t.\qquad\qquad (2.22.4)$$

Durch Absetzen von x^2 als Funktion von t wird daher eine Gerade gebildet, deren Neigung

$$m = \frac{2k}{n}(h_0 + h_c).\qquad\qquad (2.22.5)$$

ist. Wenn k im voraus bekannt ist, kann h_c berechnet werden. Ist k auch unbekannt, so können beide Größen bestimmt werden, indem während des Versuches plötzlich eine starke Änderung von h_0 vorgenommen wird.

Oft wird h_0 im Verhältnis zu h_c verschwindend gering sein; dann ist $m = 2k/n\,h_c$. Bei Sandsorten mit etwas verschiedener Korngröße d, aber mit entsprechender Kornform, Kornverteilung und Porenziffer, ist annähernd

$$k = \text{Konstante} \cdot d^2 \quad \text{und} \quad h_c = \frac{\text{Konstante}}{d}\,,$$

nach Eliminieren von d also

$$k\,h_c^2 = \text{Konstante (gewöhnlich zwischen 0,5 und 6 cm}^3\text{/sek)}.$$

Das ergibt

$$m^2 = \frac{4}{n^2}\,k\,h_c^2\,k = Z\,k\,, \tag{2.22.6}$$

wobei Z ziemlich konstant ist. Wenn von einer großen Anzahl Sandproben das k bestimmt werden soll, kann Gl. (2.22.6) angewendet werden, indem der Z-Wert durch einige wenige Durchlässigkeitsversuche mit fallendem Potential festgelegt wird.

Die potentielle *Frostgefahr* einer Bodenart wird durch Gefrierversuche beurteilt, bei denen der Boden durch standardisierte Gefrierbedingungen die Möglichkeit erhält, Wasser von unten herauf anzusaugen.

2.23 Verdichtungsversuche

Die Abb. 2.23.A zeigt schematisch einen *Verdichtungsapparat* (Ödometer). Die Probe ist von dem Ring R umschlossen, während die Belastung Q durch den Kolben S übertragen wird und die porösen Steine P dafür sorgen, daß das Wasser nach beiden Seiten dräniert werden kann. Die hier gezeigte Anordnung mit „schwimmendem Ring" muß der in Abb. 1.31.A skizzierten vorgezogen werden, da die Höhe der Probe hier doppelt so groß sein kann im Verhältnis zum Durchmesser, ohne

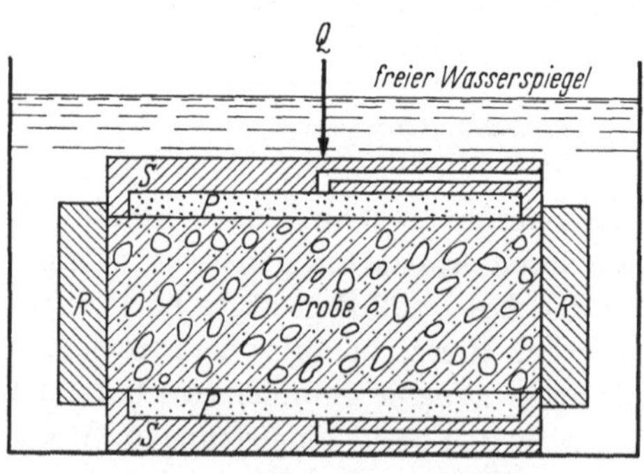

Abb. 2.23.A. Verdichtungsapparat

daß die Reibung zwischen Probe und Wand einen prozentual größeren Einfluß bekommt. Eine Höhe von 2 cm und ein Durchmesser von 3,57 cm (Fläche = 10 cm²) ist ausreichend.

Da bei normalverdichtetem Ton eine lineare Relation zwischen e und $\log \bar{\sigma}$ besteht, wird bei Verdichtungsversuchen gerne eine geometrische

Folge der *Belastungsstufen* z.B. (in t/m²): 0,5 – 1 – 2 – 4 – 8 – 15 – 30 – 50 – 100 usw. benutzt.

Bei einer Steigerung der Belastung wird die Probe zusammengedrückt, welches jedoch einige Zeit erfordert, da Wasser aus den feinen Poren gepreßt werden soll. Für jede Belastungsstufe erhält man also eine ganze *Zeitsetzungskurve*, z.B. durch Ablesen der Formänderungen (auf einer Meßuhr) zu den Zeitpunkten: 6ˢ, 12ˢ, 18ˢ, 30ˢ, 1ᵐ, 2ᵐ, 4ᵐ, 8ᵐ, 15ᵐ, 30ᵐ, 1ʰ, 2ʰ, 4ʰ, 8ʰ und 24ʰ. Normalerweise wird mit einer Belastungsstufe je Tag gearbeitet, aber die Zeit muß verlängert werden, wenn die Probe hoch oder die Permeabilität besonders gering ist.

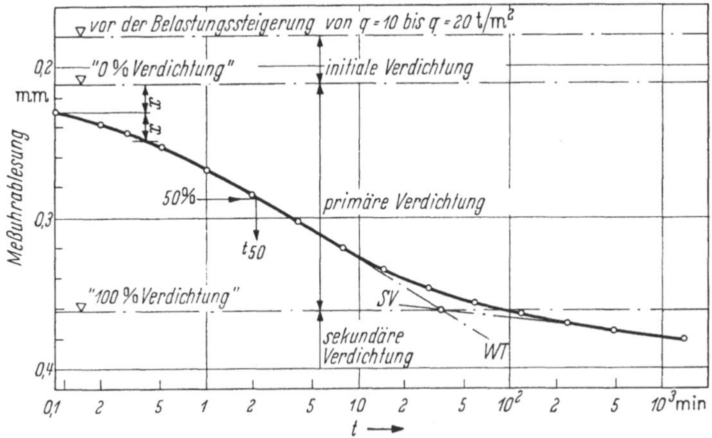

Abb. 2.23.B. Zeitsetzungskurve

Die Abb. 2.23.B zeigt eine Zeitsetzungskurve, die einer Belastungssteigerung von 10 bis 20 t/m² entspricht. Auf der Abszisse ist die Zeit in Minuten in logarithmischer Skala aufgetragen. Infolge der Verdichtungstheorie [s. Gl. (3.43.5)] ist die Zusammendrückung anfangs proportional zu $\sqrt{t}$. Hieraus folgt, daß in der Zeit von 0 bis t die gleiche Zusammendrückung geschieht wie von t bis $4t$. In der Abbildung ist durch die Punkte für $t = 0,1^m$ und $4t = 0,4^m$ die theoretische Nullablesung der Meßuhr konstruiert, indem die mit x bezeichneten, senkrechten Stücke gleich groß sind. Es ist ersichtlich, daß diese unter der wirklichen Ausgangsstellung (vor der Belastungssteigerung) liegt. Dieser Teil der Verdichtung muß also als plötzlich eintretend angesehen werden, und man bezeichnet ihn als *initiale Verdichtung*. Bei wassergesättigten Proben wird diese Verdichtung durch das Eindrücken der porösen Steine in die Ober- und die Unterseite der Probe, die außerdem bei der Herrichtung gestört worden sind, verursacht. Es ist daher am richtigsten, bei der nachfolgenden Aufzeichnung des Verdichtungsdiagrammes (s.u.) für wassergesättigte Proben ganz von diesem Teil der Zusammendrückung abzusehen.

Auch der letzte Teil der Zeitsetzungskurve weicht von der klassischen Verdichtungstheorie ab. Gemäß dieser sollte die Formänderung sich asymptotisch einem konstanten Wert nähern, aber in Wirklichkeit nähert sie sich mit einer gewissen Neigung einer Geraden SV. Zu diesem Zeitpunkt ist kein Überdruck im Porenwasser vorhanden, so daß die ganze Belastung von den wirksamen Spannungen getragen wird. Der Ton zeigt dann ein gewisses *Kriechen*, welches ursprünglich *sekundäre Verdichtung* genannt wurde. Bei Bodenarten wie Schlamm und Torf ist die sekundäre Verdichtung bedeutend.

Nach CASAGRANDE kann der Anfang der sekundären Verdichtung folgendermaßen bestimmt werden (s. Abb. 2.23.B): Die Linie SV wird bis zurück zum Schnittpunkt mit der Wendetangente WT verlängert. Der Teil der Zusammendrückung, der zwischen der initialen und der sekundären Verdichtung liegt, wird *primäre Verdichtung* genannt. Der Verlauf der primären Verdichtung entspricht der klassischen Verdichtungstheorie, die das gradweise Verschwinden des Porendruckes behandelt (s. Abschn. 3.4).

Mit Hilfe der Zeitsetzungskurve der primären Verdichtung kann die *Durchlässigkeitsziffer* errechnet werden. Hierzu wird am besten der Punkt der 50%igen primären Verdichtung benutzt, also mitten im Intervall der primären Verdichtung. Die entsprechende Zeit wird t_{50} genannt. Die Höhe der Probe ist $2H$, wenn sie nach beiden Seiten dräniert wird (bei einseitiger Dränierung mit H bezeichnet). Der Verdichtungsmodul der betreffenden Belastungsstufe wird K genannt [s. Gl. (1.31.1)]. Infolge Gl. (3.43.4) ist dann

$$k = 0{,}2\,\frac{\gamma_w H^2}{t_{50}\,K}\,.\tag{2.23.1}$$

Wegen der sekundären Verdichtung gibt es keinen „Endwert" der Zusammendrückung. Bei der Aufzeichnung des *Verdichtungsdiagrammes*, d.h. des Zusammenhanges zwischen Druck und Formänderung, wählt man daher die Meßuhrablesungen, die einem festen Wert entsprechen, z.B. $t = 1000^m$. Dabei muß die gewählte Zeit jedoch so weit rechts liegen, daß sie für alle Zeitsetzungskurven auf die Linie der sekundären Verdichtung fällt. Von diesen Ablesungen wird darauf (bei wassergesättigten Proben) der Beitrag der initialen Verdichtung abgezogen. Die Ablesungen können dann zur Porenziffer umgerechnet werden, die man als Funktion der effektiven Spannung $\bar{q}$ einsetzt.

Hinsichtlich der Anwendung des Diagrammes für Setzungsberechnungen ist es am zweckmäßigsten, die Zusammendrückungen in Prozent der ursprünglichen Höhe h der Probe zu berechnen:

$$\varepsilon = -\frac{\Delta h}{h}\,.\tag{2.23.2}$$

Man erhält dann (unter idealen Verhältnissen, die unten besprochen werden) ein Diagramm wie das in der Abb. 2.23.C gezeigte, wo die $\bar{q}$-Achse logarithmisch ist.

Der *Anfang des Verdichtungsdiagrammes* bedarf einer besonderen Erklärung. Im Anschluß an die Abb. 1.22.D wurde erwähnt, daß bei der idealen ungestörten Probe nach der Entnahme ein Unterdruck (negatives u) im Porenwasser vorhanden ist, welcher der wirksamen Belastung entspricht, die die Probe in situ gehabt hat. Nach der Anbringung im Verdichtungsapparat wird die Probe daher sofort Wasser ansaugen. Diesem begegnet man jedoch durch eine Erhöhung der Belastung, bis die Meßuhr bei einem Druck $\bar{q}$, den man ohne große Fehler zu begehen als $-u$ betrachten kann, zur Ruhe kommt. Der erste Teil des Diagrammes in der Abb. 2.23.C erscheint daher als eine waagerechte Linie, die mit *0* bezeichnet ist. Bei weiterer Steigerung der Belastung entsteht dann die Kurve *1*.

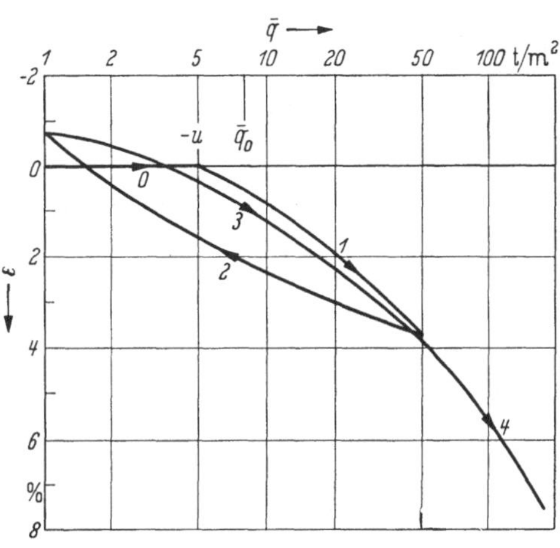

Abb. 2.23.C. Verdichtungsdiagramm von stark vorverdichtetem, sehr fettem Ton

In der Praxis ist es erforderlich, zwischen *wirklich ungestörten Proben* und normalen „ungestörten" Proben zu unterscheiden. Letztere sind zwar mit einem guten Probeentnehmer aufgenommen und auch sonst korrekt behandelt worden, sie haben aber doch eine solche Störung erfahren, daß eine wesentliche Veränderung der Festigkeits- und Formänderungseigenschaften eingetreten ist. Da man unmöglich einen Unterschied sehen kann zwischen diesen beiden Arten von Proben, ist es wichtig, Unterscheidungsmerkmale für die Ungestörtheit zu haben. Dieses wird nicht weniger von der Tatsache unterstrichen, daß in bodenmechanischen Laboratorien aller Länder die meisten Verdichtungsversuche mit mehr oder weniger „gestörten" Proben durchgeführt werden; wobei als Ergebnis oft Setzungen vorausgesagt werden, die zwei bis zehnmal so groß sind als die tatsächlichen.

Zwei solcher Unterscheidungsmerkmale sind in der Abb. 2.23.C veranschaulicht. Zunächst ist die wirksame senkrechte Spannung $\bar{q}_0$ angezeigt, der die Probe in situ ausgesetzt war. Man sieht, daß der Porenunterdruck $-u$ von gleicher Größenordnung ist wie $\bar{q}_0$, welches man als ein gutes Indizium der Ungestörtheit werten kann (es sei denn, die Probe ist einer Verdunstung ausgesetzt gewesen).

Zum anderen ist eine Entlastungs- und Wiederbelastungsschleife *2* bis *3* zwischen den Spannungen 50 und 1 t/m² angegeben. Da aus dem Geologischen bekannt ist, daß die betreffende Tonart unter großem Druck vorverdichtet wurde, müssen alle Formänderungen im wesentlichen reversibel sein (vgl. die Schleife *II* bis *III* der Abb. 1.31.C). Die Abbildung zeigt daher auch, daß die mit der Kurve *1* verknüpfte Zusammendrückung durch eine entsprechende Entlastung entlang der Kurve *2* aufgehoben wird. Dieses Kriterium der Ungestörtheit ist keineswegs eindeutig, da der Wiederbelastungsast *3* auf Grund der Hysteresis sowohl über als auch unter der Kurve *1* liegen kann, je nachdem wie weit die Entlastung geführt worden ist. Die Neigung der Kurve *3* wird jedoch immer von gleicher Größenordnung sein wie die Neigung der Kurve *1*. Diese Kurve, sowie ihre Verlängerung *4*, können daher bei der Berechnung der Setzungen eines Bauwerkes verwendet werden.

Die beiden Kriterien der Ungestörtheit sind somit durch Folgendes gegeben:

1. Wenn der Porenunterdruck der Probe ungefähr der Belastung in situ entspricht.

2. Wenn alle Formänderungen unter der Vorverdichtungsbelastung im wesentlichen reversibel sind.

In der Praxis genügt die Erfüllung des 2. Kriterium.

Nur bei normalverdichtetem, nicht zu magerem Ton und bei vorverdichtetem, sehr fettem Ton kann man damit rechnen, völlig ungestörte Proben zu erhalten. Wenn die Fließgrenze bei 100% oder darüber liegt, sollte ein gutes Entnahmegerät ungestörte Proben ermöglichen. Eine vorverdichtete Tonprobe mit einem $w_L = 50\%$ ist dagegen selten wirklich ungestört.

In der Abb. 2.23.D zeigt die voll ausgezogene Kurve *1* bis *4* die Zusammendrückung einer *normalverdichteten Tonprobe*. Der Unterdruck im Porenwasser ist verschwindend gering, und die Formänderungen beginnen schon bei ganz kleiner Belastung. Bei großem Druck ist die Kurve *4* geradlinig, welches deutlich

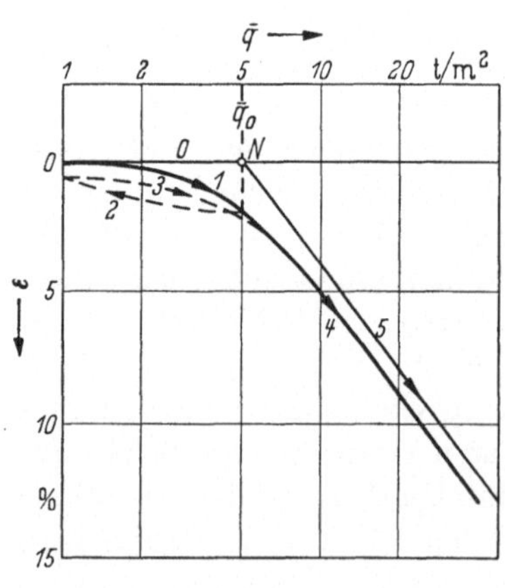

Abb. 2.23.D. Verdichtungsdiagramm für normalverdichteten Ton

zeigt, daß die Vorbelastung (die hier dem Druck $\bar{q}_0$ in situ gleich ist) überschritten worden ist; vgl. die Stammkurve *I* der Abb. 1.31.C. Wenn bekannt ist, daß es sich um normalverdichteten Ton handelt, ist die Eintragung der Entlastungsschleife nicht nötig. In der Abbildung ist jedoch eine solche Schleife *2* bis *3*, die eine etwas geringere Formänderung als die Kurve *1* ergibt, punktiert dargestellt.

Wäre die Probe völlig ungestört, so müßte die Verdichtungskurve der Geraden *0* bis zum Punkt *N* und dann der Geraden *5* folgen, die als parallel mit dem geradlinigen Teil der Kurve *4* angesehen werden kann. Der Punkt *N* gibt die zusammengehörigen Werte der wirksamen Spannung und der Porenziffer in situ an, während die Linie *5* die *Stammkurve in situ* ist. Diese Linie soll bei Setzungsberechnungen angewandt werden, und die Abbildung beweist, daß Setzungsberechnungen, die die Laboratoriumskurve von normalverdichtetem Ton als Grundlage haben, etwas zu kleine Setzungen ergeben.

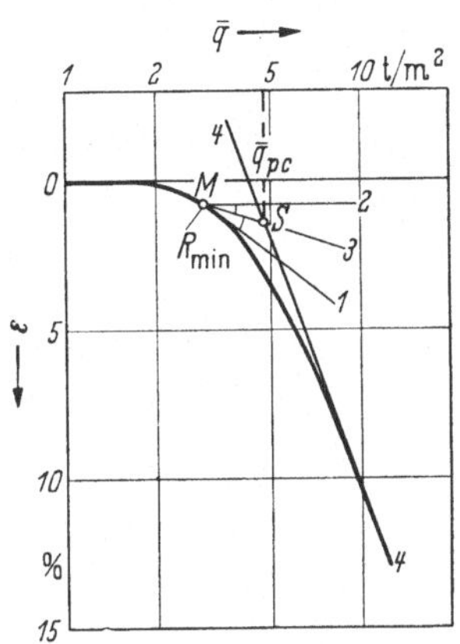

Abb. 2.23. E. Bestimmung der Vorbelastung (CASAGRANDE)

Es ist bei vorverdichtetem Ton von Bedeutung, die *Vorbelastung* $\bar{q}_{pc}$ *bestimmen* zu können, wenn nicht im voraus bekannt ist, daß sie viel größer ist als die größte Spannung, die bei den Setzungsberechnungen Anwendung finden kann. Ist die Probe gestört, so kann die Vorbelastung nur durch Vergleichen von Triaxialversuchen und Flügelsondenversuchen (s. Abb. 2.25.C) bestimmt werden.

Bei einer völlig ungestörten Probe kann die Vorbelastung durch CASAGRANDES Methode, die in der Abb. 2.23.E gezeigt ist, annähernd bestimmt werden. Zunächst wird der Punkt *M* aufgesucht, wo die Verdichtungskurve am meisten gekrümmt ist. Durch diesen Punkt werden die Tangente *1*, die Waagerechte *2* und die Halbierungslinie *3* gezogen. Der geradlinige Teil *4* der Verdichtungskurve wird bis zum Schnitt mit der Linie *3* im Punkt *S*, der sich erfahrungsgemäß als in der Nähe von $\bar{q}_{pc}$ gelegen erwiesen hat, verlängert.

Wenn die Setzungsberechnung für eine Bodenschicht durchgeführt werden soll, von der nur *teilweise gestörte Proben* vorliegen, dann muß man die Verdichtungsversuche in der Weise vornehmen, daß eine vollständige *Reproduktion der geologischen Entwicklung* entsteht, denn nur dadurch kann (annähernd) der Bodenprobe die Steifigkeit in situ wiedergegeben werden. Das Verfahren wird durch die Abb. 2.23.F veranschaulicht; es knüpft an ein konkretes Beispiel an, um die Notwendigkeit einer geologischen Analyse vor der Ausführung des Versuchsprogrammes zu unterstreichen.

Es handelt sich hier um eine tonige Schluffprobe aus der Kote − 20 von einer Bohrung in einem geplanten Hafen in Süditalien. Die wirksame

Spannung in situ ist heute $\bar{q}_0 = 20$ t/m², aber durch die Methode aus Abb. 2.25. C ist der Vorverdichtungsdruck mit etwa 100 t/m² ermittelt worden. Eine Analyse sämtlicher Bohrungen und die Untersuchung der geologischen Verhältnisse dieses Gebietes haben gezeigt, daß diese Schluffablagerung während der letzten Interglazialzeit, als die Meeresoberfläche ungefähr in der Kote + 20 lag, sedimentiert wurde. Während der letzten Eiszeit, als das Meer ungefähr in der Kote — 100 lag, befand sich die Ablagerung über Wasser und wurde durch Kapillarspannungen vorverdichtet. Gleichzeitig damit bildete sich eine Verwitterungskruste im obersten Teil der Schicht in der Kote —14. Beim Schmelzen des Eises stieg das Meer allmählich bis zum heutigen Niveau, wobei der Schluff wieder unter Wasser geriet und von postglazialem Schlamm, Ton und Sand bis zu der jetzigen Kote + 2 überlagert wurde.

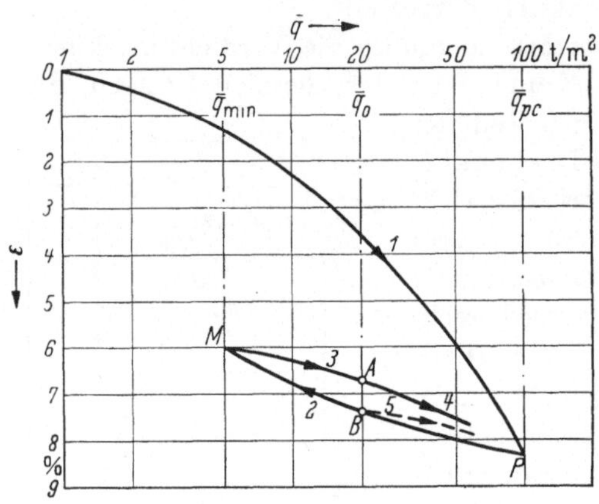

Abb. 2.23.F. Verdichtungsdiagramm einer teilweise gestörten Tonprobe

Entscheidend für die Ausführung des Verdichtungsversuches sind also:

1. Vorverdichtung bis $\bar{q}_{pc} =$ ungefähr 100 t/m² während der letzten Eiszeit.

2. Entlastung bis $\bar{q}_{min} = 5$ t/m², dem vorhandenen Druck, als das Meer nach der Eiszeit die Kote — 14 wieder erreichte.

3. Wiederbelastung bis zur heutigen Spannung $\bar{q}_0 = 20$ t/m².

4. Fortgesetzte Wiederbelastung (oder Entlastung) in Übereinstimmung mit der Einwirkung, der die Schicht infolge der geplanten Bauarbeiten ausgesetzt sein wird.

Die hierzu entsprechenden Kurven der Abb. 2.23.F sind: 1. *Rückverdichtung* (Rekonsolidierung) bis zum Punkt *P*. 2. Entlastung von *P* bis *M*. 3. Wiederbelastung von *M* bis *A*. 4. Fortgesetzte Wiederbelastung von *A*. Indem die Rückverdichtungskurve über die ganze Länge gekrümmt ist, weist sie darauf hin, daß es sich um eine vorverdichtete Bodenart handelt.

Die aus dem Bauwerk stammenden Setzungen sollen hiernach aus der Kurve *4* berechnet werden. Es ist offensichtlich, daß die Verwendung der gewöhnlichen „Laboratoriumskurve" *1*, bei welcher der Hauptteil der Zusammendrückung durch Störung verursacht worden ist, allzu große Setzungen ergeben würde. Andererseits ist es offenbar auch nicht ausreichend, wenn nur die Vorbelastung $\bar{q}_{pc}$ und die jetzige Spannung

$\bar{q}_0$ bekannt sind, weil dieses zur Berechnung der Setzungen aus dem punktierten Wiederbelastungsast *5*, der von Punkt *B* ausgeht, führen würde, was auf Grund der Hysteresis viel zu kleine Resultate zur Folge hätte.

Die Störung der Probe bewirkt, daß der Verdichtungsast (hier *4*), der zur Setzungsberechnung benutzt werden soll, bei einer kleineren Porenziffer als der natürlichen liegt. Es kann daher die Einführung einer *Korrektion für die reduzierte Porenziffer* nötig sein. Beispielsweise ist die natürliche Porenziffer der Probe in der Abb. 2.23.F $e_{nat} = 0{,}45$. Der Punkt *A* entspricht einer Verminderung der Höhe der Probe um 6,7%, d.h. einer Verminderung der Porenziffer von $0{,}067 \cdot 1{,}45 = 0{,}097 = 22\%$ des e_{nat}. Hiernach kann angenommen werden, daß die Kurve 4 Setzungen ergibt, die 20 bis 30% zu klein sind. (Hinzugefügt sei, daß die Unsicherheit bei Setzungsberechnungen selten geringer, und meistens viel größer als 30% ist.)

In vielen Fällen wird aus der Festigkeit und der Porenziffer hervorgehen, daß es sich um *stark vorverdichteten Ton* handelt und daß es zu kompliziert ist, eine Bestimmung des Vorbelastungsdruckes vorzunehmen. Dafür sei empfohlen, eine Rückverdichtung durchzuführen bis zu einem Druck, der ungefähr doppelt so groß ist wie die größte Spannung, die für die Setzungsberechnung gebraucht werden soll.

2.24 Einfache Druckversuche

Ein einfacher Druckversuch wird mit einem zylindrischen Probekörper durchgeführt, dessen Höhe gleich dem doppelten Durchmesser ist. Die Querschnittsfläche ist meistens 10 oder 40 cm². Die Druckeinwirkung erfolgt senkrecht in der σ_1-Richtung, während die waagerechten, totalen Spannungen σ_2 und σ_3 gleich Null sind.

Der Versuch wird mit *konstantem Wassergehalt* ausgeführt. Daher ist es zu empfehlen, den Probekörper mit einer dünnen Gummimembrane zu umgeben, um die Verdunstung zu verhindern. Die Versuchszeit soll ungefähr 10 Minuten, aber auf keinen Fall weniger als 5 Minuten betragen, wobei jede Belastungsstufe $1/_2$ bis 1 Minute dauert, wenn ein konstantes Belastungstempo angewandt wird. Man kann jedoch auch die Formänderungsgeschwindigkeit konstant halten und die dazugehörigen Druckspannungen messen.

Bei einem einfachen Druckversuch erhält man eine *Arbeitskurve* und die *Druckfestigkeit* $= 2\,c$, wobei c die undränierte Schubfestigkeit ist [vgl. Gl. (1.46.2)]. Dagegen bekommt man keine Aufklärung über die wirksamen Spannungen. Es sei bemerkt, daß bei der Berechnung der Druckspannungen auf die Querdehnung Rücksicht zu nehmen ist. Bezeichnet man die senkrechte Belastung mit P, die senkrechte spezifische Verkürzung mit ε und die ursprüngliche Querschnittsfläche mit A, so wird die Mitteldruckspannung

$$\sigma = \frac{P}{A}\,(1 - \varepsilon)\,. \tag{2.24.1}$$

Einfache Druckversuche sind leicht auszuführen und können von Nutzen sein, sofern man sich darüber im klaren ist, daß die *meisten Bodenarten zu geringe Festigkeiten ergeben*, weil sie die Probeentnahme und die Herrichtung nicht vertragen. Dieses gilt besonders für die sehr schluff- und sandhaltigen (mageren) Tonarten und außerdem für stark vorverdichteten Ton (hierunter rissiger Ton), wenn er nicht sehr fett ist. Gewöhnlich, aber nicht immer, kann durch Triaxialversuche entschieden werden, ob die einfache Druckfestigkeit repräsentativ ist. Auf jeden Fall ist es bedeutend besser, einen Vergleich mit Flügelsondenversuchen anzustellen.

Gleichzeitig damit, daß bei Druckversuchen normalerweise zu geringe Festigkeiten erhalten werden, ergibt die Arbeitskurve *allzu große Formänderungen*, manchmal mehr als zehnmal zu viel.

2.25 Triaxiale Druckversuche

Der triaxiale Druckversuch unterscheidet sich auf zweierlei Weise vom einfachen Druckversuch: Zum Teil besteht ein Seitendruck σ_3 ($=\sigma_2$) verschieden von Null, vgl. Abb. 1.32.A, und zum Teil hat die Probe die Möglichkeit, Wasser aufzunehmen oder abzugeben.

Die Abb. 2.25.A zeigt schematisch einen *Triaxialapparat*. Der zylindrische Probekörper PK steht auf einem Druckfuß DF und nimmt die senkrechte Belastung durch den Druckkopf DK entgegen. Die Aufnahme und Abgabe von Wasser durch die zylindrische Oberfläche wird dadurch verhindert, weil der Probekörper von einer dicht anliegenden, an Druckkopf und Druckfuß durch die Bindungen B befestigten dünnen Gummimembrane G umgeben ist. Dagegen kann der Probekörper an die porösen Steine PS in Druckfuß und Druckkopf Wasser abgeben, welches dann durch die Plastikröhrchen R und die Ventile V_1

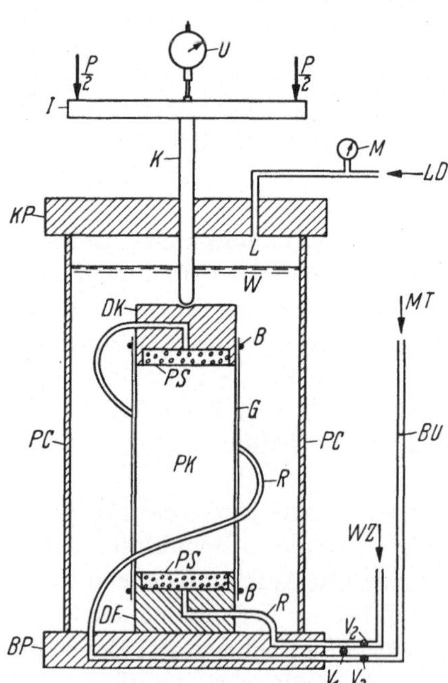

Abb. 2.25.A. Triaxialapparat

und V_3 in die Bürette BU geleitet wird. Zum Durchspülen einer Sandprobe wird Wasser durch WZ zugeführt und durch BU wieder abgeleitet, wobei das Ventil V_1 geschlossen ist.

Der Probekörper ist in einer Druckkammer angebracht, die aus einem Plexiglaszylinder PC besteht, welcher zwischen der Kopfplatte KP und der Bodenplatte BP festgehalten wird. Die Druckkammer ist, abgesehen von dem kleinen oberen Luftraum L, fast ganz mit Wasser W oder mit Öl gefüllt. Auf die Probe kann nun ein allseitiger Druck σ_3, durch Zuleiten von Luftdruck LD in die Kammer, ausgeübt werden. Der Druck σ_3 wird mit dem Manometer M gemessen.

Die senkrechte Belastung P wird durch das Joch J auf den Kolben K übertragen, der sich fast reibungsfrei durch die Kopfplatte bewegt und die Kraft durch den Druckkopf an die Probe abgibt. Wird die Belastung P durch die Fläche der Probe dividiert, so erhält man die Differenzspannung σ_1 bis σ_3 indem wie in Gl. (2.24.1) für die Querdehnung korrigiert wird. Die senkrechten Formänderungen ε_1 werden auf der Meßuhr U abgelesen.

Da man mit dem Triaxialapparat unabhängig voneinander die beiden Hauptspannungen σ_1 und σ_3 und zugleich die Dränierung beherrscht, besteht die Möglichkeit, mit diesem Gerät verschiedenartige Versuche auszuführen. Als Beispiel sei der *allseitige Verdichtungsversuch* erwähnt, bei dem die Probe in mehreren Stufen unter allseitigem Druck verdichtet wird.

Hauptsächlich verwendet man den Apparat jedoch für *triaxiale Druckversuche*, die in zwei Etappen vollzogen werden:

    1. Etappe: Allseitiger Druck.
    2. Etappe: Senkrechte Belastung.

In jeder dieser Etappen kann die Dränierung entweder verhindert (Ventil V_3 geschlossen) oder die volle Dränierung zugelassen werden (V_3 offen). Bei Dränierung in der 1. Etappe wird von *verdichtetem*, sonst aber von *unverdichtetem Versuch* gesprochen. Bei Dränierung in der 2. Etappe spricht man von *dräniertem* und im Gegensatz dazu von *undräniertem Versuch*. Durch Kombination sind im ganzen *drei Haupttypen von triaxialen Druckversuchen* möglich:

CD-Versuch: Verdichteter, dränierter Versuch.
UU-Versuch: Unverdichteter, undränierter Versuch.
CU-Versuch: Verdichteter, undränierter Versuch.

Ein *CD-Versuch* beansprucht lange Zeit, weil in der 2. Etappe die vollständige Verdichtung einer Reihe kleiner Stufen abgewartet werden muß. Da außerdem bei *CU*-Versuchen (s. u.) jetzt einfachere Mittel zur Bestimmung der wirksamen Spannungen zur Verfügung stehen, wird der *CD*-Typ heutzutage nur wenig gebraucht.

6*

Bei einem *UU-Versuch* geschieht überhaupt keine Veränderung des natürlichen Wassergehaltes, so daß man eine Messung der undränierten Schubfestigkeit (s. Abschn. 1.46) erhält. Bei gewöhnlichen *wassergesättigten Bodenarten* wird der Seitendruck σ_3 direkt vom Porenwasser aufgenommen; dadurch wird die Schubfestigkeit genau die gleiche wie bei einfachem Druckversuch. Eine größere Schubfestigkeit erhält man jedoch bei einigen rissigen Tonarten, selbst wenn diese wassergesättigt sind, was vermutlich durch die gesteigerte Reibung in den Rissen verursacht wird. Hier kann daher ein *UU*-Versuch insofern Bedeutung haben, weil er die Spannungsverhältnisse in situ besser repräsentiert als ein einfacher Druckversuch.

Bei *UU*-Versuchen mit *nicht-wassergesättigten Bodenarten* werden die Luftbläschen im Verhältnis zu dem Steigen des Porenwasserdruckes komprimiert. Hierdurch wird die Porenziffer vermindert, d.h. die wirkliche Kohäsion vergrößert sich. Gleichzeitig wird ein Teil des σ_3 von den wirksamen Spannungen aufgenommen, welches die wirkliche Reibung steigert. An nicht-wassergesättigten Bodenarten geben *UU*-Versuche also größere Schubfestigkeit als einfache Druckversuche. Sie werden z.B. bei Standfestigkeitsuntersuchungen von Erdstaudämmen angewandt, wo die Aufschüttung bei einem Wassergehalt, der etwas unter dem Sättigungspunkt liegt, komprimiert wird.

Der *CU-Versuch* ist der wichtigste der drei Typen, weil die Probe bei der allseitigen Verdichtung in der 1. Etappe in einen Spannungszustand gesetzt werden kann, der annähernd einer gegebenen Tiefe in der Natur entspricht. Außerdem geschieht der Bruch in der 2. Etappe bei konstantem Wassergehalt, genau wie es der Fall bei einem (plötzlichen) Bruch in der Natur ist.

Wird die senkrechte Belastung in der 2. Etappe wie oben angegeben mit geschlossenem Ventil V_3 hinzugefügt, so bleibt der Porendruck und damit die wirksame Spannung unbekannt. Dieses kann akzeptiert werden, wenn mit Sicherheit anzunehmen ist, daß nur die undränierte Schubfestigkeit (s. Abschn. 1.46) für eine Analyse der Anfangs-Standfestigkeit gebraucht werden soll. Jedes moderne Labor ist jedoch auf die gleichzeitige Porendruckbestimmung eingestellt, was die Unkosten beim Versuch relativ wenig beeinflußt.

Der *Porendruck* kann gemessen werden, wenn das Ventil V_3 geöffnet wird und die Dränierung durch die Mobilisierung eines Gegendruckes MT am obersten Ende der Bürette BU (Abb. 2.25.A) verhindert wird. Die Bürette muß jedoch in diesem Fall ein Kapillarröhrchen sein, so daß selbst eine geringe Wasserabgabe der Probe gleich bemerkt wird.

Sofern die porösen Steine oder der übrige Teil des Dränierungssystemes Luftbläschen enthalten, welches sehr schwer zu vermeiden ist, entstehen Meßfehler. Es wird daher empfohlen, einen *CU-Versuch ohne Porendruck* durchzuführen. In diesem Fall wird das Ventil V_3 offen gehalten, und in der Kapillarbürette befindet sich dann atmosphärischer Druck. Die Dränierung wird jedoch einfach durch angemessene Variation des Seitendruckes σ_3 verhindert, während die Differenzspannungen σ_1 bis σ_3 gesteigert werden. Durch dieses Verfahren ist somit ein *CU*-Versuch gegeben, bei dem die totalen Spannungen den wirksamen gleich sind.

Da der Porendruck an den Enden der Probe (an denen gemessen wird) etwas abweichend sein kann von dem Druck in der Probenmitte, muß die senkrechte Belastung so langsam gesteigert werden, daß man den erforderlichen Druckausgleich erhält. Der Versuch sollte daher möglichst in einem temperaturkonstanten Raum ausgeführt werden.

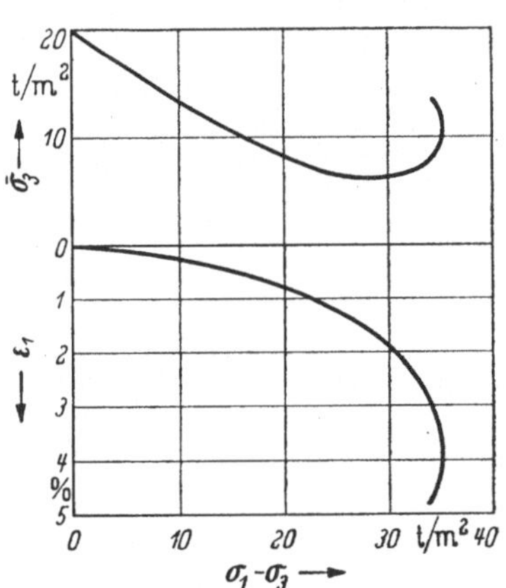

Abb. 2.25.B. Ergebnis eines triaxialen *CU*-Versuches

Das *Resultat eines CU-Versuches* ist in der Weise darzustellen, wie in Abb. 2.25.B gezeigt. Darin ist σ_1 bis σ_3 die Abszisse, während die obere Kurve die Variation der wirksamen waagerechten Spannungen $\bar\sigma_3$ und die untere Kurve die senkrechte Zusammendrückung ε_1 angibt. Aus der oberen Kurve geht hervor, daß die Probe durch allseitigen Druck von 20 t/m² verdichtet wurde und daß die Spannungen beim Bruch $\sigma_1 - \sigma_3$ = 35 t/m² und $\bar\sigma_3 = 10$ t/m², d.h. $\bar\sigma_1 = 45$ t/m² waren.

Wird mit verschiedenen Probekörpern der gleichen Bodenprobe eine Reihe von *CU*-Versuchen mit allseitigem Verdichtungsdruck ausgeführt, so können die MOHRschen Kreise zur Festlegung der *wirksamen Festigkeitsbeiwerte* (s. Abschn. 1.45) für die Analyse der Dauer-Standfestigkeit aufgezeichnet werden.

Da die entnommenen „ungestörten" Proben in zahlreichen Fällen mehr oder weniger gestört sind (s. Abschn. 2.23), können triaxiale Versuche mißweisende Resultate ergeben. Besonders dei Formänderungen werden fast immer viel zu groß sein. Bei vorbelasteten Bodenarten muß daher, genau wie bei Verdichtungsversuchen, eine *Rückverdichtung* (Rekonsolidierung), vielleicht sogar in der 1. Etappe ein ganzer Belastungszyklus im Einklang mit der geologischen Entwicklung vorgenommen werden (vgl. Abb. 2.23.F). Die Rückverdichtung hat zur Folge, daß die Probe eine kleinere Porenziffer bekommt als die natürliche. Daher kann es notwendig sein, die hierdurch erhöhte Festigkeit schätzungsweise zu korrigieren.

Bei gestörten vorverdichteten Bodenarten kann eine annähernde
Bestimmung der Vorbelastung durch Triaxialversuche vorgenommen
werden. Dieses wird durch das Festigkeitsdiagramm in Abb. 2.25.C gezeigt, wo die undränierte Schubfestigkeit c als Funktion des Verdichtungsdruckes $\bar{q}$ dargestellt ist (vgl. Abb. 1.46.B). Zuerst wird ein CU-
Versuch ausgeführt, bei dem der Ver-
dichtungsdruck $\bar{q}_1$ größer (am besten
nur wenig größer) als die Vorbelastung $\bar{q}_{pc}$ ist. Das Ergebnis des Versuches ist im Festigkeitsdiagramm
als Punkt N eingetragen. Die Linie *1*
vom Nullpunkt bis N (die Stammkurve) gibt hiernach die Schubfestigkeiten normalverdichteter Proben
an. Dann wird ein CU-Versuch aus-

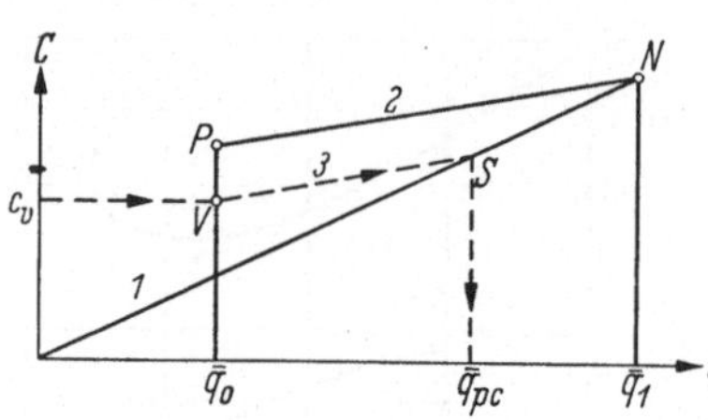

Abb. 2.25.C. Bestimmung der Vorbelastung
durch Triaxial- und Flügelsondenversuche

geführt, bei dem die Probe erst bis $\bar{q}_1$ verdichtet und später bis zur
Spannung $\bar{q}_0$ in situ entlastet wird. Das Ergebnis dieses Versuches ist
als Punkt P eingetragen, wonach die Linie *2* von N bis P der Ent-
lastungsast des Festigkeitsdiagrammes ist (indem von eventueller Krüm-
mung abgesehen wird). Der Punkt V repräsentiert das Ergebnis des
Flügelsondenversuches in der betreffenden Bodenschicht (die Ordinate
c_v). Wenn nun die Linie *3* von V parallel mit Linie *2* bis zum Schnitt mit
Linie *1* im Punkte S geführt wird, dann ist die Abszisse zu S eine gute
Annäherung der unbekannten Vorbelastung $\bar{q}_{pc}$.

Alle $\bar{q}$-Werte der Abb. 2.25.C repräsentieren senkrechte wirksame
Spannungen. Da die waagerechten wirksamen Spannungen kleiner sind,
sollten die Verdichtungen bei den triaxialen Versuchen eigentlich anisotrop ausgeführt werden, was jedoch sehr schwierig ist. Nimmt man den
Ruhedruckbeiwert des Tones z.B. mit 0,7 an, dann wird der Mittelwert der wirksamen Spannungen in den drei Richtungen 0,8 $\bar{q}$ sein.
Bis diese Probleme näher studiert worden sind wird daher empfohlen, die Verdichtungen bei den Triaxialversuchen mit einem Druck
auszuführen, der 80% von den in der Abbildung angegebenen $\bar{q}$-Werten
beträgt.

Bei anorganischem marinem Ton ist die Linie *1* im voraus mit guter
Annäherung bekannt (s. Abb. 1.46.C). Mit passender Beurteilung der
Richtung der Linie *3* kann daher in diesem Fall die Größenordnung des
$\bar{q}_{pc}$ ohne Triaxialversuche gefunden werden.

Bei Sand werden Triaxialversuche mit trockenen gestampften Proben und als CD-Versuche eventuell mit wassergesättigten Proben durchgeführt. Bei trockenem Sand kann die Druckkammer entbehrt werden,
wenn der äußere Druck durch Vakuum in den Poren ersetzt wird. Man
spricht dann von einem *Vakuumversuch.*

2.26 Scherversuche

Vor der Entwicklung des Triaxialapparates wurde die Schubfestigkeit vorzugsweise durch Scherversuche mit einem Apparat, dessen Prinzip in der Abb. 2.26.A gezeigt ist, bestimmt. Die scheibenförmige Probe P

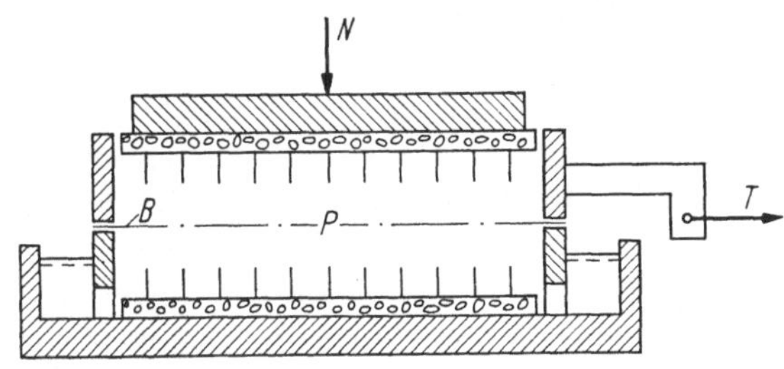

Abb. 2.26.A. Scherversuch

ist hier in einem „Kasten" zwischen zwei porösen Steinen eingeschlossen. Durch die Belastung N kann der Probe eine senkrechte Normalspannung σ und durch die Kraft T eine waagerechte Schubspannung τ gegeben werden, weil der obere Teil des Kastens im Gegensatz zum unteren beweglich ist. Der Bruch erfolgt also entlang der stipulierten Linie B.

Das Gerät hat aber verschiedene *Mängel*, deshalb darf man es heute, mit Ausnahme für Sand, nicht mehr als geeignet ansehen. Der größte Mangel ist der, daß die Dränierung nicht kontrolliert werden kann (abgesehen von zeitraubenden Versuchen des *CD*-Types). Außerdem ist die Spannungsverteilung über die Bruchfläche nicht regelmäßig, da die Probe am Rande schon bei geringer Formänderung „abgeschnitten" wird. Bei empfindlichem Ton ergibt der Versuch nur einen Bruchteil der wirklichen Festigkeit (bis zu $^1/_5$). Schließlich kann aus dem Versuch keine wirkliche Arbeitskurve hergeleitet werden; auch ist es unvorteilhaft, daß die Bruchfläche erzwungen wird.

Auf Grund dieser Mängel können die Werte der „Kohäsion" und des „Reibungswinkels", die mit Hilfe des Scherapparates gefunden werden, von den Versuchsumständen (die oft nicht präzisiert werden) dermaßen beeinflußt sein, daß die Ergebnisse überhaupt nicht als Ausdruck der Schubfestigkeit des betreffenden Bodens gelten dürfen.

2.27 Andere Laborversuche

Außer den voranstehenden gewöhnlicheren Laborversuchen kann in einem bodenmechanischen Labor gelegentlich von der Ausführung anderer Versuchstypen die Rede sein.

Zuerst seien die verschiedenen *Komprimierungsversuche* erwähnt, die zur Kontrolle der Komprimierung von Bodenaufschüttung bei Dämmen, Straßenbauten, Flugplätzen usw. unentbehrlich sind. Man wendet eines der standardisierten Verfahren an, z.B. Proctor oder AASHO, die in Handbüchern des Straßen- und Flugplatzbaues beschrieben sind. Dort kann man auch Aufklärung erhalten über den sogenannten *CBR-Versuch* („California-Bearing-Ratio test"), der ein empirisches Verfahren zur Bestimmung der erforderlichen Stärke von Straßen- und Flugplatzbelägen darstellt, indem der Versuch einen Festigkeitsindex des komprimierten Bodens ergibt.

Von anderen Festigkeitsversuchen soll erwähnt werden, daß es manchmal vorteilhaft ist, auch im Labor bei homogenem Ton *Flügelsondenversuche* mit einem Flügeldurchmesser von 1 bis 2 cm anzuwenden.

Bei den sogenannten *Kegelversuchen* wird entweder die Kraft gemessen, die erforderlich ist, um einen 60°-Kegel 10 mm in die Probe hineinzudrücken, oder die Strecke, um welche ein standardisierter Kegel eindringt, wenn er aus seiner Ausgangsstellung, in der er die Oberfläche der Probe gerade berührt, frei herabfällt. Im allgemeinen muß der Kegelversuch als eine wenig geeignete Methode zur Bestimmung der Schubfestigkeit angesehen werden, da Untersuchungen gezeigt haben (SKEMPTON und BISHOP 1950), daß der Umsetzungsfaktor von Tonart zu Tonart sich stark ändern kann. Dieses ist durch das Kneten bedingt, das durch das Hineindrücken des Kegels hervorgerufen wird.

In Schweden werden jedoch Kegelversuche in großem Ausmaß für schnelle Untersuchungen angewandt, da man dort umfassende Erfahrung besitzt bezüglich der Variation des Umsetzungsfaktors mit der Empfindlichkeit des Tones und der Qualität des Probeentnehmers (HANSBO 1957).

Bei Forschungsarbeiten und größeren detaillierten Untersuchungen kann die Anwendung vieler *Spezialversuche* erforderlich sein, von denen hier nur ein paar genannt werden sollen.

Die *chemische Analyse* ist erforderlich, wenn die Gefahr des korrodierenden Einflusses für auf den Boden aufgebrachten Beton besteht.

Die *Messung des Salzgehaltes* hat in den Fällen Bedeutung, wo die Möglichkeit eines Auslaugens des Porenwassersalzes gegeben ist (vgl. die Besprechung des Quicktones in Abschn. 1.47).

Die *mineralogische Analyse* kann ein wichtiges Mittel zur näheren Klärung der geologischen Verhältnisse sein. Tonminerale können durch differentialthermische Analyse oder durch Röntgenspektrographie identifiziert werden.

3 Strömungsprobleme

Ist das Potential einer Bodenmasse überall gleich, so befindet sich das Porenwasser im Ruhezustand. Sobald Potentialunterschiede auftreten, setzt eine Strömung ein.

In Abschn. 3.1 werden die zweidimensionalen Strömungsprobleme bei Baugruben, Sperrdämmen u.a. behandelt, während die in Verbindung hiermit auftretenden Kräfte und besonderen Standfestigkeitsprobleme in Abschn. 3.2 diskutiert werden. In Abschn. 3.3 handelt es sich um dreidimensionale Strömungen zu den Brunnen einer Grundwasserabsenkungsanlage.

In Abschn. 3.4 wird – im Gegensatz zu den anderen Abschnitten – ein nicht stationäres Problem, nämlich die Porenwasserströmung in einer verdichtenden Bodenschicht behandelt. Dieser Abschnitt unterscheidet sich auch prinzipiell von den anderen hinsichtlich der Ursache der Strömung, weil die Potentialunterschiede in der Verdichtungstheorie von einer Änderung der Belastung herrühren.

Die Strömungsprobleme sind bei einigermaßen idealisierten Voraussetzungen für eine mathematische Behandlung voll zugänglich. Es sei jedoch dringend davor gewarnt, sich von dieser scheinbaren Einfachheit blenden zu lassen, sonst wird die Unberechenbarkeit der Natur viele Enttäuschungen bereiten.

3.1 Strömungsnetze

3.11 Die Differentialgleichung

Die Differentialgleichung für Strömungen im Boden, die in diesem Abschnitt behandelt werden soll, wird in der Praxis normalerweise nicht direkt angewandt, sie ist aber eine einfache Grundlage für die eigentlichen ingenieurmäßigen Methoden.

Es soll nun geschichteter, d.h. *anisotroper Boden* betrachtet werden. Die Schichtrichtung kann willkürlich sein und mit x-Richtung bezeichnet werden, während die senkrechte Richtung die y-Richtung darstellt. Die zugehörigen Durchlässigkeitsziffern sind k_x und k_y. Gemäß Gl. (1.24.5) ist dann

$$v_x = k_x i_x = -k_x \frac{\partial h}{\partial x} \qquad (3.11.1)$$

und

$$v_y = k_y i_y = -k_y \frac{\partial h}{\partial y} . \qquad (3.11.2)$$

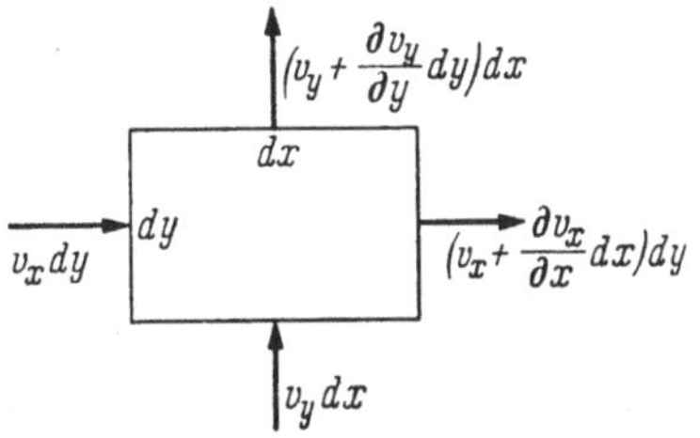

Abb. 3.11.A. Strömung durch ein Elementarviereck

Ein Zusammenhang zwischen v_x und v_y ist mit Hilfe der *Kontinuitätsgleichung* zu erhalten. Abb. 3.11.A zeigt ein infinitesimales Rechteck $dx \cdot dy$. Durch die linke Seite von der Länge dy strömt die Wassermenge $v_x\,dy$ je Sekunde. Da v_x eine Funktion von (x, y) ist, wächst diese

Strömung auf dem Abschnitt dx zu $(v_x + \partial v_x/\partial x \cdot dx)\, dy$. Auf Grund
der Strömung in der x-Richtung wird somit jede Sekunde die Wasser-
menge $\partial v_x/\partial x \cdot dx \cdot dy$ aus dem kleinen Rechteck entfernt, d.h. die Wassermenge $\partial v_x/\partial x$ je Flächeneinheit. Analog wird auf Grund der Strömung in der y-Richtung die Wassermenge $\partial v_y/\partial y$ je Sekunde je Flächeneinheit entfernt. Da der Nettoabtransport auf Grund der Kontinuität
gleich Null ist, erhält man folgende Gleichung:

$$\frac{\partial v_x}{\partial x} + \frac{\partial v_y}{\partial y} = 0 \,. \tag{3.11.3}$$

Werden hier die Ausdrücke der Gln. (3.11.1) und (3.11.2) eingesetzt, so
ergibt sich für homogenen Boden (d.h. Boden, in dem k_x und k_y nicht
von x und y abhängig sind):

$$k_x \frac{\partial^2 h}{\partial x^2} + k_y \frac{\partial^2 h}{\partial y^2} = 0 \,. \tag{3.11.4}$$

Diese *Differentialgleichung* bestimmt das Potential h als Funktion
von (x, y), indem in jedem Punkt am Rande des Gebietes, wo die Strömung vorgeht, eine *Randbedingung* gegeben sein muß. Die Randbedingungen hängen von den jeweiligen Verhältnissen ab. Entlang einem
gewissen Teil des Randes kann z.B. $h = $ konstant sein (bei einer An-
grenzung an ein Wasserbassin; s. Abschn. 3.12). Entlang einem anderen
Teil des Randes grenzt das Gebiet vielleicht an undurchlässigen Boden;
die Randbedingung sagt dann, daß die Geschwindigkeit senkrecht zum
Rand gleich Null ist. Durch Kombination von Gl. (3.11.1) und Gl. (3.11.2)
ist dann zu ersehen, daß es eine Richtung mit dem Gradienten $\partial h/\partial s = 0$
gibt, welches der mathematische Ausdruck dieser Randbedingung ist.

Die Gl. (3.11.4) kann ohne weiteres für *drei Dimensionen* geltend erweitert werden:

$$k_x \frac{\partial^2 h}{\partial x^2} + k_y \frac{\partial^2 h}{\partial y^2} + k_z \frac{\partial^2 h}{\partial z^2} = 0 \,. \tag{3.11.5}$$

Bei *isotropem Boden* (im zweidimensionalen Fall) ist $k_x = k_y$, wobei Gl. (3.11.4) zu

$$\frac{\partial^2 h}{\partial x^2} + \frac{\partial^2 h}{\partial y^2} = 0 \tag{3.11.6}$$

vereinfacht wird, welches die *Potentialgleichung* oder LAPLACE-Gleichung
darstellt. Da diese Differentialgleichung oft in der mathematischen Phy-
sik auftritt, sind dazu eine große Anzahl Lösungen bekannt. Für den
Bodenmechaniker haben jedoch nur wenige dieser Lösungen Interesse,
weil die Strömungen im Boden am häufigsten innerhalb von Gebieten
mit einer so komplizierten Begrenzung vor sich gehen, daß hierfür keine
mathematischen Lösungen bestehen. Die bodenmechanischen Probleme
werden daher viel leichter und viel übersichtlicher durch die in den nächsten Abschnitten besprochenen Strömungsnetze behandelt.

3.12 Strömungsnetz bei isotropem Boden

Unter dem Ausdruck Strömungsnetz ist ein System von Strömungslinien und Potentiallinien zu verstehen; diese Linien werden daher zuerst definiert.

Mit einer *Potentiallinie* ist eine Kurve gemeint, die Punkte mit gleichem Potential verbindet. Die Bezeichnung Potentiallinie ist eine praktische Abkürzung des etwas korrekteren Aus-
druckes „Äquipotentiallinie".

Als *Strömungslinie* bezeichnet man die Kur-
venbahn, die ein bestimmter Wasserpartikel
durchläuft.

In der Abb. 3.12.A zeigen die punktierten
Kurven zwei Potentiallinien, die den Poten-
tialwerten h und $h + \Delta h$ entsprechen, während
die ausgezogenen Kurven Strömungslinien darstellen. Es wird vorausgesetzt, daß die Strömung in der positiven Richtung der Strömungslinien verläuft, die durch die Bogenlänge s

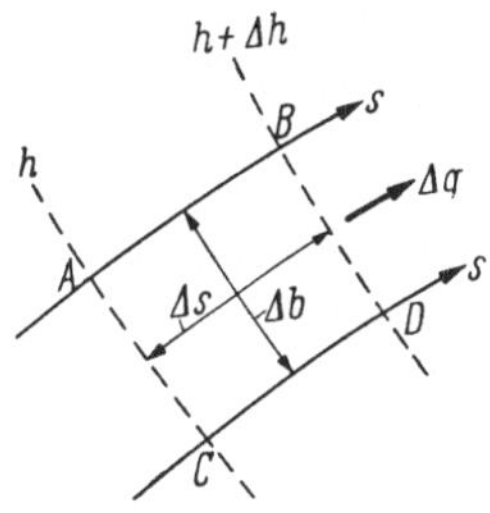

Abb. 3.12.A. Strömungsnetz-
element

gekennzeichnet ist. Entlang jeder Strömungslinie wird das Potential h
eine Funktion von s sein, und der Potentialzuwachs Δh wird negativ
sein. Δh entspricht dem Element Δs der Strömungslinie.

Zunächst wird angenommen, daß Δh und Δs unendlich klein sind.
Die zwei Potentiallinien sind dann „parallel", und nach DARCYS Formel
folgt daraus, daß die Strömungslinien senkrecht zu den Potentiallinien
verlaufen, weil in dieser Richtung der größte Gradient zu erhalten ist,
während der Gradient in der Richtung der Potentiallinien gleich Null ist.

Allgemein gilt hiernach, daß durch jeden Punkt eine Potentiallinie
und eine Strömungslinie verläuft, die miteinander *rechte Winkel bilden*.

Der Gradient ist [vgl. Gl. (1.23.3)]:

$$i = -\frac{\Delta h}{\Delta s}. \tag{3.12.1}$$

dem infolge DARCYS Formel [Gl. (1.24.1)] die Geschwindigkeit

$$v = -k\frac{\Delta h}{\Delta s} \tag{3.12.2}$$

entspricht.

In der Praxis kann natürlich nicht mit allen Potential- und Strö-
mungslinien operiert werden. Es ist sogar ein Vorteil, nur mit so wenigen
Linien auszukommen, wie es die erforderliche Genauigkeit zuläßt. Die
Größen Δh und Δs werden dann endliche Größen, ebenso wie auch der
Abstand Δb (Abb. 3.12.A) zwischen zwei benachbarten Strömungslinien
endlich wird. Das Gebiet $A\,BDC$, das durch zwei Nachbarströmungslinien

und zwei Nachbarpotentiallinien begrenzt wird, kann als ein gekrümmtes „Rechteck" charakterisiert werden. Die Breite Δb sowie die Länge Δs des „Rechteckes" sollen als Abstände zwischen den Mittelpunkten der Seiten gemessen werden (Abb. 3.12.A). Je kleiner die Seiten des „Rechteckes" sind, desto richtiger ist es, mathematisch gesehen, dieses als ein solches zu bezeichnen.

Der Ausdruck *Strömungskanal* bezeichnet das Gebiet zwischen zwei Nachbarströmungslinien. Gemäß Abb. 3.12.A und Gl. (3.12.2) verläuft im Strömungskanal die Strömung

$$\Delta q = v\,\Delta b = -k\,\Delta h\,\frac{\Delta b}{\Delta s}. \tag{3.12.3}$$

Strömungsnetze werden am besten so gezeichnet, daß *Δq bei allen Strömungskanälen gleich* und *Δh zwischen je zwei Potentiallinien konstant* ist. Hieraus folgt nach Gl. (3.12.3):

$$\frac{\Delta b}{\Delta s} = \frac{-\Delta q}{k\,\Delta h} = \text{konstant}, \tag{3.12.4}$$

d.h., daß alle Rechtecke ähnlich sind.

Bei geeigneter Wahl des Verhältnisses zwischen Δq und Δh kann erreicht werden, daß

$$\Delta b = \Delta s \tag{3.12.5}$$

für alle Rechtecke ist, d.h., daß das ganze Strömungsnetz aus *Quadraten* besteht. Das ist ein großer Vorteil, weil sich bei der Zeichnung des Strömungsnetzes leichter übersehen läßt, ob alle Vierecke Quadrate sind, als, ob sie alle ähnliche Rechtecke sind. Wird Gl. (3.12.5) in Gl. (3.12.3) eingesetzt, so ist

$$\Delta q = -k\,\Delta h. \tag{3.12.6}$$

Die Anwendung des Strömungsnetzes kann durch die Abb. 3.12.B erklärt werden, wo der Querschnitt einen auf Sand fundierten Staudamm darstellt, der durch die Linie a an eine Lagerung von viel geringerer Durchlässigkeit grenzt (in der Praxis nur geringer als 10% der des Sandes). Hinter dem Damm ist ein Sturzbett skizziert, das durch eine Spundwand gegen Auskolkung gesichert ist.

Die Strömung verläuft, wie ersichtlich, von der Linie *0* der Oberwasserseite zur Linie *9,5* der Unterwasserseite.

Beide Linien sind Potentiallinien, weil sie die Begrenzung des Sandes gegen freies Wasser bilden. Die Potentiale entlang diesen Linien entsprechen den zwei Wasserspiegeln und sind in der Abbildung mit h_0 und $h_{9,5}$ angegeben.

In jedem Punkt der Begrenzung a ist die Wassergeschwindigkeit senkrecht zu dieser gleich Null, darum bildet die Linie a eine Strömungslinie. Das gleiche gilt für die Linie $b-c$ der Unterseite des Dammes. Diese

Strömungslinie wird auf der linken Spundwandseite d fortgesetzt, wonach sie scharf um die Spitze biegt und der rechten Spundwandseite e bis zur Begrenzung 9,5 folgt.

Innerhalb der hier erwähnten Begrenzung ist das Strömungsnetz mit drei Strömungskanälen und den Potentiallinien *1, 2, 3, ... 8, 9* gezeichnet. Die zu den Potentiallinien gehörenden Niveaus sind alle durch waagerechte Linien in der rechten Seite der Abbildung gezeigt.

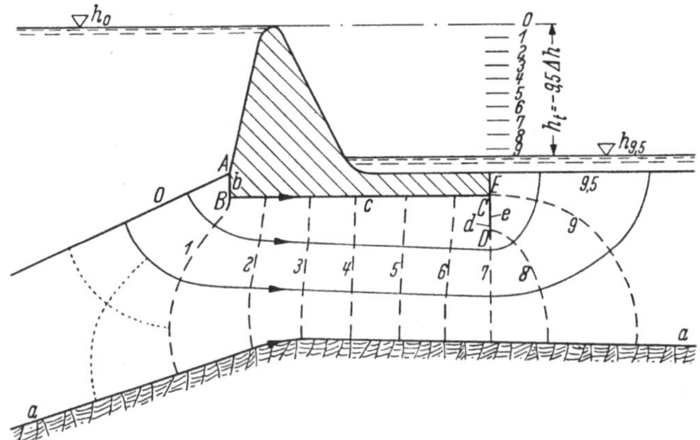

Abb. 3.12.B. Strömung unter einem Staudamm

Am besten geht man beim Konstruieren schrittweise vor, indem man die ersten kurzen Strecken der Strömungslinien schätzt und die Potentiallinie *1* einzeichnet, so daß die entstandenen Felder „Quadrate" bilden. Nach und nach werden dann größere Teile des Netzes von links nach rechts ausgearbeitet. Bei den zahlreichen Umzeichnungen ist am zweckmäßigsten Pauspapier zu verwenden. Die Herstellung eines guten Strömungsnetzes erfordert leicht 15 bis 30 Minuten und für eine ungeübte Person noch etwas mehr. Jedoch kann ein grob gezeichnetes Strömungsnetz, das innerhalb weniger Minuten konstruiert werden kann, oft ausreichende Antwort auf die gestellten Fragen geben.

Viele der Felder der Abb. 3.12.B sind scheinbar weit davon entfernt, Quadrate zu sein. Das Kriterium, ob sie als *äquivalent mit Quadraten* angesehen werden können, ist dadurch gegeben, daß sie bei weiterer Teilung aus immer kleiner werdenden Feldern bestehen, die sich mehr und mehr der Quadratform nähern. In der Abb. 3.12.B ist durch punktierte Linien die Aufteilung eines der *unechten Quadrate* vorgenommen worden.

Allgemein sei empfohlen, nur 3 bis 4 oder bei komplizierteren Netzen eventuell 5 Strömungskanäle zu gebrauchen. Die Anzahl der Potentialstufen ist dann durch die Forderung, daß das Strömungsnetz aus Quadraten besteht, eindeutig bestimmt. In den Fällen, wo die Anzahl der

Potentialstufen kleiner ist als die Anzahl der Strömungskanäle, teilt man statt dessen das gesamte Potentialgefälle in 3 bis 4 gleich große Stufen und zeichnet die hierzu entsprechenden Strömungskanäle.

Wird die Anzahl der Strömungskanäle mit n_q bezeichnet, so ist *die gesamte Strömungsmenge*

$$q = n_q \, \Delta q \, . \qquad (3.12.7)$$

Hierin wird nun Gl. (3.12.6) eingesetzt. Außerdem wird das totale Potentialgefälle

$$h_t = - n_h \, \Delta h \qquad (3.12.8)$$

eingeführt, wobei n_h die Anzahl der Potentialstufen ist (gewöhnlicherweise keine ganze Zahl, wenn man eine ganze Anzahl von Strömungskanälen wählt). Hierdurch wird Gl. (3.12.7) zu:

$$q = k \, h_t \, \frac{n_q}{n_h} \, . \qquad (3.12.9)$$

Die Wasserströmung ist hier natürlich je Längeneinheit rechtwinkelig zur Ebene des Strömungsnetzes angegeben.

Wird die Abb. 3.12.B als Anwendungsbeispiel von Gl. (3.12.9) genommen, so ist hier $h_t = h_0 - h_{9,5}$ (das gegebene Potentialgefälle) und $n_h = 9{,}5$, während $n_q = 3$ ist.

Der *Porendruck* eines beliebigen Punktes ist leicht zu bestimmen, wenn das Strömungsnetz bekannt ist. Da das Potential infolge Gl. (1.23.2) als die Summe der geometrischen Höhe und der Druckhöhe definiert ist, wird die Druckhöhe leicht als senkrechter Abstand vom gegebenen Punkt zum Potentialniveau erhalten, welcher der durch den Punkt verlaufenden Potentiallinie entspricht. In Abb. 3.12.B ist zum Beispiel die Bestimmung des Porendruckes erwünscht, um den Auftrieb des Dammes und des Sturzbettes zu berechnen.

In den meisten Strömungsnetzen kommen *singuläre Punkte* vor, das sind die Punkte, in denen die Potential- und Strömungslinien nicht rechtwinklig zueinander verlaufen. Solche Strömungen treten z.B. an Ecken auf. Mit Hilfe der mathematischen Lösung der Potentialgleichung (3.11.6) für *Strömungen in einem Winkel* kann gezeigt werden, daß in der eigentlichen Winkelspitze

a) die Geschwindigkeit Null wird, wenn der Winkel zwischen Strömungslinie und Potentiallinie kleiner ist als 90°, (3.12.10)

b) die Geschwindigkeit unendlich wird, wenn genannter Winkel größer ist als 90°. (3.12.11)

Im letzteren Fall ist die unendliche Geschwindigkeit nur theoretisch und soll in der Praxis so verstanden werden, daß in der Winkelspitze ein sehr großer Gradient (für den DARCYs Formel nicht gilt) und turbulente Strömung auftreten.

In Abb. 3.12.B befindet sich eine Reihe singularer Punkte entlang der Unterseite des Dammes. Im Punkt A bildet die Potentiallinie 0 mit der Strömungslinie b einen Winkel, der kleiner ist als 90°; gemäß Gl. (3.12.10) ist hier daher die Geschwindigkeit gleich Null. Im Punkt B biegt die Strömungslinie $b-c$ um 90° ab, so daß die Strömung in einem Winkel von 270° verläuft. Die von B ausgehende Potentiallinie halbiert den Winkel zwischen den beiden Teilen der Strömungslinie, so daß zwischen der Strömungslinie und der Potentiallinie der Winkel von 135° entsteht. Dadurch ist die Geschwindigkeit in der Winkelspitze infolge Gl. (3.12.11) gleich unendlich. Im Punkt C biegt die Strömungslinie ebenfalls um 90° ab, aber hier ist der Winkel zwischen der Strömungslinie und der Potentiallinie 45°, die Geschwindigkeit also gleich Null. Und schließlich biegt die Strömungslinie im Punkt D (der Spitze der Spundwand) um 180° ab, wobei auch der Winkel zwischen der Strömungslinie und der Potentiallinie 180° wird, welches unendlich großer Geschwindigkeit an der Spitze entspricht.

3.13 Strömungsnetz mit freiem Grundwasserspiegel

Die Abb. 3.13.A zeigt den Querschnitt eines Dammes auf undurchlässigem Grund. Hier ist ein Strömungsnetz mit 3 Strömungskanälen und 14 Potentialstufen Δh gezeichnet worden. Die Linie a (die Unter-

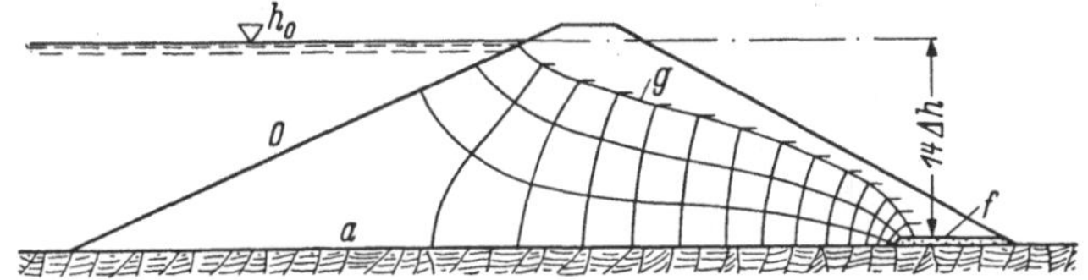

Abb. 3.13.A. Strömung durch einen Damm

seite des Dammes) ist eine Strömungslinie, da sie die Begrenzung an den undurchlässigen Boden bildet. Die Linie 0 ist eine Potentiallinie mit dem Potential h_0 (Wasserspiegel auf der linken Seite des Dammes). Der Grundwasserspiegel g ist ebenfalls eine Strömungslinie, da es keine Geschwindigkeitskomponente rechtwinkelig hierzu gibt.

Wäre der Grundwasserspiegel bekannt, so könnte die Konstruktion des Strömungsnetzes in gewöhnlicher Weise ausgeführt werden, da eine Randbedingung vorhanden wäre entlang dem Grundwasserspiegel (der Wasserspiegel ist eine Strömungslinie). Da der Grundwasserspiegel jedoch im voraus unbekannt ist, muß eine weitere Randbedingung zur Bestimmung seiner Lage vorhanden sein. Diese Bedingung ist, daß *der Druck entlang dem Grundwasserspiegel gleich Null* ist (atmosphärischer Druck).

Die zusätzliche Randbedingung kann auch in der Weise ausgedrückt werden, daß das Potential entlang dem Grundwasserspiegel der geometrischen Höhe gleich ist. In der Abb. 3.13.A ist deshalb von jeder Potentiallinie eine waagerechte Linie gezeichnet, die somit direkt das Potential angibt. Da die Potentialstufen Δh gleich groß sind, müssen diese Linien also äquidistant sein.

In der Praxis muß die Zeichnung eines Strömungsnetzes daher so vor sich gehen, daß damit begonnen wird, einen Teil des Grundwasserspiegels zu schätzen, dann den entsprechenden Teil des Strömungsnetzes zu zeichnen und den Grundwasserspiegel zu berichtigen, bis die Potentialstufen gleich groß sind. Dieses kann eine recht zeitraubende Aufgabe sein, daher ist es von Bedeutung, *Annäherungsmethoden* zu verwenden, mit denen sich schnell eine gute Approximation des Grundwasserspiegelverlaufes finden läßt. Hierüber sei auf TAYLOR (1948) hingewiesen.

Am Fuße des Dammes (auf der rechten Seite) ist ein waagerechter *Filter* angebracht, um den Grundwasserspiegel unter die Böschung zu ziehen, so daß diese nicht erodiert. Weil der Filter bedeutend durchlässiger ist als die Dammaufschüttung, herrscht atmosphärischer Druck im Filter, dessen Oberseite f daher eine Potentiallinie ist.

3.14 Strömungsnetz bei anisotropem Boden

Es sei nun vorausgesetzt, daß es sich um geschichteten Boden handelt und daß die Durchlässigkeitsziffer in der Richtung der Schichten k_x und rechtwinkelig dazu k_y ist. Deshalb wird $k_x > k_y$ sein.

Die *Differentialgleichung* (3.11.4), die für diesen Fall gilt, kann in eine einfachere Form gebracht werden, wenn man von den Koordinaten (x, y) zu den Koordinaten (x_1, y_1) übergeht, bestimmt durch

$$x_1 = x \quad \text{und} \quad y_1 = y\sqrt{\frac{k_x}{k_y}}. \qquad (3.14.1)$$

Gl. (3.11.4) wird dadurch:

$$\frac{\partial^2 h}{\partial x_1^2} + \frac{\partial^2 h}{\partial y_1^2} = 0, \qquad (3.14.2)$$

d.h. die Differentialgleichung für isotropen Boden. Nach der Koordinatentransformation kann daher das Strömungsnetz in gewöhnlicher Weise gezeichnet und später

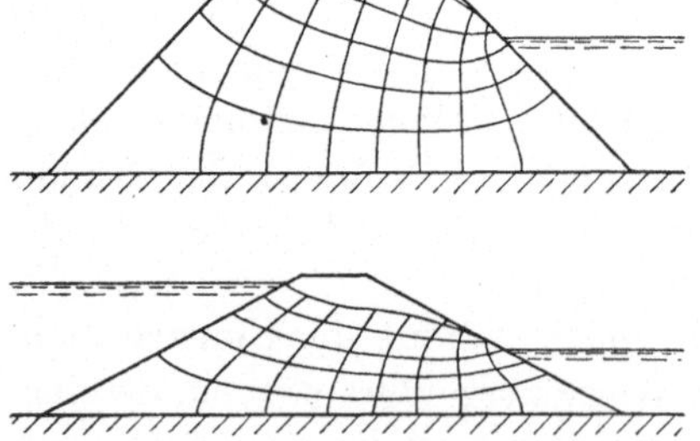

Abb. 3.14.A.   Strömungsnetz in anisotropem Boden

in das ursprüngliche Koordinatensystem zurücktransformiert werden.

Die durch Gl. (3.14.1) angegebene Transformation ist eine *Affinität*, wobei alle y-Werte mit einer festen Größe multipliziert werden. Die

Abb. 3.14.A zeigt, wie die Transformation vor sich geht. Unten ist ein Dammquerschnitt dargestellt, dessen Wasserspiegel an beiden Seiten verschiedene Höhen hat. Es wird vorausgesetzt, daß $k_x = 4k_y$ ist, wobei der Beiwert zu y in Gl. (3.14.1) gleich 2 wird. Oben in der Abbildung ist der in senkrechter Richtung affin transformierte Querschnitt gezeigt, mit einem eingezeichneten Strömungsnetz von 5 Strömungskanälen. Die Strömungslinien und die Potentiallinien verlaufen senkrecht zueinander und bilden eine Sammlung von Quadraten. Diese beiden Eigenschaften gehen verloren, wenn das Strömungsnetz mit der entgegengesetzten Affinität in den ursprünglichen Querschnitt zurücktransformiert wird.

Man kann beweisen, daß die *ganze Strömungsmenge* auch in diesem Fall mit Gl. (3.12.9) auszudrücken ist, d.h.

$$q = k\,h_t\,\frac{n_q}{n_h}, \qquad (3.14.3)$$

wenn

$$k^2 = k_x\,k_y \qquad (3.14.4)$$

gesetzt und h_t als das ganze Potentialgefälle des ursprünglichen Querschnittes genommen wird.

3.15 Übergangsbedingungen bei Schichtgrenzen

Strömt Wasser von einer Bodenschicht mit der Durchlässigkeitsziffer k_1 in eine andere Schicht mit der Durchlässigkeitsziffer k_2, so wird an der Schichtgrenze eine *Brechung* sowohl der Strömungslinien als auch

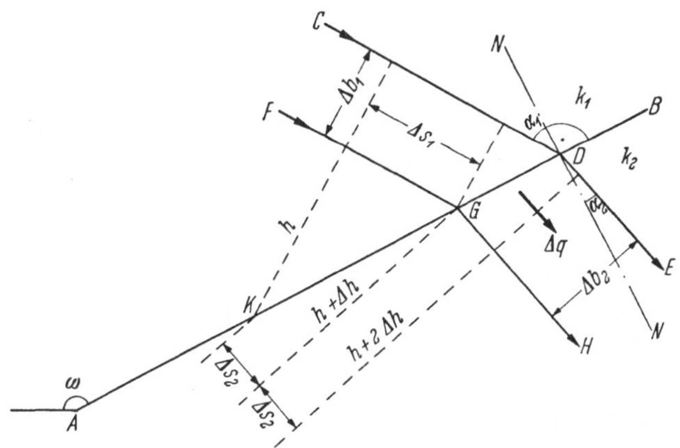

Abb. 3.15.A. Brechung von Strömungs- und Potentiallinien an der Schichtgrenze

der Potentiallinien stattfinden. Diese Situation wird durch Abb. 3.15.A dargestellt, wo die Linie AB die Schichtgrenze bildet und jede Bodenschicht für sich als homogen und isotrop angenommen wird.

Die Abbildung zeigt zwei Strömungslinien CDE und FGH, die in den beiden Medien die Winkel α_1 (Einströmungswinkel) und α_2 (Ausströmungswinkel) mit dem Normalen NN bilden. Die Breite der Strömungskanäle ist Δb_1, beziehungsweise Δb_2. Aus der Abbildung geht direkt hervor, daß

$$DG = \frac{\Delta b_1}{\cos \alpha_1} = \frac{\Delta b_2}{\cos \alpha_2} \,. \qquad (3.15.1)$$

Außerdem sind in der Abbildung drei Potentiallinien gezeigt, die den Potentialen h, $h + \Delta h$ und $h + 2\Delta h$ entsprechen. Die Abstände zwischen den Potentiallinien in den beiden Medien sind Δs_1 und Δs_2. Aus der Abbildung ist ersichtlich, daß

$$GK = \frac{\Delta s_1}{\sin \alpha_1} = \frac{\Delta s_2}{\sin \alpha_2} \,. \qquad (3.15.2)$$

Beim Dividieren von Gl. (3.15.1) durch Gl. (3.15.2) ergibt das

$$\frac{\Delta b_1}{\Delta s_1} \tan \alpha_1 = \frac{\Delta b_2}{\Delta s_2} \tan \alpha_2 \,. \qquad (3.15.3)$$

Für die Strömung Δq im Strömungskanal findet man

$$\Delta q = \Delta b_1 \, k_1 \, \frac{-\Delta h}{\Delta s_1} = \Delta b_2 \, k_2 \, \frac{-\Delta h}{\Delta s_2} \qquad (3.15.4)$$

und hieraus folgt

$$\frac{\Delta b_1}{\Delta s_1} k_1 = \frac{\Delta b_2}{\Delta s_2} k_2 \,. \qquad (3.15.5)$$

Wird diese Gleichung mit Gl. (3.15.3) verglichen, so ergibt sich

$$\frac{k_1}{k_2} = \frac{\tan \alpha_1}{\tan \alpha_2} \,. \qquad (3.15.6)$$

Aus Gl. (3.15.5) geht hervor, daß, wenn beim Zeichnen des Strömungsnetzes auf der einen Seite Quadrate ($\Delta b_1 = \Delta s_1$) angewendet werden, auf der anderen Seite Rechtecke mit einem Seitenverhältnis gleich k_1/k_2 entstehen.

Die hier ausgelegten Beziehungen kommen nur zur Anwendung, falls k_1 und k_2 von gleicher Größenordnung sind. Sind die Durchlässigkeiten von *verschiedener Größenordnung*, z.B. $k_1 \gg k_2$, so können die Strömungen in den beiden Medien mit guter Annäherung als unabhängig voneinander betrachtet werden. Bei der Strömung im Medium 1 wird AB als undurchlässige Grenze auftreten (Strömungslinie), während die Schichtgrenze für die Strömung in Medium 2 als eine Grenze zum „freien Wasser" (Potentiallinie) betrachtet werden kann.

Für eine Strömung mit *freiem Grundwasserspiegel* gilt natürlich auch die Beziehung Gl. (3.15.6), weil der Grundwasserspiegel eine Strömungslinie ist. Hierzu kommt genau wie in Abschn. 3.13 die zusätzliche Randbedingung, daß der Druck entlang dem Grundwasserspiegel gleich Null sein muß. Wird CDE in Abb. 3.15.A als Grundwasserspiegel angenommen, dann müssen die senkrechten Projektionen von Δs_1 und Δs_2 gleich groß sein, weil beide gleich Δh sind.

Wenn die Schichtgrenze AB den in der Abbildung gezeigten Winkel ω mit der Waagerechten bildet, so ist die Neigung in den zwei Medien $\omega - 90° - \alpha_1$ beziehungsweise $\omega - 90° - \alpha_2$, und daraus folgt

$$\Delta h = \Delta s_1 \sin(\omega - 90° - \alpha_1) = \Delta s_2 \sin(\omega - 90° - \alpha_2). \qquad (3.15.7)$$

Hieraus und aus Gl. (3.15.2) ergibt sich

$$\frac{\cos(\omega - \alpha_1)}{\cos(\omega - \alpha_2)} = \frac{\Delta s_2}{\Delta s_1} = \frac{\sin \alpha_2}{\sin \alpha_1}$$

oder

$$\sin \alpha_1 \cos(\omega - \alpha_1) = \sin \alpha_2 \cos(\omega - \alpha_2),$$

welches zu

$$\sin \omega + \sin(2\alpha_1 - \omega) = \sin \omega + \sin(2\alpha_2 - \omega)$$

umgeschrieben werden kann. Diese Gleichung ist erfüllt, wenn

$$\alpha_1 + \alpha_2 = \omega - 90°. \qquad (3.15.8)$$

Da α_1 und α_2 außerdem der Gl. (3.15.6) genügen sollen, können diese Winkel somit aus ω und dem Verhältnis k_1/k_2 berechnet werden, bevor das Strömungsnetz gezeichnet wird.

Eine eingehendere Diskussion der *vier Fälle*, die jedoch hier nicht vorgenommen wird, in denen $\omega > 90°$ bzw. $\omega < 90°$ und $k_1 > k_2$ oder

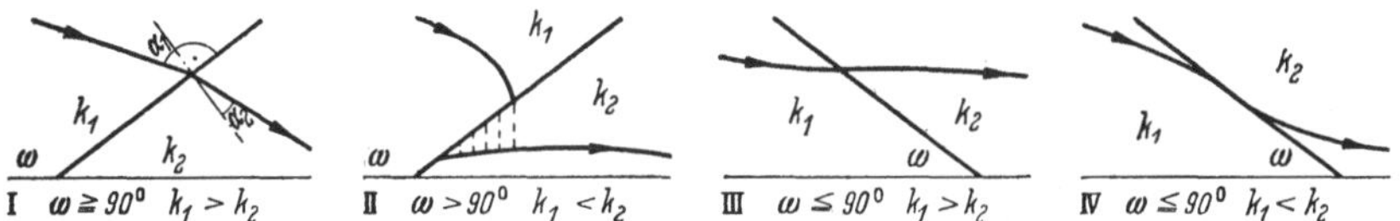

Abb. 3.15.B. Übergangsbedingungen für den Grundwasserspiegel

$k_1 < k_2$ ist, zeigt aber, daß die genannte Berechnung von α_1 und α_2 mit Hilfe von Gl. (3.15.6) und Gl. (3.15.8) nur in einem Fall benötigt wird. In den drei anderen Fällen entartet die Strömung wie unter II–IV in Abb. 3.15.B gezeigt.

Im Falle II kann die Wasserströmung von Medium 1 die Poren in Medium 2 nicht ausfüllen; die Folge davon ist, daß der Grundwasserspiegel eine senkrechte Tangente an der Schichtgrenze bekommt, von wo das Wasser durch Medium 2 tropft. Im Fall III „dämmt" Medium 2 die Wasserströmung in der Weise, daß der Grundwasserspiegel beim Schneiden der Schichtgrenze waagerecht wird, wobei hier ein singularer Punkt mit der Geschwindigkeit Null entsteht. Im Fall IV tangiert der Grundwasserspiegel die Schichtgrenze.

3.2 Strömungsdruck

3.21 Wirksames Raumgewicht, Hebung, Schwimmsand

Infolge Gl. (1.23.5) werden Bodenkörner durch das Vorhandensein einer Strömung von dem *Strömungsdruck* (t/m³) beeinflußt

$$\bar{\jmath} = \bar{\imath}\,\gamma_w\,, \tag{3.21.1}$$

wobei $\bar{\imath}$ der Gradient ist. Beide Größen, $\bar{\imath}$ und $\bar{\jmath}$, sollen als Vektoren aufgefaßt werden. Das *wirksame Raumgewicht* des Bodens kann daher [vgl. Gl. (1.23.7)] als Vektorgleichung geschrieben werden

$$\bar{\gamma} = \gamma'' = \gamma' + \bar{\imath}\,\gamma_w\,. \tag{3.21.2}$$

Bei allen Problemen (Erddruck, Tragfähigkeit, Standfestigkeit), wo das Raumgewicht des Bodens von Bedeutung ist, muß auf den Strömungseinfluß Rücksicht genommen werden; entweder direkt durch Gebrauch des wirksamen Raumgewichtes γ'' oder indirekt durch Hinzunahme der Potentialunterschiede bei der Aufstellung der Gleichgewichtsgleichungen.

Änderungen des wirksamen Raumgewichtes auf Grund der Strömung bringen auch eine Änderung der *Schubfestigkeit* mit sich. Bei Sand erfolgt diese wegen der Durchlässigkeit sofort. Bei Ton erfordert es einige Zeit, weil eine Verdichtung oder Schwellung geschehen muß. Die Schwellung bei der Entlastung ist jedoch normalerweise so gering, daß eine Verminderung der Schubfestigkeit schnell eintritt.

Bei einer *abwärtsgerichteten Strömung* mit dem Gradienten i wird das wirksame Raumgewicht gemäß Gl. (3.21.2)

$$\bar{\gamma} = \gamma' + i\,\gamma_w\,. \tag{3.21.3}$$

Die Strömung bewirkt in diesem Fall eine Vergrößerung des wirksamen Raumgewichtes und damit der Schubfestigkeit des Bodens.

Die für die Praxis gefährliche Situation ist daher eine *aufwärtsgerichtete Strömung* (positiver Gradient i aufwärts), wobei man

$$\bar{\gamma} = \gamma' - i\,\gamma_w \tag{3.21.4}$$

erhält. Speziell kann das wirksame Raumgewicht des Bodens gleich Null werden. Dieses geschieht beim *kritischen Gradienten*

$$i_{cr} = \frac{\gamma'}{\gamma_w}\,. \tag{3.21.5}$$

Für Sand ist γ' oft etwa 1,0 t/m³, dem ein i_{cr}-Wert von ungefähr 1 entspricht.

Als Beispiel soll die *Baugrube* der Abb. 3.21.A gewählt werden, wo auf einem von Wasser bedeckten Gebiet zwei Spundwände bis zu einer

Tiefe H unter der Sohle gerammt sind. In dieser Tiefe befindet sich zugleich eine Schichtgrenze, indem eine grobkörnigere und daher durchlässigere Schicht von einer feinkörnigeren Bodenschicht überlagert ist (z.B Sand über Kies, Schluff über Sand oder Ton über Schluff). Es wird angenommen, daß das Potential der unteren Schicht dem normalen Wasserstand des Gebietes entspricht. Senkt man nun den Wasserspiegel der Baugrube um die Höhe h_t, so ist der Gradient i der aufwärtsgerichteten Strömung zwischen den Spundwänden

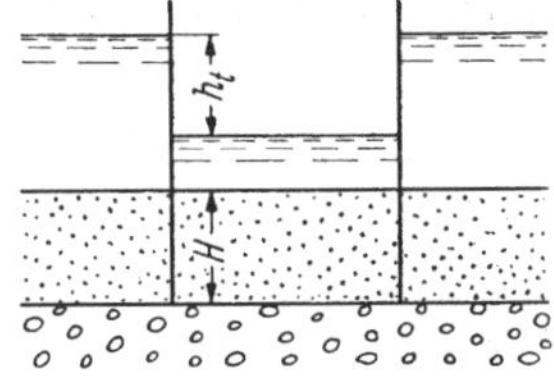

Abb. 3.21.A. Aufwärtsgerichtete Strömung

$$i = \frac{h_t}{H}. \qquad (3.21.6)$$

Erreicht i den kritischen Wert i_{cr}, so kann die obere Bodenschicht als schwerelos aufgefaßt werden. Es handelt sich dann darum, daß eine *Hebung* stattfindet.

Jedoch läßt sich die Bodenschicht von der Höhe H nur theoretisch heben. In der Praxis werden in einer Sohle aus *Sand* (oder Schluff) solche Inhomogenitäten vorhanden sein, daß Wasserströme sich an bestimmten Stellen der Sohle zu *Quellen* sammeln. Hier entsteht dann eine bedeutende Erosion (s. Abschn. 3.22), bis der Gradient so groß geworden ist, daß das Wasser von unten als konzentrierte Strömung durchbrechen kann.

Besteht die Sohle aus *Ton*, so wird sie durch den Wasserdruck an solchen Stellen aufgebrochen, wo der Ton schwächer oder die Höhe H geringer ist als an anderen Stellen. Nachdem die Sohle durchbrochen ist, bilden sich *Kanäle*, durch die das Wasser frei in die Baugrube hinaufströmen kann.

Bei einer schmalen *Baugrube mit Tonsohle* ist außer dem Gewicht des Tones noch ein Faktor vorhanden, der stabilisierend gegen den Wasserdruck wirkt: Die Fähigkeit des Tones, die Belastung in der Querrichtung zu verteilen, welches mit der erforderlichen Vorsicht in die Berechnungen einbezogen werden darf. Ist die Baugrube im Verhältnis zu H sehr schmal, so ist die Belastung, die quer übertragen werden kann, durch die Haftung zwischen Ton und Spundwand begrenzt. Bei einer etwas breiteren Baugrube müssen die Haftungsspannungen sowie die inneren Spannungen der Tonmasse, die als umgekehrte Wölbung wirken, untersucht werden. In allen Fällen muß die Verminderung der Schubfestigkeit beachtet werden, die durch die aufwärtsgerichteten Gradienten entsteht.

Nähert sich der aufwärtsgerichtete Gradient bei *Sand* dem kritischen, dann ist das wirksame Raumgewicht und damit auch die Schubfestigkeit sehr gering. Der Sand tritt dann als *Schwimmsand* mit verschwindend kleiner Tragfähigkeit auf.

Bei Untersuchungen der Hebungsgefahr ist es am einfachsten, von den Potentialunterschieden direkt, d.h. ohne besonderen Sicherheitsbeiwert, auszugehen. Um die nötige Sicherheit zu schaffen, muß man dabei mit einem außergewöhnlichen Hochwasser rechnen, z.B. mit dem Hochwasser, das für die Lebensdauer des Bauwerkes eine Wahrscheinlichkeit von 5% hat.

Man wird bemerkt haben, daß die obigen Formeln die *Durchlässigkeitsziffer nicht enthalten.* Hier ist die Rede von Problemen mit Strömungsdrücken und diese sind von den Potentialunterschieden abhängig, wogegen die Durchlässigkeitsziffer nur für die Größe der Wasserzuströmung Bedeutung hat. Es ist notwendig, dieses hervorzuheben, weil das Mißverständnis vorherrscht, daß bei Arbeiten unter dem Grundwasserspiegel feiner Sand (Schwimmsand) „gefährlich" sei, aber grobe Ablagerungen oder Ton dagegen nicht. Diese Auffassung muß natürlich als „Aberglaube" abgelehnt werden.

Es gibt jedoch zwei Momente, die zu einem gewissen Grade erklären, wie ein solches Mißverständnis entstehen konnte. Zunächst, daß grobe Ablagerungen dränierend wirken und auf jeden Fall bei der großen Wasserzufuhr verhindern, daß „Überraschungen" geschehen. Zum anderen, daß bei Ton sozusagen keine Wasserzufuhr vorhanden ist. Aber es wird nun verständlich sein, daß gerade Letzteres besonders gefährlich sein kann, weil das große Risiko besteht, daß der Ton von durchlässigeren Schichten unterlagert ist.

3.22 Erosion

Außer der Hebung einer ganzen Bodenschicht können die Strömungsdrücke durch eine *allmähliche Erosion* an vereinzelten Stellen auch niederbrechend wirken. Dieses gilt jedoch nur bei Sand und Schluff, während Ton normalerweise nicht erodiert werden kann.

Als Beispiel zeigt die Abb. 3.22.A einen Damm, der aus toniger Aufschüttung auf feinsandiger Sohle gebaut ist. Bei der Konstruktion des

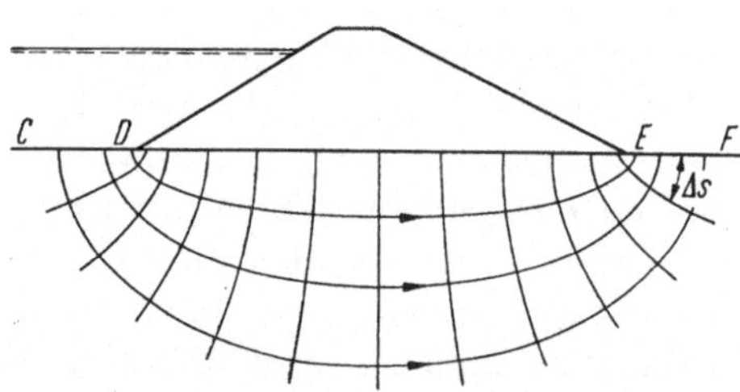

Abb. 3.22.A. Erosion bei einem Damm

Strömungsnetzes des Sandes kann der Damm als undurchlässig angesehen werden, so daß die Unterseite DE des Dammes eine Strömungslinie bildet, während die Linien CD und EF Potentiallinien sind. (Dieses Strömungsnetz ist mathematisch gesehen besonders einfach, weil es aus konfokalen Ellipsen und Hyperbeln mit D und E als Brennpunkten besteht.)

Da der Potentialsprung zwischen zwei Nachbarpotentiallinien Δh ist, kann für jedes Quadrat des Strömungsnetzes der Gradient als

$$i = - \frac{\Delta h}{\Delta s} \tag{3.22.1}$$

geschrieben werden. Weil Δh konstant ist, ist der größte Gradient dann zu erhalten, wenn Δs gering ist. Aus der Abbildung geht hervor, daß die Strömung entlang EF senkrecht nach oben verläuft und daß Δs gegen E hin abnimmt. Daher wird es in der Nähe von E eine Strecke geben, auf der $i > i_{cr}$ ist; demzufolge werden die einzelnen Sandkörner von der Strömung emporgerissen. Bleibt die Erosion unbemerkt, so kann sie rückwärts unter dem Damm fortsetzen. Je länger sich diese *Kanalbildung* weiterentwickelt, desto kürzer wird der Weg des Wassers, um vom Punkt D zu strömen, so daß der Gradient ständig wächst. Die Kanalbildung ist also ein Prozeß, der ständig beschleunigt wird, und in vielen Fällen wurde der Hohlraum, der sich unter dem Damm bildete, nicht entdeckt, bevor das Wasser sich mit kräftiger Strömung einen Weg gebahnt hatte und den ganzen Damm zum Einstürzen brachte.

Theoretisch ist der Gradient im Punkte E unendlich groß, und deshalb ist die in der Abb. 3.22.A gezeigte Konstruktion besonders ungünstig. Die Erosionsgefahr kann in der Praxis auf verschiedene Weise verhütet werden. Die billigste ist die Anbringung eines Filters unter dem Fuß des Dammes (vgl. Abb. 3.13.A) oder der Einbau eines Filters von

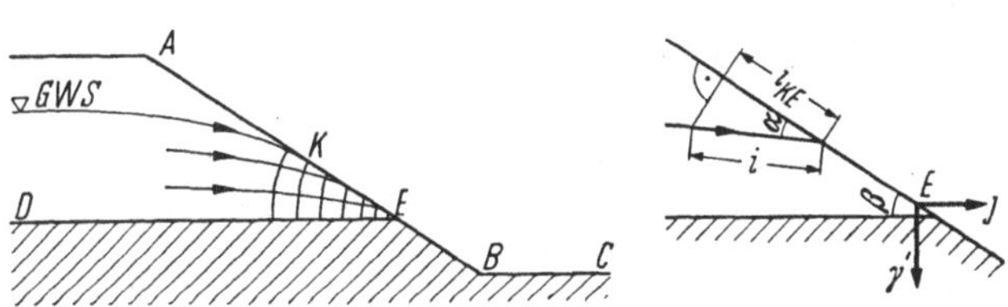

Abb. 3.22.B. Erosion in der Böschung einer Baugrube

angemessener Kornverteilung und entsprechendem Gewicht in einem Teil der Strecke EF. Ein anderes Mittel ist eine Spundwand etwas links von E (vgl. Abb. 3.12.B), und im Notfall können bei E Dränbrunnen oder ein versenkter Filter angebracht werden.

Ein weiteres Beispiel der Erosionsgefahr ist aus der Abb. 3.22.B zu ersehen, wo eine Aufgrabung ABC durch feinen Sand (über der Linie DE) geführt ist und im Ton (unter DE) endet. Die Grube wirkt wie ein Drän der Sandschicht, so daß eine Senkung des Grundwasserspiegels gegen die Böschung hin stattfindet. Bei Betrachtung der Potentialvariation entlang dem Grundwasserspiegel und KE kann man ersehen, daß der Grundwasserspiegel die Böschung tangiert. Der Tangentpunkt K wird *Quellpunkt* und die Strecke KE, wo das Grundwasser hervortritt, wird *Hang-*

quelle genannt. Das Strömungsnetz ist in der Nähe von KE gezeigt. Die Strömungslinien biegen allmählich ab von der Parallelität mit der Böschung bei K bis sie bei DE waagerecht verlaufen.

Rechts in der Abbildung werden Einzelheiten von einer Strömungslinie, die mit der Böschung den Winkel α bildet, und von den Verhältnissen in der Nähe von E gezeigt. Entlang KE ist der Druck gleich Null und das Potential daher gleich der geometrischen Höhe (wie für den Grundwasserspiegel; vgl. Abschn. 3.13). Der Gradient in der Richtung KE ist deshalb konstant und gleich

$$i_{KE} = - \frac{d h}{d s} = \sin \beta \,, \tag{3.22.2}$$

wobei β die Böschungsneigung ist. Entlang der Strömungslinie, die mit der Böschung den Winkel α bildet, ist der Gradient folglich

$$i = \frac{i_{KE}}{\cos \alpha} = \frac{\sin \beta}{\cos \alpha} \,. \tag{3.22.3}$$

Der größte Gradient ist bei E zu erhalten, wo $\alpha = \beta$ ist:

$$i_{\max} = \tan \beta \,. \tag{3.22.4}$$

Bei E ist der Sand der Böschung teils vom reduzierten Raumgewicht γ' und teils von dem waagerechten Strömungsdruck

$$j = i_{\max} \gamma_w = \gamma_w \tan \beta \tag{3.22.5}$$

beeinflußt. Werden diese zwei Kräfte zu einer Kraft T parallel mit der Böschung und einer Kraft N senkrecht dazu zusammengesetzt, so ist die Bedingung der Standfestigkeit: $T < N \tan \varphi$. Falls beispielsweise $\gamma' = \gamma_w = 1{,}0 \text{ t/m}^3$ ist, so ergibt sich daraus

$$\beta < \frac{1}{2} \varphi \,. \tag{3.22.6}$$

Eine so flache Aufgrabung ist in der Praxis natürlich nicht durchführbar, und deshalb muß die Hangquelle KE durch einen Filter (Drän) abgeschirmt werden.

Die in den obigen Beispielen berechneten Gradienten sind als theoretische Werte zu betrachten, die in der Praxis leicht überschritten werden, weil durch *Inhomogenitäten* immer eine Strömungskonzentration in gewissen Zonen erfolgt. Der *Sicherheitsbeiwert*, mit dem die Potentialunterschiede bei Erosionsgefahr multipliziert werden sollen, hängt daher in erster Linie von der Homogenität des Bodens ab. In schwierigen Fällen kann nicht damit gerechnet werden, daß die Erosion ganz zu vermeiden ist, deshalb muß man darauf eingestellt sein, besondere Maßnahmen zu treffen an den Stellen, wo die Erosion auftritt.

Zur Verhinderung von Erosion oder Hebung ist es üblich, Filter anzuwenden oder andere *Dränageanordnungen* (hierunter Grundwasserabsenkung) vorzunehmen. Allgemein gesagt handelt es sich darum, dem Wasser einen leichten Abfluß zu verschaffen, ohne daß es Schaden anrichten kann. Daraus folgt, daß umgekehrt eine *Blockierung der Wasserbewegung sehr gefährlich sein kann.* Verschließt z.B. der Frost eine Böschung, aus welcher Wasser hinausströmt (vielleicht so wenig, daß es kaum bemerkt wird), so entsteht ein großer Wasserdruck hinter der Eiskruste und damit eine Rutschgefahr. Kurz gesagt: Wasserzuströmung ist eine Kalamität, aber Verhinderung der Wasserbewegung kann katastrophale Folgen haben.

3.23 Filterstabilität

Wenn in einem Brunnen oder in einem Drän Wasser aus dem Boden durch einen Filter geleitet werden soll, dann muß dieser so bemessen sein, daß er einen *Schutz* des Bodens gegen Erosion darstellt, d.h. die Bodenkörner dürfen nicht von der Strömung durch die Filterporen geführt werden. Ein Kriterium der Filterstabilität erhält man durch Vergleichen der Kornverteilungskurve des zu schützenden Bodens mit der des Filters.

Da es zum Schutz des Bodens genügt, wenn der Filter die größeren Körner zurückhält, basiert das Kriterium einerseits auf $d_{85,b}$, wobei der Index b auf die Bodenschicht hinweist, die beschützt werden soll.

Der Durchmesser der Filterporen wird besonders durch die kleineren Körner des Filtermaterials bestimmt. Vorausgesetzt, daß der Filter gut sortiert ist, kann die Porengröße durch $d_{15,f}$ repräsentiert werden.

Zahlreiche Versuche haben erwiesen, daß das *Filterkriterium* als

$$\frac{d_{15,f}}{d_{85,b}} < 4 \text{ à } 5 \tag{3.23.1}$$

ausgedrückt werden kann. Um die größtmögliche Wirkung des Filters zu erreichen, sollte das angegebene Verhältnis so groß wie möglich gewählt werden, jedoch sei daran erinnert, daß man in der Praxis nur die Kornverteilungskurve eines geringen Teiles des Bodens, der beschützt werden soll, kennt. Es kann daher nur bis zur Grenze 5 gegangen werden, wenn die Bodenverhältnisse außerordentlich regelmäßig sind.

Ist der Boden gut verteilt, dann können die feinsten Bodenkörner in die Filterporen wandern. Deshalb wird manchmal ein *Zusatzkriterium* verwendet

$$\frac{d_{15,f}}{d_{15,b}} < 20 \text{ à } 25 . \tag{3.23.2}$$

Normalerweise wird es doch nicht nötig sein, die Erfüllung dieses Kriteriums zu fordern, da es z.B. bei Brunnen nur nützlich sein kann, wenn die feinsten Körner ausgewaschen werden, denn dadurch wird der wirksame Durchmesser des Brunnens vergrößert.

3.3 Grundwasserabsenkung

3.31 Die Differentialgleichung

Bei einer Grundwasserabsenkung handelt es sich darum, die Gesamtwirkung, die durch das Pumpen aus einer Anzahl *Brunnen* erzielt wird, zu berechnen. Die Berechnung besteht aus dem Lösen der Differentialgleichung einer *stationären Wasserbewegung* in waagerechter Ebene.

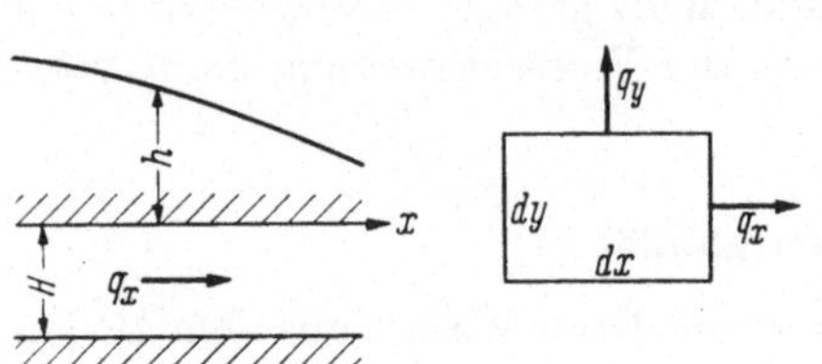

Abb. 3.31.A. Artesische Strömung

Es ist erforderlich, *zwei Fälle* zu unterscheiden:

a) Artesische Strömung, wo das Wasser unter Druck in einer durchlässigen Schicht strömt, die von zwei undurchlässigen Schichten eingeschlossen ist.

b) Freie Strömung, wo das Wasser mit freiem Grundwasserspiegel in einer durchlässigen Schicht strömt, die von einer undurchlässigen Schicht unterlagert ist.

In Abb. 3.31.A ist die *artesische Strömung* gezeigt, die in einer waagerechten durchlässigen Schicht von der Höhe H vor sich geht. Links in der Abbildung ist die Variation des Potentials h zu sehen, als Funktion der einen waagerechten Koordinate x. Gleichzeitig ist h eine Funktion der anderen waagerechten Koordinate y. Die Strömungen in den beiden Richtungen sind q_x bzw. q_y (der rechte Teil der Figur).

Nach DARCYS Formel (1.24.1) ist

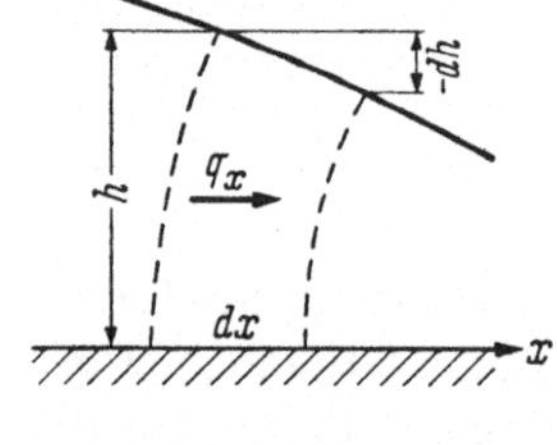

Abb. 3.31.B. Freie Strömung

$$q_x = H v_x = H k i_x = - H k \frac{\partial h}{\partial x} \quad (3.31.1)$$

und dem analog

$$q_y = - H k \frac{\partial h}{\partial y}. \quad (3.31.2)$$

Die Kontinuitätsgleichung kann in direkter Analogie zu Gl. (3.11.3) geschrieben werden:

$$\frac{\partial q_x}{\partial x} + \frac{\partial q_y}{\partial y} = 0. \quad (3.31.3)$$

Werden hier die Gln. (3.31.1) und (3.31.2) eingesetzt, so erhält man wie in Gl. (3.11.6) die *Potentialgleichung*

$$\frac{\partial^2 h}{\partial x^2} + \frac{\partial^2 h}{\partial y^2} = 0. \quad (3.31.4)$$

Die *freie Strömung* ist (bezüglich der x-Richtung) in der Abb. 3.31.B gezeigt, wo die (x, y)-Ebene an der Unterseite der durchlässigen Schicht liegt. Die ausgezogene Kurve stellt den Grundwasserspiegel dar, während die punktierten Kurven zwei Potentiallinien mit dem Basisabstand dx bedeuten. Das Potential h entlang einer Potentiallinie kann als Höhe des Punktes über der x-Achse gemessen werden, in welchem die Potentiallinie den Grundwasserspiegel schneidet.

Entlang der x-Achse ist der Gradient

$$i_x = -\frac{\partial h}{\partial x} . \tag{3.31.5}$$

Nach ENGELUND (1957) kann mit großer Genauigkeit der waagerechte Abstand zwischen den beiden Potentiallinien in der ganzen Höhe als konstant angesehen werden. Der Gradient parallel der x-Achse wird daher auch konstant, gleich dem obigen Wert i_x, und für die Strömung q_x in der x-Richtung ist infolge DARCYS Formel

$$q_x = h v_x = h k i_x = -h k \frac{\partial h}{\partial x} = -\frac{k}{2} \frac{\partial (h^2)}{\partial x} . \tag{3.31.6}$$

Analog gilt für die y-Richtung

$$q_y = -\frac{k}{2} \frac{\partial (h^2)}{\partial y} . \tag{3.31.7}$$

In der klassischen Theorie (die in der Praxis genügend genau ist) werden die Potentiallinien als Senkrechte angenommen (DUPUITS *Prinzip*), wobei $h\,(x,y)$ die Ordinate des Grundwasserspiegels im Punkte (x, y) wird.

Die Kontinuitätsgleichung (3.31.3) gilt auch bei freier Strömung unverändert. Werden in diese die Gln. (3.31.6) und (3.31.7) eingesetzt, so ergibt das

$$\frac{\partial^2 (h^2)}{\partial x^2} + \frac{\partial^2 (h^2)}{\partial y^2} = 0 , \tag{3.31.8}$$

d.h. die *Potentialgleichung für die Größe h^2* als abhängiger Variabel.

3.32 Lösungen bei artesischer Strömung

Bei der Berechnung einer Grundwasserabsenkung im Falle artesischer Strömung ist es entscheidend, daß die Differentialgleichung (3.31.4) in h linear ist. Dann kann nämlich das *Superpositionsprinzip* angewendet werden, d.h. aus einer Reihe Lösungen $h_1, h_2 \ldots$ eine neue Lösung als die Summe

$$h = h_1 + h_2 + \cdots \tag{3.32.1}$$

gebildet werden. Hierdurch läßt sich die gesamte Wirkung einer Anzahl Brunnen berechnen, wenn die Wirkung des einzelnen Brunnens bekannt ist.

Wird die symmetrische Absenkung rings um einen *einzelnen Brunnen* betrachtet, so ist das Potential $h\,(r)$ allein eine Funktion des Abstandes r

vom Brunnen. Gemäß Gl. (3.31.1) ist die Strömung zum Brunnen je
Längeneinheit der Kreislinie (mit dem Halbmesser r)

$$-q_r = H\,k\frac{d\,h}{d\,r}$$

und die gesamte Wassermenge, die aus dem Brunnen gepumpt wird,
ist dann

$$Q = 2\,\pi\,r\,(-q_r) = 2\,\pi\,H\,k\,r\frac{d\,h}{d\,r}\,. \qquad (3.32.2)$$

Dieses kann als eine Differentialgleichung für h aufgefaßt werden, mit
der Lösung

$$h = \frac{Q}{2\,\pi\,H\,k}\ln r + h_a\,, \qquad (3.32.3)$$

wobei h_a eine Integrationskonstante ist.

Die allgemeine Lösung für die Strömung nach einem einzelnen Brunnen ist durch Hinzufügen einer beliebigen Potentialströmung zu Gl.
(3.32.3) zu erhalten, d.h.

$$h = \frac{Q}{2\,\pi\,H\,k}\ln r + h_a\,(x,\,y)\,, \qquad (3.32.4)$$

wobei $h_a\,(x,\,y)$ eine reguläre Funktion ist, die der Potentialgleichung
(3.31.4) genügt. Das erste Glied der Lösung Gl. (3.32.4) hat eine Singu-
larität, indem $\ln r$ gegen $-\infty$ strebt, wenn r gegen Null konvergiert. Das
ist jedoch ohne praktische Bedeutung, da der kleinste Wert, der für r

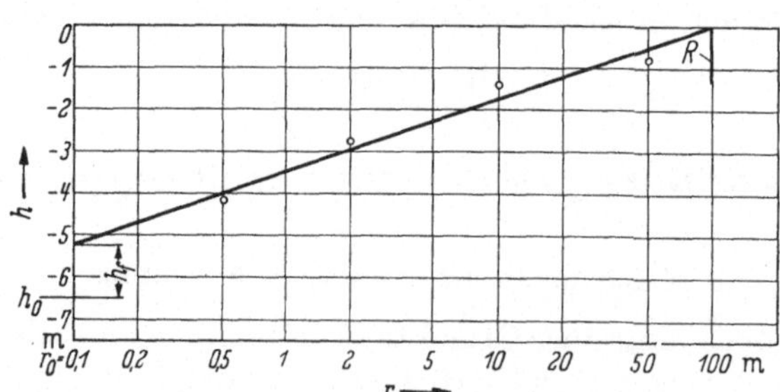

Abb. 3.32.A. Ergebnis einer Probeabsenkung

eingesetzt werden soll, der Halbmesser r_0 des Brunnens ist. Die beliebige
Funktion $h_a\,(x,\,y)$ muß so bestimmt werden, daß die Randbedingungen
an den Grenzen des die Grundwasserabsenkung umfassenden Gebietes
erfüllt werden.

Bei einer *Probeabsenkung* mit nur einem Pumpenbrunnen werden die
h-Werte der Meßbrunnen in ein Diagramm mit $\log r$ als Abszisse eingetragen, wie in Abb. 3.32.A gezeigt. Im Idealfall liegen die Punkte auf

einer Geraden, durch deren Neigung die Größe Q/Hk bestimmt wird, d.h. die Durchlässigkeitsziffer k, da sowohl H als Q bekannt sind. Die Gerade erreicht für $r = R$ das normale (nicht abgesenkte) Potential (in der Abbildung $h = 0$); die Größe R wird als die *Reichweite* der Grundwasserabsenkung bezeichnet. An der Brunnenbegrenzung $r = r_0$ (in der Abbildung 0,1 m) liegt die Gerade gewöhnlich um die Strecke h_f über dem Wasserspiegel h_0 im Brunnen. Diese Strecke h_f nennt man den *Filterverlust*, der durch besondere Widerstände im Filter und um denselben herum verursacht wird, z.B. durch Störung der Bodenschichten während der Bohrung.

Für eine *Sammlung von Brunnen*, aus denen die Wassermengen Q_1, $Q_2 \ldots$ gefördert werden, erhält man mit Bezugnahme auf Gl. (3.32.1) und Gl. (3.32.4) die vollständige Lösung

$$h\,(x, y) = \frac{1}{2\,\pi\,H\,k}\,(Q_1 \ln r_1 + Q_2 \ln r_2 + \cdots) + h_a\,(x, y)\,, \quad (3.32.5)$$

wobei $r_1, r_2, \ldots$ die Abstände von den verschiedenen Brunnen zum Punkte (x, y) sind. Die beliebige Potentialfunktion $h_a\,(x, y)$ muß so bestimmt werden, daß die Randbedingungen erfüllt sind. Mathematisch gesehen kann das kompliziert sein, aber in der Praxis bereitet das keine größeren Schwierigkeiten, da nur eine gewisse Annäherung bezüglich der Erfüllung der Randbedingungen nötig ist.

Es wird z.B. oft so sein, daß das Potential im Abstand R von der Absenkungsanlage als konstant angesehen werden kann, wobei R im Verhältnis zum Umfang der Anlage groß ist. Man bekommt dann

$$h\,(x, y) = \frac{1}{2\,\pi\,H\,k}\,\left(Q_1 \ln \frac{r_1}{R} + Q_2 \ln \frac{r_2}{R} + \cdots\right) + h_u\,, \quad (3.32.6)$$

wobei h_u das konstante (nicht gesenkte) Niveau ist. Auf Grund der langsamen Variation der Logarithmusfunktion hat sogar ein verhältnismäßig großer Fehler des R-Wertes nur geringen Einfluß auf die Potentiale innerhalb des eigentlichen Anlagegebietes.

Mathematische Lösungen verschiedener einfacher Fälle sind bei FORCHHEIMER (1914) zu finden. ENGELUND (1957) hat gezeigt, daß eine Brunnenreihe mit guter Annäherung als „Drängraben" angesehen werden kann, wenn die dem Graben entsprechende Potentialfläche von den lokalen Senkungstrichtern der einzelnen Brunnen überlagert wird.

3.33 Lösungen bei freier Strömung

Bei der Berechnung von einer Grundwasserabsenkung mit freier Strömung ist es entscheidend, daß die Differentialgleichung (3.31.8) in der Größe h^2 linear ist. Analog Gl. (3.32.1) kann daher das *Superposi-*

tionsprinzip angewandt werden um aus den Lösungen h_1^2, h_2^2, ... eine neue Lösung als die Summe

$$h^2 = h_1^2 + h_2^2 + \cdots \tag{3.33.1}$$

zu bilden.

Für eine symmetrische Absenkung rings um einen *einzelnen Brunnen* wird die Strömung auf den Brunnen zu je Längeneinheit der Kreislinie mit dem Halbmesser r infolge Gl. (3.31.7):

$$- q_r = \frac{k}{2} \frac{d\,(h^2)}{d\,r}.$$

Die gesamte Wassermenge, die aus dem Brunnen gepumpt wird, ist dann

$$Q = 2\,\pi\,r\,(- q_r) = \pi\,k\,r\,\frac{d\,(h^2)}{d\,r}. \tag{3.33.2}$$

Als Differentialgleichung für h^2 als Funktion von r, ergibt diese Gleichung die Lösung

$$h^2 = \frac{Q}{\pi\,k} \ln r + h_a^2, \tag{3.33.3}$$

wobei h_a eine beliebige Konstante ist. Die allgemeine Lösung für einen einzelnen Brunnen ist hieraus zu erhalten, wenn h_a^2 als eine beliebige Potentialfunktion von (x, y) aufgefaßt wird.

Bei der Bearbeitung einer *Probeabsenkung* benutzt man ein Diagramm, wie es in Abb. 3.32.A gezeigt ist, nur mit h^2 als Ordinate an Stelle von h. Zum Filterverlust kommt noch, außer dem vergrößerten Widerstand im Filter und um denselben herum, ein besonderer Beitrag, der dadurch entsteht, daß die grundlegende Gl. (3.31.6) nicht in der Nähe des Brunnens gilt, wo der Grundwasserspiegel sehr steil ist und mit senkrechter Tangente an der Brunnenbegrenzung endet.

Für eine *Sammlung von Brunnen* kann in Analogie zu Gl. (3.32.5) die vollständige Lösung als

$$h^2\,(x, y) = \frac{1}{\pi\,k}\,(Q_1 \ln r_1 + Q_2 \ln r_2 + \cdots) + h_a^2\,(x, y) \tag{3.33.4}$$

geschrieben werden. In der Praxis ist es oft vorteilhaft, die Reichweite R einzuführen und analog Gl. (3.32.6) die Formel

$$h^2\,(x, y) = \frac{1}{\pi\,k}\left(Q_1 \ln \frac{r_1}{R} + Q_2 \ln \frac{r_2}{R} + \cdots\right) + h_u^2 \tag{3.33.5}$$

zu benutzen.

3.4 Verdichtungstheorie

3.41 Die Differentialgleichung

Wenn sich die Belastung einer Ton- oder Schluffschicht vergrößert, so entsteht ein Überdruck im Porenwasser, der wiederum Strömungen auslöst, wobei der Überdruck allmählich ausgeglichen wird.

Die Abb. 3.41.A zeigt links eine Tonschicht von der Höhe H, die von einer undurchlässigen Schicht unterlagert und von Sand überlagert ist. Es wird vorausgesetzt, daß eine hydrostatische Druckverteilung im Porenwasser besteht, entsprechend dem dargestellten Grundwasserspiegel. Nun geht man davon aus, daß eine plötzliche Belastungserhöhung erfolgt, z.B. durch eine umfangreiche Aufschüttung auf das Gelände mit dem Gewicht p je Flächeneinheit.

Wenn der Ton wassergesättigt ist, kann zunächst keine Erhöhung der wirksamen Span-

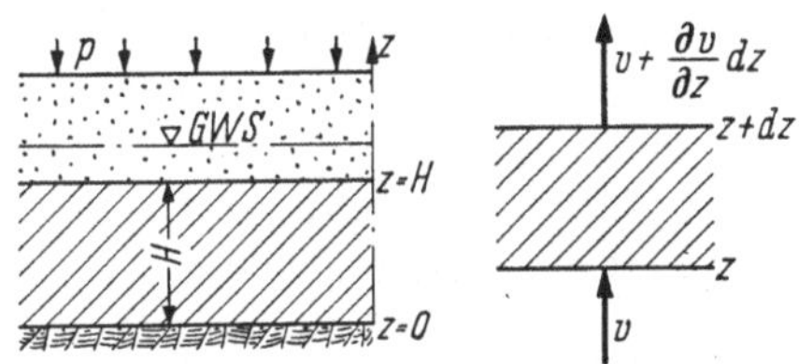

Abb. 3.41.A. Verdichtung einer Tonschicht bei lotrechter Strömung

nungen in der Tonschicht geschehen, weil dazu gemäß dem Verdichtungsdiagramm (Abb. 1.31.C) erst eine Verminderung der Porenziffer, also eine Wasserauspressung stattfinden müßte. Infolgedessen muß die Belastung p zu Anfang völlig von den neutralen Spannungen getragen werden.

Die Potentiale h werden im Verhältnis zum Grundwasserspiegel gerechnet. Im ursprünglichen Zustand ist daher in der Sand- und in der Tonschicht $h = 0$. Nach Aufbringen der Belastung p ist in der Sandschicht immer noch $h = 0$, dagegen ist in der Tonschicht

$$h = \frac{p}{\gamma_w} \quad \text{für} \quad t = 0, \tag{3.41.1}$$

wobei die Zeit t vom Zeitpunkt der Aufbringung der neuen Belastung gerechnet wird. Auf Grund der Potentialunterschiede der Sand- und der Tonschicht entsteht eine Strömung (Auspressung von Wasser aus der Tonschicht), wobei die wirksamen Spannungen im Ton nach und nach einen größeren Teil der Belastung p übernehmen. Das Potential h in der Tonschicht ist daher eine Funktion sowohl der Ordinate z als auch der Zeit t. Die Differentialgleichung für $h(z, t)$ soll nachstehend abgeleitet werden.

Nach DARCYS Formel ergeben die Potentialunterschiede eine Strömung

$$v = k\,i = -k\,\frac{\partial h}{\partial z}. \tag{3.41.2}$$

Die Filtergeschwindigkeit v ist rechts in der Abb. 3.41.A gezeigt. Auf Grund der Variation von v mit z wird durch den Querschnitt $z + dz$ eine größere Wassermenge strömen als durch den Querschnitt z. Die Differenz $\partial v / \partial z \cdot dz$ ist also die Nettowassermenge, die je Zeiteinheit der Schicht von der Höhe dz entnommen wird (je Flächeneinheit der waagerechten Ebene). Je Volumeneinheit entweicht also jede Sekunde die Wassermenge

$$\frac{\partial v}{\partial z} = -k\,\frac{\partial^2 h}{\partial z^2}\,.$$ (3.41.3)

Verliert wassergesättigter Ton diese Wassermenge, so muß sein Volumen entsprechend geringer werden. Da man annimmt, daß die Belastung p eine sehr große Fläche bedeckt, können waagerechte Formänderungen des Tones nicht vorkommen. Die Volumenverminderung äußert sich daher allein durch eine senkrechte Zusammendrückung ε, die sich also je Zeiteinheit um

$$\frac{\partial \varepsilon}{\partial t} = -k\,\frac{\partial^2 h}{\partial z^2}$$ (3.41.4)

vergrößern muß. Eine solche Zusammendrückung kann nur dann vorkommen, wenn die wirksamen Spannungen erhöht werden. Ist der Verdichtungsmodul gleich K, so erhält man gemäß Gl. (1.31.1)

$$\bar{\sigma} = K\varepsilon\,,$$ (3.41.5)

wobei $\bar{\sigma}$ die Erhöhung der wirksamen Spannungen durch die Belastung p darstellt.

Die Belastung p wird hiernach teils von der wirksamen Zusatzspannung $\bar{\sigma}$ und teils vom Überdruck im Porenwasser $\gamma_w\,h$ getragen. Deshalb ergibt sich

$$p = \bar{\sigma} + \gamma_w h\,.$$ (3.41.6)

Da p konstant ist, wird bei Differentiation nach t und mit Einsetzen von Gl. (3.41.5)

$$\gamma_w\,\frac{\partial h}{\partial t} = -\frac{\partial \bar{\sigma}}{\partial t} = -K\,\frac{\partial \varepsilon}{\partial t}$$

erhalten. Führt man hier Gl. (3.41.4) ein, so erhält man die *Differentialgleichung* für h:

$$\gamma_w\,\frac{\partial h}{\partial t} = k\,K\,\frac{\partial^2 h}{\partial z^2}\,.$$ (3.41.7)

Bei dieser Herleitung war es eine *Voraussetzung*, daß die Durchlässigkeitsziffer k konstant ist. Tatsächlich nimmt k mit fortschreitender Verdichtung etwas ab, und es muß daher ein Mittelwert eingesetzt werden. Auch der Verdichtungsmodul K muß als Mittelwert gerechnet werden, weil der Zusammenhang zwischen $\bar{\sigma}$ und ε normalerweise nicht ganz linear ist.

Die Lösung der Differentialgleichung soll die *Anfangsbedingung* Gl. (3.41.1) und folgende *Randbedingungen* erfüllen:

$$z = H:\quad h = 0\,.$$ (3.41.8)

Für

$$z = 0:\quad v = 0,\quad \text{d.h.}\quad \frac{\partial h}{\partial z} = 0\,.$$ (3.41.9)

3.42 Zeitfaktor. Isochronen

Anscheinend enthält das in Abschn. 3.41 behandelte Problem 3 Parameter: H, p und $(k\,K)$. Bei *Koordinatenstransformationen* können alle diese Parameter jedoch eliminiert werden, wie im folgenden gezeigt werden soll.

Zuerst werden dimensionslose Ordinaten durch

$$z_1 = \frac{z}{H} \tag{3.42.1}$$

und dimensionslose Potentiale durch

$$h_1 = \frac{\gamma_w h}{p} \tag{3.42.2}$$

eingeführt. Setzt man diese Größen in Gl. (3.41.7) ein, dann können die verschiedenen konstanten Faktoren mit t zusammengefaßt werden, d.h. es kann der dimensionslose *Zeitfaktor* T

$$T = \frac{k\,K}{\gamma_w H^2}\,t\,. \tag{3.42.3}$$

eingefügt werden.

Die *Differentialgleichung* wird dann

$$\frac{\partial h_1}{\partial T} = \frac{\partial^2 h_1}{\partial z_1^2} \tag{3.42.4}$$

mit den *Anfangs- und Randbedingungen* [vgl. Abschn. 3.41 und die Gln. (3.41.8) und (3.41.9)]

Für
$$T = 0: \quad h_1 = 1. \tag{3.42.5}$$

Für
$$z_1 = 1: \quad h_1 = 0. \tag{3.42.6}$$

Für
$$z_1 = 0: \quad \frac{\partial h_1}{\partial z_1} = 0\,. \tag{3.42.7}$$

Da diese Ausdrücke alle parameterfrei sind, besteht somit mathematisch gesehen *nur eine Lösung* des hier behandelten Verdichtungsproblemes.

In vielen Werken über Bodenmechanik (z.B. TAYLOR 1948) ist die Lösung, die als FOURIER-Reihe geschrieben werden kann, zu finden. Die ausführlichste Behandlung der klassischen Verdichtungstheorie wurde von TERZAGHI und FRÖHLICH (1936) gegeben.

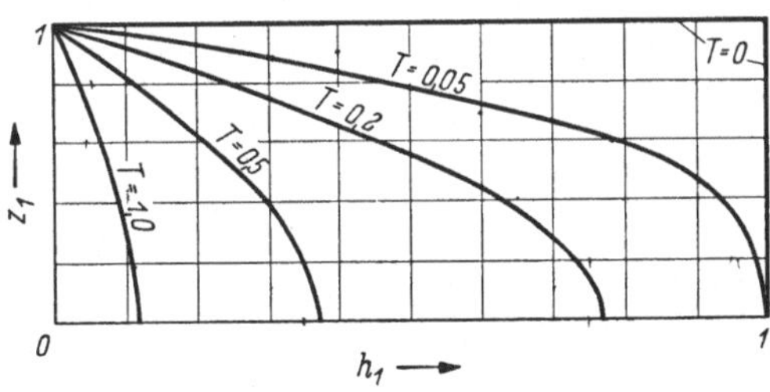

Abb. 3.42.A. Isochronen

Wenn für feste T-Werte die Variation von h_1 als Funktion von z_1 aufgezeichnet wird, erhält man die sogenannten *Isochronen*, deren Verlauf in der Abb. 3.42.A bei vier verschiedenen T-Werten angegeben ist. Es ist deutlich, daß die Verdichtung sich in der Nähe der dränierenden Schicht ($z_1 = 1$) verhältnismäßig schnell vollzieht und sich dann nach unten gegen die undurchlässige Grenze zu ausbreitet. Eine vollständige Verdichtung ist theoretisch erst nach unendlich langer Zeit zu erhalten.

3.43 Der Verdichtungsgrad

In der Praxis ist man normalerweise an der Gesamtzusammendrückung der Tonschicht zu jedem beliebigen Zeitpunkt mehr interessiert als an der Variation des Potentiales im einzelnen.

Indem die Zusammendrückung (die Verdichtungssetzung) in der Zeit t mit $\delta_c(t)$ und die Endzusammendrückung (bei $t = \infty$) mit δ_c bezeichnet wird, führt man daher den *Verdichtungsgrad U* durch die Gleichung

$$\delta_c(t) = U\,\delta_c \tag{3.43.1}$$

ein. Da die volle Verdichtungssetzung

$$\delta_c = \frac{p}{K}\,H \tag{3.43.2}$$

ist, erfordert die Berechnung des Setzungsverlaufes also die Kenntnis der Variation von U mit der Zeit.

Der Verdichtungsgrad drückt offenbar den Teil der Belastung p aus, der von den wirksamen Spannungen durchschnittlich für die ganze Höhe der Tonschicht übernommen worden ist. Wird z. B. die Isochrone $T = 0,5$ der Abb. 3.42.A betrachtet, so gibt das dimensionslose Potential h_1 den Teil der Belastung an, der noch von den neutralen Spannungen getragen wird. Für die Tonschicht als Ganzes wird der Teil der Belastung, der von den neutralen Spannungen getragen wird, deshalb durch die Fläche links von der Kurve $T = 0,5$ repräsentiert, während die Fläche rechts von der Kurve den Teil der Belastung darstellt, der von den wirksamen Spannungen übernommen worden ist.

Für einen festen T-Wert ist hiernach der Verdichtungsgrad als

$$U = \int_0^1 [1 - h_1(z_1, T)]\,dz_1 \tag{3.43.3}$$

zu erhalten. Als Funktion von t findet man U hiernach mit Hilfe der Gl. (3.42.3).

Die Funktion $U(T)$ ist in Abb. 3.43.A als die Kurve B dargestellt. Es sei bemerkt, daß man bei $T = 0,2$ ein U von 50% erhält. In bezug auf

Gl. (3.42.3) ist daher

$$0{,}2 = \frac{kK}{\gamma_w H^2}\, t_{50}\,. \qquad (3.43.4)$$

Die Verdichtung kann in der Praxis bei $T = 1$, wo $U = 93\%$ ist, als abgeschlossen betrachtet werden.

Die Kurve B tritt beim Verdichtungsversuch als die *primäre Verdichtung* auf. Bei kleinen T-Werten gilt eine einfache theoretische Gleichung, die in der Praxis jedoch weitgehend gebraucht werden kann:

$$T = \frac{\pi}{4}\, U^2 \quad \text{für} \quad U < 70\%\,. \qquad (3.43.5)$$

Bei großen T-Werten kann folgende angenäherte Gleichung angewandt werden:

$$T = -0{,}933 \log_{10}(1 - U) - 0{,}085 \quad \text{für} \quad U > 50\%\,. \qquad (3.43.6)$$

Außer der Kurve B enthält die Abb. 3.43.A Kurven des Verdichtungsgrades in *zwei anderen Fällen*, die sich nur dadurch von B unterscheiden, daß die Potentialverteilung bei $t = 0$ anders ist. Die Kurven A und C

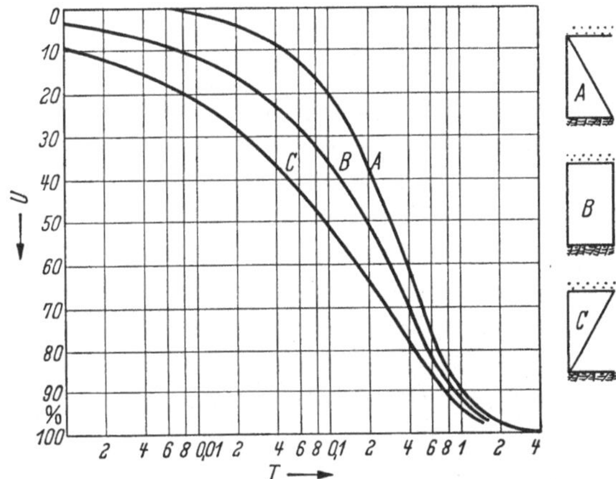

Abb. 3.43.A. Der Verdichtungsgrad

entsprechen beide dreieckförmigen Potentialverteilungen, A mit dem Maximum an der undurchlässigen Grenze und C mit dem Maximum an der dränierenden Grenze.

Hat eine Tonschicht *doppelseitige Dränierung*, so gilt die Kurve B, wenn die Schichthöhe als $2H$ definiert wird. Das ist einleuchtend, wenn das Anfangspotential konstant ist, aber im übrigen gilt die Kurve B in diesem Fall auch für jede geradlinige Verteilung des Anfangspotentiales (welches bei Anwendung des Superpositionsprinzipes für die Anfangsbedingung zu sehen ist).

8*

4 Formänderungsprobleme

Unter den Begriff Formänderungsprobleme fällt vor allen Dingen die Frage nach den Setzungen von Fundamenten. Um diese berechnen zu können, muß man Kenntnis davon haben, wie die Kräfte aus einem Fundament sich durch die Bodenschichten ausbreiten. Das Druckausbreitungsproblem wird in Abschn. 4.1 behandelt.

Die verschiedenen Methoden der Setzungsberechnungen werden in Abschn. 4.2 besprochen, während Abschn. 4.3 von biegsamen Fundamenten handelt, wo eine Wechselwirkung zwischen den Formänderungen des Fundamentes und den Setzungen des Bodens besteht.

Von den anderen in der Bodenmechanik auftretenden Formänderungen, wie z. B. von den durch Erddruck beanspruchten Konstruktionen, ist bis heute nur ein bescheidenes Wissen vorhanden, und deshalb sollen diese nicht in diesem Buch behandelt werden.

4.1 Druckverteilung

In den meisten Ländern wird die Druckverteilung durch die Bodenschichten unter einem Fundament mit Hilfe der *Elastizitätstheorie* berechnet. Auch die Gleichungen in Abschn. 4.11 bis 4.15 sind hierauf gegründet.

Die Berechtigung zur Anwendung der Elastizitätstheorie bei Boden mit seiner gekrümmten Arbeitskurve, Plastizität, Inhomogenität, Anisotropie und Reibung ist in höchstem Grade anfechtbar (s. Abschn. 4.16). Eine Setzungsberechnung, vielleicht mit scheinbar großer Genauigkeit mit den oft komplizierten Gleichungen der Elastizitätstheorie durchgeführt, kann daher eher mißweisend als beratend sein. Nach dem heutigen bodenmechanischen Wissen ist es unberechtigt, bei einer Setzungsberechnung eine größere Genauigkeit als 10 bis 50% den Umständen entsprechend erstreben zu wollen. Deshalb müssen sogar recht grobe *Annäherungsmethoden* als zulässig angesehen werden. Unter Abschn. 4.17 bis 4.18 ist eine solche praktische Annäherungsmethode, die bei allen gewöhnlichen Fällen gebraucht werden kann, angegeben.

4.11 Einzelkraft

In der Elastizitätstheorie wird vorausgesetzt, daß die Bodenmasse ein halbunendliches elastisches Medium ist, welches durch eine waagerechte Ebene begrenzt wird. Die wichtigsten Gleichungen der Elastizitätstheorie wurden durch BOUSSINESQ (1885) aufgestellt.

Die Abb. 4.11.A zeigt eine senkrechte Einzelkraft P auf der Boden-
oberfläche. Die Spannungen im Boden sind etwas von der Größe der
Querdehnung (Poissons Verhältnis) abhängig. Um die
Gleichungen nicht unnötig zu komplizieren, wird die
Querdehnung gewöhnlich gleich $1/_2$ gesetzt, was übrigens
bei wassergesättigtem Ton auch korrekt ist, wenn keine
Wasserauspressung geschieht (d.h. bei Initialformände-
rungen).

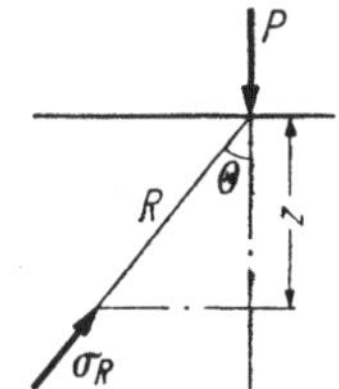

Abb. 4.11.A.
Einzelkraft

Die Spannungsverteilung wird dann besonders einfach, da in jedem Punkt der Bodenmasse ein *einachsiger
Spannungszustand* besteht, d.h. daß zwei der Hauptspannungen gleich Null sind. Die Hauptspannung, die
von Null abweicht, ist – wie die Abbildung zeigt – gegen den Angriffspunkt der Kraft gerichtet und hat die Größe

$$\sigma_R = \frac{3\,P}{2\,\pi}\,\frac{\cos\theta}{R^2}\,, \qquad (4.11.1)$$

wobei R den Abstand vom Angriffspunkt bezeichnet und θ der Winkel
zwischen der Senkrechten und dem Radiusvektor R ist.

Aus Gl. (4.11.1) können leicht die Spannungen in anderen Richtungen abgeleitet werden. Zum Beispiel erhält man für die senkrechte Spannung σ_z

$$\sigma_z = \frac{3\,P}{2\,\pi}\,\frac{\cos^5\theta}{z^2}\,. \qquad (4.11.2)$$

Hierin stellt z die Tiefe unter der Bodenoberfläche dar.

4.12 Kreisförmiges Fundament

Die Abb. 4.12.A zeigt links eine *gleichförmige Belastung* p auf einer
Kreisfläche mit dem Halbmesser r_0. Die Spannungen in einem willkür-
lichen festen Punkt können durch Gl. (4.11.1) gefunden werden, wenn
über der Belastungsfläche integriert wird. In einer senkrechten Linie
unter dem Zentrum des Fundamentes ist die größte Hauptspannung σ_1
senkrecht und die beiden anderen Hauptspannungen sind einander
gleich. Die Integration ergibt für einen Punkt in der Tiefe $z = r_0 \cot\theta_0$.

$$\sigma_1 = p\,(1 - \cos^3\theta_0)\,, \qquad (4.12.1)$$

$$\sigma_3 = p\,(1 - \cos\theta_0)^2\left(1 + \frac{1}{2}\cos\theta_0\right). \qquad (4.12.2)$$

Diese Spannungen sind in der Abb. 4.18.A als Funktionen von z/B in
Form der Kurven I gezeigt, wo B die Seitenlinie eines Quadrates mit
gleicher Fläche wie die des Kreises bezeichnet.

Die Setzungen der Bodenoberfläche sind mit der punktierten Kurve angedeutet. Diese (die Initialsetzungen) sind in der Mitte am größten, nämlich

$$\delta_{i,\,\text{max}} = \frac{3}{2}\,\frac{p\,r_0}{E} = \frac{3}{2\pi}\,\frac{P}{r_0 E}\,, \qquad (4.12.3)$$

wobei P die gesamte Belastung ist, und am Rande sind sie am kleinsten

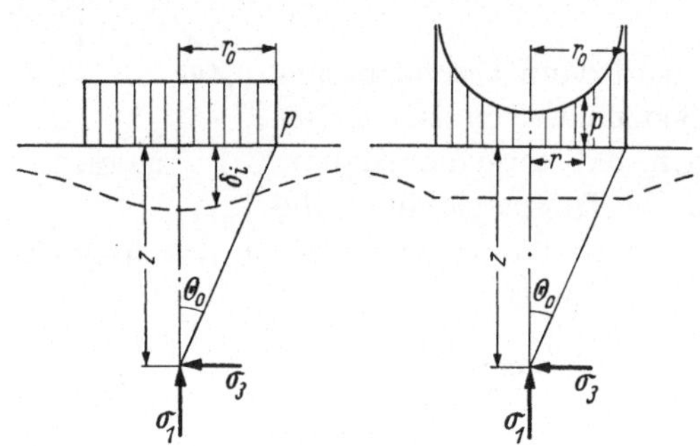

Abb. 4.12.A. Kreisförmiges Fundament

$$\delta_{i,\,o} = \frac{2}{\pi}\,\delta_{i,\,\text{max}}\,.$$

Der Mittelwert der Setzungen ist

$$\delta_{i,\,m} = \frac{4}{\pi}\,\frac{p\,r_0}{E} = \frac{4}{\pi^2}\,\frac{P}{r_0 E}\,, \qquad (4.12.4)$$

d.h. 85% der maximalen Setzung.

Bei *starrem Fundament* sind die Setzungen auf der ganzen Fläche konstant, daher kann der Druck nicht gleichförmig verteilt sein. Die theoretische Verteilung des Druckes (s. Abb. 4.12.A rechts) wurde ebenfalls von BOUSSINESQ (1885) gefunden:

$$p\,(r) = \frac{1}{2}\,p_m [1 - (r/r_0)^2]^{-\frac{1}{2}}\,, \qquad (4.12.5)$$

wobei p_m die mittlere Belastung

$$p_m = \frac{P}{\pi\,r_0^2} \qquad (4.12.6)$$

ist. Aus Gl. (4.12.5) ist zu ersehen, daß der Druck am Fundamentrand theoretisch unendlich groß wird.

Die Hauptspannungen in einer senkrechten Linie unter dem Zentrum des Fundamentes sind

$$\sigma_1 = \frac{1}{2}\,p_m \sin^2 \theta_0 \,(3 - 2\sin^2 \theta_0)\,, \qquad (4.12.7)$$

$$\sigma_3 = \frac{1}{2}\,p_m \sin^4 \theta_0\,. \qquad (4.12.8)$$

Diese Funktionen sind in Abb. 4.18.A als die Kurven *II* zu sehen; sie gelten für ein quadratisches Fundament mit gleicher Fläche.

Die *Initialsetzung* des Fundamentes ist

$$\delta_i = \frac{3\pi}{8}\,\frac{p_m r_0}{E} = \frac{3}{8}\,\frac{P}{r_0 E}\,, \qquad (4.12.9)$$

also 93% der in Gl. (4.12.4) angegebenen Mittelsetzung bei gleichförmiger Belastung.

Die Initialsetzung, die den elastischen Formänderungen des Bodens ohne Volumenänderung entspricht, ist die einzige Setzung, die im strengsten Sinne aus der Elastizitätstheorie abgeleitet werden kann. Bei den konventionellen Setzungsberechnungen von Ton (s. Näheres in Abschn. 4.23) wird jedoch die senkrechte Hauptspannung σ_1 in Verbindung mit dem Verdichtungsmodul K angewandt. Wenn σ_1 [aus Gl. (4.12.7)] von $z = 0$ bis $z = \infty$ integriert und durch K dividiert wird, ergibt sich die *konventionelle Verdichtungssetzung*:

$$\delta_{c,\,\text{konv}} = \frac{\pi}{2}\,\frac{p_m r_0}{K} = \frac{1}{2}\,\frac{P}{r_0 K}\,. \tag{4.12.10}$$

Bei einem starren Fundament auf einer *Tonschicht von der endlichen Höhe H* werden die Spannungen unter der Fundamentmitte stärker konzentriert sein als bei einem halbunendlichen elastischen Medium. Rechnet man dennoch mit annähernd gleichen Belastungen wie vorher Gln. (4.12.7) und (4.12.8), so erhält man die *Initialsetzung*

$$\delta_i = \frac{3\,p_m r_0}{8\,E}\,(\pi - 2\,\theta_H - \sin 2\,\theta_H) \tag{4.12.11}$$

und die *konventionelle Verdichtungssetzung*

$$\delta_{c,\,\text{konv}} = \frac{p_m r_0}{4\,K}\,(2\,\pi - 4\,\theta_H - \sin 2\,\theta_H)\,, \tag{4.12.12}$$

wobei θ_H den Winkel θ_0 für den Punkt in der Tiefe H unter dem Zentrum des Fundamentes angibt.

4.13 Linienbelastung

Wenn P in der Abb. 4.11.A eine Linienbelastung (t/m) darstellt, so handelt es sich um einen *ebenen Formänderungszustand*, und die Spannungen in einem beliebigen festen Punkt können mittels Gl. (4.11.1) durch Integration entlang der Belastungslinie berechnet werden. Genau wie beim räumlichen Fall breiten die Spannungen sich geradlinig vom Angriffspunkt aus. Die größte Hauptspannung ist

$$\sigma_1 = \sigma_R = \frac{2\,P}{\pi}\,\frac{\cos\theta}{R}\,, \tag{4.13.1}$$

während die kleinste

$$\sigma_3 = 0 \tag{4.13.2}$$

ist. Die mittlere Hauptspannung (parallel mit der Belastungslinie) ist

$$\sigma_2 = \frac{1}{2}\,(\sigma_1 + \sigma_3) \tag{4.13.3}$$

eine Formel, die bei ebenem Formänderungszustand eines unzusammen-
drückbaren elastischen Mediums ganz allgemein gilt.

Aus Abschn. 4.13 bekommt man die senkrechte Normalspannung

$$\sigma_z = \frac{2\,P}{\pi}\,\frac{\cos^4\theta}{z}\,. \tag{4.13.4}$$

4.14 Langgestrecktes Fundament

Auch in diesem Abschnitt wird von ebenen Formänderungszuständen
gesprochen, indem von allen Belastungen vorausgesetzt wird, daß sie
sich unendlich weit in der einen, waagerechten Dimension erstrecken und
daß sie gleichförmig in dieser Richtung verteilt sind.

Die Abb. 4.14.A zeigt links eine *Streifenbelastung* p, die gleichförmig
über die Breite B verteilt ist. Die Spannungen in einem beliebigen Punkt
Q kann man durch Integration aus Gl. (4.13.1) erhalten. Das ergibt für die Hauptspannungen:

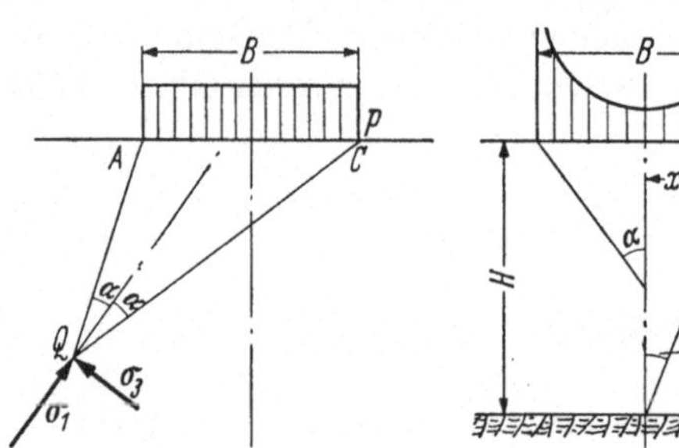

Abb. 4.14.A. Langgestrecktes Fundament

$$\sigma_1 = \frac{p}{\pi}\,(2\alpha + \sin 2\alpha)\,, \tag{4.14.1}$$

$$\sigma_3 = \frac{p}{\pi}\,(2\alpha - \sin 2\alpha)\,, \tag{4.14.2}$$

wobei 2α der Winkel
zwischen den Linien QA und QC ist, welche Q mit den Streifenrändern
A und C verbinden. Die Richtung von σ_1 halbiert diesen Winkel. Die
Variation von σ_1 und σ_3 als Funktion der Tiefe z geht aus den Kurven I
der Abb. 4.17.A hervor.

Die Setzung der Bodenoberfläche ist natürlich in der Mittellinie des
Streifens am größten. Die theoretische Verteilung des Druckes bei einem
starren Fundament ist rechts in der Abbildung gezeigt. Sie ist

$$p(x) = \frac{2}{\pi}\,p_m[1 - (2\,x/B)^2]^{-\frac{1}{2}}\,, \tag{4.14.3}$$

wobei p_m die mittlere Belastung

$$p_m = \frac{P}{B} \tag{4.14.4}$$

ist. Die Verteilungskurve hat die gleiche Form wie bei einem starren
kreisförmigen Fundament, also ebenfalls mit theoretisch unendlich
großen Spannungen unter den Rändern des Fundamentes.

Die Hauptspannungen unter der Mittellinie des Fundamentes sind

$$\sigma_1 = \frac{2}{\pi}\, p_m \sin\alpha\, (2 - \sin^2\alpha), \qquad (4.14.5)$$

$$\sigma_3 = \frac{2}{\pi}\, p_m \sin^3\alpha\,. \qquad (4.14.6)$$

Sie sind als die Kurven *II* in Abb. 4.17.A gezeigt.

Diese Formeln, wie auch alle voranstehenden, gelten bei einem halbunendlich elastischen Medium. Werden die gleichen Formeln angewandt, selbst wenn das elastische Medium in der Tiefe H (Abb. 4.14.A) von einer unendlich steifen Bodenschicht unterlagert ist, so erhält man die *Initialsetzung*

$$\delta_i = \frac{3\,P}{2\,\pi\,E}\left(\ln\cot\frac{\alpha_H}{2} - \cos\alpha_H\right) \qquad (4.14.7)$$

und die *konventionelle Verdichtungssetzung*

$$\delta_{c,\,\mathrm{konv}} = \frac{P}{\pi\,K}\left(2\ln\cot\frac{\alpha_H}{2} - \cos\alpha_H\right), \qquad (4.14.8)$$

wobei die Bedeutung von α_H aus der Abbildung hervorgeht.

4.15 Andere Fälle

Die Spannungsformeln der Elastizitätstheorie können natürlich auch für andere Belastungen als die eben genannten integriert werden. Für eine *gleichförmige rechteckige Belastung* kann man z.B. die Formel für die senkrechte Spannung bei TERZAGHI (1943) und TAYLOR (1948) finden. Bei TAYLOR ist außerdem auf S. 255 eine graphische Darstellung der Formel gegeben, während bei TERZAGHI im Anhang sowohl eine graphische Darstellung als auch Tabellen und auf S. 382 die Formeln der Bodenoberflächensetzung zu finden sind. Beide geben übrigens Hinweise auf andere elastizitätstheoretische Arbeiten.

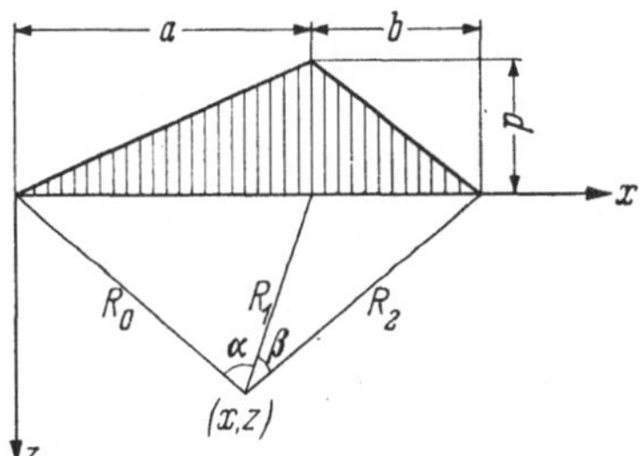

Abb. 4.15.A. Dreieckförmige Belastung

Für die in der Abb. 4.15.A gezeigte langgestreckte *dreieckförmige Belastung* sind nach GRAY (1936) die Spannungen im Punkte (x, z)

$$\sigma_x = \frac{p}{\pi}\left(\frac{x}{a}\,\alpha + \frac{a + b - x}{b}\,\beta + \frac{2z}{a}\ln\frac{R_1}{R_0} + \frac{2z}{b}\ln\frac{R_1}{R_2}\right), \quad (4.15.1)$$

$$\sigma_z = \frac{p}{\pi}\left(\frac{x}{a}\,\alpha + \frac{a + b - x}{b}\,\beta\right), \qquad (4.15.2)$$

$$\tau = \frac{p\,z}{\pi}\left(\frac{\alpha}{a} - \frac{\beta}{b}\right), \qquad (4.15.3)$$

wobei die Bedeutung der verschiedenen Symbole aus der Abbildung hervorgeht. GRAY gibt außerdem Formeln sowohl für Spannungen als für Formänderungen an, die anderen Streifenbelastungen entsprechen.

Die größte *Sammlung elastizitätstheoretischer Formeln* ist bei FRÖHLICH (1934) zu finden, der außerdem eine Theorie allgemeinerer Druckverteilung (mit dem Konzentrationsfaktor γ als Parameter) entwickelt hat.

Bei einer *beliebigen Belastung* der Bodenoberfläche kann NEWMARKS *Influenzkarte* (s. z.B. TERZAGHI u. PECK 1948) benutzt werden, durch die eine graphische Bestimmung der senkrechten Spannung in einem gegebenen Punkt bei einer gegebenen Belastungsfläche möglich ist.

Mit einer *Belastung unter der Bodenoberfläche* haben sich bereits viele Verfasser beschäftigt (s. z.B. KEZDI 1958).

4.16 Diskussion über die Anwendbarkeit der Elastizitätstheorie

In den meisten Ländern werden bei der Berechnung der Druckverteilung durch die Bodenschichten, ungeachtet ihrer Beschaffenheit, die Formeln der Elastizitätstheorie für gleichförmige Belastung angewandt. Diese Methode hat den Vorteil, immer zu einem *eindeutigen Ergebnis* zu führen, es soll aber im folgenden eine Reihe von Einwendungen gegen die Anwendung der Elastizitätstheorie in der Bodenmechanik gemacht werden.

Die *gekrümmte Arbeitskurve* und die *Plastizität* der Bodenarten bringen es mit sich, daß ein Teil der Kräfte von stärker belasteten Partien in schwächer belastete übertragen wird. Im besonderen gilt hier, daß man in der Praxis keine theoretische Druckverteilung unter einem starren Fundament (mit unendlich großem Druck unter den Rändern, Abb. 4.12.A rechts) erhalten kann. Andererseits wird unter einem langgestrecktem Fundament auf Ton die Druckverteilung erst gleichförmig werden, wenn die Belastung sich dem Bruch nähert. In diesem Zustand wird aber die Kräfteverteilung in der oberen Bodenschicht derjenigen der Plastizitätstheorie entsprechen, die völlig verschieden ist von der Kräfteverteilung der Elastizitätstheorie bei gleichförmiger Belastung.

Bei *Sand* ist es einleuchtend, daß die Elastizitätstheorie ziemlich mißweisend ist, da die Steifigkeit des Sandes bei den wichtigsten Formänderungen [den primären Gleitungen, vgl. Gl. (1.33.1)] proportional dem Druck ist und folglich bei zunehmender Tiefe wächst. Eine andere Konsequenz ist die, daß der Druck bei einem starren Fundament auf Sand unter der Fundamentmitte am größten ist.

Sogar bei einer scheinbar homogenen Tonschicht muß allgemein damit gerechnet werden, daß *die Steifigkeit mit der Tiefe wächst*. Bei normalverdichtetem Ton ist der Verdichtungsmodul K somit proportional zu dem Verdichtungsdruck (vgl. Abb. 1.31.C). Vorverdichteter Ton, der bis zu einer geringen Spannung entlastet ist, zeigt am Anfang der nachfolgenden Wiederbelastung die größte Zusammendrückbarkeit (kleinstes K), die mit dem Anwachsen der Belastung allmählich geringer wird (solange diese unter dem Vorbelastungsdruck liegt). Auch bezüglich der Initialformänderungen wird normalerweise die Steifigkeit mit der Tiefe wachsen, teils weil der Wassergehalt abnimmt und zum anderen durch den Einfluß der Reibung. Nur bei einer stark vorverdichteten Tonschicht, die große wirksame Spannungen enthält (z.B. eine tiefliegende Tonschicht oder eine Tonschicht an der Oberfläche mit tiefliegendem Grundwasserspiegel), wird die Steifigkeit in der Tiefe konstant sein.

Gewöhnlicherweise wird die Druckverteilung mit Hilfe der Elastizitätsformeln für den halbunendlichen Raum berechnet, obgleich es sich in der Praxis um eine *Schicht von endlicher Höhe* handelt, die von einer festeren Bodenschicht unterlagert ist. Es sind auch Formeln für elastische Schichten entwickelt worden (s. z.B. TERZAGHI 1943), aber diese Formeln sind natürlich noch komplizierter. Bei einer dünnen elastischen Schicht wird ein größerer Teil des Druckes unter der Fundamentmitte konzentriert.

Inhomogenitäten machen die Anwendbarkeit der Elastizitätstheorie selbstverständlich diskutabel. Ruht ein Fundament beispielsweise auf einer Sandschicht, die von einer Tonschicht unterlagert ist, dann werden die Spannungen in der unteren Schicht so berechnet, als ob Sand- und Tonschicht ein elastisches Medium wären.

Auch die *Anisotropie* des Bodens, die z.B. von der Schichtung oder vom Unterschied zwischen den wirksamen Spannungen in lotrechter oder waagerechter Richtung herrühren kann, wird in der Elastizitätstheorie nicht in Betracht gezogen.

Bei Tonschichten hängt die Druckverteilung außerdem vom *Verdichtungsgrad* ab. Wenn die Belastung schnell hinzugefügt wird (ohne Wasserauspressung), so sind die Setzungen (Initialsetzungen) ausschließlich durch die Schubformänderungen bestimmt, für die es charakteristisch ist, daß sie schneller wachsen als die Kräfte (gekrümmte Arbeitskurve). Wie oben erwähnt, wird dieses eine Tendenz zum Druckausgleich ergeben. Bei der nachfolgenden Verdichtung wird die Zusammendrückbarkeit mit wachsender Belastung abnehmen. Hier findet man also die entgegengesetzte Tendenz, d.h. die meistbelasteten Gebiete werden einen größeren Teil der Belastung übernehmen.

Eine besondere Schwierigkeit bei der Anwendung der Elastizitätstheorie besteht darin, daß sie im Verhältnis zur Plastizitätstheorie, die bei der Festlegung der Sicherheit gegen Bruch gebraucht wird, *zu große Schubspannungen* ergibt. Als Beispiel kann ein kreisförmiges Fundament auf Ton mit der undränierten Schubfestigkeit c genommen werden. Die Bruchbelastung ist hier $p_f = 6c$ (s. Abschn. 5.31). Wenn die wirkliche

Belastung $p = 4c$ ist, so ist die Totalsicherheit 1,5. Infolge der Elastizitätstheorie erhält man (bei gleichmäßiger Belastung) unter dem Fundamentzentrum eine größte Schubspannung von $\tau_{\max} = 0,29\,p = 1,16\,c$, d.h. eine größere als die Schubfestigkeit. Würde man daher versuchen, die Initialsetzungen mit Hilfe der Druckverteilung der Elastizitätstheorie zu berechnen, so könnte man für einen Teil der Tonschicht nicht die durch triaxialen oder einfachen Druckversuch gefundene Arbeitskurve der Schubformänderungen anwenden. Da die Totalsicherheit bei der setzungsgebenden Belastung für gewöhnliche Fundamente bedeutend größer als 1,5 ist, tritt dieses Verhältnis nur bei der Setzungsberechnung von Molen, Dämmen und anderen Konstruktionen mit geringer Totalsicherheit so stark hervor; das Beispiel zeigt aber, daß man auf alle Fälle bei der Anwendung der Elastizitätstheorie zu weit auf den gekrümmten Teil der Arbeitskurve kommt.

Die Folgerung dieser Diskussion muß sein, daß die Elastizitätstheorie nicht solche Vorteile bietet, wie man von so relativ komplizierten Formeln verlangen müßte. Da andererseits die Erfahrung in vielen Fällen eine hinreichende Übereinstimmung zwischen den berechneten und den beobachteten Setzungen gezeigt hat, kann ihre Anwendung bei der Berechnung von Verdichtungssetzungen auch nicht direkt als verwerflich angesehen werden, um so weniger, als es keine andere Theorie gibt, die als „exakter" zu bezeichnen ist.

In den beiden folgenden Abschnitten soll eine praktische Annäherung gegeben werden, die im großen und ganzen die gleichen Ergebnisse liefert wie die Elastizitätstheorie, die aber bei gewöhnlichen Fundamenten viel leichter anzuwenden ist als diese.

4.17 Praktische Annäherung bei langgestreckten Fundamenten

Infolge der Ausführungen in Abschn.4.16 weichen die Formänderungseigenschaften der Bodenarten in so vieler Weise von den Voraussetzungen der Elastizitätstheorie ab, daß es angemessen ist, die komplizierten Formeln dieser Theorie durch einfachere Ausdrücke, die auf plausiblen Annahmen beruhen, zu ersetzen. In diesem Zusammenhang sei bemerkt, daß das Unsicherste bei jeder Setzungsberechnung nicht die Festlegung der Druckverteilung ist, sondern die Wahl der Formänderungsbeiwerte (s. z.B. hinsichtlich der Durchführung von Verdichtungsversuchen Abschn. 2.23 und die eigentlichen Setzungsberechnungen betreffend Abschn. 4.25).

Die Abb. 4.17.A ist eine graphische Darstellung der Hauptspannungen σ_1 und σ_3 unter der Mitte eines langgestreckten Fundamentes mit der Breite B und der Belastung

$$P = p_m B \qquad\qquad (4.17.1)$$

je Längeneinheit. Die Kurven *I* zeigen die Variation der Spannungen mit der Tiefe z bei gleichförmiger Belastung, während die Kurven *II*

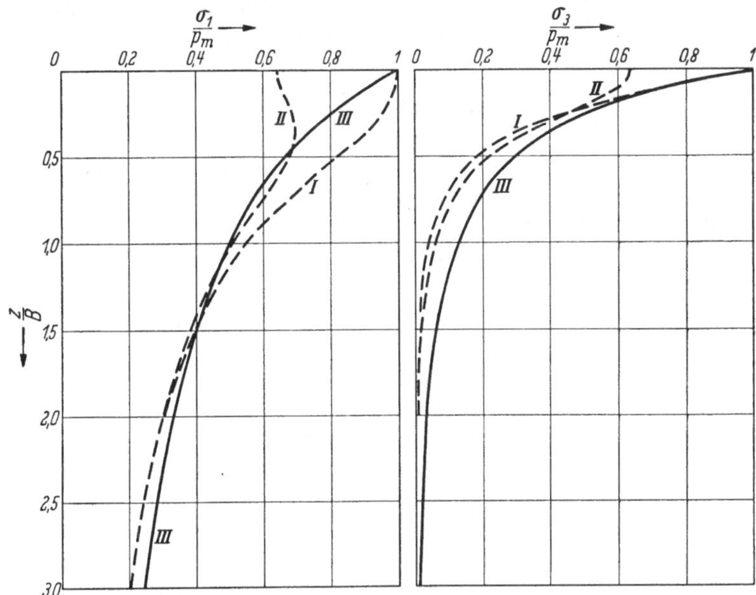

Abb. 4.17.A. Spannungen unter der Mitte eines langgestreckten Fundamentes

einem starren Fundament entsprechen. Beide Fälle sind auf die Elastizitätstheorie bezogen, vgl. Gln. (4.14.1), (4.14.2), (4.14.5) und (4.14.6).

Die Kurven *III* repräsentieren die *einfachen Formeln*

$$\sigma_1 = \frac{P}{B + z}, \tag{4.17.2}$$

$$\sigma_3 = \sigma_1 \frac{B^2}{(B + z)^2} = \frac{P B^2}{(B + z)^3}. \tag{4.17.3}$$

Man ersieht hieraus, daß die Kurve *III* für σ_1, welches durchaus angemessen ist, dort ziemlich in der Mitte zwischen den beiden elastizitätstheoretischen Kurven liegt, wo diese wesentlich voneinander abweichen, daß sie aber bei größerer Tiefe etwas höher (bis 57%) verläuft. Die Kurve *III* des σ_3 liegt im Verhältnis zur Elastizitätstheorie im ganzen zu hoch, aber die relative Abweichung hat nur in größeren Tiefen Bedeutung, wo σ_3 in allen Fällen klein ist. Hinzugefügt sei, daß beide Kurven *III* wesentlich niedriger liegen als nach der Plastizitätstheorie, die bei Tiefen kleiner als $B/2$ die konstanten Werte

$$\sigma_1 = p_m \quad \text{und} \quad \sigma_3 = 0.6 \, p_m \tag{4.17.4}$$

ergibt, die dann allmählich mit der Tiefe abnehmen.

Ein Vergleich zwischen den Gln. (4.17.2) und (4.17.3) und der Elastizitätstheorie ist außerdem durch Berechnung der Setzungen einer homogenen Tonschicht von der Höhe H zu erhalten. Für die *Initialsetzung* findet man infolge der Annäherungsformeln

$$\left.\begin{aligned}
\delta_i &= 0{,}24\,\frac{P}{E}\,(95\%) \quad \text{für} \quad H = B, \\[2mm]
\delta_i &= 1{,}43\,\frac{P}{E}\,(111\%) \quad \text{für} \quad H = 10\,B,
\end{aligned}\right\} \tag{4.17.5}$$

wobei in Klammern angegeben ist, wie groß die Setzungen in Prozent der elastizitätstheoretischen Setzungen eines starren Fundamentes sind, vgl. Gl. (4.14.7).

Für *die konventionelle Verdichtungssetzung* ist nach Gl. (4.17.2)

$$\left.\begin{aligned}
\delta_{c,\,\mathrm{conv}} &= 0{,}69\,\frac{P}{K}\,(112\%) \quad \text{für} \quad H = B, \\[2mm]
\delta_{c,\,\mathrm{conv}} &= 2{,}40\,\frac{P}{K}\,(118\%) \quad \text{für} \quad H = 10\,B.
\end{aligned}\right\} \tag{4.17.6}$$

Die elastizitätstheoretische Setzung ist hier aus Gl. (4.14.8) errechnet.

Keiner der angegebenen Ausdrücke für δ_i und δ_c hat in der Praxis große Bedeutung, weil E und K normalerweise mit der Tiefe wachsen.

Es ist wichtig für die Berechnung der Initialsetzungen aus den Arbeitskurven, daß die *maximale Schubspannung* gemäß Gln. (4.17.2) und (4.17.3)

$$\tau_{\max} = \frac{1}{2}\,\max(\sigma_1 - \sigma_3) = 0{,}193\,p_m \tag{4.17.7}$$

beträgt, also sozusagen dem Wert aus der Plastizitätstheorie gleich ist.

$$\tau_{\max} = \frac{p_m}{2 + \pi} = 0{,}195\,p_m \sim 0{,}2\,p_m. \tag{4.17.8}$$

Bei der Berechnung von Setzungen einer Konstruktion mit geringer Totalsicherheit befindet man sich daher an einer angemessenen Stelle der Arbeitskurve, während man infolge der Elastizitätstheorie bis ganz an

$$\tau_{\max} = 0{,}32\,p_m \quad \text{und} \quad \tau_{\max} = 0{,}25\,p_m \tag{4.17.9}$$

herankommt, bei gleichförmiger Belastung bzw. starrem Fundament. Die Elastizitätstheorie ergibt daher bei der Anwendung einer gekrümmten Arbeitskurve zu große Initialsetzungen.

4.18 Praktische Annäherung bei rechteckigen Fundamenten

Abb. 4.18.A zeigt eine graphische Darstellung der Hauptspannungen unter der Mitte eines *quadratischen Fundamentes* mit der Seitenlinie B und der Belastung $P = p_m\,B^2$. Die Kurven *I* und *II*, die für gleich-

förmige Belastung bzw. für starres Fundament gelten, sind mit Hilfe
der elastizitätstheoretischen Gleichungen für kreisförmige Fundamente

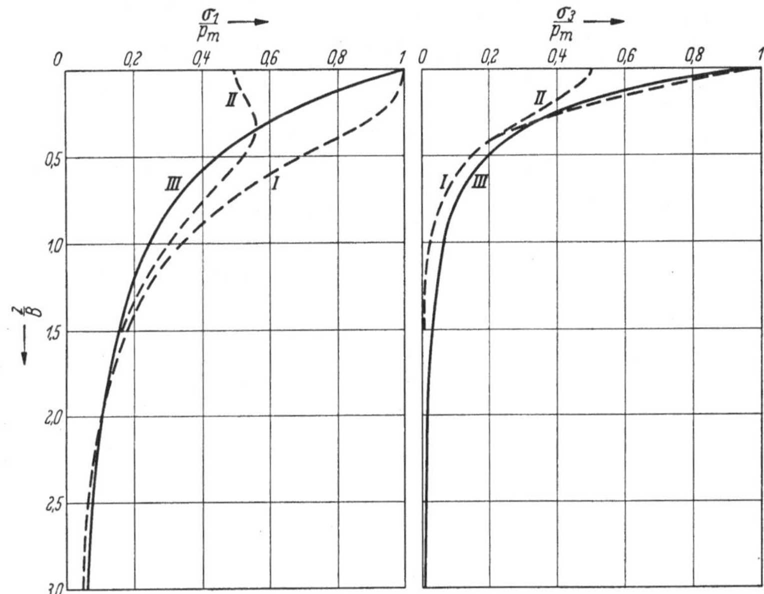

Abb. 4.18.A. Spannungen unter der Mitte eines quadratischen Fundamentes

mit gleicher Fläche berechnet, vgl. Gln. (4.12.1), (4.12.2) und (4.12.7),
(4.12.8).

Die Kurven *III* repräsentieren die einfachen Gleichungen

$$\sigma_1 = \frac{P}{(B+z)^2}\,, \tag{4.18.1}$$

$$\sigma_3 = \sigma_1 \frac{B^2}{(B+z)^2} = \frac{P\,B^2}{(B+z)^4}\,. \tag{4.18 2}$$

Es ist ersichtlich, daß die Kurve für σ_1 durchschnittlich etwas über der
Kurve der Elastizitätstheorie für ein starres Fundament liegt, während
die Kurve σ_3 nur unbedeutend über der Kurve der Elastizitätstheorie bei
gleichförmiger Belastung verläuft.

Eine Berechnung der *Setzungen* einer unendlich mächtigen homogenen Tonschicht aus den Gln. (4.18.1) und (4.18.2) ergibt

$$\text{Initialsetzung:} \qquad \delta_i = \frac{2}{3}\,\frac{P}{B\,E}\,. \tag{4.18.3}$$

$$\text{Konventionelle Verdichtungssetzung:} \quad \delta_{c,\,\text{conv}} = \frac{P}{B\,K}\,. \tag{4.18.4}$$

Diese Werte machen 100%, bzw. 113% der elastizitätstheoretischen
Setzung eines starren Fundamentes aus, vgl. Gln. (4.12.9) und (4.12.10).

Die *maximale Schubspannung* ist gemäß den Gln. (4.18.1) und (4.18.2)

$$\tau_{\max} = \frac{1}{2} \max(\sigma_1 - \sigma_3) = \frac{1}{8}\, p_m . \tag{4.18.5}$$

Da diese etwas geringer ist als der plastizitätstheoretische Wert

$$\tau_{\max} = \frac{1}{6}\, p_m , \tag{4.18.6}$$

ergeben die Annäherungsformeln, wenn sie bei einer gekrümmten Arbeitskurve angewendet werden, wahrscheinlich zu geringe Initialsetzungen. Die Elastizitätstheorie, deren Wert

$$\tau_{\max} = 0{,}29\, p_m \quad \text{und} \quad \tau_{\max} = 0{,}19\, p_m \tag{4.18.7}$$

bei gleichförmiger Belastung bzw. starrem Fundament ist, gibt andererseits zu große Setzungen.

Bei einem *rechteckigen Fundament* mit der Breite B, der Länge L und der Belastung P werden durch Verallgemeinern der Gln. (4.17.2), (4.17.3) und (4.18.1), (4.18.2) *unter dem Zentrum* folgende Spannungen gefunden:

$$\sigma_1 = \frac{P}{(B+z)(L+z)} , \tag{4.18.8}$$

$$\sigma_3 = \sigma_1 \frac{B^2}{(B+z)^2} = \frac{P B^2}{(B+z)^3 (L+z)} . \tag{4.18.9}$$

Die größte Hauptspannung σ_1 ist senkrecht, während die kleinste Hauptspannung σ_3 waagerecht und parallel mit der kurzen Seitenlinie B verläuft. Hinsichtlich der hierzu entsprechenden Setzungen wird auf die Gln. (4.23.1) bis (4.23.3) (konventionelle Verdichtungssetzung) und Gl. (4.24.2) (Initialsetzung) verwiesen.

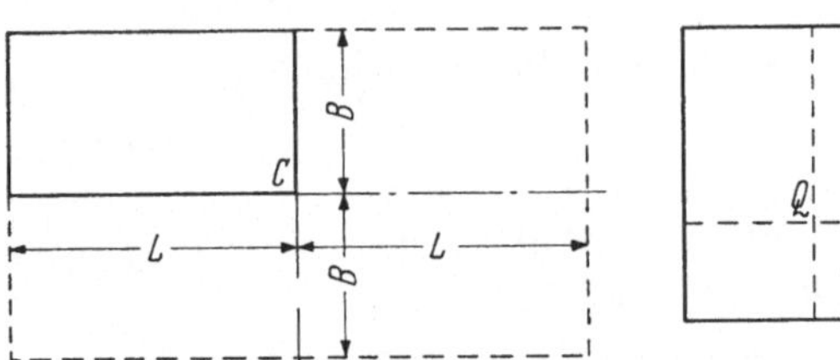

Abb. 4.18.B. Rechteckige Belastungsfläche

Die senkrechte Spannung σ_z *unter der Ecke C*

(Abb. 4.18.B) einer rechteckigen Belastungsfläche BL kann aus Gl. (4.18.8) abgeleitet werden, wobei C als Zentrum eines Rechteckes mit den Seiten $2B$ und $2L$ betrachtet wird. Das gibt

$$\sigma_z = \frac{P}{(2B+z)(2L+z)} . \tag{4.18.10}$$

Unter einem beliebigen Punkt Q (Abb. 4.18.B) kann die senkrechte Spannung aus Gl. (4.18.10) berechnet werden, wenn man die Belastungsfläche, wie in der Abbildung gezeigt, in vier Rechtecke einteilt.

4.2 Setzungsberechnung

4.21 Setzungsgebende Belastung

Während man bei Bruchproblemen Sicherheitsbeiwerte sowohl für die Belastung als auch für die Schubfestigkeit (s. Abschn. 5.18) des Bodens einsetzen muß, strebt man bei Setzungsberechnungen danach, den wahrscheinlichsten Wert der Setzungen zu bestimmen. Deshalb muß mit den *tatsächlichen Werten* der Belastung, der Schubfestigkeit und des Formänderungsmoduls gerechnet werden.

Die setzungsgebende Belastung besteht aus der *ruhenden Belastung* und einem Teil der *beweglichen Belastung*, da die Belastungsvorschriften gewöhnlich Werte der beweglichen Belastung angeben, die in der Praxis nur mit geringer Wahrscheinlichkeit erreicht werden. In diesem Zusammenhang muß jedoch zwischen den verschiedenen Bauwerkstypen (Brücken, Wohnhäusern, Verwaltungsgebäuden, Industriebauten, Lagerbauten, Silos usw.), bei denen weit verschiedene Verhältnisse zwischen tatsächlicher und vorschriftsmäßiger Belastung bestehen können, unterschieden werden.

Für *Ton* wird die setzungsgebende bewegliche Belastung außerdem oft davon abhängen, welcher Teil der Setzungen betrachtet wird. Bei der Berechnung der *Initialsetzungen*, bei denen der Wassergehalt konstant ist, muß auf die zu erwartende größte bewegliche Belastung Rücksicht genommen werden. *Verdichtungssetzungen* erfordern Wasserauspressung, und deshalb sind sie nur für die *dauernde Belastung* zu berechnen. Wie lange eine Belastung einwirken muß, um als dauernd gelten zu können, hängt von der Verdichtungszeit ab (s. Abschn. 4.26).

Der *Winddruck* ist von so kurzer Dauer, daß er nur bei den Initialsetzungen einbezogen wird.

Die häufigste *Setzungsursache* ist natürlich die Belastung durch Bauwerke, Bodenaufschüttung oder Verkehr. Jedoch auch die *dauernde Grundwasserabsenkung*, die bei Dränierungs- und Kanalisationsarbeiten oder als Folge der Verlegung von Straßen- oder Eisenbahnstrecken in Abgrabungen vorkommt, ist eine wichtige Ursache. Da die Grundwasserabsenkung eine Verminderung der neutralen Spannungen bewirkt, muß eine entsprechende Erhöhung der wirksamen Spannungen erfolgen, d.h. daß eventuell vorkommende Tonschichten verdichtet werden.

Eine *zeitweilige Grundwasserabsenkung* im Zuge einer Bauarbeit wird einen von der Bauzeit abhängigen Teil der Verdichtung ergeben und kann daher für die Nachbarbauwerke schädliche Setzungen verursachen.

Wechselnder Porendruck, besonders aus den Tropen bekannt, wo die obersten Bodenschichten in der Regenzeit aufgeweicht werden und in der Trockenzeit durch Verdunstung stark schrumpfen, kann zur Folge haben, daß eine Fundierung in einer Tiefe bis 5 m erforderlich wird. An vielen Orten in Südengland unterliegt der fette London-Clay einem jahreszeitlich bedingten Schwinden mit nachfolgender Schwellung, so daß die Bodenoberfläche sich bis zu 3 cm heben und senken kann. Die jahreszeitliche Variation reicht hier jedoch nur bis in 1 m Tiefe hinab.

In diesem Zusammenhang sei erwähnt, daß die *Verdunstung aus Bäumen*, deren Wurzeln sich weit bis unter ein Fundament verzweigen können, in vielen Fällen schädliche Setzungen an Bauten, die auf fettem Ton fundiert sind, ergeben haben.

4.22 Fundamente auf Sand

Fundamente auf Sand können normalerweise aus der Tragfähigkeit bemessen werden. Ist genügende Sicherheit gegen Bruch vorhanden, so werden die Setzungen gewöhnlich so gering sein, daß sie dem Bauwerk nicht schaden. Nur wenn es sich um große Fundamente auf *lockeren Sandablagerungen* oder um besonders setzungsempfindliche Bauten handelt, können die Setzungen für die Bemessung entscheidend sein.

Eine Vorausbestimmung der Setzungen kann nur durch *Modellversuche*, entweder im Labor mit Sand, der bis zur richtigen Porenziffer komprimiert wird, oder durch Feldbelastungsversuche mit Platten von 5 bis 30 cm Durchmesser geschehen. Feldversuche sollten normalerweise vorgezogen werden. Einige der Versuche werden mit einer Oberflächenbelastung q auf der Sandoberfläche außerhalb der Platte durchgeführt.

Bei Modellversuchen sollen 10 bis 20 gleich große Belastungsstufen bis zum Bruch angewandt werden. Jede Stufe dauert 4 Minuten, und dabei müssen Zeitablesungen (wie bei Verdichtungsversuchen) zur Bestimmung des Kriechens des Sandes gemacht werden.

Am besten werden die Versuche auf einer vorbereiteten Oberfläche unmittelbar über dem Grundwasserspiegel ausgeführt, damit der Sand auch wirklich *wassergesättigt* ist. Bei feinem Sand kann man eventuell eine örtliche Hebung des Grundwasserstandes vornehmen, dann müssen aber die nach unten gerichteten Strömungsdrücke bei der Auswertung der Versuche beachtet werden. Falls es notwendig ist, die Versuche auf feuchtem Sand durchzuführen, muß die Versuchsanzahl wesentlich erhöht werden, um die Kapillarspannungen bestimmen zu können. Es sei bemerkt, daß selbst scheinbar trockener Sand eine gewisse Feuchtigkeit besitzt, die von entscheidender Bedeutung für die Setzungen und die Tragfähigkeit der kleinen Platten ist.

Die Aufzeichnung der *Versuchsergebnisse* geschieht als graphische Darstellung der Funktion

$$\left(\frac{\delta}{d} = f\,\frac{p}{p_f}\right), \tag{4.22.1}$$

wobei δ die Setzung, d der Plattendurchmesser, p dessen Belastung (in t/m²) und p_f die Bruchbelastung ist. Man kann nicht erwarten, daß die Funktion f eindeutig (unabhängig vom Durchmesser u.a.) ist, da infolge Gl. (1.33.1) sich drei Beiträge zu Formänderungen im Sand befinden: Die primären Gleitungen, die elastischen Deformationen (Plattdrückungen) und die sekundären Gleitungen. Bei einem Fundament kommen die größten Formänderungen in der Zone unter dem eigentlichen Fundament vor, wo der Spannungszustand, bevor die Belastung erfolgt, einem Verhältnis $\sigma_1/\sigma_3 = 2$ bis 2,5 (Ruhedruck) entspricht. Da die Fundamentbelastung in dieser Zone das Verhältnis zwischen den Hauptspannungen vergrößert, muß angenommen werden, daß die primären Gleitungen von relativ größerer Bedeutung sind als bei Triaxialversuchen (ungefähr wie im mittleren oder letzten Teil dieser Versuche). Theoretisch sollte die Funktion f daher keiner sehr großen Variation unterworfen sein, aber sie wird sich doch mit wachsendem p_f etwas vergrößern; dazu kommt die Streuung, die von Verschiedenheiten in der Lagerungsdichte u.a. herrührt.

Außer der Aufzeichnung der Kurven Abb. 4.22.1 muß eine Bearbeitung der *Bruchbelastungen* p_f hinsichtlich der Bestimmung der Tragfähigkeitsfaktoren N_γ und N_q vorgenommen werden (s. Abschn. 5.31).

In der Formel der Tragfähigkeit, Gl. (5.34.8), tritt die *wirksame Oberflächenbelastung* $\bar{q}$ auf, die bei Modellversuchen aus drei Beiträgen besteht:

$$\bar{q} = q + q_c + q_\delta . \tag{4.22.2}$$

Hier ist q die eigentliche Oberflächenbelastung (lockerer Sand), die der Sandoberfläche außerhalb der Platte zugefügt wird. Mit q_c bezeichnet man die Kapillarspannung, die für feuchten Sand mit Hilfe der Variation der Tragfähigkeit mit dem Plattendurchmesser bestimmt werden muß. Und schließlich entspricht

$$q_\delta = \bar{\gamma}\delta \tag{4.22.3}$$

der Vergrößerung der wirksamen Oberflächenbelastung durch die Setzung δ.

Wenn N_γ und N_q durch diese Bearbeitung bestimmt sind, kann die Bruchbelastung p_f für Fundamente von Bauwerken nach Gl. (5.34.8) berechnet werden, und dann erhält man die Setzung δ aus Gl. (4.22.1), indem die Setzungsfunktion f durch die Modellversuche festgelegt wird.

4.23 Konventionelle Setzungsberechnung für Ton

Bei der konventionellen Setzungsberechnung wird nicht zwischen Initial- und Verdichtungssetzungen unterschieden, aber es wird eine Annäherung zur Gesamtsetzung aus *Verdichtungsversuchen* allein berechnet. Die Erhöhung der *lotrechten wirksamen Spannung* $\bar{q}$ in verschiedenen

Tiefen wird bestimmt, und durch die Verdichtungsversuche wird die Zusammendrückung der einzelnen Bodenschichten berechnet.

Die Berechnung beginnt mit einer *Einteilung* der setzungsgebenden Bodenarten in Schichten von angemessener Stärke. Von der Unterseite des Fundamentes gerechnet, kann die Schichtstärke z.B. $B/2$, B, $2B$, $4B$ usw. sein. Wenn das Fundament sehr breit ist und auf vorverdichtetem Ton steht, dessen bisherige wirksame Spannung $\bar{q}_0$ gering ist, wird die Einteilung in dünnere Schichten notwendig sein, da der Verdichtungsmodul in den obersten Schichten unter diesen Bedingungen stark mit der Tiefe wächst. Gewöhnlich sind 3 bis 4 Schichten ausreichend. Die Genauigkeit, die bei einer übertriebenen Einteilung in viele dünne Schichten erzielt werden kann, ist nur fiktiv.

Alle Berechnungen der Spannungen werden danach für die *Mitte der einzelnen Schicht* durchgeführt.

Zuerst wird die *existierende wirksame Spannung* $\bar{q}_0$ unter Berücksichtigung des Grundwasserspiegelstandes berechnet.

Dann berechnet man die wirksame Spannung $\bar{q}_1$, die dem Zustand nach dem *Ausheben der Baugrube* (Keller) u.a. entspricht. Wenn dieser Zustand kurz dauert im Verhältnis zu der Zeit, die die Schwellung des Tones erfordert, so tritt die volle Entlastung der wirksamen Spannungen nicht ein, bevor die Belastung dem Fundament zugefügt wird, weshalb $\bar{q}_1$ nur unbedeutend geringer wird als $\bar{q}_0$.

Sofern die Hebung wesentlich ist, muß der *zeitliche Verlauf der Schwellung* untersucht werden (s. Abschn. 4.26). Befindet sich die Tonablagerung geologisch gesehen unter wachsender Belastung, so wird der Schwellungsmodul bei einer geringen Entlastung sehr groß sein (vgl. Entlastungsast *II* der Abb. 1.31.C), wobei die Schwellung relativ schnell erfolgt, vgl. Gl. (3.42.3). Die Druckverteilung kann für die Abgrabung aus Gl. (4.18.10) ermittelt werden; in Verbindung mit der in Abb. 4.18.B gezeigten Methode.

Dann wird schließlich die wirksame Spannung $\bar{q}_2$ entsprechend der *setzungsgebenden Belastung* bei vollständiger Verdichtung (unter Rücksichtnahme auf eventuelle Änderungen des Grundwasserspiegels) berechnet. Die Erhöhung der wirksamen Spannung, die aus der Fundamentsbelastung entstammt, erhält man aus Gl. (4.18.8). Bei einem gewöhnlichen Fundament kann das Gewicht desselben normalerweise vernachlässigt werden, da es im wesentlichen dem des ausgehobenen Bodens entspricht.

Erst nachdem die Spannungen $\bar{q}_0$, $\bar{q}_1$ und $\bar{q}_2$ berechnet sind, können die *Verdichtungsversuche* ausgeführt werden. Bei der Aufstellung des dazugehörigen Belastungsschemas muß, sofern es sich um teilweise gestörte Proben handelt, was meistens der Fall ist, zunächst die geologische Entwicklung, wie in Abschn. 2.23 erwähnt, reproduziert werden. Dieser Teil des Verdichtungsversuches endet mit dem jetzigen Druck $\bar{q}_0$ in situ. Danach wird bis $\bar{q}_1$ entlastet und wiederbelastet, bis ein Wert größer als die größte Spannung $\bar{q}_2$, die bei den Berechnungen Anwendung finden kann, erreicht ist. Wenn eine Verdichtungsprobe aus einer stärkeren vorverdichteten Tonschicht entnommen ist, lohnt es sich, mehrere Sätze von Belastungs- und Entlastungsschleifen, die zwei oder mehreren Werten des $\bar{q}_0$ entsprechen, in denselben Versuch einzulegen. In dieser Verbindung sei darauf aufmerksam gemacht, daß auf Grund der Hysteresis die Reihenfolge der Belastungen und Entlastungen wichtig ist.

Die eigentliche *Setzungsberechnung* ist danach einfach, weil die verhältnismäßige Zusammendrückung der einzelnen Schichten von den Verdichtungsdiagrammen abgelesen werden kann. Prinzipiell sollte die Prozentberechnung im Verhältnis zur Höhe der Probe beim Druck $\bar{q}_0$ geschehen, aber in vielen Fällen entsteht kein wesentlicher Fehler, wenn dazu die ursprüngliche Probehöhe benutzt wird.

Bei einer *homogenen Tonablagerung mit konstantem Verdichtungsmodul* K und einer Höhe H kann die konventionelle Setzung für ein rechteckiges Fundament BL mit der Belastung P durch Integration von Gl. (4.18.8) gefunden werden:

$$\delta_{c,\,\text{conv}} = \frac{2{,}30\,P}{K\,(L-B)} \log \frac{(B+H)\,L}{(L+H)\,B}\,. \tag{4.23.1}$$

Für ein quadratisches Fundament mit $B = L$ erhält man aus Gl. (4.18.1)

$$\delta_{c,\,\text{conv}} = \frac{P}{K}\left(\frac{1}{B} - \frac{1}{B+H}\right). \tag{4.23.2}$$

Für ein langgestrecktes Fundament mit $L = \infty$ und der Belastung P (t/m) ergibt sich aus Gl. (4.17.2)

$$\delta_{c,\,\text{conv}} = \frac{2{,}30\,P}{K} \log \left(1 + \frac{H}{B}\right). \tag{4.23.3}$$

Da K gewöhnlich mit der Tiefe wächst, können obige Formeln nur bei vorläufigen Überschlagsberechnungen angewendet werden, indem für K z.B. der Wert gewählt wird, der in einer Tiefe B unter dem Fundament gilt.

Außerdem gelten diese Gleichungen für ein Fundament an der Bodenoberfläche. Für *tiefliegende Fundamente* (kreisförmige oder langgestreckte) hat Kezdi (1958) Formeln für die senkrechte Spannung angegeben unter der Voraussetzung, daß die ganze Bodenmasse elastisch und homogen ist. Für ein quadratisches Fundament mit der Seitenlinie B und der Fundierungstiefe D wird die konventionelle Verdichtungssetzung im Verhältnis zur Setzung eines Fundamentes an der Bodenoberfläche durch folgende ungefähre Beiwerte reduziert:

D/B	0	0,25	0,5	1	2	∞	
Reduktionsbeiwert	1,00	0,75	0,60	0,50	0,45	0,40	(4.23.4)

Für ein rechteckiges Fundament können dieselben Beiwerte annäherungsweise verwendet werden, wenn das Rechteck durch ein Quadrat gleicher Fläche ersetzt wird. Selbstverständlich sollen weichere Schichten, die oft nahe der Bodenoberfläche gefunden werden, nicht in der Fundierungstiefe D mitgerechnet werden. Die Reduktionsfaktoren setzen auch voraus, daß das Fundament in der ganzen Höhe D eine feste Verbindung mit dem Boden hat, da die elastizitätstheoretischen Formeln in einem halbunendlichen elastischen Medium begründet sind.

Exzentrisch beeinflußte Fundamente bekommen eine Drehung, die oft für die Konstruktion schädlich ist. Fundamente auf Ton sollten daher möglichst so bemessen sein, daß sie von der setzungsgebenden Belastung zentral beeinflußt werden. Sofern die Exzentrizität nicht vermieden werden kann, ist die Berechnung der Drehung des Fundamentes übrigens schwierig. Man könnte z.B. eine geradlinige Druckverteilung unter dem Fundament voraussetzen und die Spannungen in den senkrechten Linien durch die zwei Kanten mit Hilfe der Elastizitätstheorie berechnen. Die Drehung wird danach durch die Setzungsdifferenz zwischen den Kanten bestimmt, während die Mittelsetzung wie für ein zentral beeinflußtes Fundament berechnet wird.

Da die konventionelle Setzungsberechnung eines zentral beeinflußten Fundamentes einfach durchzuführen ist, wird empfohlen, immer damit zu beginnen; besonders deshalb, weil diese Berechnung in den meisten Fällen ziemlich ausreichend ist. Nur in besonderen Fällen ist es nötig, die *verbesserten Methoden* in Abschn. 4.24 und Abschn. 4.25 anzuwenden.

Bei den konventionellen Setzungsberechnungen werden prinzipiell *drei Fehler* begangen:

a) Es wird keine Rücksicht auf die *Initialsetzung* genommen, d.h. auf die Setzung, die aus den Schubformänderungen ohne Änderung des Wassergehaltes herrührt (s. Abschn. 4.24).

b) Es wird so gerechnet, als ob der durch die Belastung hervorgerufene *Porendruck* der senkrechten Zusatzspannung gleich wäre, aber seine tatsächliche Größe liegt normalerweise zwischen den Zusatzhauptspannungen σ_1 und σ_3 und ist manchmal sogar geringer als σ_3 (s. Abschn. 4.25).

c) Die Verdichtungssetzungen werden aus gewöhnlichen Verdichtungsversuchen berechnet, also wird vorausgesetzt, daß *keine Seitendehnung* stattfindet.

Der Fehler a) trägt dazu bei, daß die berechnete Setzung zu gering wird, wogegen der Fehler b) sich in entgegengesetzter Richtung auswirkt, da die Verdichtungssetzung einem Ausgleich des hervorgerufenen Porendruckes entspricht. Der Fehler c) hat zur Folge, daß die berechnete Setzung zwar etwas zu gering wird, aber die Abweichung ist doch ohne wesentliche Bedeutung bei einem zentral beeinflußten Fundament, wenn die Setzungen der Fundamentmitte berechnet werden, da der Porendruck unter der Mitte maximal ist.

Bei *normalverdichtetem Ton* muß (vgl. SKEMPTON und BJERRUM 1957) bis auf weiteres angenommen werden, daß die konventionell berechnete Setzung 60 bis 90% der wirklichen Totalsetzung ausmacht, wenn die in Abschn. 4.17 und Abschn. 4.18 angegebene Druckverteilung benutzt wird. Die wirkliche Initialsetzung wird meistens 10 bis 20% der Totalsetzung betragen.

Bei *vorverdichtetem Ton* muß bis auf weiteres angenommen werden, daß die konventionell berechnete Setzung normalerweise 90 bis 150% der wirklichen Totalsetzung ausmacht, aber in einzelnen Fällen (bei stark vorverdichtetem Moränenlehm) kann das Verhältnis anscheinend 200 bis 400% werden. Die wirkliche Initialsetzung wird meistens 20 bis 30% der Totalsetzung betragen.

4.24 Initialsetzungen von Ton

Mit Initialsetzungen sind solche Setzungen gemeint, die von Schubformänderungen, auch *Initialformänderungen* (s. Abschn. 1.34) genannt, herrühren, wobei also keine Wasserauspressung stattfindet. Da die Schubformänderungen plastisch sind, geschieht die Initialsetzung nicht ganz augenblicklich, aber in der Praxis wird die initiale Setzung eines Fundamentes vollzogen sein, bevor die Verdichtungssetzung weit fortgeschritten ist. Bei langsamer Errichtung eines Bauwerkes auf steifer, durchlässiger Tonablagerung (z.B. stark vorbelastetem Moränenlehm) erfolgt der größte Teil der gesamten Setzungen jedoch während der Errichtung.

Bei der Berechnung der Initialsetzung kann die gleiche *Schichteinteilung* angewandt werden wie bei der konventionellen Setzungsberechnung (s. Abschn. 4.23). Für die Mitte jeder Schicht werden dann die *Zusatzspannungen* σ_1 und σ_3, die von der Fundamentbelastung P (eines rechteckigen Fundamentes) stammen, aus Gl. (4.18.8) berechnet.

Die senkrechte Zusammendrückung ε_1 wird von der Arbeitskurve eines triaxialen (eventuell eines einfachen) Druckversuches entsprechend der Differenzspannung $\sigma_1 - \sigma_3$ (s. Abschn. 2.25) abgelesen.

Die *gesamte Initialsetzung* erhält man durch über die einzelnen Schichten (von verschiedener Höhe H) sich erstreckende Summation

$$\delta_i = \sum \frac{1}{4}\left(3 + \frac{B}{L}\right)\varepsilon_1 H \,. \tag{4.24.1}$$

Der Korrektionsfaktor $1/4\,(3 + B/L)$ ist so gewählt, daß er in dem „axialsymmetrischen" Fall $B = L$ gleich 1 wird (wie bei Triaxialversuchen), während er im ebenen Fall $L = \infty$ gleich 3/4 wird, welches der theoretische Wert für ein elastisches Medium ist.

Bei einer *geradlinigen Arbeitskurve* würde man

$$\delta_i = \sum \frac{1}{4}\left(3 + \frac{B}{L}\right)(\sigma_1 - \sigma_3)\frac{H}{E} \tag{4.24.2}$$

erhalten, welches für eine homogene Tonschicht durch ein Integral ersetzt werden kann, (vgl. die Gln. (4.17.5) und (4.18.3) der angenäherten Druckverteilung und Gln. (4.12.11) und (4.14.7) der Elastizitätstheorie.

Bei einer *schwach gekrümmten Arbeitskurve* kann Gl. (4.24.2) mit Annäherung benutzt werden, wenn E so gewählt wird, daß es dem Punkt der Arbeitskurve entspricht, wo

$$\sigma_1 - \sigma_3 = \frac{P}{P_f}\,(\sigma_1 - \sigma_3)_f \qquad (4.24.3)$$

ist. Dabei ist P_f die Bruchbelastung des Fundamentes und $(\sigma_1 - \sigma_3)_f$ die Druckfestigkeit beim Triaxialversuch. Da die meisten Arbeitskurven sich stark krümmen, kann der so bestimmte Wert E doch nur in der Zone korrekt sein, wo sich große Schubspannungen befinden, während der Wert für den übrigen Teil der Bodenschichten zu klein ist.

Da die Formänderungseigenschaften gegenüber *Störungen* entnommener Bodenproben sehr empfindlich sind, wird eine von Laborversuchen ausgehende Berechnung der Initialsetzungen oft allzu große Werte ergeben. Der größte Teil dieses Fehlers kann vermutlich durch die in Abschn. 2.25 erwähnte Rückverdichtung in Übereinstimmung mit der geologischen Entwicklung aufgehoben werden.

Trotzdem wird die Berechnung mit bedeutender Unsicherheit verbunden sein, und deshalb werden in wichtigen Fällen auch *Modellbelastungsversuche* im Feld durchgeführt (s. Abschn. 2.15). Der Plattendurchmesser soll mindestens 30 cm betragen, da kleinere Platten zu große Setzungen verursachen können. Die Versuche müssen so schnell durchgeführt werden, daß keine wesentlichen Verdichtungssetzungen entstehen. Das Ergebnis wird graphisch als die Funktion

$$\frac{\delta}{d} = f\left(\frac{p}{p_f}\right) \qquad (4.24.4)$$

dargestellt, wobei die Bruchbelastung p_f proportional zur undränierten Schubfestigkeit c der Tonschicht ist, die probebelastet wird. Zur Vorausbestimmung der Fundamentsetzung durch Anwendung von Gl. (4.24.4) muß deshalb korrigiert werden, wenn c mit der Tiefe wächst.

Oft wird die Errichtung eines Bauwerkes so viel Zeit beanspruchen, daß ein Teil der Verdichtungssetzung sich vollzieht, bevor die Belastung des Fundamentes ihren endlichen Wert erreicht hat. Auf Grund der Porenzifferverminderung wächst die Schubfestigkeit allmählich, wodurch geringere Initialsetzungen entstehen als bei schneller Belastung. Der Modellversuch sollte dann als *temporierter Versuch* (s. Abschn. 2.15) durchgeführt werden. Es sind Beispiele dafür bekannt, daß die Tragfähigkeit einer Tonschicht bei langsamer Belastung mehr als verdoppelt worden ist. [Vgl. den Unterschied zwischen undränierter Schubfestigkeit (Abschn. 1.46) und wirksamer Schubfestigkeit (Abschn. 1.45), sowie die Vergrößerung der Tragfähigkeit infolge Gl. (5.31.22) unter Rücksichtnahme auf die wirksame Kohäsion und die wirksame Reibung].

Der *Einfluß der Fundierungstiefe D* ist von Fox (1948) auf der Basis der Elastizitätstheorie untersucht worden unter der Voraussetzung, daß die oberste Bodenschicht (der Höhe D) die gleiche Steifigkeit hat, wie der Boden unter dem Fundierungsniveau. Bei einem quadratischen Fundament mit der Seitenlänge B werden die Setzungen im Verhältnis zu denen eines Fundamentes an der Bodenoberfläche durch folgenden Beiwert reduziert:

$$
\begin{array}{lccccc}
D/B & 0 & 0{,}5 & 1 & 2 & \infty \\
\text{Reduktionsbeiwert} & 1{,}00 & 0{,}85 & 0{,}73 & 0{,}63 & 0{,}50
\end{array}
\tag{4.24.5}
$$

Die gleichen Reduktionsbeiwerte können als Annäherung auch für ein rechteckiges Fundament verwendet werden, wenn es durch ein quadratisches Fundament mit gleicher Fläche ersetzt wird.

4.25 Verdichtungssetzungen von Ton

Während die Initialsetzungen allein von $\sigma_1 - \sigma_3$ abhängen, sind die Verdichtungssetzungen sowohl von σ_1 wie von σ_3 abhängig, da diese zusätzlichen Spannungen (von der Belastung des Fundamentes stammend) im *wassergesättigten Ton* einen Porendruck

$$
u = \sigma_3 + A \left(\sigma_1 - \sigma_3\right)
\tag{4.25.1}
$$

erzeugen, wobei das erste Glied einem allseitigen Druck σ_3 entspricht, während das letzte Glied dem Porendruck analog ist, der bei einem einfachen oder triaxialen Druckversuch entsprechend der Differenzspannung $\sigma_1 - \sigma_3$ entsteht. Der Beiwert A kann durch einen Triaxialversuch mit Porendruckmessungen bestimmt werden. [Wird der Versuch als *CU*-Versuch ohne Porendruck durchgeführt (s. Abb. 2.25.B), so erhält man die Größe $A \left(\sigma_1 - \sigma_3\right)$ als die Verminderung des $\bar{\sigma}_3$ in der 2. Etappe].

Wenn der Porendruck u in der Mitte der verschiedenen Schichten, in die der Boden eingeteilt wurde, bekannt ist, dann können die Verdichtungssetzungen aus dem Verdichtungsdiagramm als die *Zusammendrückung* berechnet werden, die der Erhöhung der senkrechten wirksamen Spannung durch u entspricht (Ausgleich des Porendruckes). Es kann in diesem Zusammenhang mit guter Annäherung vorausgesetzt werden, daß, wie beim Verdichtungsversuch, unter der Fundamentmitte keine Dehnung in waagerechter Richtung geschieht, da der Porendruck unter der Mitte des Fundamentes maximal ist.

Obgleich das oben angegebene Verfahren im Prinzip einfach erscheint, muß man sich darüber im klaren sein, daß in der Praxis viele *Komplikationen* bestehen.

Zunächst herrscht einiger Zweifel bezüglich der Lage für die Erhöhung u der wirksamen Spannung auf der *Verdichtungskurve*. Wenn die ursprüngliche Spannung $\bar{q}_0$ war, so wird sie nach Anbringung der Belastung auf dem Fundament, aber vor der Verdichtung,

$$\bar{q}_0 + (1 - A)\,(\sigma_1 - \sigma_3)$$

sein. Ob u zu dieser Spannung oder zu $\bar{q}_0$ addiert wird, ergibt einen Unterschied, wenn $\bar{q}_0$ relativ klein ist. Eine noch größere Schwierigkeit ist jedoch, daß bedeutende Schubspannungen im Boden vorhanden sind, bevor die Verdichtung beginnt und daß über den Einfluß solcher Schubspannungen auf die Zusammendrückbarkeit noch keine Untersuchungsergebnisse vorliegen.

Die größte Unsicherheit bei der Berechnung kommt daher, daß der *Porendruckbeiwert* A bei einer gegebenen Tonart bei weitem nicht konstant ist. Bei einem CU-Versuch mit konstantem σ_3 an vorverdichtetem Ton wird A anfangs einen einigermaßen festen Wert haben, wenn σ_3 groß ist, aber dann wird es mit wachsender Differenzspannung $\sigma_1 - \sigma_3$ allmählich abnehmen (vgl. Abb. 2.25.B). Bei stark vorverdichtetem Ton erreicht A am Ende negative Werte auf Grund der *Dilatanz*, d.h. der Tendenz zur Dehnung. Bei normalverdichtetem Ton ist A dagegen fast bis zum Bruch ziemlich konstant.

Werden die Anfangswerte von A in einer Reihe von CU-Versuchen an vorverdichtetem Ton mit verschiedenem σ_3 betrachtet, so zeigt sich, daß A bei großen Werten des σ_3 einigermaßen konstant ist, daß es aber stark vermindert wird (fast bis Null), wenn σ_3 sich Null nähert.

Schließlich hängt A auch noch vom σ_2 ab. Bei einem elastischen Medium ist somit theoretisch $A = {}^1/_3$ im axialsymmetrischen Fall, dagegen $A = {}^1/_2$ bei ebenem Spannungzustand.

Für den *triaxialen Anfangswert* des A kann man nach SKEMPTON und BJERRUM (1957) setzen:

Stark vorverdichtete, sandige Tonarten	$A = 0\ \ {-}0{,}2.$
Vorverdichteter Ton	$A = 0{,}2{-}0{,}5.$
Normalverdichteter Ton	$A = 0{,}5{-}1{,}0.$
Sehr empfindlicher Ton	$A = 1{,}0{-}1{,}2.$

Durch Anwendung gemessener oder geschätzter Werte des A haben die genannten Verfasser Setzungen nachrechnen können, die in wesentlich besserer Übereinstimmung mit den beobachteten Setzungen stehen, als die konventionellen Setzungsberechnungen es ermöglichen.

Wegen der Unsicherheit der Setzungsberechnungen, die allein auf Laborversuchen begründet sind, sei empfohlen, *Modellbelastungsversuche* entweder als Feldverdichtungsversuche oder als temporierte Versuche (s. Abschn. 2.15) durchzuführen. Die Ergebnisse werden mit den Laborversuchen verglichen, so daß es durch Verdichtungsversuche mit tiefergelegenen Proben möglich ist, die Steifigkeitserhöhung mit der Tiefe zu korrigieren.

Bezüglich des *Einflusses der Fundierungstiefe* wird auf Gl. (4.23.4) hingewiesen.

4.26 Der zeitliche Verlauf der Verdichtung

Mit dem *Verdichtungsgrad U = U (t)* ist gemäß Gl. (3.43.1) folgendes Verhältnis gemeint

$$U(t) = \frac{\delta_c(t)}{\delta_c}, \qquad (4.26.1)$$

wobei δ_c die vollständige Verdichtungssetzung und $\delta_c(t)$ die Teilsetzung bis zur Zeit t ist.

Bei einer ausgedehnten Belastung auf einer dünnen Tonschicht kann ein Ausgleich des Porenüberdruckes nur durch lotrechte Dränierung geschehen. Es wird dann von *eindimensionaler Verdichtung* gesprochen, und in diesem Fall zeigt die Abb. 3.43.A den Verdichtungsgrad als Funktion des dimensionslosen Zeitfaktors

$$T = \frac{kK}{\gamma_w H^2} t \qquad (4.26.2)$$

für drei einfache Verteilungen des Porenüberdruckes.

Unter der Mitte eines Fundamentes kann die Verteilung des Porenüberdruckes mit ausreichender Genauigkeit einem Dreieck (Kurve C in Abb. 3.43.A) oder einem Trapez (bei begrenzter Mächtigkeit der Tonschicht) angenähert werden. Die genannten Kurven können jedoch nicht direkt benutzt werden, da es sich unter einem Fundament um *dreidimensionale Verdichtung* mit Entwässerung in senkrechter wie in waagerechter Richtung handelt. Hinzu kommt, daß die *waagerechte Durchlässigkeit* oft um ein Vielfaches größer ist als die senkrechte (Ton mit Schluff- oder Sandschichten).

Ist die Tonschicht in unregelmäßiger Weise *inhomogen* (z.B. Moränenlehm mit „Adern" aus durchlässigeren Bestandteilen), so wird die durchschnittliche Durchlässigkeit einer großen Tonmasse größer sein, als aus den Verdichtungsversuchen hervorgeht.

Unter diesen Bedingungen wird die *Verdichtungszeit oft viel geringer als bei eindimensionaler Verdichtung*, und es ist verständlich, daß schon die Bestimmung der Größenordnung schwierig sein kann.

Außerdem entsteht eine Komplikation, wenn die Porenüberdrücke verschiedener Fundamente während des Verdichtungsprozesses ineinander übergreifen können.

Mathematische oder numerische Lösungen können natürlich für einige idealisierte Fälle entwickelt werden (s. TERZAGHI 1943), aber in der Praxis können die Abweichungen von diesen Voraussetzungen leicht so bedeutend sein, daß eine überschlägliche Schätzung die einzige Möglichkeit ist.

Es kann z. B. begutachtet werden, daß Gl. (4.26.2) in Verbindung mit Abb. 3.43.A anzuwenden ist, sofern für k

$$k = k_v + a\,k_h \tag{4.26.3}$$

eingesetzt wird, wobei k_v und k_h die lotrechte, beziehungsweise die waagerechte Durchlässigkeitsziffer sind. Bei einer dünnen Tonschicht zwischen dränierenden Schichten ist $a = 0$. Bei einer dicken homogenen Tonschicht ist die Größenordnung von a vermutlich 0,2 für ein langgestrecktes und 0,5 für ein quadratisches Fundament, vorausgesetzt, daß der Abstand zu anderen Fundamenten groß ist.

Wenn die Porenüberdrücke ausgeglichen sind, so ist die *primäre Verdichtung* abgeschlossen. Die Setzungen sind damit aber nicht zum vollständigen Stillstand gebracht, da sowohl die Initialformänderungen als auch die Verdichtungsformänderungen Kriechen aufweisen. Es wird dann von *sekundärer Verdichtung* gesprochen, die man auch bei Verdichtungsversuchen findet (s. Abschn. 2.23). Da die Zeit der primären Verdichtung mit dem Quadrat der linearen Skala wächst, ist das „Alter" der Belastung, wenn die Porendrücke ausgeglichen sind, unter einem Fundament viel größer als in der dünnen Verdichtungsprobe. Das Kriechen wächst über eine lange Zeitspanne als $\log t$, deshalb wird der wesentlichste Teil davon gleichzeitig mit den primären Verdichtungssetzungen des Fundamentes auftreten. Die sekundären Verdichtungen spielen daher offenbar in der Natur eine sehr geringe Rolle, ausgenommen bei Bodenarten wie Torf und Schlamm.

4.27 Pfahlgruppen

Steht ein Pfahl mit der Spitze in Sand, Kies oder festem Moränenlehm, so wird der Spitzenwiderstand den weitaus größten Beitrag zur Tragfähigkeit geben (s. Abschn. 5.41); deshalb wird der Pfahl als *Standpfahl* bezeichnet. Steht der Pfahl dagegen in homogenem Ton, so ist der Mantelwiderstand (Mantel„reibung") überwiegend, und er wird dann ein *Adhäsionspfahl* (früher: Reibungspfahl) genannt.

Bei einem *Fundament auf Standpfählen* können vier Beiträge für die Setzungen vorhanden sein:

    a) Die Zusammendrückung des Pfahles.
    b) Die lokale Setzung der Pfahlspitze im Sand.
    c) Die Formänderungen der Sandschicht auf Grund der Belastung der ganzen Pfahlgruppe.
    d) Die Setzungen eventueller Tonschichten unter der Sandschicht.

Die Beiträge a) und b) werden bei gerammten Pfählen normalerweise nur wenige Millimeter ausmachen, da die Rammung eine Art Probebelastung ist, wodurch man erreicht, daß der größte Teil der irreversiblen Formänderungen nicht auf das Bauwerk einwirkt. Bei einem Pfahl, der mit der Spitze in lockerem Sand im Boden betoniert ist (in-situ-Pfahl), kann der Beitrag b) etwas größer werden. Die Beiträge a) und b) können durch Probebelastung bestimmt werden.

Hinsichtlich des Beitrages c) kann die ganze Pfahlgruppe als ein tiefliegendes Fundament in der Kote der Pfahlspitzen betrachtet werden. Eine Vorausbestimmung der Setzungen ist jedoch schwierig, da sie Belastungsversuche der ungestörten Sandschicht erfordert. Abgesehen von lockerem Sand und sehr großen Pfahlgruppen haben die Setzungen jedoch keinen nennenswerten Einfluß auf das Bauwerk. Ist ein Probepfahl (mit der Spitze unter dem Grundwasserspiegel) betoniert, so kann dieser für die Ausführung eines Modellversuches benutzt werden.

Das Ergebnis wird als eine Kurve aufgetragen

$$\frac{\delta_1}{d_1} = f\left(\frac{P_1}{P_{1,f}}\right), \tag{4.27.1}$$

wobei δ_1 die Setzung, d_1 der Durchmesser, P_1 die Belastung und $P_{1,f}$ die Bruchbelastung ist. Aus $P_{1,f}$ wird der Tragfähigkeitsfaktor N_q (s. Abschn. 5.41) berechnet, wonach die Tragfähigkeit der Pfahlgruppe $P_{g,f}$ als tiefliegendes Fundament aus Gl. (5.35.3) ermittelt werden kann, vorausgesetzt, daß die Höhe der Sandschicht unter den Pfahlspitzen mindestens etwa $2B$ beträgt, wobei B die Breite der Pfahlgruppe ist. Bei Anwendung der Kurve Gl. (4.27.1) ist danach als eine Annäherung der Setzung δ_g der Pfahlgruppe

$$\frac{\delta_g}{d_g} = f\left(\frac{P_g}{P_{g,f}}\right) \tag{4.27.2}$$

zu erhalten, wobei d_g der „äquivalente" Durchmesser der Gruppe und P_g deren gesamte Belastung ist (einschließlich eines eventuellen negativen Mantelwiderstandes; vgl. Abschn. 5.41).

Der Beitrag d) kann nicht durch Probebelastung bestimmt werden, da die Verdichtungssetzung sich über lange Zeit erstreckt und bei einer Pfahlgruppe größer ist als bei einem Einzelpfahl. Die Setzung d) kann dagegen mit Annäherung durch Laborversuche und Berechnungen wie für ein gewöhnliches Fundament bestimmt werden, indem die Druckverteilung von den Pfahlspitzen ausgehend angenommen wird. Die darüberliegende Sandschicht wird jedoch, wenn sie tief liegt und dick ist, auf Grund ihrer Steifigkeit eine wesentlich größere Druckverteilung ergeben, als es bei gewöhnlichen Fundamenten auf einer Tonoberfläche der Fall ist.

Für ein *Fundament auf Adhäsionspfählen* ist es immer von Bedeutung, die Größe der Setzungen zu bestimmen. Die totale Setzung besteht aus drei Teilen:

a) Die Zusammendrückung des Pfahles.
b) Die lokale Setzung des einzelnen Pfahles.
c) Die Setzung der Pfahlgruppe in den tragenden Tonschichten.

Der Beitrag a) ist im Verhältnis zu den beiden anderen unwesentlich.

Die Setzung b) hängt von der Zeit ab, die seit der Rammung vergangen ist, da bei der Rammung eine bedeutende Schwächung des Tones in unmittelbarer Pfahlnähe mit darauffolgender Regeneration geschieht. An dem Pfahlmantel wird der Ton vollständig geknetet, d.h. die wirksame Normalspannung (bei unverändertem Wassergehalt) wird erheblich reduziert. Gleichzeitig werden die totalen Spannungen, auf Grund der Verdrängung des Tones durch die Rammung, bedeutend erhöht. Das Ergebnis ist, daß ein großer Porenüberdruck entsteht, der jedoch mit wachsendem Abstand vom Pfahl schnell abnimmt. Bei der nachfolgenden Verdichtung steigen die wirksamen Spannungen wieder, wobei die Festigkeit und die Steifigkeit zunehmen. Hierzu trägt auch die Thixotropie des Tones bei.

Die lokale Setzung kann in die Initialsetzung und die Verdichtungssetzung eingeteilt werden. Erstere wird leicht durch einen Belastungsversuch bestimmt, während Letztere eine lange Belastungszeit (bis zu einigen Wochen) erfordert. Gleichzeitig erhält man einen Teil der Setzung, die eigentlich unter c) gehört. Die Setzung b) ist daher schwer zu bestimmen, welches natürlich in den vielen Fällen, in denen c) überwiegt, unwesentlich ist.

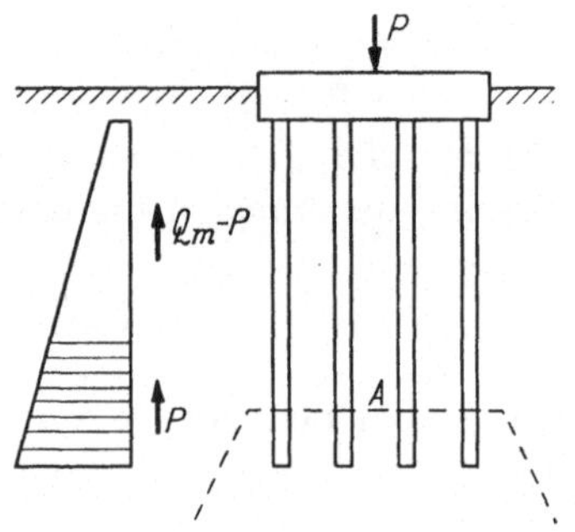

Abb. 4.27.A. Fundament auf Adhäsionspfählen

Die Setzung c) kann nur mit Annäherung berechnet werden. In der Abb. 4.27.A ist ein Fundament mit der setzunggebenden Belastung P (eventueller negativer Mantelwiderstand inbegriffen) gezeigt. Bei der Berechnung kann vom Spitzenwiderstand der Pfähle abgesehen werden, so daß man nur mit dem Mantelwiderstand der Pfahlgruppe mit dem Bruchwert Q_m zu tun hat (s. Abschn. 5.44). Die Verteilung des Mantelwiderstandes entlang den Pfählen ist durch das Trapez links in Abb. 4.27.A gezeigt, wobei die oberen Bodenschichten normalerweise die am wenigsten tragfähigen sein werden.

P wird immer wesentlich geringer sein als Q_m. Es wäre sehr verkehrt, anzunehmen, daß P sich in gleicher Weise wie Q_m über die ganze Pfahllänge verteilt. Eine Übertragung eines Teiles der Belastung von den Pfählen auf die oberen Schichten würde nämlich Verdichtungssetzungen in den mittleren Schichten zur Folge haben. Dabei würden die oberen Schichten sich im Verhältnis zu den Pfählen, von denen angenommen werden kann, daß sie in den unteren Schichten

,,festhängen", nach unten bewegen. Eine solche relative Bewegung wird offenbar die genannte Übertragung der Belastung zu den oberen Schichten eliminieren.

Daher wird es in der Praxis ungefähr richtig sein, davon auszugehen, daß die ganze Belastung P auf einen so großen Teil des unteren Endes der Pfahlgruppe übertragen wird, wie es der Mantelwiderstand erlaubt. Dieser Teil des Mantelwiderstandes ist schraffiert dargestellt und durch eine aufwärtsgerichtete Kraft P symbolisiert.

Die Setzungen der Pfahlgruppe können nun mit Annäherung berechnet werden, als ob es sich um ein Fundament in einer Tiefe handelt, die dem Schwerpunkt des schraffierten Trapezes entspricht. Die Fläche A des Fundamentes entspricht dem Querschnitt der Pfahlgruppe (einschließlich eines Streifens von einem halben Pfahlabstand entlang dem ganzen Umkreis). Die Fundamentfläche A sowie die von hier aus nach unten verlaufende Druckverteilung sind in Abb. 4.27.A punktiert gezeigt.

Bei dieser Berechnungsmethode wird der *Einfluß der Fundierungstiefe* offenbar nicht korrekt mit einbezogen, weil von der Steifigkeit des Bodens abgesehen wird, der über dem durchschnittlichen Fundierungsniveau liegt. Die Initialsetzungen betreffend kann der Reduktionsfaktor aus der Tab. (4.24.5) und für die Verdichtungssetzungen aus Gl. (4.23.4) entnommen werden. Als Fundierungstiefe D soll in diesem Zusammenhang natürlich nur mit der Höhe derjenigen Tonschicht über dem durchschnittlichen Fundierungsniveau gerechnet werden, die als genau so steif angesehen werden kann wie der Ton unter diesem Niveau.

Wenn die oberen Bodenschichten nicht fertigverdichtet sind, werden sie *negative Adhäsion* ausüben, d.h. in den Pfählen hängen, welches bei der Berechnung der Gesamtbelastung berücksichtigt werden muß (vgl. Abschn. 5.41).

4.28 Zulässige Formänderungen

Bei der Bemessung eines Fundamentes muß außer der Sicherheit gegen Bruch (s. Abschn. 5.3) auch darauf Rücksicht genommen werden, welche Formänderungen das Bauwerk ertragen kann. Hierfür kann keine allgemeine Regel gegeben werden, da die zulässige Setzung von wenigen Millimetern bei besonders empfindlichen Konstruktionen, bis zu einem Meter oder mehr variieren kann.

Bei *Brückenbauten* werden die Setzungen oft dafür ausschlaggebend sein, ob eine statisch unbestimmte Konstruktion gewählt werden darf. Wenn die Setzungen groß sind, ist es möglich, die Lager so auszubilden, daß eine Nachregulierung der Höhe vorgenommen werden kann. Bei statisch unbestimmten Konstruktionen sollten die zusätzlichen Spannungen berechnet werden.

Von Kastenfundamenten unterstützte *Stahlbetonsilos* sind so steif, daß sie große Setzungen vertragen. Das Entscheidende sind hier die Neigung und die Verbindungen zur Umgebung, z.B. durch Transportanlagen und Leitungen.

Wenn die Fundierungsverhältnisse besonders schwierig sind, können bei gewissen *Industriebauten* eventuelle rein *architektonische Schäden*, d.h. kleine Risse im Mauerwerk oder Risse in den Ausfachungen von Skelettbauten usw., unter Umständen als unvermeidlich geduldet werden, da sonst andererseits zur Vermeidung solcher Beschädigungen unverhältnismäßig hohe Mehrkosten durch eine steifere Fundierung entstehen würden.

Dagegen müssen *konstruktive Schäden*, d.h. Beschädigungen der tragenden Konstruktion, unter allen Umständen vermieden werden.

Bei *Verwaltungsgebäuden*, *Wohnbauten* u.a. sollten auch die architektonischen Schäden vermieden werden, entweder durch eine entsprechend steife Fundierung oder durch eine spezielle Gestaltung der gefährdeten architektonischen Elemente. Wird eine Fassade von Pfeilern im Inneren des Bauwerkes getragen, so gelten natürlich verschärfte Bedingungen hinsichtlich der höchstzulässigen Setzungen dieser Pfeiler.

Für die Fundierung von *Maschinen* werden besondere – nicht selten übertriebene – Bedingungen gestellt. Oft können die Forderungen in bezug auf die maximale Setzung erleichtert werden, wenn dafür gesorgt wird, daß das eigentliche Fundament steif genug ist, um keine Formänderung zu bekommen.

Die *Setzungsgeschwindigkeit* hat auch Einfluß auf die Setzungsgröße, die ein Bauwerk vertragen kann, da eine langsame Vergrößerung der Setzungen leichter von den Baustoffen aufgenommen werden kann. Dieses gilt besonders für Mauerwerk.

Als *Kriterien für Beschädigungen* von Bauten könnte man Folgendes in Betracht ziehen:

   a) Die maximale Setzung.

   b) Die maximale Setzungsdifferenz.

   c) Die maximale Neigung der Setzungslinien entlang einer Fassade u.a., indem die Neigung aus der Differenz zwischen den Setzungen zweier Nachbarfundamente errechnet wird.

   d) Die maximale Krümmung der Setzungslinien.

Es ist einleuchtend, daß a) bis c) keine wirklich rationalen Kriterien sind, da ein Bauwerk nicht beschädigt wird, wenn es sich als Ganzes setzt oder eine Drehung macht. Die Bemessung einer Fundierung sollte daher auf der Basis der *Krümmung der Setzungslinien* [Kriterium d)] geschehen. Jedoch liegen nicht genügend Daten bezüglich bestehender Bauten vor, aus denen eine zulässige Grenzkrümmung festgelegt werden könnte. Hinzu kommt, daß jede Vorausbestimmung von Setzungen mit einer

Unsicherheit verbunden ist. Diese Unsicherheit wird noch gesteigert, wenn es sich um eine Vorausberechnung der Neigung (1. Differentialquotient) handelt und noch mehr hinsichtlich der Krümmung (2. Differentialquotient).

Unter Bezugnahme auf eine Analyse von 98 Bauwerken, die von SKEMPTON und MACDONALD (1956) durchgeführt wurde, erscheint es vorläufig am besten, bei der Bemessung die *Neigung der Setzungslinien* [Kriterium c)] zugrunde zu legen. Bei gewöhnlichen Bauten kann die *Grenzneigung* i_{lim} folgendermaßen festgesetzt werden:

$$\left.\begin{array}{ll} \text{Für architektonische Schäden:} & i_{\text{lim}} = 1 : 300 \\ \text{Für konstruktive Schäden:} & i_{\text{lim}} = 1 : 150 \end{array}\right\} \qquad (4.28.1)$$

Welcher *Sicherheitsbeiwert* in Verbindung mit den Werten aus Gl. (4.28.1) angewandt werden soll, hängt von den jeweiligen Umständen ab (Variation der Bodenverhältnisse, Genauigkeit der Setzungsberechnungen usw.). Ändern sich die Bodenverhältnisse ganz beliebig von Punkt zu Punkt, so ist es ratsam, diejenigen Nachbarpfeiler herauszusuchen, bei denen der größte Belastungsunterschied vorhanden ist, indem man davon ausgeht, daß der am stärksten belastete Pfeiler vom weichsten Boden und der am schwächsten belastete Pfeiler vom festesten Boden getragen wird. Mit diesen ungünstigen Annahmen kann der Sicherheitsbeiwert gleich 1,0 gesetzt werden, vorausgesetzt, daß die Setzungsberechnungen erfahrungsgemäß korrekte Ergebnisse bringen.

SKEMPTON und MACDONALD empfehlen grundsätzlich einen Sicherheitsbeiwert von mindestens 1,5, indem sie die Unsicherheit der Setzungsberechnungen berücksichtigen.

Die *maximale Setzungsdifferenz* [Kriterium b)] kann als Anleitung benutzt werden. SKEMPTON und MACDONALD geben als theoretische Grenzwerte für Einzelfundamente von gewöhnlichen Bauten Folgendes an:

$$\left.\begin{array}{ll} \text{Maximale Setzungsdifferenz bei Ton:} & 4 \text{ cm} \\ \text{Maximale Setzungsdifferenz bei Sand:} & 3 \text{ cm} \end{array}\right\} \qquad (4.28.2)$$

und schlagen einen Sicherheitsbeiwert von 1,25 für diese Werte vor. Die niedrigere Grenze bei Sand ist dadurch begründet, daß scheinbar homogene Sandablagerungen größere Setzungsdifferenzen geben als homogene Tonablagerungen.

Die *maximale Setzung* [Kriterium a)] kann nur als Bemessungsgrundlage benutzt werden, wenn der Fundierungsingenieur in jedem einzelnen Fall selber den Grenzwert festsetzt auf Grund der Kenntnis von der Art des Bauwerkes und dessen Verwendung, der Unregelmäßigkeiten der Belastungsverteilung (variierende Stockwerkanzahl), den Verbindungen zu Nachbarbauten, der Variation der Bodenverhältnisse usw.

Für Einzelfundamente von gewöhnlichen Bauten geben SKEMPTON und MacDONALD an:

$$\left.\begin{array}{l}\text{Maximale Setzung bei Ton:} \quad 7 \text{ cm} \\ \text{Maximale Setzung bei Sand:} \quad 5 \text{ cm}\end{array}\right\} \qquad (4.28.3)$$

Hierzu schlagen sie den Sicherheitsbeiwert 1,25 vor. Der Wert für Ton kann jedoch infolge der obengenannten Verhältnisse nur als grobe Anleitung angesehen werden.

4.29 Dynamische Einwirkungen

Für dynamische Einwirkungen, die durch den *Verkehr* bedingt sind, wird gewöhnlich eine *Stoßzahl* eingeführt. Darüber hinaus muß auf die besonderen Phänomene in den Sand- und Schluffablagerungen, wie unten besprochen, Rücksicht genommen werden.

Bei *Maschinenfundamenten* können die dynamischen Einwirkungen Anlaß zu drei verschiedenen Problemen geben:

a) Erhöhung der Schwingungsamplitude.
b) Vergrößerte Setzungen.
c) Fortpflanzung von Schwingungen zu anderen Konstruktionen.

Bei der Voruntersuchung der Probleme a) und b) sind *Modellversuche* erforderlich; es sei denn, daß die nötigen Erfahrungen mit der betreffenden Bodenart bereits im voraus vorhanden sind. Die meisten Untersuchungen dieser Art, über die in der Literatur berichtet wird, sind jedoch ziemlich wertlos gewesen, weil die *Modellgesetze*, deren grundlegendes Prinzip es ist, daß physische Prozesse als Beziehungen zwischen *dimensionslosen Größen* beschrieben werden können (LUNDGREN 1957) nicht beachtet wurden.

Die Frage nach der *Schwingungsamplitude* ist ein Problem der *Resonanz*, d.h., daß das Fundament so bemessen sein muß, daß dessen Eigenfrequenz von der Frequenz der betreffenden Maschine genügend abweicht. Kommt die Frequenz der Maschine in die Nähe der Eigenfrequenz des Fundamentes, so wird die Amplitude stark vergrößert. Die Amplitude wächst aber nicht ins Unendliche (auch nicht theoretisch in elastischem Medium, es sei denn, bei unendlich kleinem Fundament), weshalb die Eigenfrequenz als die Frequenz definiert wird, die den größten Verstärkungsfaktor ergibt.

Die Eigenfrequenz eines starren Fundamentes wächst mit der Steifigkeit des Bodens und nimmt entsprechend dessen Masse und dem „Durchmesser" des Fundamentes ab. Bei Sand wächst die Steifigkeit des Bodens mit dem Durchmesser des Fundamentes, aber bei lockerer Lagerung in anderer Weise als bei fester Lagerung. Bei allen Bodenarten nimmt die

Steifigkeit außerdem auf Grund der Hysteresis mit wachsender Amplitude ab.

Falls ein Fundament möglicherweise Formänderungen bekommen kann (z.B. ein Turbogeneratorfundament), so daß man gezwungen ist, die Eigenschwingungen des Fundamentes zu untersuchen, dann entsteht die Frage nach der Reaktion des Bodens, wenn der unterste Teil des Fundamentes oszilliert. Bei ganz niedrigen Frequenzen ist die Reaktion in der gleichen Phase wie die Amplitude, aber bei wachsender Frequenz wird die Phasenverschiebung größer, bis sie in der Nähe der Eigenfrequenz 180° überschreitet.

Vergrößerte Setzungen treten im wesentlichen nur bei *lockergelagertem Sand und Schluff* in Erscheinung. Bei lockergelagertem feuchtem (oder trockenem) Sand sind Vibrationen in Verbindung mit einer Belastung der Oberfläche das beste Mittel zur Komprimierung, und die Folge davon ist, daß bei Maschinenfundamenten sehr große Setzungen vorkommen können. Bei wassergesättigtem Sand und Schluff werden die Schwierigkeiten noch dadurch gesteigert, daß die schwingenden Formänderungen wechselweise Porenüberdruck und Porenunterdruck hervorrufen. Bei jedem Überdruck im Porenwasser werden die wirksamen Spannungen und daher die Schubfestigkeit reduziert. Lockergelagerter feiner Sand und Schluff können bei gewissen Frequenzen „fließend" werden (Schwimmsand) und sind deshalb völlig ungeeignet für die Fundierung von Maschinenfundamenten.

Die Gefahr der *Fortpflanzung von Schwingungen* auf andere Konstruktionen kann prinzipiell durch Aufstellen eines Oszillators (mit der Frequenz der Maschine) an der Stelle, die für das Fundament vorgesehen ist, untersucht werden.

4.3 Biegsame Fundamente

Das Hauptproblem bei biegsamen Fundamenten ist die Bestimmung der *Druckverteilung* unter dem Fundament in der Weise, daß die Formänderungen des Fundamentes den Bodenoberflächensetzungen entsprechen.

Zur Gruppe der biegsamen Fundamente gehören: Straßen, Rollbahnen, lange Fundamentbalken, Grundplatten in Trockendocks u.a. Die Bodenplatte eines stählernen Ölbehälters ist andererseits so schlaff, daß sie keine Umverteilung der gleichförmig verteilten Belastung geben kann. Die Setzungen des Ölbehälters können daher, sofern dieser auf Ton steht, durch die in Abschn. 4.1 und Abschn. 4.2 behandelten Methoden berechnet werden. Hinsichtlich der Behälter auf Sandboden wird auf die Bemerkungen in Abschn. 4.32 verwiesen.

4.31 Bettungsziffer

Um Spannungen einer Eisenbahnschwelle berechnen zu können, führte ZIMMERMANN im Jahre 1888 den Begriff *Bettungsziffer* k_s durch die Gleichung

$$p = k_s \delta \qquad (4.31.1)$$

ein, wobei p die Belastung (in t/m²) auf einem Teil der Bodenoberfläche und δ die zugehörige Senkung (in m) ist. Die Bettungsziffer erhält somit die Dimension t/m³ und wird bei einer gegebenen Bodenart natürlich oft als eine Konstante aufgefaßt. In welchem Ausmaß dieses als korrekt angesehen werden darf, wird in Abschn. 4.32 für Sand und in Abschn. 4.33 für Ton näher besprochen.

Die Gl. (4.31.1) kann in folgender Weise verdeutlicht werden: Der Boden wird als eine Reihe lotrechter Federn angesehen, die dicht nebeneinander stehen, aber völlig elastisch und unabhängig voneinander sind. Es ist logisch, daß die Voraussetzung der Elastizität eine zu weitgehende Vereinfachung einschließt, u.a. hinsichtlich der krummen Arbeitskurve des Bodens und seiner Plastizität. Die Voraussetzung, daß die Federn unabhängig voneinander sind, widerstrebt noch mehr den Bodeneigenschaften, da die Setzungen eines Punktes von den Spannungen unter diesem Punkt abhängen; diese Spannungen sind wiederum Funktionen der Belastungen, nicht allein im eigentlichen Punkt, sondern in einem gewissen Gebiet um ihn herum.

Für einen *elastischen Balken* mit der Belastung q wird die Differentialgleichung für die Durchbiegung $z = z(x) = \delta(x)$ bei Anwendung von Gl. (4.31.1)

$$q - p = q - k_s z = EI z'''' , \qquad (4.31.2)$$

wobei I das Trägheitsmoment je Meter Balkenbreite ist. Unzählige elastizitätstheoretische Abhandlungen haben Lösungen dieser Gleichung angegeben (z.B. HAYASHI 1921 und TERZAGHI 1943). Als Beispiel sei hier nur erwähnt, daß man für einen langen Balken, der von einer Einzelkraft P (je Meter Balkenbreite) beeinflußt wird, als Maximalmoment

$$M = \frac{P}{4} \sqrt[4]{\frac{4EI}{k_s}} \qquad (4.31.3)$$

erhält. Hieraus geht hervor, daß ein relativ großer Fehler beim Einsetzen des k_s nur einen kleineren Fehler im M aufweist.

Bei einer *elastischen Platte* kann für die Durchbiegung $z(x, y)$ eine partielle Differentialgleichung analog Gl. (4.31.2) aufgestellt werden. Auch diese Gleichung ist von zahlreichen Verfassern zur Behandlung spezieller Probleme angewandt worden.

Bei der Dimensionierung von *Rollbahnen* (und Straßen) werden die von WESTERGAARD (1926) angegebenen Ausdrücke für die Biegungsmomente, die der Belastung durch Einzelkräfte entsprechen, in weitem Ausmaß benutzt. Hierüber wird auf die Spezialliteratur hingewiesen, da es für diese Konstruktionen auch andere Berechnungsmethoden gibt. Es sei jedoch erwähnt, daß die Bettungsziffer vielleicht auf diesem Gebiet ihre besondere Berechtigung hat, weil der Wert des k_s durch Belastungsversuche in vollem Maßstab bestimmt werden kann.

4.32 Biegsame Fundamente auf Sand

Wenn die Anwendung der Ergebnisse mit der erforderlichen Sorgfalt und Vorsicht geschieht, muß es prinzipiell als möglich angesehen werden, bei angenäherten Berechnungen von Fundamenten auf Sand die Bettungsziffertheorie zu benutzen.

Doch ist es einleuchtend, daß die *gekrümmte Arbeitskurve* die Wahl des korrekten k_s-Wertes erschwert. Da in der Wirklichkeit k_s entlang der Unterseite des Fundamentes variiert, haben genaue mathematische Lösungen nur geringes Interesse. Vorgezogen sei die statische Behandlung mit angemessenen Annäherungsmethoden, unter gleichzeitiger Berücksichtigung der Verminderung des k_s bei wachsender Belastung.

Die Begrenzung der Anwendung dieser Methode geht vielleicht am deutlichsten aus der Betrachtung eines *Ölbehälters* aus Stahl hervor. Der Boden des Behälters kann hier als schlaff angesehen werden, weshalb die Belastung gleichförmig verteilt ist. Falls der Behälter direkt auf der Oberfläche der Sandschicht steht, so ist die Tragfähigkeit desselben am Rande Null [vgl. Gl. (5.31.1)], und deshalb entsteht dann im Sand ein Bruch mit dazugehörigen Deformationen und eventuellem Fließen an der Kante der Stahlkonstruktion. Unter der Behältermitte ist die Tragfähigkeit dagegen sehr groß, weil die umliegende Sandoberfläche belastet ist. Ist die Sandschicht im Verhältnis zum Durchmesser des Behälters dünn, so wird man in der Mitte nur mit Verdichtungssetzungen des Sandes zu tun haben, die allerdings gering sind.

Die Bettungsziffer sollte in der Praxis durch *Modellversuche* bestimmt werden. Mit Bezugnahme auf Gl. (4.22.1) wird die Setzung in dimensionsloser Form

$$\frac{\delta}{d} = f\left(\frac{p}{p_f}\right). \qquad (4.32.1)$$

geschrieben. Wenn p nicht allzu klein ist im Verhältnis zu p_f, dann geben die primären Gleitungen den wichtigsten Beitrag zu den Setzungen, und die Funktion f wird im großen und ganzen unabhängig von der Plattengröße d sein. Nach Gl. (5.31.1) ist p_f für eine Platte auf der Sandoberfläche proportional zu $\bar{\gamma}d$. Wird die Bettungsziffer aus Gl. (4.31.1) eingeführt, so kann Gl. (4.32.1) folgendermaßen geschrieben werden:

$$\frac{\delta}{d} = f\left(\frac{k_s\,\delta}{\bar{\gamma}\,d}\right). \qquad (4.32.2)$$

Hieraus geht hervor, daß k_s zu $\bar{\gamma}$ proportional, aber ziemlich unabhängig von d ist. Weil f stärker wächst als eine lineare Funktion (gekrümmte Arbeitskurve), wird k_s bei wachsender Belastung abnehmen.

Folglich kann daher angenommen werden, daß es jedenfalls dimensionsmäßig korrekt ist, eine Bettungsziffer, die bei einer kleinen Platte bestimmt wird, zur Berechnung eines biegsamen Fundamentes auf Sand anzuwenden.

4.33 Biegsame Fundamente auf Ton

Wenn die *Bettungsziffer* bei Ton angewandt werden würde, ist es zunächst offensichtlich, daß man mit einer Bettungsziffer für die Initialsetzungen und mit einer anderen für die totalen Setzungen rechnen müßte. Jedoch ist es dimensionsmäßig nicht korrekt, eine Bettungsziffer einer gegebenen Tonart entsprechend einzuführen. Das geht aus der Gl. (4.32.1) hervor, wo p_f proportional zu der undränierten Schubfestigkeit c ist. Wird hier die Bettungsziffer aus Gl. (4.31.1) eingeführt, so sieht die Gleichung folgendermaßen aus:]

$$\frac{\delta}{d} = f\left(\frac{k_s\,d}{c}\;\frac{\delta}{d}\right), \qquad (4.33.1)$$

woraus folgt, daß k_s umgekehrt proportional zu d ist bei einem festen Verhältnis von δ/d.

Es ist daher schwierig, die Ergebnisse eines Modellversuches mit einer kleinen steifen Platte durch Verwendung einer Bettungsziffer auf die Berechnung für ein biegsames Fundament zu übertragen. Ein weiterer Grund dafür, die Bettungsziffer bei Ton zu vermeiden, ist das bedeutende Wachsen der Steifigkeit des Tones bei zunehmender Tiefe.

Es ist viel besser, durch *Schätzung der Druckverteilung* unter dem biegsamen Fundament das Problem direkt anzufassen, die zugehörigen Setzungen zu berechnen und diese mit den Formänderungen des Fundamentes zu vergleichen.

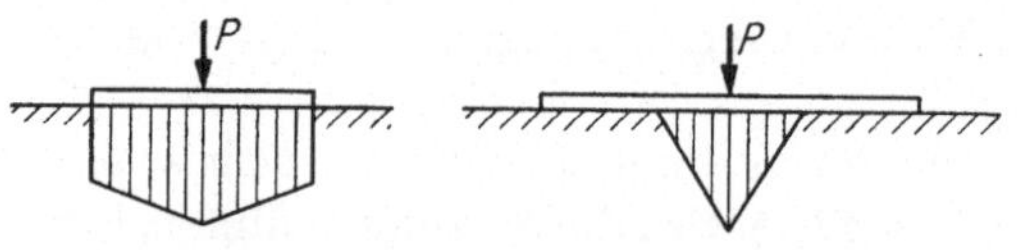

Abb. 4.33.A. Biegsame Fundamente auf Ton

In Abb. 4.33.A wird z.B. ein Balken von der Einzelkraft P beeinflußt. Links ist die Steifigkeit des Balkens im Verhältnis zu seiner Länge und zur Steifigkeit des Bodens groß. Es kann dann mit einer aus einem Rechteck und einem Dreieck zusammengesetzten Druckverteilung gerechnet werden. Für verschiedene Verhältnisse zwischen dem Rechteck und dem Dreieck werden die Setzungen (Initial- oder Totalsetzungen) in der Mitte und an den Endpunkten des Balkens berechnet, wobei die Pfeilhöhe mit der Pfeilhöhe der Formänderungen des Balkens verglichen wird. Das korrekte Verhältnis zwischen dem Rechteck und dem Dreieck wird dann durch eine einfache graphische Interpolation als der Punkt bestimmt, wo die *beiden Pfeilhöhen gleich groß sind.*

In Abb. 4.33.A rechts ist der Balken schlaff im Verhältnis zu seiner Länge und zur Steifigkeit des Bodens. Die Reaktionsverteilung kann dann als ein gleichschenkliges Dreieck angenommen werden, dessen Grundlinie so festgelegt wird, daß die Pfeilhöhe über derselben für den Balken wie für den Boden die gleiche ist.

Diese Methode, die ursprünglich durch A. V. KNUDSEN (1956) eingeführt wurde, wird vielleicht einigen Theoretikern ziemlich grob erscheinen, weil man dadurch nicht die „exakte" Druckverteilung unter dem Balken erhält. Tatsache ist jedoch, daß man heute noch nicht in der Lage ist, Setzungen genauer als der Bestimmung eines einzelnen Parameters entsprechend (die Pfeilhöhe) zu ermitteln.

Zur Berechnung der Setzungen ist die *elastizitätstheoretische Druckausbreitung* am bequemsten anzuwenden. Bei gleichförmiger Belastung findet man die Spannungen aus den Gln. (4.14.1) und (4.14.2), während sich aus den Gln. (4.15.1) bis (4.15.3) die Spannungen einer Dreiecksbelastung ergeben.

Das Einfachste ist, sich mit der Berechnung der konventionellen Verdichtungen aus σ_z zu begnügen. Eine eigentliche Berechnung der Initial- und Verdichtungssetzungen kann nur für eine Symmetrielinie durchgeführt werden. Die Setzungen in anderen Punkten müssen dann z.B. durch Proportionieren im Verhältnis zu den konventionellen Verdichtungssetzungen gefunden werden.

5 Bruchprobleme

Bei einer gewöhnlichen *Bemessung* oder *Untersuchung* eines Bauwerkes bestehen die zwei wichtigsten Probleme in der Bestimmung:
1. der Sicherheit gegen Bruch,
2. der Formänderungen im Betriebszustand.

Es ist klar, daß man immer eine zweckmäßige *Sicherheit* gegen Bruch in dem Bauwerk selbst oder in dem Boden haben muß. Gleichzeitig muß man aber auch verlangen, daß bei der normalen Betriebsbelastung nicht so große *Formänderungen* auftreten, daß das Bauwerk für seinen Zweck ungeeignet wird, langsam zerstört wird oder sein gutes Aussehen verliert.

Falls das Bauwerk eine passende Sicherheit gegen Bruch besitzt, wird es im *Betriebszustand* gewöhnlich so kleine Formänderungen bekommen, daß die Berechnung mit guter Annäherung auf der *Elastizitätstheorie* gegründet werden kann. Diese Theorie setzt bekanntlich Proportionalität zwischen Spannungen und Formänderungen voraus.

Im *Bruchzustand* existiert eine solche Proportionalität aber nicht mehr, und die Elastizitätstheorie ist deshalb grundsätzlich unverwendbar für die Untersuchung des Bruchzustandes. An ihrer Stelle muß man die *Plastizitäts- oder Bruchtheorien* anwenden. Diese haben im übrigen den Vorteil, daß sie mathematisch einfacher sind, jedenfalls im ebenen Formänderungszustand.

In diesem Abschnitt wird erst eine allgemeine Bruchtheorie für ebene Formänderungszustände in Böden entwickelt. Danach werden die speziellen Probleme bezüglich Erddruck, Tragfähigkeit von Fundamenten und Pfählen, sowie Standsicherheit behandelt.

5.1 Allgemeine Bruchtheorie

Wenn ausschließlich ebene Formänderungszustände betrachtet werden, kann man mittels der gewöhnlichen *Elastizitätstheorie* die drei unbekannten Spannungskomponenten und die zwei Bewegungskomponenten eines beliebigen Punktes berechnen. Dies geschieht mit Hilfe der zwei Gleichgewichtsgleichungen und der drei Gleichungen, welche das HOOKEsche Gesetz ausdrücken.

In der *Plastizitäts- oder Bruchtheorie* können die drei Spannungskomponenten für sich bestimmt werden, nämlich durch die zwei Gleichgewichtsgleichungen und das COULOMBsche Gesetz (die Bruchbedingung). Falls nötig, können danach die Formänderungsgeschwindigkeiten bestimmt werden, indem man gewöhnlich Raumbeständigkeit und zusammenfallende Hauptachsen für Spannungen und Formänderungen voraussetzt.

Für die Spannungsänderung längs einer Bruchlinie, in welcher die Spannungen der Bruchbedingung genügen, kann eine Differentialgleichung, die sogenannte KÖTTERsche *Gleichung*, hergeleitet werden. Diese Gleichung kann auch integriert werden, wenn die geometrische Form der Bruchlinie bekannt ist. Hierdurch ist es möglich, ziemlich einfache Gleichungen für die inneren Kräfte in einer kreisförmigen Bruchlinie zu entwickeln. Die notwendigen *Randbedingungen* (bei der Erdoberfläche oder bei einer Wand) werden derartig aufgestellt, daß die zwei wichtigsten Berechnungsmethoden, die Gleichgewichtsmethode und die Extremmethode, identische Ergebnisse liefern.

Wenn die Poren des Bodens *Wasser* enthalten, ist es notwendig, zwischen dem Druck im Porenwasser und den wirksamen Spannungen zwischen den Körnern zu unterscheiden. Da nur die wirksamen Spannungen die Scherfestigkeit des Bodens beeinflussen, muß man gewöhnlich erst die Wasserdrücke ausscheiden, bevor man eine Bruchberechnung mit wirksamen Spannungen aufstellen kann.

Es zeigt sich übrigens, daß die Scherfestigkeit des Bodens davon abhängen wird, ob ein möglicher Bruch *dräniert* (freier Ab- und Zugang von Porenwasser) oder auch *undräniert* ist (kein Ab- oder Zugang von Porenwasser). In wassergesättigtem Ton wird wegen der geringen Durchlässigkeit ein schneller Bruch undräniert sein, während ein langsamer Bruch dräniert sein muß. Für ein Bauwerk auf wassergesättigtem Ton kann es deshalb notwendig sein, sowohl seine *Anfangsstandsicherheit* (gleich nach dem Bau) als auch seine *Dauerstandsicherheit* (nach beendigter Verdichtung des Tones) zu untersuchen.

Bei jeder Bemessung muß eine gewisse *Sicherheit* gegen Bruch eingeführt werden. In der Bodenmechanik hat es sich am zweckmäßigsten gezeigt, diese Sicherheit mittels sogenannter *Partialkoeffizienten* einzuführen. Dabei werden die vorgeschriebenen Belastungen mit gewissen Koeffizienten multipliziert, und gleichzeitig die Scherfestigkeiten der Böden, als auch die Bruchfestigkeiten der Baustoffe mit anderen Koeffizienten geteilt. In dem entsprechenden Bruchzustand, welcher der *nominelle* genannt wird, soll Gleichgewicht vorhanden sein, welche Bedingung die notwendigen Abmessungen der Konstruktion bestimmt.

5.11 Spannungen und Formänderungen

Wie schon erwähnt, sollen hier nur *ebene Formänderungszustände* behandelt werden. In einer Ebene, die lotrecht und senkrecht zur mittleren Hauptspannung ist, wird ein Koordinatensystem mit waagerechter x-Achse und lotrechter z-Achse (positiv nach unten) eingelegt. Wenn Druckspannungen positiv gerechnet werden, und das Raumgewicht des Bodens mit γ bezeichnet wird, geben die drei statischen *Gleichgewichtsbedingungen* für ein unendlich kleines Bodenelement:

$$\tau_{xz} = \tau_{zx}, \qquad \frac{\partial \sigma_x}{\partial x} + \frac{\partial \tau_{xz}}{\partial z} = 0, \qquad \frac{\partial \sigma_z}{\partial z} + \frac{\partial \tau_{xz}}{\partial x} = \gamma. \qquad (5.11.1\text{-}3)$$

Die *Formänderungen* (ε) in der betrachteten Ebene können mittels der Komponenten u_x und u_z des Verschiebungsvektors ausgedrückt werden. Indem Verkürzungen positiv gerechnet werden, findet man die spezifischen Längen- und Winkeländerungen aus den Gleichungen:

$$\varepsilon_x = -\frac{\partial u_x}{\partial x}, \qquad \varepsilon_z = -\frac{\partial u_z}{\partial z}, \qquad \varepsilon_{xz} = -\frac{\partial u_x}{\partial z} - \frac{\partial u_z}{\partial x}. \qquad (5.11.4\text{-}6)$$

Das ebene Problem enthält also im allgemeinen fünf Unbekannte (σ_x, σ_z, τ_{xz}, u_x, u_z) und für ihre Bestimmung hat man vorläufig nur die zwei Gln. (5.11.2) und (5.11.3). In der *Elastizitätstheorie* werden bekanntlich die fehlenden drei Gleichungen aus dem HOOKEschen *Gesetz* erhalten. Für den ebenen und isotropen Formänderungszustand gibt dies:

$$\varepsilon_x = \frac{1+\mu}{E}\left[(1-\mu)\,\sigma_x - \mu\,\sigma_z\right] = -\frac{\partial u_x}{\partial x}\,, \qquad (5.11.7)$$

$$\varepsilon_z = \frac{1+\mu}{E}\left[(1-\mu)\,\sigma_z - \mu\,\sigma_x\right] = -\frac{\partial u_z}{\partial z}\,, \qquad (5.11.8)$$

$$\varepsilon_{xz} = \frac{1}{G}\,\tau_{xz} = -\frac{\partial u_x}{\partial z} - \frac{\partial u_z}{\partial x}\,. \qquad (5.11.9)$$

wo μ POISSONS Zahl, E den Elastizitätsmodul und G den Verschiebungsmodul bezeichnet.

Man wird bemerken, daß es in der mathematischen Elastizitätstheorie im Prinzip nicht möglich ist, die Spannungen zu berechnen, ohne gleichzeitig die Formänderungen zu bestimmen. Übrigens erfordert eine vollständige Lösung Kenntnis der *Randbedingungen* auf den Grenzen des betrachteten Gebietes. Diese Randbedingungen können sich auf Spannungen oder auf Formänderungen oder auf beide beziehen.

In der *Plastizitätstheorie* sind die Gleichgewichtsbedingungen stets gültig, aber HOOKES Gesetz gilt nicht mehr. Es wird ersetzt durch eine *Bruchbedingung*, die im allgemeinen als eine Beziehung zwischen den Spannungskomponenten ausgedrückt werden kann. In der Bodenmechanik wird als Bruchbedingung immer COULOMBS *Gesetz* verwendet. Es sagt aus, daß die Scherspannung τ in einem Schnitt, worauf die Normalspannung σ wirkt, durch die folgende Bedingung begrenzt ist:

$$\tau \leqq c + \sigma \tan\varphi\,. \qquad (5.11.10)$$

c, die *Kohäsion*, und φ, der *Reibungswinkel*, werden als Konstanten für den betreffenden Boden angesehen.

Den besten Überblick über die Spannungen in verschiedenen Schnitten durch einen gegebenen Punkt erhält man mittels MOHRS *Spannungskreis* (Abb. 5.11.A).

In einem σ–τ-Diagramm wird die größte und die kleinste Hauptspannung (σ_1 und σ_3) auf der σ-Achse abgesetzt, und über $\sigma_1 - \sigma_3$ als Durchmesser wird ein Kreis gezeichnet. Die Koordinaten eines beliebigen Punktes des Kreises werden nun die *Spannungen* σ und τ in einem Schnitt angeben, deren Richtung durch die Verbindungslinie des Punktes mit dem Punkt entsprechend σ_3 bestimmt ist. Es ist allerdings hierbei eine Voraussetzung, daß das Diagramm derart orientiert ist, daß die σ-Achse die Richtung desjenigen Hauptschnittes, worauf σ_1 wirkt, angibt.

In demselben σ–τ-Diagramm wird COULOMBS *Bruchbedingung*, Gl. (5.11.10), mittels zwei Geraden abgebildet, die eine Länge c der τ-Achse abscheren und einen Winkel φ mit der σ-Achse bilden. Wenn diese Linien den MOHRschen Kreis berühren, besteht gerade ein Bruchzustand im be-

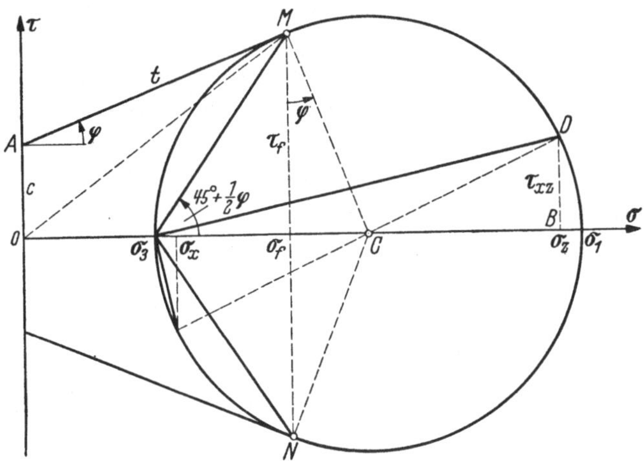

Abb. 5.11.A. MOHRS Spannungskreis

trachteten Punkt. Liegen sie völlig außerhalb des Kreises, ist der Bruchzustand noch nicht erreicht. Infolge COULOMBS Gesetz können sie den Kreis nie durchschneiden.

Die *Bruchschnitte* entsprechen natürlich den Berührungspunkten M und N, und MOHRS Kreis zeigt, daß im Bruchzustand durch jeden Punkt zwei Bruchschnitte gehen, welche Winkel von $90° \pm \varphi$ miteinander bilden. Die Hauptschnitte halbieren die Winkel zwischen den Bruchschnitten. Man sieht auch, daß in den beiden Bruchschnitten dieselben Spannungen σ_f und τ_f auftreten. Größe und Richtung der *resultierenden Spannung* in einem Bruchschnitt ist angegeben durch die gestrichelte Linie OM, welche den Nullpunkt des Diagrammes mit dem Punkt entsprechend dem Bruchschnitt verbindet. Die resultierende Spannung kann offensichtlich auch in eine Schubspannung c und eine schräge Spannung t aufgelöst werden, wobei t einen Winkel φ mit der Normalen des Bruchschnittes bildet.

Um die Bruchbedingung mittels den früher angegebenen Spannungskomponenten $(\sigma_x, \sigma_z, \tau_{xz})$ auszudrücken, bemerkt man, daß man den Halbmesser des Kreises erhalten kann, entweder durch Projektion von $OA = c$ und $OC = \frac{1}{2}(\sigma_z + \sigma_x)$ auf CM, oder als Hypotenuse in einem rechtwinkeligen Dreieck, worin die Katheten $BD = \tau_{xz}$ und $CB = \frac{1}{2}(\sigma_z - \sigma_x)$ sind. In dieser Weise erhält man die *allgemeine Bruchbedingung*:

$$(\sigma_z - \sigma_x)^2 + 4\,\tau_{xz}^2 = [(\sigma_z + \sigma_x)\sin\varphi + 2c\cos\varphi]^2 . \qquad (5.11.11)$$

Setzt man hierin die *Hauptspannungen* ein, bekommt man die Bruchbedingung:

$$(\sigma_1 - \sigma_3) = (\sigma_1 + \sigma_3)\sin\varphi + 2c\cos\varphi. \qquad (5.11.12)$$

Man wird bemerken, daß es in der *ebenen* Plastizitätstheorie (im Gegensatz zur Elastizitätstheorie) im Prinzip möglich ist, die drei Spannungskomponenten $(\sigma_x, \sigma_z, \tau_{xz})$ mittels der drei Gln. (5.11.2), (5.11.3) und (5.11.11) zu berechnen, ohne daß man sich für die Formänderungen zu interessieren braucht. Im allgemeinen wird jedoch eine oder mehrere der *Randbedingungen* des Problems sich auf Formänderungen beziehen, und in solchen Fällen müssen diese natürlich berücksichtigt werden, um eine vollständige und einwandfreie Lösung des Problems zu erhalten.

Betreffend die Formänderungen im plastischen Zustand, muß übrigens beachtet werden, daß in der Berechnung nicht die Formänderungen selbst sondern nur die *Formänderungsgeschwindigkeiten* eingehen werden. Falls die letzteren der Einfachheit halber stets mit u und ε bezeichnet werden, gelten auch im plastischen Zustand die Gln. (5.11.4) bis (5.11.6) vorausgesetzt, daß diese Größen noch als *klein* betrachtet werden können.

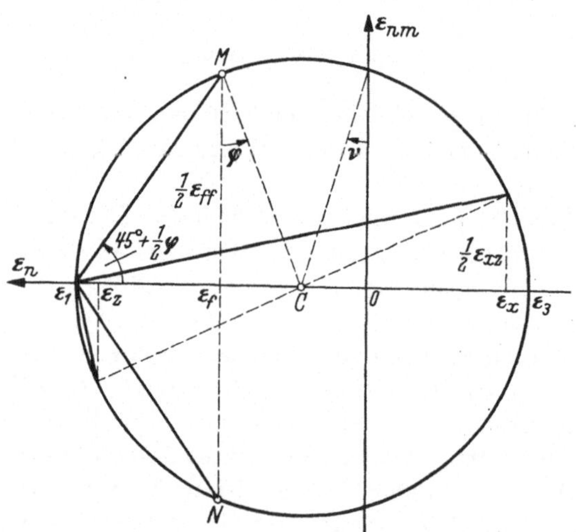

Abb. 5.11.B. Mohrs Kreis für Formänderungen

Unter dieser Voraussetzung erhält man einen Überblick über die Formänderungsgeschwindigkeiten in verschiedenen Schnitten durch einen gegebenen Punkt mittels Mohrs *Kreis für Formänderungen* (Abb. 5.11.B).

Auf eine ε-Achse wird die größte und kleinste spezifische Verkürzung (ε_1 und ε_3) abgesetzt, und über $\varepsilon_1 - \varepsilon_3$ als Durchmesser zeichnet man einen Kreis. Die Koordinaten eines beliebigen Punktes des Kreises geben jetzt die *spezifische Verkürzung* einer Linie, deren Richtung durch die Verbindungslinie des Punktes mit dem Punkt entsprechend ε_1 bestimmt ist, bzw. die *Änderung des Winkels* zwischen dieser Linie und einem Hauptschnitt an. Es ist hierbei vorausgesetzt, daß das Diagramm derart orientiert ist, daß die ε-Achse die Richtung desjenigen Hauptschnittes angibt, deren spezifische Verkürzung gleich ε_3 ist.

Obwohl man in der Plastizitätstheorie die Voraussetzung, betreffend Proportionalität zwischen Spannungen und Formänderungen, aufgegeben hat, macht man jedoch gewöhnlich die plausible Voraussetzung, daß die Hauptachsen für Spannungen und Formänderungen *zusammenfallen*. Mit den gewählten Achsenrichtungen und Vorzeichendefinitionen (Druck und Verkürzung positiv) werden dann die zwei MOHRschen Kreise einander Punkt für Punkt entsprechen. Die Koordinaten eines Punktes am Spannungskreis werden die Normal- und Schubspannungen in einem bestimmten Schnitt angeben, und die Koordinaten des entsprechenden Punktes am Formänderungskreis werden die spezifischen Längen- und Winkeländerungen desselben Schnittes angeben. Diese Beziehung zwischen den beiden Kreisen ermöglicht die Aufstellung der folgenden Gleichung:

$$\frac{\varepsilon_z - \varepsilon_x}{\varepsilon_{xz}} = \frac{\sigma_z - \sigma_x}{2\,\tau_{xz}} = \frac{\dfrac{\partial u_z}{\partial z} - \dfrac{\partial u_x}{\partial x}}{\dfrac{\partial u_z}{\partial x} + \dfrac{\partial u_x}{\partial z}}. \tag{5.11.13}$$

Zur Bestimmung der Verschiebungsgeschwindigkeiten u_x und u_z ist noch eine Gleichung notwendig. Diese erhält man durch Betrachtung der *Volumenänderung* (Dilatation) des Bodens im Bruchzustand. Die Dilatation ist bestimmt durch einen Winkel ν (Abb. 5.11.B):

$$\sin\nu = \frac{\varepsilon_1 + \varepsilon_3}{\varepsilon_1 - \varepsilon_3} = \frac{\varepsilon_z + \varepsilon_x}{\sqrt{(\varepsilon_z - \varepsilon_x)^2 + \varepsilon_{xz}^2}}. \tag{5.11.14}$$

ν ist offenbar positiv, wenn der Boden sein Volumen vermindert. Aus den Gln. (5.11.4) bis (5.11.6) und (5.11.14) erhält man:

$$\left(\frac{\partial u_z}{\partial z} - \frac{\partial u_x}{\partial x}\right)^2 + \left(\frac{\partial u_x}{\partial z} + \frac{\partial u_z}{\partial x}\right)^2 = \left(\frac{\partial u_z}{\partial z} + \frac{\partial u_x}{\partial x}\right)^2 : \sin^2\nu. \tag{5.11.15}$$

Wenn die Spannungskomponenten $(\sigma_x,\ \sigma_z,\ \tau_{xz})$ berechnet sind, können die *Verschiebungsgeschwindigkeiten* $(u_x,\ u_z)$ im Prinzip aus den Gln. (5.11.13) und (5.11.15) in Verbindung mit den Randbedingungen berechnet werden. Solche Berechnungen werden jedoch in der Praxis gewöhnlich sehr kompliziert.

Am Anfang eines Bruches werden die meisten Böden entweder positive oder negative Dilatation zeigen, aber in einem voll entwickelten Bruchzustand, wo bereits bedeutende plastische Formänderungen sich vollzogen haben, muß die Dilatation wieder aufgehört haben. Bei den weiteren plastischen Formänderungen muß man deshalb *Raumbeständigkeit* voraussetzen können ($v = 0$), wobei die Gln. (5.11.14) und (5.11.15) sich zu folgendem vereinfachen:

$$\varepsilon_z + \varepsilon_x = 0 = \frac{\partial u_z}{\partial z} + \frac{\partial u_x}{\partial x}. \tag{5.11.16}$$

Handelt es sich um einen *undränierten Bruch*, wobei der Wassergehalt des Bodens sich nicht ändert, muß man übrigens während des gesamten Formänderungsprozesses mit Raumbeständigkeit rechnen.

Wenn man $v = 0$ voraussetzt, sollen die Längenänderungen ε in Abb. 5.11.B von dem Zentrum des Kreises aus gemessen werden. Man wird dann sehen, daß die Längenänderungen gleich Null sind in zwei Schnitten, welche Winkel von 45° mit den Hauptschnitten und $^1/_2 \varphi$ mit den Bruchschnitten bilden. Man wird ferner sehen, daß *beide Bruchschnitte sich verkürzen*, entsprechend:

$$\varepsilon_f = \varepsilon_1 \sin \varphi \tag{5.11.17}$$

während *der spitze Winkel zwischen den Bruchschnitten sich vergrößert*, entsprechend:

$$\varepsilon_{ff} = 2\varepsilon_1 \cos \varphi = 2\varepsilon_f \cot \varphi. \tag{5.11.18}$$

5.12 Bruchfiguren

Eine *Bruchlinie* ist eine Kurve, deren Punkte sich alle im Bruchzustand befinden, und deren Tangente in jedem Punkt die Richtung eines Bruchschnittes durch den Punkt angibt. Bruchlinien werden auch Spannungscharakteristiken genannt. Im Gegensatz hierzu versteht man bei Formänderungscharakteristiken Kurven, deren Tangente die Richtung eines Schnittes ohne Längenänderung angibt.

Eine *Bruchzone* oder eine plastische Zone ist ein endliches Gebiet, deren Punkte sich alle im Bruchzustand befinden. Durch jeden Punkt einer Bruchzone gehen zwei Bruchlinien, die Winkel von 90° $\pm\ \varphi$ miteinander bilden. Ausnahmsweise enthält eine Bruchzone sogenannte singuläre Punkte. Durch einen solchen Punkt können unendlich viele Bruchlinien gehen.

Unter einer *elastischen Zone* versteht man ein endliches Gebiet, wovon kein innerer Punkt im Bruchzustand ist. Dagegen mag eine elastische Zone ganz oder teilweise von Bruchlinien oder Formänderungscharakteristiken begrenzt sein. Da elastische Formänderungen gewöhnlich als kleiner von höherer Ordnung als die plastischen betrachtet werden können, kann eine elastische Zone als *steif* im Verhältnis zu einer plastischen angesehen werden.

Die *Grenzlinie* zwischen zwei plastischen Zonen, zwei elastischen Zonen oder einer plastischen und einer elastischen Zone wird gewöhnlich eine Bruchlinie sein, in Sonderfällen eine Umhüllungskurve für Bruchlinien. Übrigens besteht auch die Möglichkeit, daß die Grenzlinie eine Formänderungscharakteristik sein mag (BENT HANSEN 1958).

Das gesamte System von Bruchlinien in einer Erdmasse benennt man eine *Bruchfigur*. Sie mag aus einer oder mehreren plastischen oder elastischen Zonen bestehen. Im Prinzip muß eine Bruchfigur sowohl *statisch als auch kinematisch möglich* sein. Das erste bedeutet, daß es möglich sein muß, für jedes endliche Gebiet alle drei Gleichgewichtsbedingungen zu erfüllen. Das letzte bedeutet, daß die Formänderungen und Verschiebungen der einzelnen Zonen und Bauwerksteile miteinander verträglich sein müssen.

Die einfachste Bruchfigur ist ein *Linienbruch*, wobei die Bruchbedingung nur in den Punkten einer bestimmten Kurve erfüllt ist. An beiden Seiten dieser Kurve (welche eine Bruchlinie oder vielleicht eine Formänderungscharakteristik sein mag) befindet sich eine elastische Zone, und da solche Zonen als steif betrachtet werden können, ist eine Bewegung nur möglich, wenn die Bruchlinie ein *Kreis* oder eine *Gerade* ist. Falls die eine elastische Zone fest liegt, wird die andere sich einfach um das Zentrum des Bruchkreises drehen, bzw. sich in der Richtung der geraden Bruchlinie verschieben.

Im übrigen muß man zwischen drei verschiedenen Typen von Linienbrüchen unterscheiden (Abb. 5.12.A).

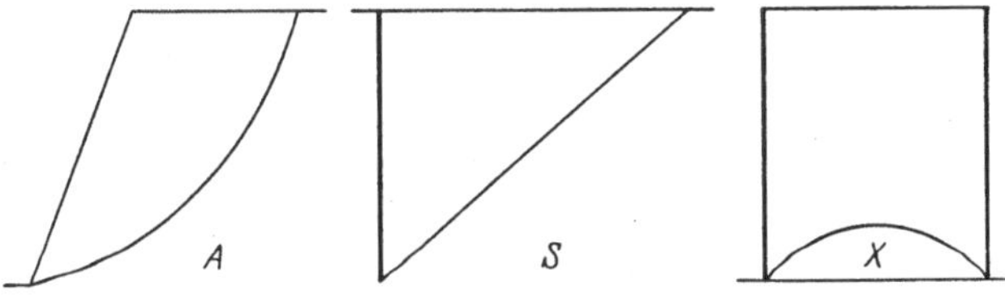

Abb. 5.12.A. Linienbrüche

Der *konkave* Bruch (*A*), wobei die drehende Erdmasse auf der konkaven Seite des Bruchkreises liegt, kommt z.B. bei Rutschungen in Böschungen vor. Der *konvexe* Bruch (*X*), wobei die drehende Erdmasse auf der konvexen Seite des Bruchkreises liegt, kommt z.B. in Zellenfangedämmen vor. Die Übergangsform, der *geradlinige* Bruch (*S*), kommt z.B. bei Ankerplatten vor.

Eine andere, ziemlich einfache Bruchfigur, ist ein *Zonenbruch*, wobei die Bruchbedingung in allen Punkten eines endlichen Gebietes erfüllt ist. Die Bewegungen in dieser plastischen Zone bestehen teilweise in *Winkel- und Längenänderungen* der einzelnen Elemente, teilweise auch in *Gleitungen* längs der Grenzbruchlinie, welche jedoch in diesem Fall nicht kreisförmig oder geradlinig zu sein braucht. Im allgemeinen Fall ist eine genaue Bestimmung der plastischen Formänderungen ziemlich kompliziert, aber man kann oft mit einfachen, qualitativen Betrachtungen auskommen.

Viele verschiedene Typen von Zonenbrüchen können vorkommen, aber in der Bodenmechanik sind die wichtigsten die auf Abb. 5.12.B gezeigten.

Es kann gezeigt werden, daß die drei Grundgleichungen (5.11.2), (5.11.3) und (5.11.11) der ebenen Plastizitätstheorie wenigstens eine einfache Lösung haben, entsprechend zwei Scharen von geraden, parallelen Bruchlinien. Dieser sogenannte RANKINE-*Bruch* (R) kommt z.B. bei Stützmauern vor, wenn die Rückseite eine ganz bestimmte Neigung oder Rauigkeit besitzt. Es

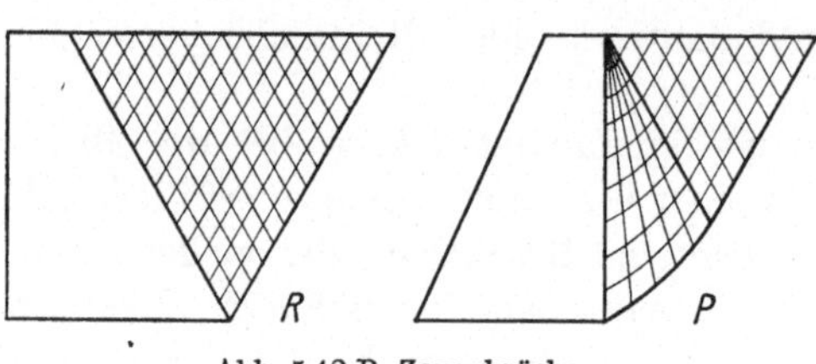

Abb. 5.12.B. Zonenbrüche

ist übrigens zweckmäßig, die Bezeichnung R so zu erweitern, daß sie auch plastische Zonen mit gekrümmten Bruchlinien umfaßt, allerdings ohne singulare Punkte oder Umhüllungskurven für Bruchlinien.

In dem speziellen Fall $\gamma = 0$ (oder $\varphi = 0$) kann man eine andere einfache Lösung der Grundgleichungen der ebenen Plastizitätstheorie angeben. Die eine Schar der Bruchlinien besteht dann aus konfokalen logarithmischen Spiralen (Kreise für $\varphi = 0$), und die andere aus Geraden durch den Pol, der ein singularer Punkt ist. Ein solcher Bruch wird ein PRANDTL-*Bruch* (P) genannt, aber es ist zweckmäßig diese Bezeichnung so zu erweitern, daß sie auch andere plastische Zonen mit singularen Punkten oder Umhüllungskurven für Bruchlinien umfaßt.

Ein PRANDTL-Bruch kommt z.B. bei Stützmauern mit vollständig rauher Rückseite vor; diese ist dann eine Umhüllungskurve für Bruchlinien, und ihr Schnittpunkt mit der Erdoberfläche ist ein singularer Punkt. P-Zonen kommen nur selten allein vor, dagegen oft in Verbindung mit R-Zonen wie im gezeigten Beispiel (Abb. 5.12.B rechts). Einfachheitshalber wird doch auch diese Bruchfigur als ein P-Bruch bezeichnet. Im allgemeinen Fall $\gamma \neq 0$, $\varphi \neq 0$ sind keine der Bruchlinienscharen in der eigentlichen P-Zone einfache mathematische Kurven, aber in der R-Zone können sie stets Geraden sein.

Außer reinen Linienbrüchen und reinen Zonenbrüchen können auch sogenannte *kombinierte Brüche* vorkommen; sie enthalten mindestens zwei elastische oder plastische Zonen. Die Begrenzungslinien zwischen den einzelnen Zonen sind gewöhnlich Bruchlinien.

Man kann zwischen vier verschiedenen Typen von kombinierten Brüchen unterscheiden, abhängig von der gegenseitigen Lage der Bruchlinien, welche die zwei Nachbarzonen nach unten begrenzen (Abb. 5.12.C).

Die genannten zwei Grenzbruchlinien können miteinander *fluchten* (*f*-Bruch), oder sie können eckig zusammenstoßen, entweder bei der

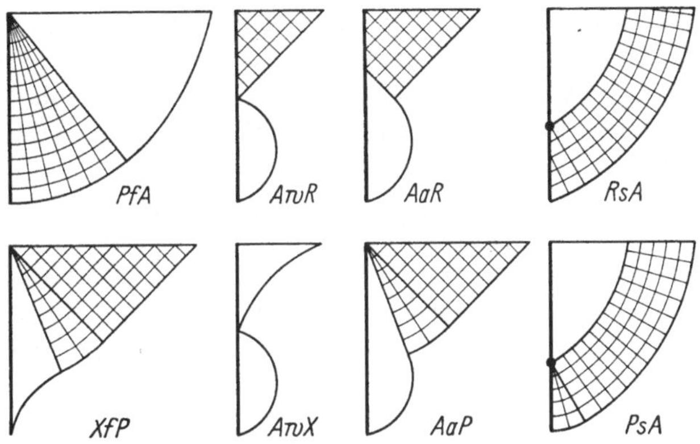

Abb. 5.12.C. Einige kombinierte Brüche

Wand (*w*-Bruch) oder in einem gewissen *Abstand* von der Wand (*a*-Bruch). Endlich können sie ganz *separat* sein (*s*-Bruch). Beim *a*-Bruch, aber nicht beim *w*-Bruch, müssen die zwei Grenzbruchlinien Winkel von $90° \pm \varphi$ miteinander bilden.

Abb. 5.12.C zeigt einige wichtige und typische Beispiele von kombinierten Brüchen mit nur zwei Zonen (gezeichnet für $\varphi = 0$). Die *Bezeichnung* eines kombinierten Bruches erfolgt derart, daß man zuerst die Bezeichnung der unteren Zone angibt, dann die Beziehung der zwei Grenzbruchlinien zueinander, und endlich die Bezeichnung der oberen Zone.

Falls der Boden *bindig* ist ($c \neq 0$), wobei die Möglichkeit besteht, daß er teilweise ungestützt stehen kann, oder falls ein *Fließgelenk* sich in der

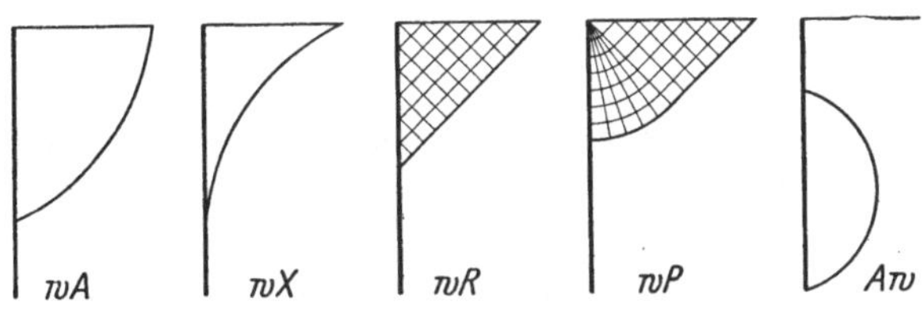

Abb. 5.12.D. Spezielle *w*-Brüche

Wand ausbildet, ist es nicht unbedingt notwendig, daß die Grenzbruchlinie von dem Fußpunkt der Wand ausgeht und an der Erdoberfläche endet, wie in den bisherigen Beispielen. Abb. 5.12.D zeigt einige einfache

Beispiele von Bruchfiguren, die unter den genannten Umständen vorkommen können (gezeichnet für $\varphi = 0$).

Die meisten kombinierten Brüche, die man aufzeichnen kann, erweisen sich bei einer näheren Prüfung als entweder statisch oder auch kinematisch unmöglich. Dies gilt jedoch nicht für die in Abb. 5.12.C gezeigten Bruchfiguren, wovon die sechs nach links verschiedenen Bewegungen einer steifen Wand entsprechen, während die zwei nach rechts einer Wand mit einem Fließgelenk entsprechen. Die in Abb. 5.12.D gezeigten Bruchfiguren sind gewöhnlich auch statisch und kinematisch möglich.

5.13 Innere Kräfte in einer Bruchlinie

Um Berechnungen ausführen zu können, selbst für die einfachsten der beschriebenen Bruchfiguren, ist es notwendig, die Spannungen in einer *Bruchlinie gegebener Form* zu kennen. Ein beliebiger Punkt der Bruchlinie wird charakterisiert durch die Bogenlänge s (von einem festen Punkt aus gemessen) und der Winkel v zwischen der Tangente und der Waagerechten (Abb. 5.13.A).

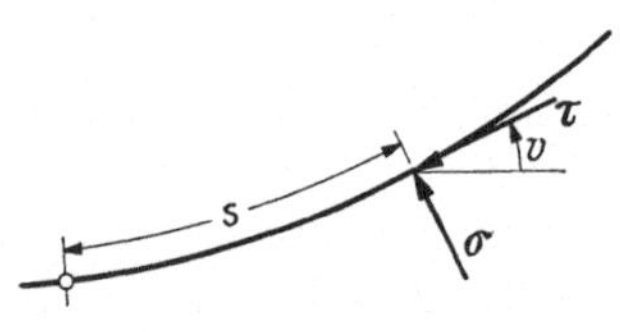

Abb. 5.13.A. Bruchlinie

Wenn die Spannungen in der Bruchlinie einfachheitshalber mit σ und τ bezeichnet werden, bekommt man aus Gl. (5.11.10) die folgende allgemeine Beziehung zwischen σ und τ in einer Bruchlinie:

$$\sigma = (\tau - c)\cot\varphi. \tag{5.13.1}$$

s, v, τ, c und φ sollen alle *mit Vorzeichen* gerechnet werden. Die positiven Richtungen von s und v sind in Abb. 5.13.A gezeigt. τ, c und φ werden positiv gerechnet, wenn τ (auf den Boden über der Bruchlinie wirkend) die in Abb. 5.13.A gezeigte Richtung hat. Man spricht dann über einen *passiven* Druck in der Bruchlinie. Wenn τ die entgegengesetzte Richtung hat, nennt man den Druck *aktiv* und rechnet mit negativen Werten von τ, c und φ.

Man betrachtet jetzt ein kleines *Elementarviereck*, von vier krummen Bruchlinien begrenzt (Abb. 5.13.B). Die Bogenlängen in den zwei Scharen von Bruchlinien werden s bzw. r genannt.

Es zeigt sich, daß man durch Projektion auf eine Achse, welche den Winkel $v + \varphi$ mit der Waagerechten bildet, eine Gleichgewichtsbedingung erhalten kann, welche nur abgeleitete Größen in der Richtung s und keine in der Richtung r enthält.

Erstens kann man alle konstanten Normalspannungen σ außer Betracht lassen, weil sie miteinander im Gleichgewicht sein müssen. Zwei-

tens würden konstante Schubspannungen τ im „Parallelogramm" $BCDE$
auch im Gleichgewicht sein. Die Resultierende der konstanten Schubspannungen τ im „Viereck" $ACDE$ kann man deshalb bekommen durch
vektorielle Zusammensetzung von AE und EB, und von AC und CB.
Dies entspricht offenbar einer Schubspannung 2τ in AB.

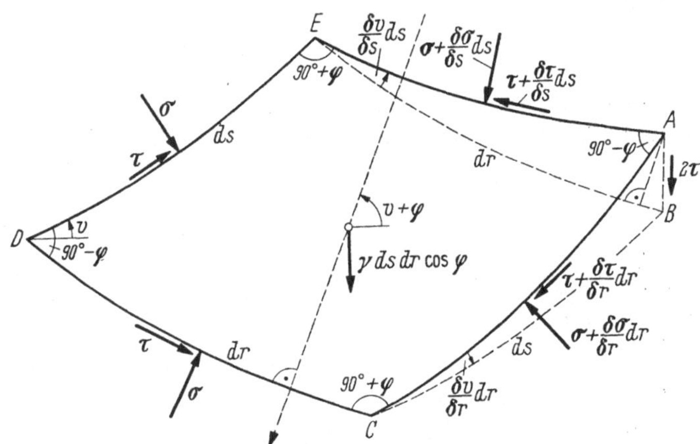

Abb. 5.13.B. Elementarviereck zwischen Bruchlinien

Bei der Berechnung der noch fehlenden (kleineren) Spannungsbei-
träge genügt es, die Längen der Viereckseiten gleich ds, bzw. dr, anzusetzen. Man erhält dann:

$$\left.\begin{array}{l}\dfrac{\partial\sigma}{\partial s}ds\,dr - \dfrac{\partial\sigma}{\partial r}dr\,ds\sin\varphi + \dfrac{\partial\tau}{\partial r}dr\,ds\cos\varphi \\[2mm] + 2\tau\dfrac{\partial v}{\partial s}ds\,dr + \gamma\,ds\,dr\cos\varphi\sin(v+\varphi) = 0.\end{array}\right\} \quad (5.13.2)$$

Bei Verwendung von Gl. (5.13.1) erhält man Gl. (5.13.2) in der einfachen Form:

$$\frac{\partial\tau}{\partial s} + 2\tau\frac{\partial v}{\partial s}\tan\varphi + \gamma\sin\varphi\sin(v+\varphi) = 0. \qquad (5.13.3)$$

Dies ist KÖTTERS *Gleichung* (1903), die zuerst für kohäsionslose Böden
($c = 0$) abgeleitet wurde. Später zeigte JAKY (1936), daß sie auch für
bindige Böden ($c \neq 0$) gültig ist.

In einem Linienbruch muß die Bruchlinie aus kinematischen Gründen ein Kreis oder eine Gerade sein. In einem Zonenbruch ist die genaue
Form der Bruchlinien allerdings mehr kompliziert, aber für praktische
Berechnungen genügt es jedoch im allgemeinen, eine Bruchlinie mittels
weniger geraden oder kreisförmigen Linienstücken zu approximieren. Da
eine Gerade nur ein Sonderfall eines Kreises ist, braucht man in der
Praxis nur die Spannungen in einer *kreisförmigen Bruchlinie* berechnen

zu können. Hierbei ist der Halbmesser durch die folgende Gleichung bestimmt:

$$r = \frac{\partial s}{\partial v}.$$ (5.13.4)

Unter Verwendung von Gl. (5.13.4) wird Kötters Gleichung (5.13.3) weiter vereinfacht:

$$\frac{\partial \tau}{\partial v} + 2\tau \tan\varphi + \gamma r \sin\varphi \sin(v + \varphi) = 0.$$ (5.13.5)

Diese Gleichung bestimmt die Änderung der Schubspannung τ längs eines Bruchkreises. Für $r =$ konstant (Kreis) ist die Lösung der Gleichung:

$$\tau = C\,\mathrm{e}^{-2v\tan\varphi} + \gamma r \sin\varphi \cos\psi \cos(v + \varphi + \psi).$$ (5.13.6)

wobei C eine konstante Spannung ist, welche mittels einer Randbedingung bestimmt werden muß, während ψ ein konstanter Winkel ist, definiert durch die Gleichung:

$$\tan\psi = 2\tan\varphi.$$ (5.13.7)

Kennt man einen zusammengehörenden Satz der Größen τ_0 und v_0 in einem Punkt (0) des Kreises, wird C aus Gl. (5.13.6) gefunden:

$$C = \mathrm{e}^{2v_0 \tan\varphi}\left[\tau_0 - \gamma r \sin\varphi \cos\psi \cos(v_0 + \varphi + \psi)\right].$$ (5.13.8)

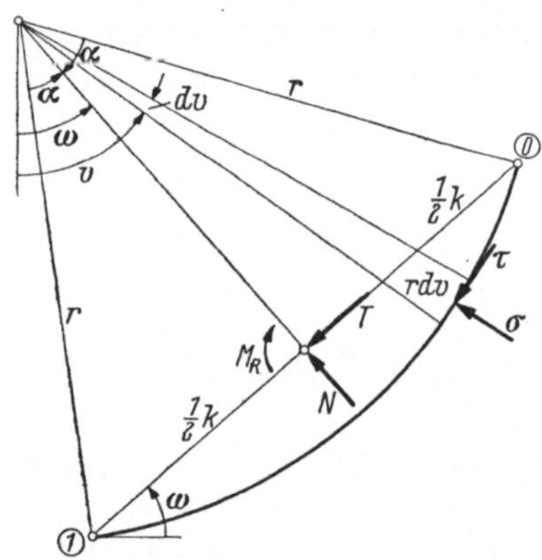

Abb. 5.13.C. Bruchkreis

Bei der Bestimmung der Spannung τ_1 in einem anderen Punkt (1) des Kreises charakterisiert man zweckmäßig den Kreis zwischen den zwei Punkten 0 und 1 durch die folgenden drei geometrischen *Größen* (Abb. 5.13.C):

1. Der halbe Zenterwinkel α (positiv für einen nach oben konkaven Kreis, negativ für einen konvexen).

2. Der Winkel ω zwischen der Sehne *0–1* und der Waagerechten (positiv wenn Punkt *0* höher als Punkt *1* liegt).

3. Die Länge k der Sehne (immer positiv).

Man hat dann rein geometrisch:

$$v_0 = \omega + \alpha, \qquad v_1 = \omega - \alpha, \qquad r = k : 2\sin\alpha.$$ (5.13.9-11)

Wenn die *Schubspannung* τ_1 aus Gl. (5.13.6) in Verbindung mit Gl. (5.13.8) bestimmt wird, erhält man nach Einsetzung von den Gln. (5.13.9) bis (5.13.11) eine Gleichung, die wie folgt geschrieben werden kann:

$$\tau_1 = \gamma k (\tau^x \sin\omega + \tau^y \cos\omega) + \tau_0 \tau^z.$$ (5.13.12)

Hierbei sind die *Zahlenbeiwerte* τ^x, τ^y und τ^z durch folgende Ausdrücke bestimmt:

$$\tau^z = \mathrm{e}^{4\,\alpha\,\tan\varphi}, \tag{5.13.13}$$

$$\tau^x = \frac{\sin\varphi\,\cos\psi}{2\sin\alpha}\left[\tau^z\sin\left(\psi+\varphi+\alpha\right)-\sin\left(\psi+\varphi-\alpha\right)\right], \tag{5.13.14}$$

$$\tau^y = \frac{\sin\varphi\,\cos\psi}{2\sin\alpha}\left[-\tau^z\cos\left(\psi+\varphi+\alpha\right)+\cos\left(\psi+\varphi-\alpha\right)\right]. \tag{5.13.15}$$

Die *Resultierende* R von sämtlichen inneren Spannungen im Bruchkreis hat eine Komponente N senkrecht zur Sehne, eine Komponente T in der Sehne und ein Moment M_R um den Mittelpunkt der Sehne. Die positiven Richtungen dieser Größen sind auf Abb. 5.13.C gezeigt. Werden die Punkte *0* und *1* umgetauscht, wechseln die Vorzeichen von T und M_R. Die genannten Größen werden mittels folgender Gleichungen berechnet:

$$N =\int\limits_{v_1}^{v_0}\left[\sigma\cos\left(v-\omega\right)-\tau\sin\left(v-\omega\right)\right]r\,dv, \tag{5.13.16}$$

$$T =\int\limits_{v_1}^{v_0}\left[\sigma\sin\left(v-\omega\right)+\tau\cos\left(v-\omega\right)\right]r\,dv, \tag{5.13.17}$$

$$M_R =\int\limits_{v_1}^{v_0}\left[\tau-\tau\cos\alpha\cos\left(v-\omega\right)-\sigma\cos\alpha\sin\left(v-\omega\right)\right]r^2\,dv\,. \tag{5.13.18}$$

Für σ setzt man Gl. (5.13.1) ein, und dann für τ die Gln. (5.13.6) und (5.13.8). Wenn die Integrationen ausgeführt sind, setzt man die Gln. (5.13.9) bis (5.13.11) ein und erhält dann die folgende *Fundamentalgleichungen*:

$$N = \gamma\,k^2\left(N^x\sin\omega + N^y\cos\omega\right) + \tau_0\,k\,N^z - c\,k\cot\varphi, \tag{5.13.19}$$

$$T = \gamma\,k^2\left(T^x\sin\omega + T^y\cos\omega\right) + \tau_0\,k\,T^z, \tag{5.13.20}$$

$$M_R = \gamma\,k^3\left(M^x\sin\omega + M^y\cos\omega\right) + \tau_0\,k^2\,M^z. \tag{5.13.21}$$

Hierbei sind die *Zahlenbeiwerte* durch folgende Ausdrücke bestimmt:

$$N^x = \frac{\cos^2\psi}{8\sin^2\alpha}\left\{\cos 2\psi - \sec\psi\cos\left[\psi-2\alpha\right]\cos 2\varphi \right. \\ \left. - 2\,\alpha\tan\psi - \tau^z\left[\cos\left(2\psi+2\alpha\right)-\cos 2\varphi\right]\right\}, \tag{5.13.22}$$

$$N^y = \frac{\cos^2\psi}{8\sin^2\alpha}\left\{\sin 2\psi - \sec\psi\cos\left[\psi-2\alpha\right]\sin 2\varphi \right. \\ \left. + 2\,\alpha - \tau^z\left[\sin\left(2\psi+2\alpha\right)-\sin 2\varphi\right]\right\}. \tag{5.13.23}$$

$$N^z = \frac{\cos\psi}{2\sin\alpha\sin\varphi}\left[\tau^z\sin\left(\psi-\varphi+\alpha\right)-\sin\left(\psi-\varphi-\alpha\right)\right], \tag{5.13.24}$$

$$T^x = \frac{\cos^2 \psi}{8 \sin^2 \alpha} \left\{ - \sin 2\,\psi - \sec \psi \cos\left[\psi - 2\,\alpha\right] \sin 2\,\varphi \right.$$
$$\left. - 2\,\alpha + \tau^z \left[\sin\left(2\,\psi + 2\,\alpha\right) + \sin 2\varphi\right]\right\}, \qquad (5.13.25)$$

$$T^y = \frac{\cos^2 \psi}{8 \sin^2 \alpha} \left\{ \cos 2\,\psi + \sec \psi \cos\left[\psi - 2\,\alpha\right] \cos 2\,\varphi \right.$$
$$\left. - 2\,\alpha \tan \psi - \tau^z \left[\cos\left(2\,\psi + 2\,\alpha\right) + \cos 2\,\varphi\right]\right\}, \qquad (5.13.26)$$

$$T^z = \frac{\cos \psi}{2 \sin \alpha \sin \varphi} \left[\tau^z \cos\left(\psi - \varphi + \alpha\right) - \cos\left(\psi - \varphi - \alpha\right)\right], \qquad (5.13.27)$$

$$M^x = \frac{\cos \psi \cot \alpha}{16 \sin^2 \alpha}$$
$$\left\{ 2\,\alpha \cos \psi + \sin 2\,\varphi \cos\left(\psi - 2\,\alpha\right) + \cos \psi \sin 2\,\psi \right.$$
$$- 4 \sin \varphi \sin\left(\psi + \varphi\right) \tan \alpha - \cos \varphi \sec \alpha \sin\left(\psi + \varphi + \alpha\right)$$
$$\left. - \tau^z \left[2 \cos \psi \cos\left(\psi - \varphi + \alpha\right) - \cos \varphi \sec \alpha\right] \sin\left(\psi + \varphi + \alpha\right)\right\}, \qquad (5.13.28)$$

$$M^y = \frac{\cos \psi \cot \alpha}{16 \sin^2 \alpha}$$
$$\left\{ 2\,\alpha \sin \psi - \cos 2\,\varphi \cos\left(\psi - 2\,\alpha\right) - \cos \psi \cos 2\,\psi \right.$$
$$+ 4 \sin \varphi \cos\left(\psi + \varphi\right) \tan \alpha + \cos \varphi \sec \alpha \cos\left(\psi + \varphi + \alpha\right)$$
$$\left. + \tau^z \left[2 \cos \psi \cos\left(\psi - \varphi + \alpha\right) - \cos \varphi \sec \alpha\right] \cos\left(\psi + \varphi + \alpha\right)\right\}, \qquad (5.13.29)$$

$$M^z = \frac{\cot \alpha}{8 \sin \alpha \sin \varphi} \left\{ 2 \cos \psi \cos\left(\psi - \varphi - \alpha\right) - \cos \varphi \sec \alpha \right.$$
$$\left. - \tau^z \left[2 \cos \psi \cos\left(\psi - \varphi + \alpha\right) - \cos \varphi \sec \alpha\right]\right\}. \qquad (5.13.30)$$

Wie man aus den Gln. (5.13.13) bis (5.13.15) und (5.13.22) bis (5.13.30) sieht, sind sämtliche 12 Beiwerte dimensionslos. Ferner sind sie *Funktionen von α und φ*, aber nicht von ω. Für alle ganzen Werte von φ zwischen 0° und 45°, und für alle ganzen Werte von α zwischen $-90°$ und $+90°$, sind die Zahlenwerte der 12 Beiwerte in einem Tafelwerk (Bulletin Nr. 2 des Dänischen Geotechnischen Instituts) angegeben.

Im Sonderfall $\alpha = 0$, also für eine *gerade Bruchlinie*, erhält man:

$$\tau_1 = \gamma\, k \sin \varphi \sin\left(\omega + \varphi\right) + \tau_0 , \qquad (5.13.31)$$

$$N = \frac{1}{2}\,\gamma\, k^2 \cos \varphi \sin\left(\omega + \varphi\right) + \left(\tau_0 - c\right) k \cot \varphi, \qquad (5.13.32)$$

$$T = \frac{1}{2}\,\gamma\, k^2 \sin \varphi \sin\left(\omega + \varphi\right) + \tau_0\, k, \qquad (5.13.33)$$

$$M_R = \frac{1}{12}\,\gamma\, k^3 \cos \varphi \sin\left(\omega + \varphi\right) . \qquad (5.13.34)$$

Im Sonderfall $\varphi = 0$, also für *reibungslose Böden*, kann man nicht τ als veränderliche Größe verwenden, weil sie konstant gleich c ist. Anstatt dessen verwendet man dann σ. Wenn man Kötters Gl. (5.13.5) mit $\cot \varphi$ multipliziert, Gl. (5.13.1) einsetzt und dann $\varphi = 0$ setzt, erhält man:

$$\frac{\partial \sigma}{\partial v} + 2c + \gamma\, r \sin v = 0 \qquad (5.13.35)$$

mit der folgenden Lösung für $r =$ konstant (Kreis):

$$\sigma = C_0 - 2cv + \gamma\, r \cos v. \qquad (5.13.36)$$

In derselben Weise wie früher erhält man die Fundamentalgleichungen für $\varphi = 0$:

$$\sigma_1 = \gamma\, k \sin \omega + c\, \sigma_0^z + \sigma_0, \qquad (5.13.37)$$

$$N = \gamma\, k^2 \left(\frac{1}{2} \sin \omega + N_0^y \cos \omega\right) + c\, k\, N_0^z + \sigma_0\, k, \qquad (5.13.38)$$

$$T = \gamma\, k^2\, T_0^x \sin \omega + c\, k\, T_0^z, \qquad (5.13.39)$$

$$M_R = \gamma\, k^3\, M_0^x \sin \omega + c\, k^2\, M_0^z, \qquad (5.13.40)$$

wo die Beiwerte, deren Zahlenwerte auch in dem früher genannten Tafelwerk zu finden sind, durch die folgenden Gleichungen bestimmt sind:

$$\sigma_0^z = 2\, N_0^z = 4\alpha, \qquad T_0^z = 2\alpha \cot \alpha - 1, \qquad (5.13.41\text{-}42)$$

$$N_0^y = -T_0^x = \frac{1}{4}(\alpha + \alpha \cot^2 \alpha - \cot \alpha), \qquad (5.13.43)$$

$$M_0^x = \frac{1}{2}\, N_0^y \cot \alpha, \qquad M_0^z = 2\, T_0^x + \alpha. \qquad (5.13.44\text{-}45)$$

Die Formeln für eine gerade Bruchlinie im reibungslosen Boden ($\alpha = 0,\ \varphi = 0$) erhält man aus den Gln. (5.13.31) bis (5.13.34) mit $\varphi = 0$.

5.14 Berechnungsverfahren

Die zwei wichtigsten Methoden für die Berechnung von Bruchfiguren sind die Extremmethode und die Gleichgewichtsmethode. Für beide wird später eine ausführliche, allgemeine Beschreibung gegeben werden; hier sollen nur die *Grundprinzipe* mittels eines einfachen Beispiels beleuchtet werden (Abb. 5.14.A).

Man betrachtet eine glatte, senkrechte Wand, die einen *reibungslosen Boden* ($\varphi = 0$) mit waagerechter Oberfläche und einer gleichmäßig verteilten Auflast seitlich unterstützt. Der Boden hat das Raumgewicht γ und die Kohäsion c. Man soll die waagerechte Kraft E bestimmen, mit der die Wand in einer gegebenen Höhe z_p über ihrem Fuß beansprucht werden muß, um gerade einen Bruchzustand im Boden zu entwickeln. Die geometrische Form der Bruchfigur kennt man nicht im voraus, aber die untere Grenzbruchlinie muß durch den Fußpunkt der Wand gehen und kann (für $\varphi = 0$) durch einen Kreis approximiert werden. Die Lage des Zentrums ist jedoch unbekannt.

Bei Verwendung der *Extremmethode* fängt man damit an, einen beliebigen Kreis auszuwählen (Abb. 5.14.A). Wenn der Kreis festgelegt ist, kennt man sowohl das Eigengewicht G des Bodenkörpers über dem

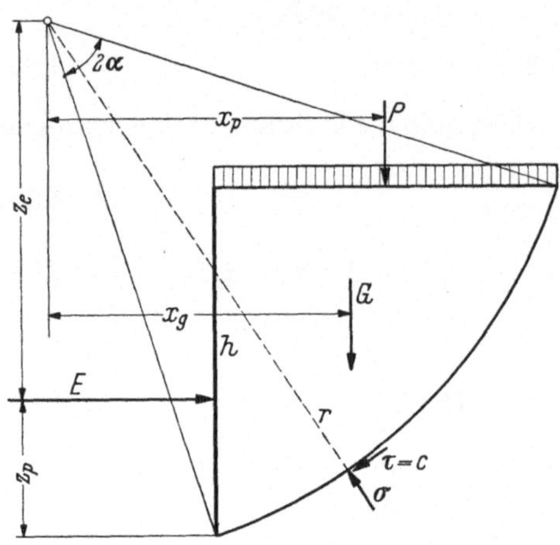

Kreis als auch die Auflast P auf der Oberfläche dieses Körpers. Die einzigen anderen Kräfte, welche diesen Körper beanspruchen, sind der Erddruck E und die inneren Spannungen (σ und $\tau = c$) im Bruchkreis. Hiervon sind E und σ unbekannte Größen, aber wenn man die *Momente um das Zentrum des Kreises* berechnet, scheiden alle Spannungen σ aus, weil sie gegen das Zentrum gerichtet sind, und die Momentengleichung bestimmt deshalb den Erddruck E, entsprechend dem gewählten Kreis:

Abb. 5.14.A. Erddruckberechnung mittels der Extremmethode

$$E = (G\,x_g + P\,x_p + 2\,\alpha\,r^2\,c) : z_e. \qquad (5.14.1)$$

Verwendet man einen anderen Kreis, findet man natürlich einen anderen Wert von E, und da die Parameter α und r des Kreises unabhängig voneinander variieren können, gibt es tatsächlich eine doppelte Unendlichkeit von E-Werten. Aus diesen muß man nach dem Prinzip der Extremmethode einen *extremen Wert* auswählen, d.h. entweder ein Maximum oder ein Minimum (im vorliegenden Fall das letzte). Dieser extreme Wert ist die gesuchte Lösung. Man kann sie natürlich analytisch bestimmen durch die Bedingungen:

$$\frac{\partial E}{\partial r} = 0, \qquad \frac{\partial E}{\partial \alpha} = 0, \qquad (5.14.2\text{-}3)$$

indem man dann E, r und α aus den drei Gln. (5.14.1) bis (5.14.3) berechnen kann, aber in der Praxis geht es gewöhnlich schneller, sie mittels Versuchen mit einigen ausgewählten Kreisen zu bestimmen. Der Kreis, der den extremen Wert von E gibt, wird der kritische genannt.

Daß die so gefundene Lösung COULOMBS *Bruchbedingung* für $\varphi = 0$ erfüllt ($\tau = c$) kann man daraus ersehen, daß die Kraft min. E mit den Schubspannungen $\tau = c$ im kritischen Kreis gerade im Gleichgewicht ist, während sie für jeden anderen Kreis kleiner ist als die Kraft E, welche mit den Schubspannungen $\tau = c$ im betreffenden Kreis im Gleichgewicht sein würde.

Bei der Verwendung der *Gleichgewichtsmethode* für dasselbe Beispiel charakterisiert man den unbekannten kritischen Kreis durch den Zenterwinkel 2α, die Länge k der Sehne und den Winkel ω zwischen der Sehne und der Waagerechten (Abb. 5.14.B). Diese Größen sind jedoch nicht voneinander unabhängig, weil k durch ω und die gegebene Wandhöhe h ausgedrückt werden kann:

$$k = h : \sin\omega. \qquad (5.14.4)$$

Die Kräfte G und P sowie ihre Momente um den Mittelpunkt der Sehne, können rein geometrisch als einfache Funktionen von α, ω und k ausgedrückt werden. Die inneren Kräfte im Bruchkreis haben eine Resultierende, deren Komponenten N,

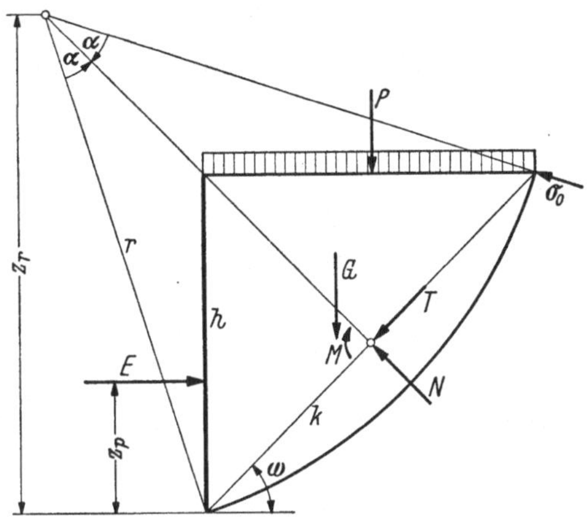

Abb. 5.14.B. Erddruckberechnung mittels der Gleichgewichtsmethode

T und M_R (für $\varphi = 0$) durch die Ausdrücke Gln. (5.13.38) bis (5.13.40) gegeben sind. Diese Ausdrücke enthalten die Spannung σ_0 in dem Punkt, wo die Bruchlinie die Erdoberfläche schneidet, aber setzt man voraus, daß σ_0 durch eine *Randbedingung* gegeben ist, dann enthält das Problem nur die drei Unbekannten α, ω und E.

Infolge des Prinzips der *Gleichgewichtsmethode* müssen diese drei Unbekannten mittels der drei Gleichgewichtsbedingungen für den Erdkörper über dem Bruchkreis bestimmt werden. Durch Projektion auf eine senkrechte und eine waagerechte Linie, und wenn man die Momente um den Fußpunkt der Wand nimmt, erhält man bzw.:

$$N\cos\omega - T\sin\omega - G - P = 0, \qquad (5.14.5)$$

$$E = N\sin\omega + T\cos\omega, \qquad (5.14.6)$$

$$E\,z_p = N\frac{1}{2}k - (G + P)\frac{1}{2}k\cos\omega - M_R - M_G - M_P. \qquad (5.14.7)$$

Die Lösung geschieht am einfachsten dadurch, daß man einen Wert von α schätzt und dann mittels der Gln. (5.14.5) bis (5.14.7) die entsprechenden Werte von ω, E und z_p nacheinander berechnet. Man muß dann α ändern und die Berechnung wiederholen, bis z_p den gegebenen Wert erhält.

Man wird sehen, daß während die Extremmethode immer ein eindeutiges Ergebnis liefert, wird das Ergebnis der Gleichgewichtsmethode offenbar von der Randbedingung, wodurch σ_0 bestimmt wird, abhängen.

5.15 Randbedingungen

Die Fundamentalformeln für τ_1, N, T und M_R enthalten alle eine Spannung τ_0, die nur durch eine Randbedingung bestimmt werden kann. Diese Randbedingung bezieht sich gewöhnlich auf den Punkt, in dem die Bruchlinie eine *Erdoberfläche* schneidet (Abb. 5.15.A).

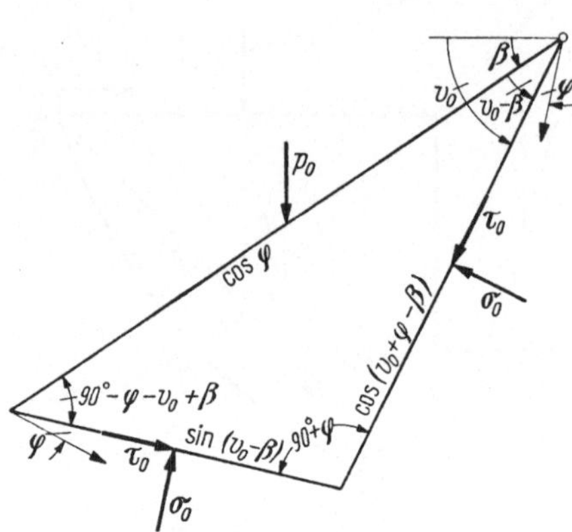

Abb. 5.15.A. Erdelement zwischen Bruchlinien und Erdoberfläche

Die Erdoberfläche bildet einen Winkel β mit der Waagerechten (positiv, wenn die Erdoberfläche gegen Punkt 0 ansteigt). Eine *lotrechte* Auflast p je Flächeneinheit der *schrägen* Oberfläche mag vorhanden sein. Man betrachtet jetzt ein kleines Erdelement zwischen der Oberfläche und zwei Bruchlinien. Abb. 5.15. A zeigt die angreifenden Kräfte; das Eigengewicht des Elementes ist klein höherer Ordnung. Bei Projektion auf zwei Achsen senkrecht zu den Bruchlinien erhält man:

$$\sigma_0 \sin (v_0 - \beta) + \sigma_0 \sin \varphi \cos (v_0 + \varphi - \beta) \\ \qquad - \tau_0 \cos \varphi \cos (v_0 + \varphi - \beta) - p \cos \varphi \sin (v_0 + \varphi) = 0, \tag{5.15.1}$$

bzw.:

$$\sigma_0 \cos (v_0 + \varphi - \beta) + \sigma_0 \sin \varphi \sin (v_0 - \beta) \\ \qquad - \tau_0 \cos \varphi \sin (v_0 - \beta) - p \cos \varphi \cos v_0 = 0. \tag{5.15.2}$$

Bei Verwendung von Gl. (5.13.1) kann man σ_0 und τ_0 eliminieren und erhält dabei die Gleichung:

$$c \sin \beta \sin (2 v_0 + \varphi - \beta) + (p \tan \varphi + c \cos \beta) \cos (2 v_0 + \varphi - \beta) \\ \qquad + p \sec \varphi \sin \beta = 0 \tag{5.15.3}$$

mit der Lösung:

$$\tan \left(v_0 + \frac{1}{2} \varphi - \frac{1}{2} \beta \right) \\ = \frac{c \cos \varphi \sin \beta \pm \sqrt{c^2 \cos^2 \varphi + p\, c \sin 2 \varphi \cos \beta + p^2 (\sin^2 \varphi - \sin^2 \beta)}}{c \cos \varphi \cos \beta + p (\sin \varphi - \sin \beta)}. \tag{5.15.4}$$

$+$ ist beim passiven Druck, $\div$ beim aktiven Druck zu verwenden.

Der Winkel v_0, den man aus Gl. (5.15.3) oder Gl. (5.15.4) findet, wird der *statisch korrekte Winkel* genannt. Wenn dieser bekannt ist, kann man aus Gl. (5.15.1) τ_0 berechnen, indem man Gl. (5.13.1) verwendet:

$$\tau_0 = \frac{p \sin \varphi \sin (v_0 + \varphi) + c \cos \varphi \sin (v_0 + \varphi - \beta)}{\sin (v_0 - \beta)}. \tag{5.15.5}$$

In einem Zonenbruch ist es gewöhnlich möglich, die Bruchlinien unter den statisch korrekten Winkeln die Erdoberflächen und andere Grenzflächen treffen zu lassen. In einem Linienbruch muß man dagegen auf die Erfüllung dieser Bedingung verzichten, weil die zurückgebliebene, geometrische Parameter sonst nicht ausreichen würden, um die (wahrscheinlich wichtigeren) statischen Bedingungen zu erfüllen.

Man stößt aber dann auf die Schwierigkeit, daß, wenn der Winkel v_0 nicht der statisch korrekte ist, unendlich viele verschiedene Werte von τ_0 gefunden werden können, abhängig von der Richtung der Projektionsachse. Da τ_0 (oder σ_0) in den Gleichungen der *Gleichgewichtsmethode* eingeht, kann man offenbar auch unendlich viele Lösungen nach dieser Methode finden, und die Frage erhebt sich, welche dieser Lösungen die korrekte ist.

Diese Frage kann beantwortet werden (BRINCH HANSEN 1953) durch Vergleich mit der *Extremmethode*, welche – wenn sie überhaupt verwendbar ist – immer eine eindeutige Lösung liefert. Es zeigt sich dann, daß die Gleichgewichtsmethode genau dieselbe Lösung wie die Extremmethode liefern wird, wenn man bei der Bestimmung von τ_0 (oder σ_0) eine Projektionsachse wählt, die einen Winkel $v_0 + \varphi$ mit der Waagerechten bildet. Die entsprechende Projektionsgleichung ist Gl. (5.15.1), und die daraus hergeleitete Gl. (5.15.5) muß deshalb immer verwendet werden, unangesehen ob v_0 der statisch korrekte Winkel ist oder nicht.

Wo eine Bruchlinie eine *Wand* trifft, muß man auch eine Randbedingung aufstellen können. In der Berührungsfläche zwischen Wand und Erde wirkt die sogenannte *Erdspannung*. Sie hat eine Komponente e senkrecht zur Wand und eine Komponente f längs der Wand. Ähnlich COULOMBS Gesetz Gl. (5.11.10) gilt für e und f die folgende Beziehung:

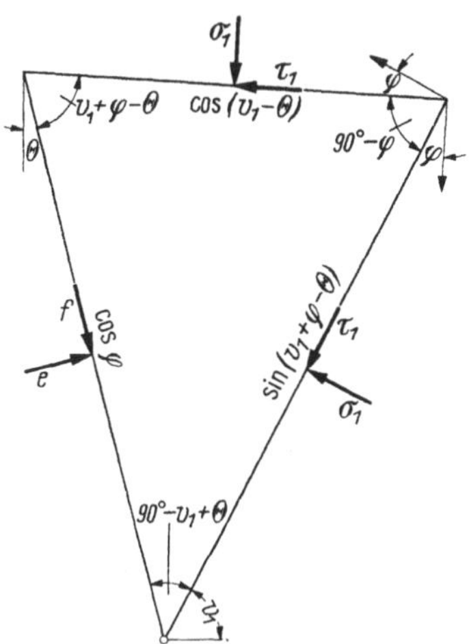

Abb. 5.15.B. Erdelement zwischen Bruchlinien und Wand

$$f \leqq a + e \tan \delta, \qquad (5.15.6)$$

a wird die *Adhäsion* oder Haftung genannt und δ der *Wandreibungswinkel*. Für eine vollständig *glatte* Wand hat man $a = 0$ und $\delta = 0$, und für eine vollständig *rauhe* Wand $a = c$ und $\delta = \varphi$. Die Gleichung ist gültig, wenn eine gegenseitige Verschiebung (Gleitung) zwischen Wand und Erde stattfindet. Die Ungleichheit bezieht sich dagegen auf den Fall, daß keine Gleitung stattfindet. a, δ und f werden positiv gerechnet, wenn f auf die Erde nach unten wirkt.

In dem Punkt, wo eine Bruchlinie eine *Wand* trifft (Abb. 5.15.B), kann man mittels der Randbedingung die Erdspannung e im betreffenden Punkt der Wand berechnen.

Die Wand bildet einen Winkel θ mit der Senkrechten (positiv, wenn die Wand überhängend ist). Man betrachtet ein kleines Erdelement zwischen der Wand und zwei Bruchlinien. Bei Projektion auf zwei Achsen senkrecht zu den Bruchlinien erhält man:

$$\left. \begin{aligned} &\sigma_1 \cos(v_1 - \theta) - \sigma_1 \sin\varphi \sin(v_1 + \varphi - \theta) + \tau_1 \cos\varphi \sin(v_1 + \varphi - \theta) \\ &+ f \cos\varphi \sin(v_1 + \varphi - \theta) - e \cos\varphi \cos(v_1 + \varphi - \theta) = 0 \end{aligned} \right\} \quad (5.15.7)$$

bzw.:

$$\left. \begin{aligned} &\sigma_1 \sin(v_1 + \varphi - \theta) - \sigma_1 \sin\varphi \cos(v_1 - \theta) + \tau_1 \cos\varphi \cos(v_1 - \theta) \\ &- f \cos\varphi \cos(v_1 - \theta) - e \cos\varphi \sin(v_1 - \theta) = 0 \, . \end{aligned} \right\} \quad (5.15.8)$$

Man muß hier annehmen, daß σ_1 und τ_1 bekannt sind, aber man kann natürlich nicht die drei Unbekannten v_1, e und f aus den Gln. (5.15.7) und (5.15.8) berechnen, bevor man eine weitere Gleichung erhält. Diese ist Gl. (5.15.6), wenn man voraussetzt, daß eine *Gleitung* zwischen Wand und Erde stattfindet. In diesem Fall kann man mittels Gl. (5.13.1) und Gl. (5.15.6) σ_1, e und f eliminieren und erhält dadurch die Gleichung:

$$\left. \begin{aligned} &\cos(2v_1 + \varphi + \delta - 2\theta) \\ &= \frac{\sin\delta}{\tau_1 \sin\varphi}\left(\tau_1 - c\cos^2\varphi + \frac{1}{2}a\cot\delta\sin 2\varphi\right). \end{aligned} \right\} \quad (5.15.9)$$

Hieraus findet man den *statisch korrekten Winkel* v_1, und wenn dieser bekannt ist, kann man e aus Gl. (5.15.7) berechnen, indem man die Gln. (5.13.1) und (5. 15.6) verwendet:

$$e = \frac{(\tau_1 - c)\cot\varphi\cot(v_1 + \varphi - \theta) + (\tau_1 + a)}{\cot(v_1 + \varphi - \theta) - \tan\delta}\, . \qquad (5.15.10)$$

Eine gewisse Vereinfachung ist möglich, wenn man die plausible Voraussetzung macht, daß:

$$\frac{a}{c} = \frac{\tan\delta}{\tan\varphi}\, . \qquad (5.15.11)$$

Hierbei vereinfachen die Gln. (5.15.9) und (5.15.10) sich zu folgenden:

$$\cos(2v_1 + \varphi + \delta - 2\theta) = \frac{\sin\delta}{\sin\varphi}\, , \qquad (5.15.12)$$

$$e = \tau_1 \frac{\cos\delta\cos(v_1 - \theta)}{\sin\varphi\cos(v_1 + \varphi + \delta - \theta)} - c\cot\varphi\, . \qquad (5.15.13)$$

Wenn der Winkel v_1 von dem statisch korrekten abweicht, kann man wieder einen Vergleich zwischen der Gleichgewichtsmethode und der Extremmethode anstellen. Es zeigt sich dann, daß man identische Ergebnisse bekommt, wenn man bei der Bestimmung von e eine Projektionsachse verwendet, die einen Winkel $v_1 + \varphi$ mit der Waagerechten bildet. Die entsprechende Projektionsgleichung ist Gl. (5.15.7), und die daraus hergeleitete Gl. (5.15.13) muß deshalb immer verwendet werden, unangesehen ob v_1 der statisch korrekte Winkel ist oder nicht.

Wenn *keine Gleitung* zwischen Wand und Erde stattfindet, kann man nicht v_1 aus Gl. (5.15.12) berechnen, weil der „wirksame" Wert von δ nicht im voraus bekannt ist. Falls die Wand sich nur winkelrecht zur eigenen Ebene bewegt, muß die Bruchlinie aus kinematischen Gründen senkrecht zur Wand gehen, d.h.:

$$v_1 = \theta. \tag{5.15.14}$$

Aus Gl. (5.15.12) kann man dann den „wirksamen" Wert von δ finden:

$$\delta = \psi - \varphi, \tag{5.15.15}$$

wobei ψ der durch Gl. (5.13.7) definierte Winkel ist.

Die entsprechende Erdspannung erhält man endlich aus Gl. (5.15.13):

$$e = \tau_1 \cot(\psi - \varphi) - c \cot\varphi. \tag{5.15.16}$$

Wenn zwei Bruchlinien in einem *homogenen Erdkörper* zusammentreffen (*f*- oder *a*-Bruch), müssen sie die statisch korrekten Winkel ($0°$ oder $90° \pm \varphi$) miteinander bilden, und die Spannungen τ in den beiden Bruchlinien sind dann numerisch einander gleich. Die Vorzeichen sind identisch bei einem *f*-Bruch und verschieden bei einem *a*-Bruch.

Wenn zwei Bruchlinien bei einer *Wand* zusammentreffen (*w*-Bruch), können sie dagegen beliebige Winkel miteinander und mit der Wand bilden. Mittels der bekannten Spannung τ_1 in der oberen Bruchlinie berechnet man erst e wie oben erklärt. Danach kann man mittels Gl. (5.15.13) die Spannung τ_2 in der unteren Bruchlinie berechnen, weil e jetzt bekannt ist.

Treffen zwei Bruchlinien einander bei einer *Schichtgrenze* zwischen zwei verschiedenen Bodenschichten, müssen sie aus kinematischen Gründen miteinander fluchten (*f*-Bruch). Hier muß man jedoch folgende Fälle unterscheiden.

Haben die zwei Bodenschichten *verschiedene Raumgewichte* γ, aber gleiche Werte von c und φ, sind die Spannungen an beiden Seiten der Schichtgrenze identisch:

$$\tau_2 = \tau_1. \tag{5.15.17}$$

Haben die zwei Bodenschichten verschiedene Werte von c, aber dasselbe φ, kann man die folgende Beziehung herleiten, worin v und β die

Winkel zwischen der Waagerechten und der Bruchlinie bzw. der Schichtgrenze sind:

$$\tau_2 = \tau_1 + (c_2 - c_1)\frac{\cos\varphi\,\sin(v + \varphi - \beta)}{\sin(v - \beta)} . \qquad (5.15.18)$$

Haben die zwei Bodenschichten auch verschiedene Werte von φ, kann man für eine kinematisch mögliche Bruchlinie (gleiche v) keine eindeutige Randbedingung angeben. In diesem Fall versagt also die Methode.

Im Sonderfall $\varphi = 0$, d.h. *reibungsloser Boden*, muß man in sämtlichen Randbedingungen σ anstatt τ einführen, indem τ konstant ($= c$) ist. In dieser Weise erhält man folgende Randbedingungen, die Gln. (5.15.4), (5.15.5) und (5.15.12) bis (5.15.18) ersetzen.

Bei einer Erdoberfläche:

$$\cos(2v_0 - 2\beta) = -\frac{p}{c}\sin\beta , \qquad \sigma_0 = \frac{p\sin v_0}{\sin(v_0 - \beta)} + c\cot(v_0 - \beta).$$

$$(5.15.19\text{-}20)$$

Bei einer Wand, wenn Gleitung stattfindet:

$$\cos(2v_1 - 2\theta) = \frac{a}{c} , \qquad e = \sigma_1 + (c + a)\tan(v_1 - \theta). \qquad (5.15.21\text{-}22)$$

Bei einer Wand, wenn keine Gleitung stattfindet:

$$v_1 = \theta , \qquad a = c , \qquad e = \sigma_1 . \qquad (5.15.23\text{-}25)$$

Bei einer Schichtgrenze mit gleichem c, bzw. mit verschiedenem c:

$$\sigma_2 = \sigma_1 , \qquad \sigma_2 = \sigma_1 + (c_2 - c_1)\cot(v - \beta). \qquad (5.15.26\text{-}27)$$

5.16 Wirkung von Wasserdrücken

Die bisher entwickelte Bruchtheorie ist auf COULOMBS Gesetz Gl. (5.11.10) gegründet und gilt deshalb eigentlich nur für *trockenen Boden*.

Wenn der Boden *wassergesättigt* ist, wird die totale Normalspannung σ in einem beliebigen Schnitt teilweise als ein Porenwasserdruck u, und teilweise als eine *wirksame* Spannung $\bar{\sigma}$ zwischen den Körnern aufgenommen:

$$\sigma = u + \bar{\sigma} . \qquad (5.16.1)$$

Eine Vergrößerung des Porenwasserdruckes wird nicht die Scherfestigkeit des Bodens ändern, weil das Porenwasser keine Schubspannungen aufnehmen kann. Die Scherfestigkeit hängt deshalb nur von der wirksamen Spannung ab, so daß die Bruchbedingung für *wassergesättigten* Boden wie folgt geschrieben werden muß:

$$\tau_f = \bar{c} + \bar{\sigma}\tan\bar{\varphi} = \bar{c} + (\sigma - u)\tan\bar{\varphi} , \qquad (5.16.2)$$

$\bar{c}$ und $\bar{\varphi}$ werden die *wirksamen* Scherfestigkeitsbeiwerte genannt. Sie können in einem Diagramm mit wirksamen Spannungen bestimmt werden durch Einlegung einer gemeinsamen Tangente zu einer Reihe von MOHRschen Kreisen (mittels Dreiaxialversuchen gefunden).

Ist der Boden in gewissen Gebieten wassergesättigt, muß man erst die *Wasserdrücke ausscheiden*, bevor man die entwickelte Bruchtheorie verwenden kann. Man muß dabei zwischen folgenden Fällen unterscheiden.

Hat man Grundwasser *ohne Bewegung* in einem Boden ohne nennenswerte kapillare Steighöhe (Abb. 5.16.A), werden die Wasserdrücke auf den untertauchten Teilen der Erdoberfläche und einer beliebigen Bruchlinie im Gleichgewicht sein mit dem Gewicht einer Wassermenge

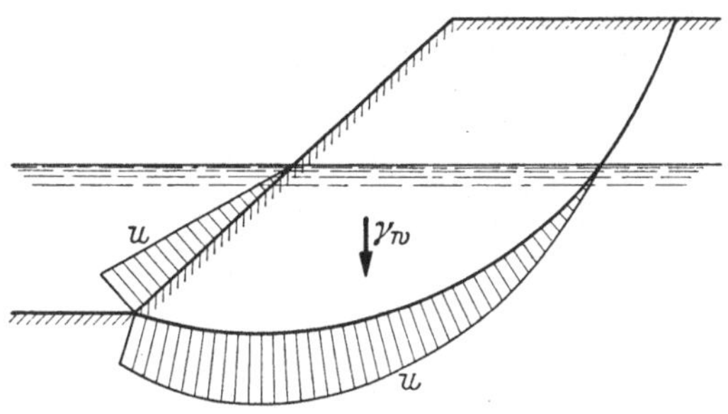

Abb. 5.16.A. Grundwasser ohne Bewegung

entsprechend dem Volumen zwischen den genannten Linien und dem Grundwasserspiegel.

Dies bedeutet, daß man bei der Bruchberechnung alle Wasserdrücke vernachlässigen kann, wenn man nur für den Boden unter dem Grundwasserspiegel mit dem *wirksamen Raumgewicht* rechnet:

$$\gamma' = \gamma - \gamma_w. \qquad (5.16.3)$$

Auch für eventuelle Bauwerksteile unter dem Grundwasserspiegel muß man mit einem entsprechend reduzierten Raumgewicht rechnen.

Ist der Boden wassergesättigt bis zu einer gewissen *kapillaren Steighöhe* h_c über dem Grundwasserspiegel (Abb. 5.16.B), werden die Wasserdrücke im Kapillarwasserspiegel und in den hierunter liegenden Teilen der Erdoberfläche und einer beliebigen Bruchlinie im Gleichgewicht sein mit dem Gewicht

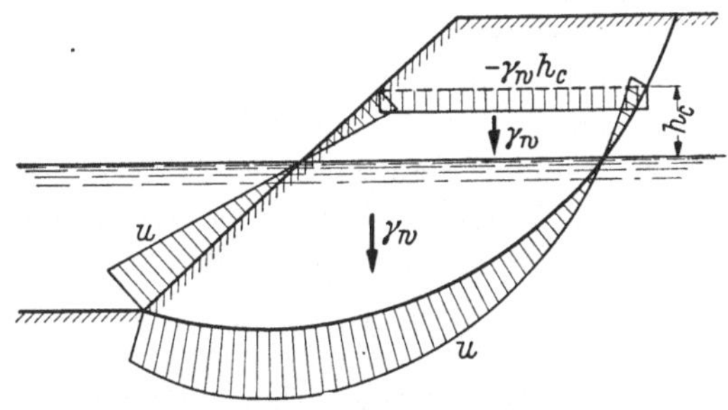

Abb. 5.16.B. Grundwasser mit Kapillarzone

einer Wassermenge entsprechend dem Volumen zwischen den genannten Linien.

Dies bedeutet, daß man auch hier alle Wasserdrücke vernachlässigen kann, wenn man nur mit dem *wirksamen* Raumgewicht γ' sowohl unter dem Grundwasserspiegel als auch in der Kapillarzone rechnet. Da keine „äußeren" Wasserdrücke über dem Grundwasserspiegel vorhanden sind, muß man außerdem mit einem nach unten gerichteten „*Kapillardruck*" folgender Größe im Kapillarwasserspiegel rechnen:

$$p_c = \gamma_w h_c \tag{5.16.4}$$

und auf der freien Erdoberfläche mit einem nach innen gerichteten Kapillardruck, dessen Größe der Höhe über dem Grundwasserspiegel entspricht.

Falls die für den betreffenden Boden charakteristische, maximale kapillare Steighöhe *größer* ist als die Höhe der Erdoberfläche über dem Grundwasserspiegel, muß man die letztgenannte Höhe anstatt h_c in Gl. (5.16.4) verwenden.

Ist das Grundwasser *in Bewegung*, muß man erst ein *Strömungsnetz* konstruieren für die Bestimmung von Potentialen und Gradienten im betreffenden Gebiet (Abb. 5.16.C).

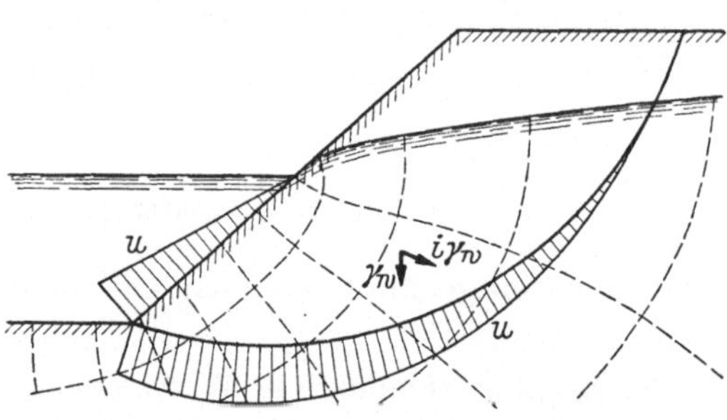

Abb. 5.16.C. Strömendes Grundwasser

Die Wasserdrücke auf den untertauchten Teilen der Erdoberfläche und einer beliebigen Bruchlinie werden hier im Gleichgewicht sein mit dem Gewicht einer Wassermenge entsprechend dem Volumen zwischen den genannten Linien und dem Grundwasserspiegel und mit den Kräften, mit denen die Bodenkörner das strömende Wasser im betrachteten Gebiet beanspruchen.

Dies bedeutet, daß man auch in diesem Fall alle Wasserdrücke vernachlässigen kann, wenn man mit dem *wirksamen* Raumgewicht γ' unter dem Grundwasserspiegel rechnet und außerdem mit *Strömungskräften*, welche in jedem Punkt dieselbe Richtung wie der Gradient und je Raumeinheit die folgende Größe haben:

$$j = i\gamma_w. \tag{5.16.5}$$

Die *wirksame Massenkraft* je Raumeinheit soll also von γ' und $i\gamma_w$ vektoriell zusammengesetzt werden. Sie wird deshalb gewöhnlich weder lotrecht noch konstant sein, wie es in der entwickelten Bruchtheorie vorausgesetzt ist. Diese Theorie kann deshalb nicht ohne weiteres für strömendes Grundwasser verwendet werden.

Die Theorie ist jedoch mit Annäherung verwendbar, wenn die Gradienten im betreffenden Gebiet einigermaßen *konstant* und *parallel* sind. Man braucht dann nur das System so zu drehen, daß die wirksame Massenkraft lotrecht wird, um die entwickelte Bruchtheorie verwenden zu können.

Besonders einfach wird die Berechnung, wenn die Gradienten außerdem mit genügender Annäherung auch *lotrecht* sind. In diesem Fall braucht man nur mit einem wirksamen Raumgewicht von der folgenden Größe zu rechnen:

$$\gamma'' = \gamma' + i\,\gamma_w, \qquad (5.16.6)$$

wobei der Gradient i bei abwärts gerichteter Strömung positiv gerechnet werden muß, während er bei aufwärts gerichteter Strömung negativ gerechnet werden muß.

Hat man eine *Kapillarzone* über dem strömenden Grundwasser, wird die Strömung auch in der Kapillarzone stattfinden. Außer den Strömungskräften j muß man dann mit den früher erwähnten Kapillardrücken in den Begrenzungsflächen der Kapillarzone rechnen.

5.17 Anfangs- und Daueranalysen

Wenn man *wassergesättigten* Boden hat, soll man eigentlich die Bruchbedingung für *wirksame* Spannungen [Gl. (5.16.2)] mit den Scherfestigkeitsbeiwerten $\bar{c}$ und $\bar{\varphi}$ verwenden. Dies erfordert aber Kenntnis der Porenwasserdrücke u, und es ist oft schwierig diese zu bestimmen, besonders wenn der Boden nicht fertig verdichtet ist.

Wenn der Bruch *undräniert* ist, d.h. so schnell geschieht, daß der Boden seinen Wassergehalt nicht ändern kann, ist es leicht zu zeigen, daß die Scherfestigkeit von der totalen Normalspannung σ unabhängig sein muß. Wegen der geringen Zusammendrückbarkeit des Porenwassers im Verhältnis zum Kornhaufen muß eine isotrope Änderung von σ eine ebenso große Änderung von u verursachen, während $\bar{\sigma}$ dabei nicht geändert wird. Infolge Gl. (5.16.2) wird dann auch die Scherfestigkeit ungeändert sein. Dasselbe Ergebnis kann man rein formal auch erhalten, wenn man COULOMBS Gesetz für *totale* Spannungen [Gl. (5.11.10)] mit $\varphi = 0$ und $c =$ undränierte Scherfestigkeit verwendet.

Eine Berechnung auf dieser Grundlage nennt man eine $\varphi = 0$-*Analyse*. Sie ist nur gültig für einen undränierten Bruch in wassergesättigtem Boden. Ein solcher Bruch kommt in der Praxis nur in *wassergesättigtem Ton* vor, wo man, auf Grund der geringen Durchlässigkeit des Tones, einen undränierten Bruch haben wird, selbst wenn die Belastungsänderung nicht sehr schnell vor sich geht.

Ist der Bruch dagegen völlig *dräniert*, d.h. geschieht er so langsam, daß die Porenwasserdrücke sich nicht nennenswert ändern, muß man die Bruchbedingung für *wirksame* Spannungen [Gl. (5.16.2)] mit $\bar{c}$ und $\bar{\varphi}$ verwenden. Die Porenwasserdrücke u sind hier bekannt; sie entsprechen nämlich entweder den hydrostatischen (Grundwasser ohne Bewegung) oder einem Strömungsnetz (strömendes Grundwasser).

Eine Berechnung auf dieser Grundlage nennt man eine *c φ-Analyse*. Sie hat im Prinzip allgemeine Gültigkeit, wird aber in der Praxis meistens für dränierte Brüche verwendet, weil man hier die Porenwasserdrücke kennt.

Wenn man auf *wassergesättigtem Ton* ein Bauwerk aufführt und belastet, fängt ein Verdichtungsprozeß an. Dies bedeutet, daß die Porenwasserdrücke u sich mit der Zeit ändern werden, und infolge Gl. (5.16.2) gilt dann dasselbe für die Scherfestigkeit, und damit auch für die Standsicherheit des Bauwerkes. Da man oft nicht weiß, ob die Standsicherheit im Laufe der Zeit vergrößert oder verringert wird, kann es manchmal notwendig sein, sowohl den Zustand beim Anfang des Verdichtungsprozesses (Anfangsstandsicherheit) als auch beim Abschluß dieses Prozesses (Dauerstandsicherheit) zu untersuchen.

Wegen der geringen Durchlässigkeit des Tones kann man gewöhnlich die Bauzeit als kurz im Verhältnis zur Verdichtungszeit ansehen. Man darf deshalb bei der Untersuchung der *Anfangsstandsicherheit* annehmen, daß eine nennenswerte Verdichtung noch nicht stattgefunden hat. Ein eventueller Bruch muß deshalb *undräniert* sein, und dies bedeutet, daß man eine $\varphi - 0$-*Analyse* mit $c =$ die undränierte Scherfestigkeit des Tones ausführen kann.

Bei der Untersuchung der *Dauerstandsicherheit* setzt man voraus, daß der Ton fertigverdichtet ist unter der sogenannten setzungsgebenden Belastung (das Eigengewicht des Bauwerkes und ein Teil der Nutzlast). Nach der Verdichtung kann ein eventueller Bruch in zwei verschiedenen Weisen geschehen, nämlich entweder als ein dränierter Bruch bei der setzungsgebenden Belastung, oder auch als ein undränierter Bruch bei einer verhältnismäßig schnellen Vergrößerung dieser Belastung.

Ein eventueller Bruch unter der setzungsgebenden Belastung muß natürlich *dräniert* sein und erfordert deshalb eine $c \varphi$-Analyse mit den wirksamen Scherfestigkeitsbeiwerten $\bar{c}$ und $\bar{\varphi}$ und mit den Porenwasserdrücken u entsprechend einem hydrostatischen Gleichgewichtszustand (oder einem gegebenen Strömungsnetz).

Geschieht der Bruch dagegen bei einer gewissermaßen schnellen Vergrößerung der Belastung, muß er *undräniert* sein, und man sollte deshalb im Prinzip eine $\varphi = 0$-*Analyse* ausführen können. c muß aber dann gleich der undränierten Scherfestigkeit des Tones im *verdichteten* Zustand gesetzt werden, aber diese mag in der Praxis schwer bestimmbar sein.

Wie man sieht, fordert ein Bauwerk auf wassergesättigtem Ton im Prinzip drei verschiedene Untersuchungen:

1. Eine $\varphi = 0$-Analyse mit $c =$ ursprüngliche undränierte Scherfestigkeit des Tones und mit der maximalen Belastung des Bauwerks (Anfangsstandsicherheit).

2. Eine $\varphi = 0$-Analyse mit $c =$ undränierte Scherfestigkeit des verdichteten Tones und mit der maximalen Belastung.

3. Eine $c\varphi$-Analyse mit $\bar{c}$ und $\bar{\varphi}$ sowie den vorhandenen Porenwasserdrücken und der setzungsgebenden Belastung (Dauerstandsicherheit).

Offensichtlich wird 1. gefährlicher als 2. sein, wenn es sich um *Mehrbelastung* handelt; umgekehrt bei *Entlastung*. Dagegen ist es im allgemeinen nicht möglich anzugeben, wann 3. das gefährlichste ist. Dies hängt nämlich u. a. von dem Verhältnis zwischen setzungsgebender und maximaler Belastung ab, sowie vom Verdichtungszustand des Tones und von Abmessungen und Tiefe des Fundamentes.

Für ein Bauwerk auf *Sand* braucht man nicht zwischen Anfangs- und Dauerstandsicherheit zu unterscheiden, weil der Sand wegen seiner hohen Durchlässigkeit so schnell dräniert wird, daß von einem undränierten Bruch kaum die Rede sein kann. Für Sand muß man deshalb immer eine $c\varphi$-*Analyse* ausführen (gewöhnlich mit $c = 0$).

Für die Übergangsbodenart *Schluff* kann man oft mit guter Annäherung Grobschluff als Sand und Feinschluff als Ton behandeln. In den Fällen, wo dies nicht genügend genau ist, kann man im Prinzip für jeden beliebigen Zeitpunkt eine $c\varphi$-*Analyse* mit wirksamen Spannungen und Festigkeitsbeiwerten ausführen. Die Porenwasserdrücke müssen dann entweder an Ort und Stelle mittels Piezometer, oder durch Berechnung mittels der Verdichtungstheorie und SKEMPTONS Porendruckgleichung bestimmt werden.

Für *nichtwassergesättigten* Ton (z.B. Füllmaterial in Dämmen) ist eine $c\varphi$-Analyse die einzige Möglichkeit, indem man hier nicht einmal im undränierten Zustand $\varphi = 0$ hat.

Für jedes *permanente Bauwerk*, dessen Aufführung eine Änderung der natürlichen Verhältnisse bedeutet, muß im Prinzip sowohl eine Anfangs- als auch eine Daueranalyse gemacht werden. Dies gilt z.B. für Fundamente, Pfahlroste, Stützwände, Erdbauten, Abgrabungen usw. In Fällen, wo solche künstlichen Eingriffe nicht gemacht werden, mag eine Daueranalyse genügen; dies gilt z.B. – wie von dem Geotechnischen Institut Norwegens gezeigt – für natürliche Böschungen. Für zeitweilige Bauwerke, die nur eine begrenzte Lebenszeit haben sollen, mag umgekehrt eine Anfangsanalyse ausreichen.

5.18 Sicherheiten

Jede Konstruktion soll für gewisse vorgeschriebene Belastungen bemessen und von Baustoffen mit gewissen vorausgesetzten Bruchfestigkeiten gebaut werden. Dabei muß die Konstruktion eine bestimmte *Sicherheit* gegen Bruch haben. Diese Sicherheit kann jedoch in drei verschiedenen Weisen eingeführt werden.

Nach der klassischen Methode bestimmt man die, den vorgeschriebenen Belastungen entsprechende, gefährlichste Spannung und verlangt, daß diese kleiner sei als die für den betreffenden Baustoff festgesetzte *„zulässige Spannung"*, die man aus der Bruchfestigkeit durch Division mit dem Sicherheitsgrad erhält.

Für solche Konstruktionen (z.B. veränderliche Systeme) und Baustoffe (z.B. vorgespannter Beton), wo es *keine Proportionalität* zwischen äußeren Belastungen und inneren Spannungen gibt, erhält man mittels der klassischen Methode keinen Aufschluß über die wirkliche Bruchsicherheit.

Man hat deshalb bereits auf einigen Gebieten vorgeschlagen, mit einer *„Bruchbelastung"* (z.B. 1,5 g + 2,5 p) zu rechnen und dann zu erlauben, daß die entsprechende gefährlichste Spannung die Bruchfestigkeit des Baustoffes (oder einen bestimmten Bruchteil davon) erreicht. Man wird bemerken, daß man nach dieser Methode nicht mehr die „Sicherheit" als eine bestimmte Ziffer angeben kann.

In der *Bodenmechanik* gilt das besondere Verhältnis, daß gewisse äußere Belastungen (Erddruck, Sohldruck und Pfahldrücke) tatsächlich von Materialfestigkeiten abhängen, nämlich von der Scherfestigkeit des Bodens. Infolgedessen zeigt es sich, daß man hier weder mittels der einen noch der anderen der obengenannten Methoden zu einem allgemeinen, logischen System kommen kann. Es erweist sich vielmehr als notwendig, oder jedenfalls praktisch, die sogenannten *Partialkoeffizienten* anzuwenden.

Hicrnach rechnet man in einem *„nominellen Bruchzustand"*, in welchem die vorgeschriebenen Belastungen mit gewissen Partialkoeffizienten multipliziert sind, während die Bruchfestigkeiten der Bodenarten und der Baustoffe mit anderen Partialkoeffizienten dividiert sind. Man soll dann die Konstruktion so bemessen, daß im nominellen Bruchzustand gerade *Gleichgewicht* vorhanden ist, und zwar zwischen nominellen Belastungen auf der einen Seite und nominellen Erddrücken, Sohldrücken und Pfahldrücken auf der anderen Seite. Gleichzeitig darf die gefährlichste, nominelle Spannung in der Konstruktion die nominelle Bruchfestigkeit des betreffenden Baustoffes nicht übersteigen.

Die wichtigsten *Belastungen* in der Bodenmechanik sind Eigengewichte (g), bewegliche Belastungen (p), Wasserdrücke (w), Winddrücke (v) und der sogenannte Ruhedruck einer Erdmasse (e^0). Die nominellen Belastungen und die entsprechenden Partialkoeffizienten werden dann definiert durch:

$$g_n = g\,f_g\,, \quad p_n = p\,f_p\,, \quad w_n = w\,f_w\,, \quad v_n = v\,f_v\,, \quad e_n^0 = e^0\,f_o\,. \qquad (5.18.1\text{-}5)$$

Die nominellen Scherfestigkeitsbeiwerte c und φ der *Bodenarten* und die entsprechenden Partialkoeffizienten werden wie folgt definiert:

$$c_n = \frac{c}{f_c}\,, \qquad \tan\varphi_n = \frac{\tan\varphi}{f_\varphi}\,. \qquad (5.18.6\text{-}7)$$

Endlich erhält man für die *Baustoffe* die nominellen Bruchfestigkeiten aus:

$$\sigma_n = \frac{\sigma_f}{f_\sigma} , \qquad (5.18.8)$$

wo σ_f die betreffende Bruchfestigkeit ist. Für Stahl wird immer die untere *Fließgrenze* als σ_f angesehen.

In gewissen Fällen bestimmt man die Tragfähigkeit eines Fundamentes oder eines Pfahls mittels *Probebelastung* oder (nur für Pfähle) mittels einer *Rammformel*. Aus der so ermittelten Bruchlast Q_f berechnet man dann die nominelle Bruchlast Q_n aus:

$$Q_n = \frac{Q_f}{f_b} , \qquad Q_n = \frac{Q_f}{f_d} . \qquad (5.18.9\text{-}10)$$

Beim Festlegen der *Zahlenwerte* der einzelnen Partialkoeffizienten muß man erstens die Unsicherheit in der Bestimmung der betreffenden Belastung oder Festigkeit berücksichtigen. Zweitens muß das System der Partialkoeffizienten derart sein, daß man im Durchschnitt die bestmögliche Übereinstimmung mit früher ausgeführten Konstruktionen, deren Abmessungen sich erfahrungsgemäß als vernünftig gezeigt haben, erhält.

Durch Vergleich mit den dänischen Normen für Wasser- und Grundbau (1952), namentlich bezüglich verankerter Spundwände, und mit der neueren internationalen Praxis auf dem Gebiet des Grundbaues, ist man in Dänemark vorläufig zu folgendem System gekommen. Für die *Belastungen* setzt man:

Eigengewicht	$f_g = 1{,}0$	Winddruck	$f_v = 1{,}5$
Bewegliche Belastung	$f_p = 1{,}5$	Ruhedruck	$f_o = 1{,}3$
Wasserdruck	$f_w = 1{,}2$		

Es kann jedoch erwähnt werden, daß man wahrscheinlich f_w auf $1{,}0$ herabsetzen wird, wobei jedoch mit dem höchsten Wasserstand, der mit einer gewissen Wahrscheinlichkeit in der Lebenszeit der Konstruktion vorkommen kann, zu rechnen ist.

Für die Scherfestigkeit der *Bodenarten*, und die daraus folgenden Erddrücke, Sohldrücke und Pfahldrücke, zeigt es sich, daß man zwischen folgenden Fällen unterscheiden muß:

	Tragfähigkeit der Pfähle	Tragfähigkeit der Fundamente	Standsicherheit und Erddruck
Kohäsion	$f_c = 2{,}0$	1,7	1,5
Reibung	$f_\varphi = 1{,}2$	1,2	1,2
Probebelastung	$f_b = 1{,}6$		
Rammformel	$f_d = 2{,}0$		

Es muß beachtet werden, daß man mit den angegebenen Zahlenwerten
nur dann rechnen darf, wenn die Scherfestigkeitsbeiwerte durch die best-
möglichen Versuche bestimmt sind. Zeigen die Versuchsergebnisse eine
bedeutende Streuung, was oft der Fall sein wird, soll man mit vorsichtig
angesetzten Mittelwerten rechnen. Die eventuelle Rammformel soll auch
eine der Besten sein, z.B. die dänische Rammformel (Abschn. 5.42).

Betreffend die *Baustoffe* könnte man auch verschiedene Zahlenwerte
von f_σ angeben, aber zur Zeit ist es einfacher, die nominellen Festigkeiten
mittels der gewöhnlichen „zulässigen Spannungen" festzulegen. Der
durchschnittliche Partialkoeffizient für Belastungen ist etwa 1,25, und
eine entsprechende Erhöhung könnte man dann ohne weiteres den zulässigen Spannungen geben. Außerdem verwendet man im Wasser- und
Grundbau oft (u.a. in Dänemark) höhere Spannungen als im Hochbau.
Man hat deshalb vorgeschlagen, mit *nominellen* Baustoffestigkeiten zu
rechnen, die um 40% *höher* sind als die gewöhnlichen zulässigen Spannungen für die betreffenden Baustoffe.

Für kurzfristige Belastungen oder zeitweilige Konstruktionen können
die Partialkoeffizienten etwas reduziert werden.

5.2 Erddruck

Unter Erddruck versteht man die Kraft, welche in der Berührungsfläche zwischen einer Konstruktion und einer angrenzenden Erdmasse
wirkt. Infolge dieser Definition ist auch der Sohldruck zwischen einem
Fundament und dem unterliegenden Boden ein Erddruck. In der Praxis
unterscheidet man jedoch zwischen *Sohldrücken* (auf einigermaßen waagerechten Flächen) und *Erddrücken* (auf einigermaßen lotrechten Flächen,
auch Wände genannt).

Die Größe, Richtung und Verteilung des Erddruckes werden von der
Bruchart der Konstruktion abhängen, und zwar von seiner Bewegungs-
möglichkeit im Bruchzustand. Da man gewöhnlich die elastischen Formänderungen im Vergleich mit den plastischen vernachlässigen darf, kann
jede Wand im Bruchzustand als vollständig *steif* angesehen werden. Ihre
Bewegung muß daher in einer Drehung um einen bestimmten Punkt bestehen, und der Erddruck wird demgemäß eine Funktion der Koordinaten dieses Punktes. Im voll entwickelten Bruchzustand ist der Erddruck dagegen nicht von der Größe des Drehwinkels abhängig. Mitunter
bilden sich ein oder mehrere *Fließgelenke* in der Wand.

Wenn man eine von Erddrücken beanspruchte Konstruktion bemessen soll, muß man folglich erst die *Bruchart* der Konstruktion feststellen. Diese Bruchart muß *kinematisch möglich* sein, d.h. die Bewegungen der einzelnen Konstruktionsteile müssen miteinander verträglich

sein. Die Bruchart muß auch *statisch möglich* sein; d.h. alle Gleichgewichtsbedingungen müssen für jeden Konstruktionsteil erfüllbar sein.

Wenn die Bruchart festgelegt ist, muß man die äußeren *Hauptabmessungen* der Konstruktion schätzungsweise festlegen, um überhaupt die Berechnung anfangen zu können. Auch die Lagen etwaiger Fließgelenke müssen geschätzt werden.

Danach muß man untersuchen, welche *Bruchfiguren* in den angrenzenden Erdmassen auftreten können. Die Bruchfigur muß *kinematisch* möglich sein, d.h. die Formänderungen und Bewegungen der einzelnen Zonen müssen miteinander – und mit der vorausgesetzten Bruchart der Konstruktion – zusammenpassen. Die Bruchfigur muß auch *statisch* möglich sein, d.h. alle Gleichgewichtsbedingungen müssen für jede Zone erfüllbar sein.

Falls mehr als eine Bruchfigur diese beiden Bedingungen erfüllt, muß man die *kritische* Bruchfigur wählen, d.h. diejenige, für welche bei einer gegebenen, kinematisch möglichen Bewegung der Konstruktion die vom Erddruck (auf die Erde wirkend) ausgeführte Arbeit am kleinsten ist.

Die geometrischen Parameter der Bruchfiguren, und die entsprechenden Erddrücke, werden im allgemeinen am einfachsten mittels der *Gleichgewichtsmethode* berechnet. In einfacheren Fällen kann man jedoch die *Extremmethode* verwenden. In der Praxis ist es übrigens nur selten notwendig, Bruchfiguren zu berechnen. Im gewöhnlichsten Fall, senkrechte Wand und waagerechte Erdoberfläche, kann der Erddruck für einen beliebigen Umdrehungspunkt mittels der in Abschn. 5.25 angegebenen Diagramme direkt bestimmt werden.

Wie in Abschn. 5.18 erklärt, rechnet man bei einer Bruchbemessung immer im *nominellen* Bruchzustand und muß deshalb die notwendigen Partialkoeffizienten einführen.

Wenn die nominellen Erddrücke bestimmt sind, entsprechend der vorausgesetzten Bruchart der Konstruktion, kontrolliert man ob alle einzelnen Teile der Konstruktion (zwischen etwaigen Fließgelenken) im nominellen Bruchzustand im Gleichgewicht sind. Wenn nicht, muß man die geschätzten Hauptabmessungen ändern und umrechnen, bis das notwendige Gleichgewicht vorhanden ist.

Wenn man in dieser Weise die äußeren Hauptabmessungen der Konstruktion festgelegt hat, berechnet man – stets im nominellen Bruchzustand – die entscheidenden Schnittkräfte in der Konstruktion und kann danach die betreffenden *Schnitte* bemessen unter Verwendung der nominellen Baustoffestigkeiten (40% höher als die normalen zulässigen Spannungen).

5.21 Ruhedruck, Erddruck und Erdwiderstand

In einem Punkt einer ausgedehnten, natürlichen Ablagerung mit *waagerechter* Oberfläche sind die wirksamen Hauptspannungen in lotrechter bzw. waagerechter Richtung:

$$\bar\sigma_1 = \bar q \qquad \bar\sigma_3 = K^0 \bar q , \qquad\qquad (5.21.1\text{-}2)$$

wo $\bar q$ das gesamte wirksame Gewicht der oberliegenden Schichten bedeutet.

K^0 ist der sogenannte *Ruhedruckbeiwert*. Neuzeitliche Untersuchungen zeigen, daß K^0 mit Annäherung die folgende empirische Beziehung zum wirksamen Reibungswinkel hat:

$$K^0 = 1 - \sin\bar\varphi . \qquad\qquad (5.21.3)$$

Dementsprechend sollte K^0 die folgenden Zahlenwerte haben:

Sand   0,4 bis 0,5,
Ton (normalverdichtet)   0,6 bis 0,8.

Wird in die Ablagerung eine *senkrechte, unbewegliche Wand* derart angebracht, daß die Ablagerung nicht gestört wird, bezeichnet man den entsprechenden Erddruck als *Ruhedruck*. Er wirkt senkrecht zur Wand und hat je Flächeneinheit die Größe:

$$e^0 = (\bar\gamma\, d + p)\, K^0 . \qquad\qquad (5.21.4)$$

Hierin bezeichnet d die Tiefe unter der Erdoberfläche, p die Auflast und $\bar\gamma$ das wirksame Raumgewicht des Bodens.

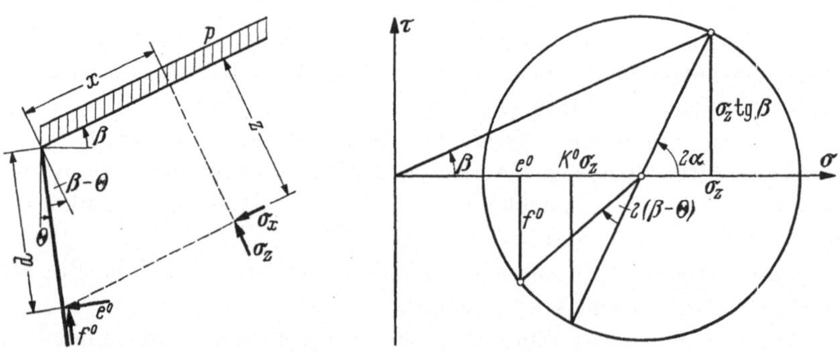

Abb. 5.21.A. Ruhedruck im allgemeinen Fall

Man betrachtet danach den *allgemeinen Fall*, wo die Erdoberfläche einen Winkel β mit der Waagerechten, und die Wand einen Winkel θ mit der Lotrechten bildet (Abb. 5.21.A links). Um in diesem Fall den Ruhedruck zu berechnen, muß man erstens annehmen, daß Spannungen und Formänderungen in jedem Schnitt senkrecht zur Oberfläche dieselben sind. Man erhält dann:

$$\sigma_z = (\bar{\gamma} z + p) \cos \beta, \qquad \tau_{xz} = \sigma_z \tan \beta, \qquad \sigma_x = K^0 \sigma_z. \qquad (5.21.5\text{-}7)$$

Wenn diese Spannungen in einem MOHRschen Kreis eingetragen werden (Abb. 5.21.A rechts), findet man die Erdspannungen e^0 und f^0 auf die Wand durch:

$$e^0 = \frac{1}{2} \sigma_z (1 + K^0) - \frac{1}{2} \sigma_z (1 - K^0) \sec 2\alpha \cos 2 (\alpha - \beta + \theta), \qquad (5.21.8)$$

$$f^0 = - \frac{1}{2} \sigma_z (1 - K^0) \sec 2\alpha \sin 2 (\alpha - \beta + \theta), \qquad (5.21.9)$$

wo der Winkel α zwischen Erdoberfläche und Hauptschnitt durch die folgende Beziehung gegeben ist:

$$\tan 2\alpha = \frac{2 \tan \beta}{1 - K^0}. \qquad (5.21.10)$$

Führt man danach die Tiefe d ein (längs der Wand gemessen), erhält man die allgemeinen Ausdrücke:

$$e^0 = [\bar{\gamma} d \cos (\beta - \theta) + p]$$
$$\times [(1 + K^0) - (1 - K^0) \cos 2 (\beta - \theta) - 2 \tan \beta \sin 2 (\beta - \theta)] \frac{1}{2} \cos \beta,$$
$$(5.21.11)$$

$$f^0 = [\bar{\gamma} d \cos (\beta - \theta) + p]$$
$$\times [(1 - K^0) \sin 2 (\beta - \theta) - 2 \tan \beta \cos 2 (\beta - \theta)] \frac{1}{2} \cos \beta. \qquad (5.21.12)$$

Ruhedruck wirkt nur auf Wände, die *unnachgiebig* sind. Beispiele solcher Wände sind: Stützmauern auf Fels, Seitenwände in einem massiven Dockquerschnitt sowie geschlossene Tunnel- und Leitungsquerschnitte.

Ruhedruck hat man, wie gesagt, nur, solange die Wand absolut unbeweglich ist. Sobald sie bewegt wird, ändert sich der Druck, und wenn die Bewegung eine gewisse Größe erreicht hat, hat der Druck einen bestimmten *Grenzwert* erreicht, entsprechend einem völlig entwickelten Bruchzustand im Boden. Dieser Grenzwert wird mit Erddruck (oder Erdwiderstand) bezeichnet.

Als den einfachsten Fall betrachtet man eine *glatte, steife, lotrechte Wand*, die auf der einen Seite eine kohäsionslose Erdmasse mit waagerechter, unbelasteter Oberfläche unterstützt (Abb. 5.21.B). Solange die Wand nicht bewegt wird, ist sie von dem waagerechten Ruhedruck E_0 beansprucht.

Wenn die Wand von der Erde *hinweg* parallel verschoben wird, fällt der Erddruck ab und erreicht schon bei einer verhältnismäßig geringen Verschiebung δ^a (Größenordnung $h : 1000$) einen Grenzwert E^a, den *aktiven* Erddruck.

Wenn man umgekehrt die Wand *gegen* die Erde hin parallel verschiebt, steigt der Erddruck an und erreicht nach einer etwas größeren Verschiebung δ^p (Größenordnung $h : 100$) einen Grenzwert E^p, den *passiven* Erddruck, auch Erdwiderstand genannt.

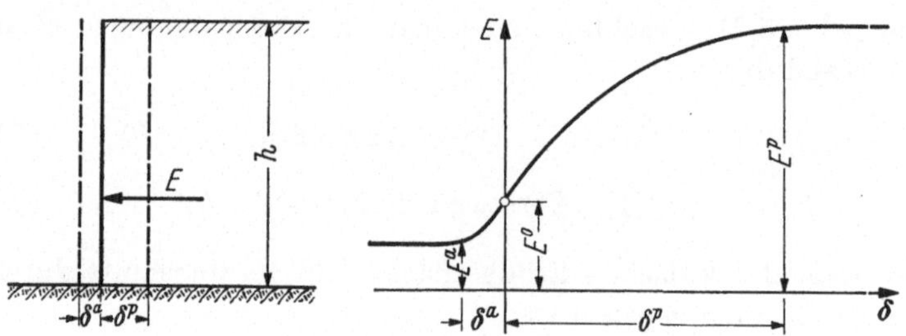

Abb. 5.21.B. Parallelverschiebung einer Wand

In dem gewählten Beispiel ändert die Bewegung der Wand nur die *Größe* des Erddruckes, dagegen nicht seine *Richtung* oder seinen *Angriffspunkt*. Im allgemeinen werden doch alle drei Größen geändert. Falls die Wand rauh ist, wirkt der aktive Erddruck schräg nach unten auf die Wand, der passive Erddruck dagegen schräg nach oben. Wird die Wand nicht parallel verschoben, sondern gedreht, z.B. um seine Oberkante,

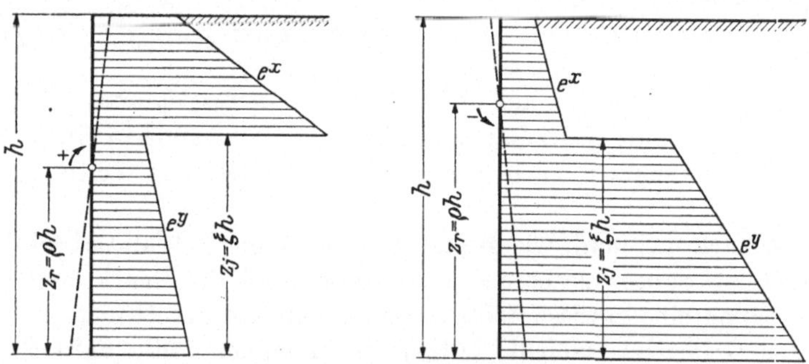

Abb. 5.21.C. Positive und negative Drehung

wird der aktive Erddruck höher angreifen als der Ruhedruck, der passive Erddruck dagegen tiefer. In allen diesen Fällen erhält man natürlich auch andere Grenzwerte für die Größe des Erddruckes als bei einer glatten Wand, die parallel verschoben wird.

Wenn die Wand sich um einen Punkt dreht, der zwischen Ober- und Unterkante liegt, hat man nicht reinen aktiven oder passiven Erddruck, sondern eine Kombination. Dasselbe kann man übrigens auch bei anderen Drehpunkten haben. Deshalb ist es zweckmäßiger – anstatt über aktiven und passiven Erddruck zu reden – die zwei Bewegungsmöglichkeiten bei einem gegebenen Drehpunkt als positive, bzw. negative Drehung zu bezeichnen (Abb. 5.21.C).

Positive Drehung (Abb. 5.21.C links) ist dadurch gekennzeichnet, daß sich der Winkel zwischen Wand und Erdoberfläche (durch die Erde) bei der Bewegung *vergrößert*. Bei negativer Drehung (Abb. 5.21.C rechts) vermindert sich dieser Winkel.

5.22 Coulombs Extremmethode

Die älteste und einfachste Methode zur Berechnung von Erddrücken wurde schon in 1776 von Coulomb entwickelt. Sie ist tatsächlich eine Extremmethode, in der man *gerade* Bruchlinien verwendet.

Man betrachtet einen *Erdkeil*, begrenzt von der Erdoberfläche, der Wand und einer geraden Bruchlinie (Abb. 5.22.A). Die auf den Erdkeil wirkenden Kräfte projiziert man auf eine Achse, die den Reibungswinkel φ mit der Bruchlinie bildet. Aus der betreffenden Gleichgewichtsgleichung findet man den Erddruck E_ω als eine Funktion

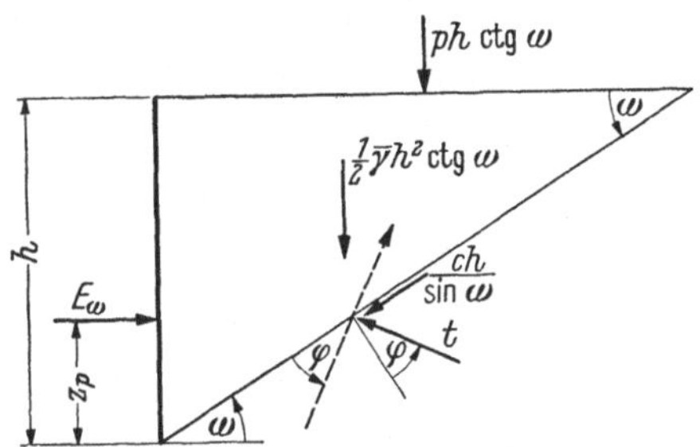

Abb. 5.22.A. Coulombs Methode für glatte Wand

des Winkels ω zwischen der Bruchlinie und der Waagerechten. Der wirkliche Erddruck E wird als Minimalwert (passiver Erddruck) bzw. Maximalwert (aktiver Erddruck) bestimmt, d.h. durch die Bedingung $dE_\omega/d\omega = 0$. Dies wird nämlich bedeuten, daß der Bruchzustand nur in der kritischen Bruchlinie und in keiner anderen erreicht ist.

Als ein einfaches, aber praktisch wichtiges Beispiel betrachtet man den passiven Erddruck auf eine *senkrechte Wand*, die gegen Erde mit einer *waagerechten Oberfläche* und Auflast p bewegt wird. Der Boden hat ein wirksames Raumgewicht $\bar{\gamma}$, sowie die Scherfestigkeitsbeiwerte c und φ, entsprechend Gl. (5.11.10). Die Wand wird als vollständig *glatt* angesehen, d.h. $a = 0$ und $\delta = 0$ in Gl. (5.15.6); der Erddruck wirkt dementsprechend senkrecht zur Wand. Die Spannungen in der Bruchlinie werden in eine Schubspannung c und eine schräge Spannung t (welche den Winkel φ mit der Normalen bildet) aufgelöst. Die Spannungen t sind unbekannt, aber scheiden aus, wenn man auf die strichpunktierte Achse senkrecht zur t projiziert. Die Größen der angreifenden Kräfte sind in der Abbildung angegeben, und man erhält:

$$E_\omega \cos(\omega + \varphi) - \left(\frac{1}{2}\bar{\gamma}h^2 + ph\right)\cot\omega \sin(\omega + \varphi) - \frac{ch}{\sin\omega}\cos\varphi = 0.$$

$$(5.22.1)$$

Diese Gleichung kann rein trigonometrisch wie folgt umgeschrieben werden:

$$E\omega = \frac{\left(\frac{1}{2}\,\bar{\gamma}\,h^2 + p\,h\right)[\sin(2\,\omega + \varphi) + \sin\varphi] + 2\,c\,h\,\cos\varphi}{\sin(2\,\omega + \varphi) - \sin\varphi}\,. \qquad (5.22.2)$$

Für positive Werte von φ und c (Erdwiderstand) erreicht E_ω offenbar einen Minimumswert, wenn:

$$\sin(2\,\omega + \varphi) = 1\,, \qquad \omega = 45^0 - \frac{1}{2}\,\varphi\,. \qquad (5.22.3)$$

Durch Einsetzung in Gl. (5.22.2) findet man den Minimumswert gleich:

$$E = \left(\frac{1}{2}\,\bar{\gamma}\,h^2 + p\,h\right)\frac{1 + \sin\varphi}{1 - \sin\varphi} + c\,h\,\frac{2\cos\varphi}{1 - \sin\varphi}\,. \qquad (5.22.4)$$

Diese kann auch so umgeschrieben werden:

$$E = \left(\frac{1}{2}\,\bar{\gamma}\,h^2 + p\,h\right)\tan^2\left(45^0 + \frac{1}{2}\,\varphi\right) + 2\,c\,h\tan\left(45^0 + \frac{1}{2}\,\varphi\right)\,. \qquad (5.22.5)$$

Mit *positiven* Werten von φ und c, entsprechend der in Abb. 5.22.A gezeigten Richtung der Schubspannungen in der Bruchlinie, erhält man den *passiven* Erddruck (E^p). Beim *aktiven* Erddruck (E^a) müssen die Schubspannungen entgegengesetzt gerichtet sein, woraus folgt, daß man in allen Formeln φ und c als *negativ* einsetzen soll.

Falls man annimmt, daß ein Linienbruch längs der vorausgesetzten geraden Bruchlinie tatsächlich stattfindet, gibt die Methode von Coulomb keine Möglichkeit, weder den Angriffspunkt noch die *Verteilung* des Erddruckes zu bestimmen. Nimmt man dagegen an, daß es sich nur um eine angenäherte Methode für die Berechnung eines Zonenbruches handelt, dann können die genannten Größen leicht bestimmt werden. In diesem Fall wird nämlich von jedem Punkt der Wand eine Bruchlinie ausgehen, und die entwickelten Gleichungen gelten deshalb auch, wenn man anstatt der totalen Wandhöhe h die Tiefe d unter der Erdoberfläche einsetzt. Dies bedeutet, daß die Erdspannung e als dE/dh mit nachfolgender Ersetzung von h durch d bestimmt werden kann. Hierdurch erhält man aus Gl. (5.22.5):

$$\left.\begin{aligned} e &= (\bar{\gamma}\,d + p)\tan^2\left(45^0 + \frac{1}{2}\,\varphi\right) + 2\,c\tan\left(45^0 + \frac{1}{2}\,\varphi\right) \\ &= \bar{\gamma}\,d\,K_\gamma + p\,K_p + c\,K_c\,. \end{aligned}\right\} \qquad (5.22.6)$$

Die entsprechenden *Druckverteilungen* für bzw. passiven und aktiven Erddruck sind in Abb. 5.22.B gezeigt (passiv links, aktiv rechts). Man wird bemerken, daß man bei bindigem Boden ($c \neq 0$) *negative*, aktive Erdspannungen auf dem oberen Teil der Wand finden kann. Da Zugspannungen zwischen Wand und Boden kaum übertragen werden können, wird empfohlen, solche negativen Erdspannungen einfach zu vernachlässigen, wenn sie nicht zu Ungunsten wirken.

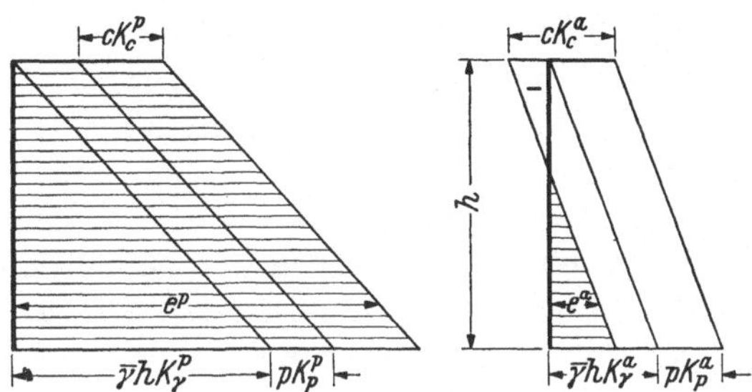

Abb. 5.22.B. Druckverteilung beim passiven und aktiven Zonenbruch

Coulombs Methode kann auch in mehr komplizierten Fällen verwendet werden. In Abb. 5.22.C betrachtet man den passiven Erddruck auf eine schräge Wand, die gegen reine *Reibungserde* ($c = 0$) mit einer schrägen Oberfläche bewegt wird. Die Wand ist teilweise rauh, entsprechend einem bestimmten Wert von δ in Gl. (5.15.6) ($a = 0$). Der Erddruck wird dann gleich $E \sec \delta$, indem E immer die Normalkomponente *senkrecht zur Wand* bezeichnet. Bei Projektion auf die punktierte Achse erhält man:

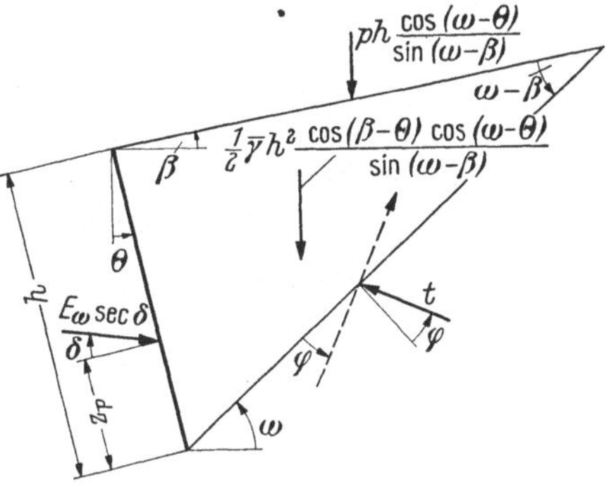

Abb. 5.22.C. Coulombs Methode für Reibungsboden

$$E_\omega \sec \delta \cos(\omega + \varphi + \delta - \theta)$$
$$- \left(\frac{1}{2} \bar{\gamma} h^2 \cos(\beta - \theta) + p\,h \right) \frac{\cos(\omega - \theta)}{\sin(\omega - \beta)} \sin(\omega + \varphi) = 0 \,. \tag{5.22.7}$$

Setzt man $dE_\omega / d\omega = 0$, findet man:

$$\cot(\omega - \beta) = \tan(\varphi + \delta + \beta - \theta)$$
$$+ \sec(\varphi + \delta + \beta - \theta) \sqrt{\frac{\sin(\varphi + \delta) \cos(\delta - \theta)}{\sin(\varphi + \beta) \cos(\beta - \theta)}} \tag{5.22.8}$$

und durch Elimination von ω den Minimumswert:

$$E = \left(\frac{1}{2} \bar{\gamma} h^2 + p\,h \sec(\beta - \theta) \right) \frac{\cos \delta \sec(\delta - \theta) \cos^2(\varphi + \theta)}{\left(1 \mp \sqrt{\dfrac{\sin(\varphi + \delta) \sin(\varphi + \beta)}{\cos(\delta - \theta) \cos(\beta - \theta)}} \right)^2} \,. \tag{5.22.9}$$

Wie gewöhnlich soll man φ und δ beim passiven Druck positiv, beim aktiven negativ rechnen. β und θ müssen auch mit Vorzeichen gerechnet werden; in Abb. 5.22.C sind sie beide positiv. Vom Doppelvorzeichen in Gl. (5.22.9) verwendet man $\div$ beim passiven Druck, $+$ beim aktiven. Man muß ferner bemerken, daß h längs der Wand gemessen wird, daß p die lotrechte Auflast je Einheit der schrägen Oberfläche bezeichnet, und daß E die Normalkomponente des Erddruckes ist. Wie in Abb. 5.22.B ist die Verteilung des γ-Beitrages dreieckförmig, und des p-Beitrages gleichförmig, über die Höhe h der Wand.

Die Bruchlinien in einem Zonenbruch werden gewöhnlich nicht gerade sein, wie in COULOMBS Theorie vorausgesetzt. Beim *aktiven* Erddruck ist die Abweichung jedoch so gering, daß die Werte von E^a nur wenige Prozent zu klein sind. Beim *passiven* Erddruck können die Abweichungen jedoch sehr bedeutend werden, besonders für rauhe Wände. COULOMBS Theorie darf deshalb nicht für die Berechnung von E^p verwendet werden, wenn $\delta > 1/3\,\varphi$ ist.

5.23 Erddruck bei Zonenbruch

Einen Satz von Gleichungen, die genauer als COULOMBS sind – und im Gegensatz zu diesen auf der sicheren Seite – kann man entwickeln durch Anwendung von KÖTTERS Gleichung und der Randbedingungen für eine Bruchlinie in einem Zonenbruch. Bei schrittweiser Anwendung von den Gln. (5.15.5), (5.13.12) und (5.15.13) findet man die *normale Erdspannung* e^z in dem Punkt, wo die Bruchlinie die Wand trifft. Der gefundene Ausdruck läßt sich wie folgt schreiben:

$$e^z = \bar{\gamma}\, d\, K_\gamma^z + p\, K_p^z + c\, K_c^z . \tag{5.23.1}$$

Hierbei ist d die Tiefe (längs der Wand gemessen) des Punktes unter der Erdoberfläche.

Für die *Beiwerte* der p- und c-Beiträge findet man (durch Betrachtung des Sonderfalls $\bar{\gamma} = 0$) folgende genaue Gleichungen, in welchen v_0 und v_1 die durch die Gln. (5.15.4) und (5.15.12) bestimmten Winkel sind:

$$K_p^z = \frac{\cos\delta\,\sin(v_0 + \varphi)\,\cos(v_1 - \theta)}{\sin(v_0 - \beta)\,\cos(v_1 + \varphi + \delta - \theta)}\, e^{2\,(v_0 - v_1)\tan\varphi} , \tag{5.23.2}$$

$$K_c^z = \left(K_p^z\, \frac{\sin(v_0 + \varphi - \beta)}{\sin(v_0 + \varphi)} - 1 \right) \cot\varphi . \tag{5.23.3}$$

Für den Beiwert des $\bar{\gamma}$-Beitrages ist es nicht möglich einen einfachen, genauen Ausdruck anzugeben, aber die folgende halbempirische Gleichung wird gewöhnlich eine sehr gute Annäherung geben:

$$K_\gamma^z \sim \left[K_p^z + 0{,}007\,(e^{9\,\sin\delta} - 1) \right] \cos(\beta - \theta) . \tag{5.23.4}$$

Wie gewöhnlich soll man c, φ, a und δ als positiv beim passiven Druck und negativ beim aktiven einsetzen. Für die *Tangentialkomponente* der Erdspannung gibt Gl. (5.15.6):

$$f^z = e^z \tan \delta + a . \qquad\qquad (5.23.5)$$

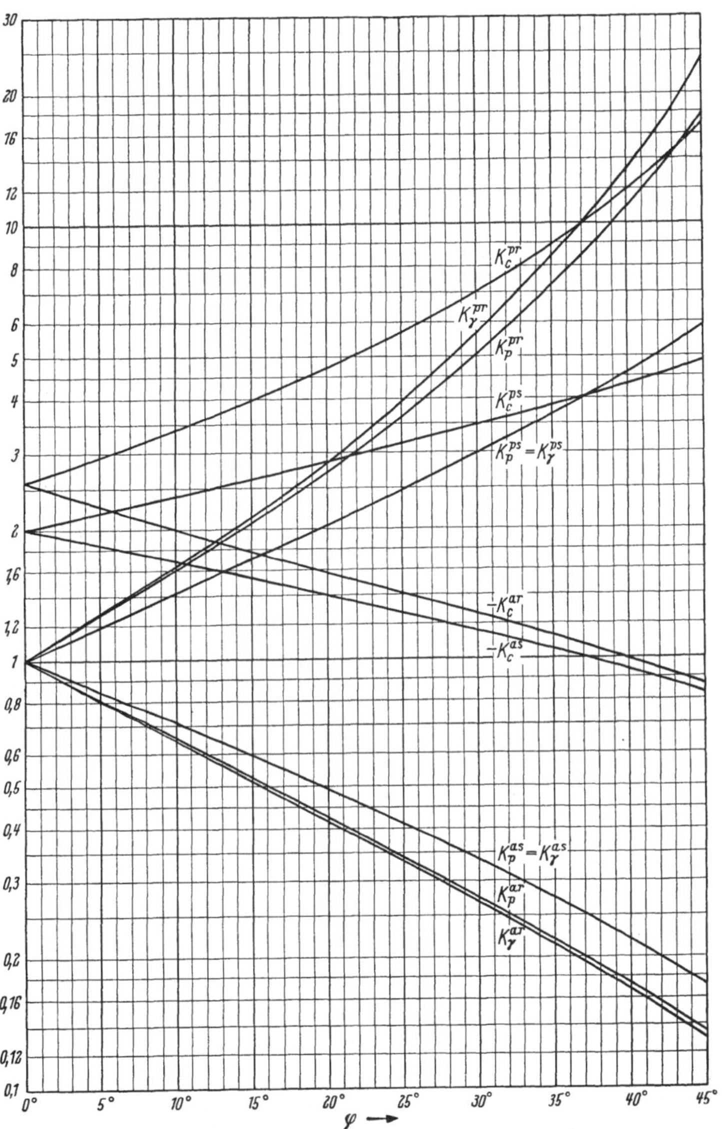

Abb. 5.23.A. Erddruckbeiwerte für lotrechte Wand und waagerechte Erdoberfläche

Im Sonderfall $\varphi = 0$ (was auch $\delta = 0$ bedeutet) wird Gl. (5.23.3) unbestimmt und muß durch die folgende Gleichung ersetzt werden:

$$K_c^z = 2\,(v_0 - v_1) + \cot(v_0 - \beta) + \sin(2\,v_1 - 2\,\theta)\,, \qquad (5.23.6)$$

worin v_0 und v_1 mittels der Gln. (5.15.19) und (5.15.21) gegeben sind.

Für den in der Praxis wichtigsten Fall: *lotrechte Wand* und *waagerechte Erdoberfläche*, findet man bei *glatter Wand* den aus Coulombs Theorie bekannten Ausdruck:

$$K_p^s = K_\gamma^s = \tan^2\left(45^0 + \frac{1}{2}\,\varphi\right), \qquad (5.23.7)$$

während man bei *rauher Wand* erhält:

$$K_p^r = e^{\left(\frac{1}{2}\,\pi + \varphi\right)\tan\varphi}\cos\varphi\,\tan\left(45^0 + \frac{1}{2}\,\varphi\right), \qquad (5.23.8)$$

$$K_\gamma^r = K_p^r + 0{,}007\,(e^{9\sin\varphi} - 1)\,. \qquad (5.23.9)$$

Bei sowohl glatter als rauher Wand gilt infolge Gl. (5.23.3) die Gleichung:

$$K_c = (K_p - 1)\cot\varphi\,. \qquad (5.23.10)$$

Mit $\varphi = 0$ erhält man $K_p = K_\gamma = 1$, während Gl. (5.23.6) $K_c^s = 2$ bei glatter Wand und $K_c^r = 1/2\,\pi + 1 = 2{,}57$ bei rauher Wand gibt.

In Abb. 5.23.A sind Kurven angegeben für K_γ, K_p und K_c, sowohl bei passivem als bei aktivem Druck, und auch für glatte und rauhe Wand, aber nur für lotrechte Wand und waagerechte Erdoberfläche geltend.

Sowohl die durch Coulombs Methode, als auch die hier entwickelten Gleichungen gelten allein für *Zonenbrüche*. Solche kommen in der Regel nur vor, wenn der Drehungspunkt der Wand unter seiner Unterkante liegt. Dies wird z. B. der Fall sein für eine gewöhnliche *Stützmauer*, an deren Rückseite ein aktiver Erddruck vorhanden sein wird, entsprechend einem Zonenbruch in der Hinterfüllung. Für die Berechnung dieses Erddruckes kann man nach

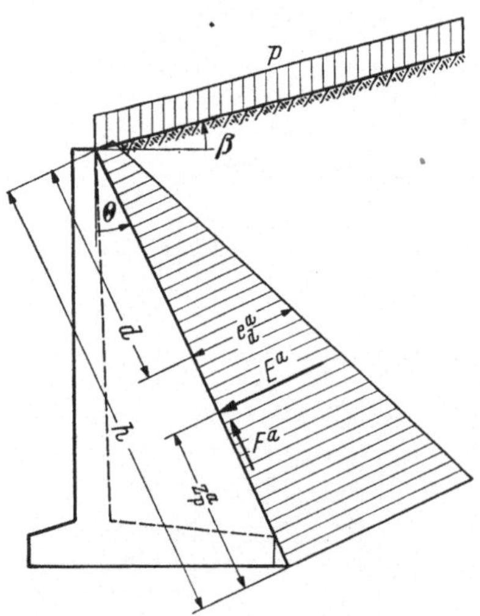

Abb. 5.23.B. Winkelstützmauer

Belieben Coulombs Gleichungen oder die hier entwickelten verwenden.

Für eine *Winkelstützmauer* (Abb. 5.23.B) muß man den Erddruck berechnen, der auf eine gedachte Trennungsfläche – durch die Oberkante der lotrechten Platte und der Hinterkante der waagerechten Platte gehend – wirkt. Das Gewicht des Bodenkörpers zwischen dieser Trennungsfläche und der Stützmauer muß als ein Teil des Eigengewichtes der Stützmauer angesehen werden.

5.24 Die Gleichgewichtsmethode

Eine Berechnung nach der Gleichgewichtsmethode gründet sich auf den mittels KÖTTERS Gleichung hergeleiteten Fundamentalgleichungen sowie auf den Randbedingungen. Man geht im übrigen wie folgt vor:

Entsprechend den kinematischen Bedingungen des Problems wählt man eine plausible Bruchfigur für nähere Untersuchung. Die Grenzbruchlinien der verschiedenen Zonen werden durch Kreise, Geraden oder Kombinationen davon approximiert. Die so vereinfachte Bruchfigur enthält eine Anzahl von unbekannten geometrischen Parametern, und außerdem hat man gewöhnlich einige unbekannte statische Größen, z.B. Erddrücke. Für die Bestimmung der Unbekannten hat man erstens die statischen Gleichgewichtsbedingungen der einzelnen Zonen, sowie die eventuellen kinematischen Bedingungen. Soll das Problem lösbar sein, muß man natürlich ebensoviele Bedingungen wie Unbekannte haben.

Der einfachste Fall ist ein reiner *Linienbruch*, der z. B. vorkommt, wenn eine steife Wand sich um einen Punkt über ihrer Mitte dreht (Abb. 5.24.A).

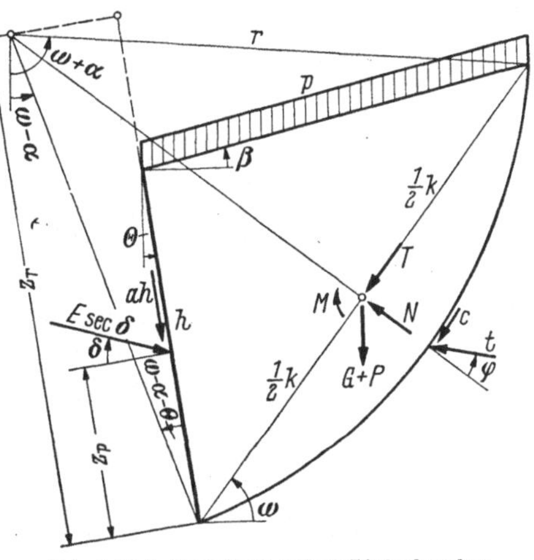

Abb. 5.24.A. Berechnung eines Linienbruches

Da der Erdkörper über dem Bruchkreis sich um das Zentrum dieses Kreises dreht, muß die Wand aus kinematischen Gründen sich um jenen Punkt drehen, in welchem das Zentrum auf die Wand projiziert wird. Wenn h die Höhe der Wand (längs der Wand gemessen) bezeichnet, und der Abstand von Wandfuß bis zum *Drehpunkt* $z_r = \varrho\,h$ ist, erhält man rein geometrisch:

$$\frac{k}{h} = \frac{\cos(\beta - \theta)}{\sin(\omega - \beta)}, \tag{5.24.1}$$

$$\varrho = \frac{z_r}{h} = \frac{\cos(\beta - \theta)\cos(\omega - \alpha - \theta)}{2\sin\alpha\sin(\omega - \beta)}. \tag{5.24.2}$$

Der Erdkörper über dem Bruchkreis hat ein *Eigengewicht G* und trägt eine *Auflast P*. Diese lotrechten Kräfte (positiv nach unten gerechnet) sowie ihre Momente M_G und M_P um den Mittelpunkt der Sehne (positiv in derselben Richtung wie M_R) können rein geometrisch bestimmt werden. Man findet:

$$G = \gamma\, k^2 \left(N_0^y + \frac{1}{2} \sin(\omega - \beta) \cos(\omega - \theta) \sec(\beta - \theta) \right), \qquad (5.24.3)$$

$$M_G = \gamma\, k^3 \left[\left(\frac{1}{12} - M_0^{\dot{x}} \right) \sin\omega - \frac{\sin(\omega - \beta) \cos(\omega - \theta)}{12 \cos(\beta - \theta)} \left. \right. \\ \times \left(\cos\omega + \frac{2 \sin\theta \sin(\omega - \beta)}{\cos(\beta - \theta)} \right) \right], \qquad\qquad (5.24.4)$$

$$P = p\, k \cos(\omega - \theta) \sec(\beta - \theta), \qquad (5.24.5)$$

$$M_P = -\frac{1}{2}\, p\, k^2 \sin\theta \sin(\omega - \beta) \cos(\omega - \theta) \sec^2(\beta - \theta), \qquad (5.24.6)$$

wo N_0^y und M_0^x identisch mit den durch die Gln. (5.13.43) und (5.13.44) gegebenen Größen N^y und M^x für $\varphi = 0$ sind.

Für den in der Praxis wichtigsten Fall: *Waagerechte Erdoberfläche* und *senkrechte Wand* werden die Gln. (5.24.1) bis (5.24.6) zu folgenden vereinfacht:

$$k = h : \sin\omega, \qquad \varrho = \frac{1}{2}(1 + \cot\alpha \cot\omega), \qquad (5.24.7\text{-}8)$$

$$G = \gamma\, k^2 \left(N_0^y + \frac{1}{4} \sin 2\,\omega \right), \qquad (5.24.9)$$

$$M_G = \gamma\, k^3 \left(\frac{1}{12} \sin^2\omega - M_0^x \right) \sin\omega, \qquad (5.24.10)$$

$$P = p\, k \cos\omega, \qquad M_P = 0. \qquad (5.24.11\text{-}12)$$

Zwischen der Wand und dem Boden wirkt ein *Erddruck*, dessen Normalkomponente (senkrecht zur Wand) mit E bezeichnet wird. Die Komponente F tangentiell zur Wand wird dann infolge Gl. (5.15.6):

$$F = E \tan\delta + a\,h. \qquad (5.24.13)$$

Man kann auch den gesamten Erddruck auflösen in eine Komponente $a\,h$ tangentiell zur Wand und eine schräge Komponente $E \sec\delta$, welche den Winkel δ mit der Wandnormalen bildet (Abb. 5.24.A). a, δ und F werden positiv gerechnet, wenn F auf dem Boden nach unten wirkt.

Im Bruchkreis wirken *innere Kräfte* mit einer Resultante R, deren Komponenten N, T und M_R durch die Fundamentalgleichungen (5.13.19) bis (5.13.21) gegeben sind.

Das *Gleichgewicht* des Erdkörpers über der Bruchlinie kann man jetzt ausdrücken durch:

1. Projektion auf eine Achse senkrecht zur Erddruckkomponente $E \sec \delta$.
2. Projektion auf die Wandnormale.
3. Momentengleichung um die Unterkante der Wand.

$$N \cos(\omega - \theta + \delta) - T \sin(\omega - \theta + \delta) - (G + P) \cos(\theta - \delta) - a\,h \cos\delta = 0\,, \tag{5.24.14}$$

$$E = N \sin(\omega - \theta) + T \cos(\omega - \theta) + (G + P) \sin\theta\,, \tag{5.24.15}$$

$$E z_p = N \frac{1}{2} k - (G + P) \frac{1}{2} k \cos\omega - M_R - M_G - M_P\,. \tag{5.24.16}$$

Gewöhnlich ist die Lage des *Drehpunktes* der Wand gegeben, d.h. ϱ ist bekannt. Die vier Unbekannten des Problems: α, ω, E und z_p kann man dann mittels der vier Gln. (5.24.2) und (5.24.14) bis (5.24.16) berechnen. In der Praxis schätzt man erst einen Wert von α, berechnet das entsprechende ω aus Gl. (5.24.2) und setzt diese dann in Gl. (5.24.14) ein, wobei k mittels Gl. (5.24.1) durch h ersetzt wird. Ist Gl. (5.24.14) nicht erfüllt, ändert man α, bis die Übereinstimmung genügend gut ist. Danach berechnet man E aus Gl. (5.24.15) und z_p aus Gl. (5.24.16), während man F aus Gl. (5.24.13) erhält.

Bei dieser Berechnung werden δ und a als gegeben angesehen, entsprechend der tatsächlichen Rauhigkeit der Wand. Es wird also vorausgesetzt, daß der Boden längs der Wand gleitet. Entspricht das Ergebnis der Berechnung nicht dieser Voraussetzung, d.h. findet man $\omega - \alpha - \theta < 0$, kann offenbar *keine Gleitung* stattfinden. In diesem Fall sind die wirklichen Werte von δ und a im voraus nicht gegeben, aber die Bruchlinie muß aus kinematischen Gründen senkrecht zur Wand gehen, d.h.:

$$v_1 = \omega - \alpha = \theta\,. \tag{5.24.17}$$

α und ω werden dann direkt aus den Gln. (5.24.2) und (5.24.17) gefunden, wonach man E und z_p mittels der Gln. (5.24.15) und (5.24.16) bestimmt. Endlich erhält man F durch Projektion auf die Wand:

$$F = N \cos(\omega - \theta) - T \sin(\omega - \theta) - (G + P) \cos\theta\,. \tag{5.24.18}$$

Bei einem *Linienbruch* kann man die *Verteilung* des Erddruckes über der Wand nicht genau bestimmen, weil e nur in einem Punkt, wo eine Bruchlinie die Wand trifft, d.h. in der Unterkante der Wand, berechnet werden kann.

Bei einem *Zonenbruch* ist es dagegen im Prinzip möglich, die genaue Verteilung zu bestimmen, weil hier von jedem Punkt der Wand eine Bruchlinie ausgeht. In der Praxis genügt es jedoch die Normalerdspannungen e_t und e_f in Ober- und Unterkante der Wand zu bestimmen und dann eine geradlinige Variation vorauszusetzen. Man erhält dann:

$$E = \frac{1}{2} h (e_t + e_f) \qquad E z_p = \frac{1}{6} h^2 (2 e_t + e_f)\,. \tag{5.24.19-20}$$

13*

Die Bruchlinie, die von der *Oberkante* ausgeht, muß unendlich kurz sein (alle $k = 0$). Sie trifft die Erdoberfläche und die Wand unter den statisch korrekten Winkeln, und man kann deshalb schrittweise τ_0, [Gln. (5.15.4) und (5.15.5)], τ_1, [Gl. (5.13.12) mit $2\alpha = v_0 - v_1$] und e [Gln. (5.15.12) und (5.15.13)] berechnen.

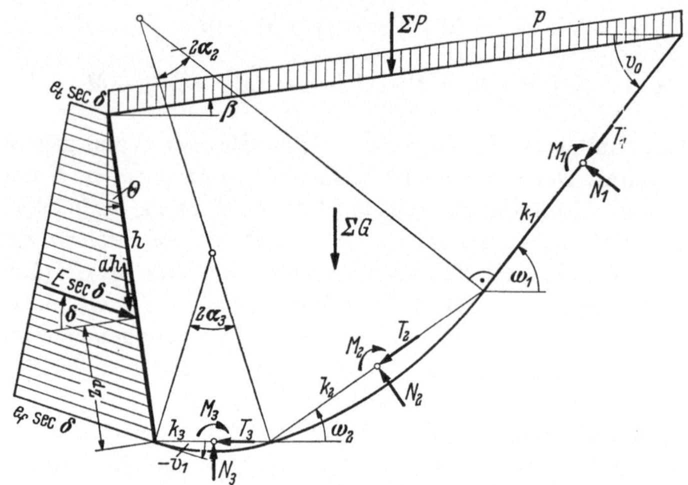

Abb. 5.24.B. Berechnung eines Zonenbruches

Die Bruchlinie, die von der *Unterkante* ausgeht, wird approximiert durch eine Kombination von Kreisen und Geraden. Sie darf keine Knickpunkte haben und soll mit der Erdoberfläche und der Wand die statisch korrekten Winkel bilden. Die einzelnen Winkel α können beliebig festgesetzt werden, wobei jedoch:

$$\sum 2\alpha = v_0 - v_1. \tag{5.24.21}$$

Wenn die Winkel α gewählt sind, sind die Winkel ω auch bestimmt. Da e berechnet werden kann, wenn die geometrischen Parameter der Bruchlinie gegeben sind, werden die *Sehnenlängen* k der einzelnen Stücke der Grenzbruchlinie die einzigen Unbekannten des Problems sein. Sie müssen übrigens die *geometrische Bedingung* erfüllen, welche man mittels Projektion der Wandhöhe, bzw. der Sehnenkette auf eine Achse senkrecht zur Erdoberfläche erhält:

$$\sum k \sin(\omega - \beta) = h \cos(\theta - \beta). \tag{5.24.22}$$

Das *Gleichgewicht* des Erdkörpers über der Grenzbruchlinie kann nun ausgedrückt werden durch:

1. Projektion auf eine Achse senkrecht zur Erddruckkomponente $E \sec \delta$.
2. Projektion auf die Wandnormale.
3. Momentengleichung um die Unterkante der Wand.

$$\sum N \cos(\omega - \theta + \delta) - \sum T \sin(\omega - \theta + \delta) \\ - \sum (G + P)\cos(\theta - \delta) - a\,h\cos\delta = 0, \Bigg\} \qquad (5.24.23)$$

$$\sum N \sin(\omega - \theta) + \sum T \cos(\omega - \theta) + \sum (G + P)\sin\theta - E = 0, \qquad (5.24.24)$$

$$\sum M^f_R + \sum M^f_G + \sum M^f_P + E\,z_p = 0, \qquad (5.24.25)$$

wo M^f das Moment einer Kraft um die Unterkante der Wand bezeichnet.

Für die Bestimmung der unbekannten Sehnenlängen k hat man die vier Gln. (5.24.22) bis (5.24.25). Die Grenzbruchlinie kann deshalb *bis vier Stücke* (Kreise und Geraden) enthalten. Es zeigt sich übrigens, daß man ziemlich genaue Ergebnisse erhält, selbst wenn man nur drei oder zwei Stücke verwendet und eine entsprechende Anzahl der Gleichungen erfüllt. Im letzten Fall setzt man die Bruchlinie aus einem Kreis und einer Geraden zusammen; die zwei Sehnenlängen *müssen* aber dann aus den Gln. (5.24.22) und (5.24.23) bestimmt werden.

Nach der Bestimmung von den Sehnenlängen *müssen* E und $E z_p$ mittels der Gln. (5.24.19) und (5.24.20) berechnet werden, weil man erfahrungsgemäß durch Verwendung von den Gln. (5.24.24) und (5.24.25) allzu ungenaue Ergebnisse erhalten würde.

Die vorgenommene Berechnung gibt keinen Aufschluß über die Lage des *Drehpunktes* der Wand. Zu einem gegeben Zonenbruch gehört übrigens nicht – wie zu einem Linienbruch – ein bestimmter Drehpunkt, jedoch kann der Drehpunkt sich irgendwo innerhalb eines bestimmten *Gebiets* befinden. Dies hängt damit zusammen, daß im Zonenbruch nicht nur Gleitungen längs der Grenzbruchlinie vorkommen können, sondern auch innere Formänderungen der gesamten Zone, und diese zwei Bewegungsmöglichkeiten können nach Belieben kombiniert werden. Gewöhnlich werden die Drehpunkte eines Zonenbruches *unter der Unterkante* der Wand liegen, aber eine nähere Bestimmung erfordert eine recht komplizierte kinematische Untersuchung.

Für die Berechnung der *kombinierten Brüche* können allgemeine Anweisungen kaum gegeben werden, aber angenäherte Methoden für einige der wichtigsten Typen sind in einem Spezialwerk angegeben (BRINCH HANSEN 1953).

5.25 Erddruck beim beliebigen Drehpunkt

Nach der Plastizitätstheorie kann jede Wand, in der sich keine Fließgelenke bilden, als völlig *steif* angesehen werden. Ihre Bewegung im Bruchzustand kann deshalb als eine Drehung um einen bestimmten Punkt betrachtet werden. Dieser *Drehpunkt* kann irgendwo in der Ebene liegen, aber mit wenigen Ausnahmen (wovon die wichtigsten Ankerplatten und Zellenfangedämme sind) kann man gewöhnlich voraussetzen, daß die Wand sich längs ihrer eigenen Achse nicht bewegt. Dies bedeutet, daß der Drehpunkt auf der Wand selbst oder auf ihrer Verlängerung liegen muß.

Für jeden gegebenen Drehpunkt der Wand gibt es im Boden eine ganz bestimmte *Bruchfigur*, die statisch und kinematisch möglich ist. In großen Zügen kann man sagen, daß für Drehpunkte unter der Wand Zonenbrüche auftreten, für Drehpunkte über der Wandmitte Linienbrüche und für Drehpunkte auf der unteren Wandhälfte kombinierte Brüche.

Es zeigt sich übrigens, daß – unangesehen des Typs der Bruchfigur – folgende allgemeine Ausdrücke für die Normalkomponente E und Tangentialkomponente F des *totalen Erddruckes*, sowie die Höhe z_p des Angriffspunktes, gültig sind:

$$E = \frac{1}{2}\,\bar{\gamma}\,h^2\,K_\gamma + p\,h\,K_p + c\,h\,K_c\,, \qquad (5.25.1)$$

$$F = \frac{1}{2}\,\bar{\gamma}\,h^2\,K_\gamma \tan\delta_\gamma + (p\,h\,K_p + c\,h\,K_c)\tan\delta_p + a\,h\,, \quad (5.25.2)$$

$$E\,z_p = \frac{1}{2}\,\bar{\gamma}\,h^3\,K_\gamma\,\zeta_\gamma + p\,h^2\,K_p\,\zeta_p + c\,h^2\,K_c\,\zeta_c\,. \qquad (5.25.3)$$

In diesen Formeln muß c *immer positiv* gerechnet werden, und h soll längs der Wand gemessen werden. Man muß ferner beachten, daß a und δ (welche mit Vorzeichen gerechnet werden müssen) nicht immer die durch die Rauhigkeit der Wand bestimmten Grenzwerte haben. Sie können nämlich kleiner sein, wenn keine Gleitung zwischen Boden und Wand stattfindet.

Bei Zonenbrüchen ist die *Verteilung* des Erddruckes über der Wandhöhe hydrostatisch, d.h. dreieckförmig für den $\bar{\gamma}$-Beitrag und gleichförmig für die p- und c-Beiträge. Bei Linienbrüchen und kombinierten Brüchen ist es mittels der Bruchtheorie nicht möglich, die Verteilung genau zu bestimmen. Als eine Annäherung wird vorgeschlagen (BRINCH HANSEN 1953) mit einer Druckverteilung, wie in Abb. 5.21.C gezeigt, zu rechnen. Diese Verteilung ist durch einen *Drucksprung* in der Höhe $z_j = \xi\,h$ über dem Wandfuß gekennzeichnet. Die normalen *Erdspannungen* e^x und e^y – bzw. über und unter dem Drucksprung – sind in der Tiefe d unter der Erdoberfläche durch die folgenden Gleichungen bestimmt:

$$e^x = \bar{\gamma}\,d\,K_\gamma^x + p\,K_p^x + c\,K_c^x\,, \qquad (5.25.4)$$

$$e^y = \bar{\gamma}\,d\,K_\gamma^y + p\,K_p^y + c\,K_c^y\,. \qquad (5.25.5)$$

Auch hier muß c *immer positiv* gerechnet werden, und d soll längs der Wand gemessen sein. Für die *tangentiellen* Erdspannungen f^x und f^y hat man:

$$f^x = \bar{\gamma}\,d\,K_\gamma^x \tan\delta_\gamma + \left(p\,K_p^x + c\,K_c^x\right)\tan\delta_p + a\,, \qquad (5.25.6)$$

$$f^y = \bar{\gamma}\,d\,K_\gamma^y \tan\delta_\gamma + \left(p\,K_p^y + c\,K_c^y\right)\tan\delta_p + a\,. \qquad (5.25.7)$$

Alle, in den oben angegebenen Gleichungen eingehenden Beiwerte K, ξ und ζ, sowie Winkel δ und Verhältnisse a/c, sind dimensionslose Größen, abhängig von dem Beiwert ϱ, der die Lage des Drehpunktes angibt. Man hat im übrigen:

$$\varrho = \frac{z_r}{h}\,, \qquad \zeta = \frac{z_p}{h}\,, \qquad \xi = \frac{z_f}{h}\,. \qquad (5.25.8\text{-}10)$$

Die genannten Größen hängen außerdem von dem Reibungswinkel φ, von der Rauhigkeit der Wand, sowie von den Neigungen β (der Erdoberfläche) und θ (der Wand) ab.

Für den in der Praxis wichtigsten Fall: *Lotrechte Wand* und *waagerechte Erdoberfläche* erlauben die folgenden Diagramme die Bestimmung von ξ (Abb. 5.25.A bis B), K_γ^x und K_γ^y (Abb. 5.25.C bis D), K_p^x (Abb. 5.25.E bis F), K_p^y (Abb. 5.25.G bis H), K_c^x (Abb. 5.25.J bis K), K_c^y (Abb. 5.25.L bis M), $\tan \delta_\gamma$ (Abb. 5.25.N), $\tan \delta_p$ (Abb. 5.25.O) und a/c (Abb. 5.25.P). Die letzterwähnten drei Diagramme entsprechen einer rauhen Wand. Für die übrigen gilt es, daß das obere Diagramm auf jeder Seite einer glatten Wand entspricht, während das untere Diagramm einer rauhen Wand entspricht. Ein $+$ bedeutet positive Drehung der Wand, ein $\div$ negative Drehung (s. Abb. 5.21.C). K_γ^x hat für alle positiven Werte von ξ denselben Wert wie für $\xi = 0$.

Mit Hilfe dieser Diagramme kann man (aber nur für lotrechte Wand und waagerechte Erdoberfläche) ohne Berechnung von Bruchfiguren die Erddruckverteilung auf einer Wand mit gegebenem Drehpunkt direkt berechnen und aufzeichnen. Betreffs der Wandrauhigkeit wird man im *Sand* gewöhnlich mit *rauher* Wand rechnen, während man im *Ton* besser eine *glatte* Wand voraussetzt, weil der Ton an der Wand aufgeweicht sein kann.

Bei *waagerechter Erdoberfläche* gilt übrigens sowohl für K_c, K_c^x und K_c^y folgende Beziehung zu K_p, K_p^x und K_p^y:

$$K_c = (K_p - 1)\cot\varphi, \qquad (5.25.11)$$

wo φ *immer positiv* anzusetzen ist. Außerdem hat man infolge Gl. (5.14.11)

$$a = c\cot\varphi\tan\delta_p\,. \qquad (5.25.12)$$

Durch Verwendung von den Gln. (5.25.11) bis (5.25.12) können die Gln. (5.25.4) und (5.25.6) wie folgt geändert werden:

$$e^x = \bar{\gamma}\,d\,K_\gamma^x + (p + c\cot\varphi)\,K_p^x - c\cot\varphi\,, \qquad (5.25.13)$$

$$\left.\begin{aligned} f^x &= \bar{\gamma}\,d\,K_\gamma^x\tan\delta_\gamma + (p + c\cot\varphi)\,K_p^x\tan\delta_p \\ &= \bar{\gamma}\,d\,K_\gamma^x\tan\delta_\gamma + (a + p\tan\delta_p)\,K_p^x\,. \end{aligned}\right\} \qquad (5.25.14)$$

Entsprechende Gleichungen gelten für e^y und f^y. Die Gleichungen sind jedoch nur bei waagerechter Erdoberfläche gültig.

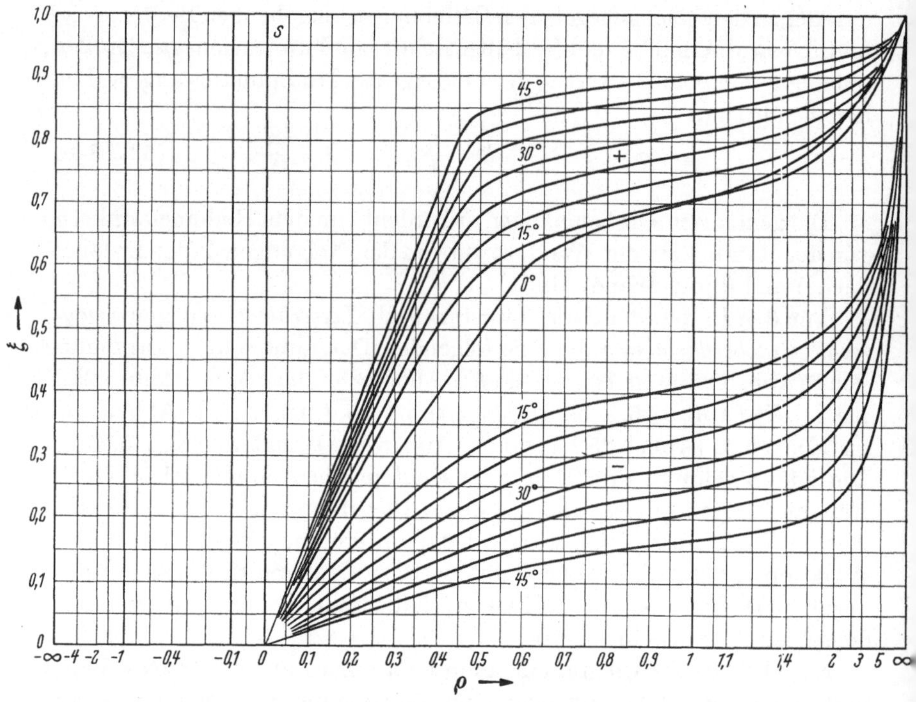

Abb. 5.25.A. ξ für glatte Wand

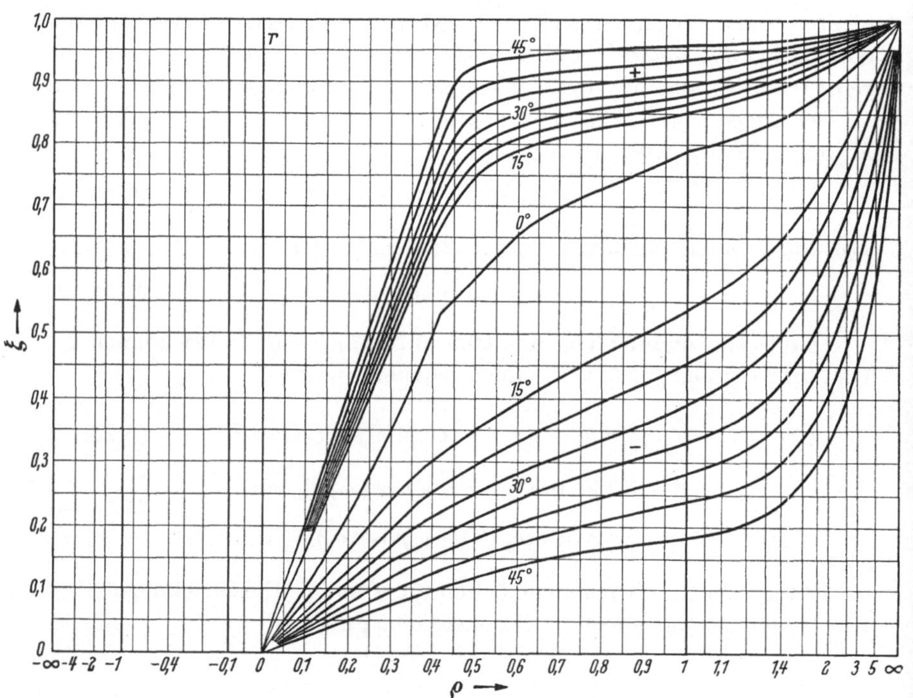

Abb. 5.25.B. ξ für rauhe Wand

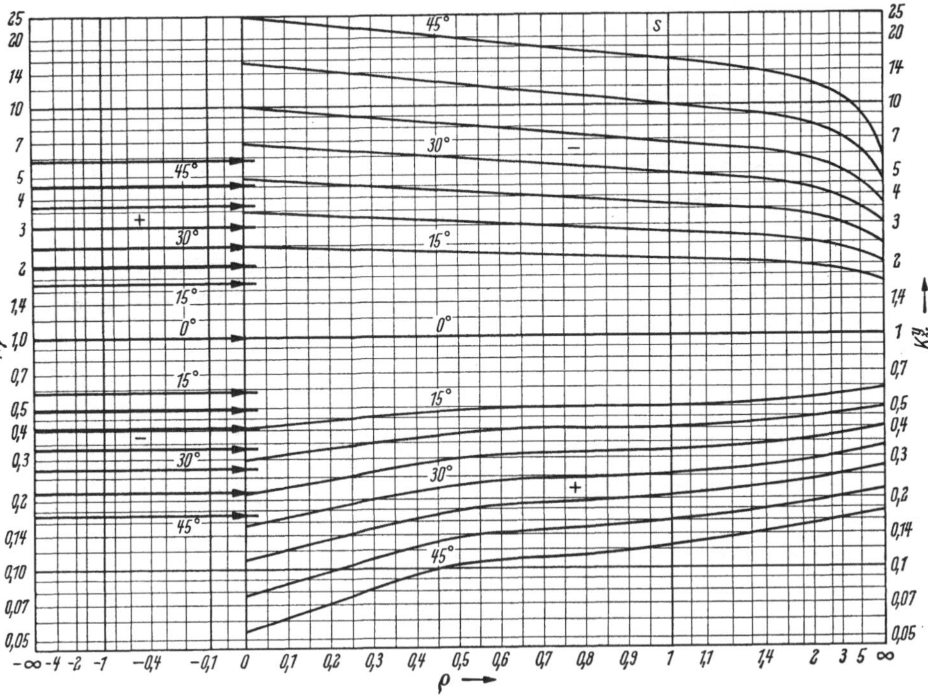

Abb. 5.25.C. K_γ^x und K_γ^y für glatte Wand

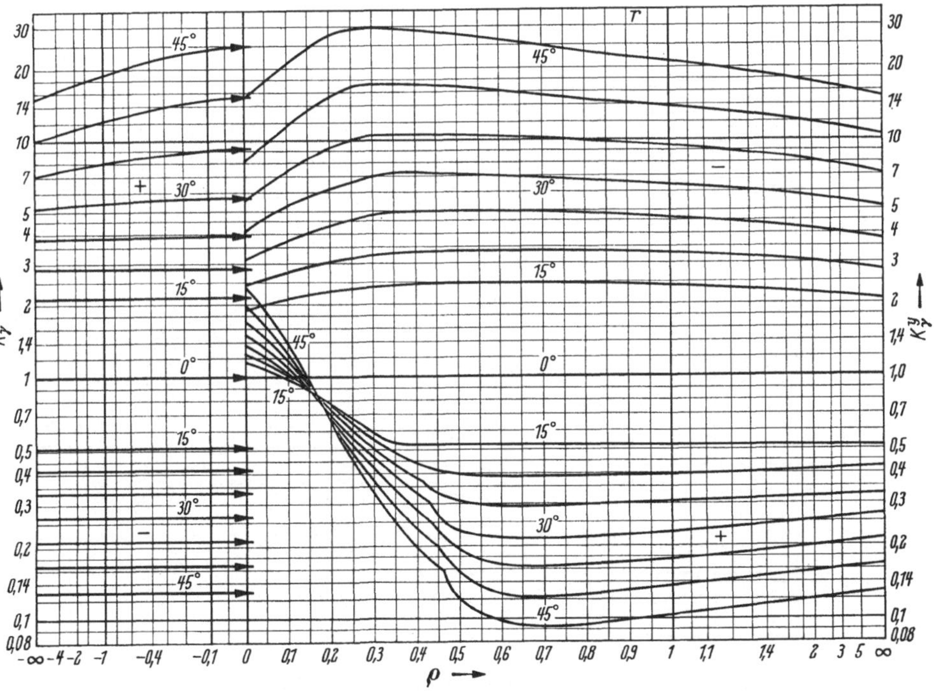

Abb. 5.25.D. K_γ^x und K_γ^y für rauhe Wand

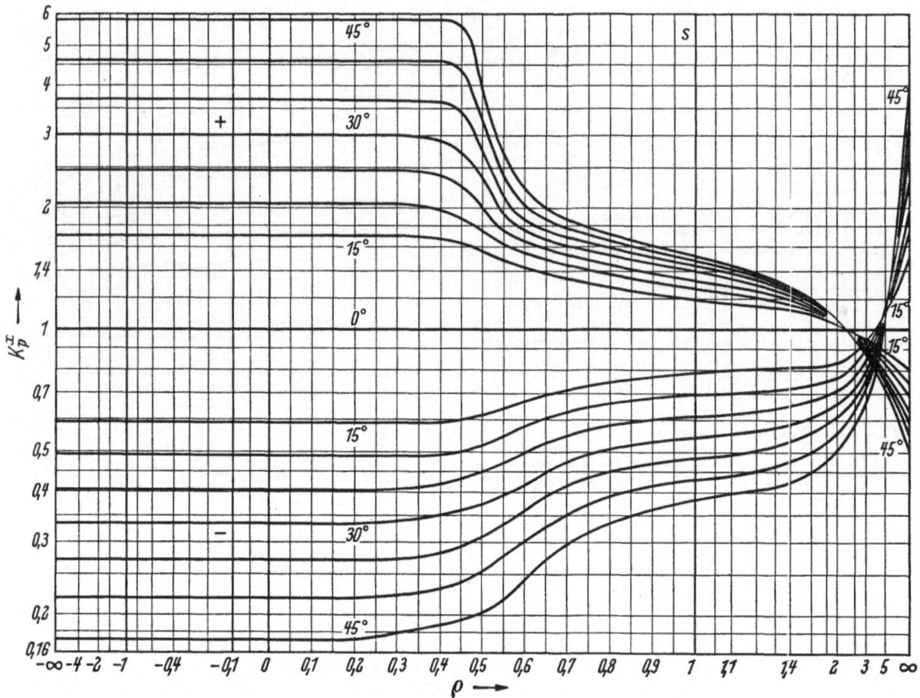

Abb. 5.25.E. K_p^x für glatte Wand

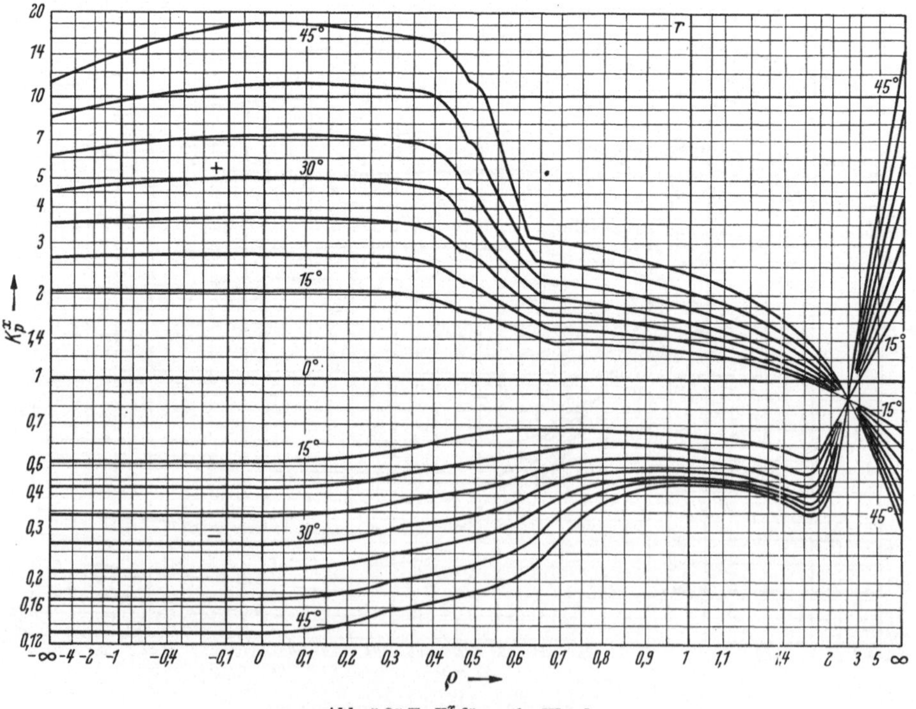

Abb. 5.25.F. K_p^x für rauhe Wand

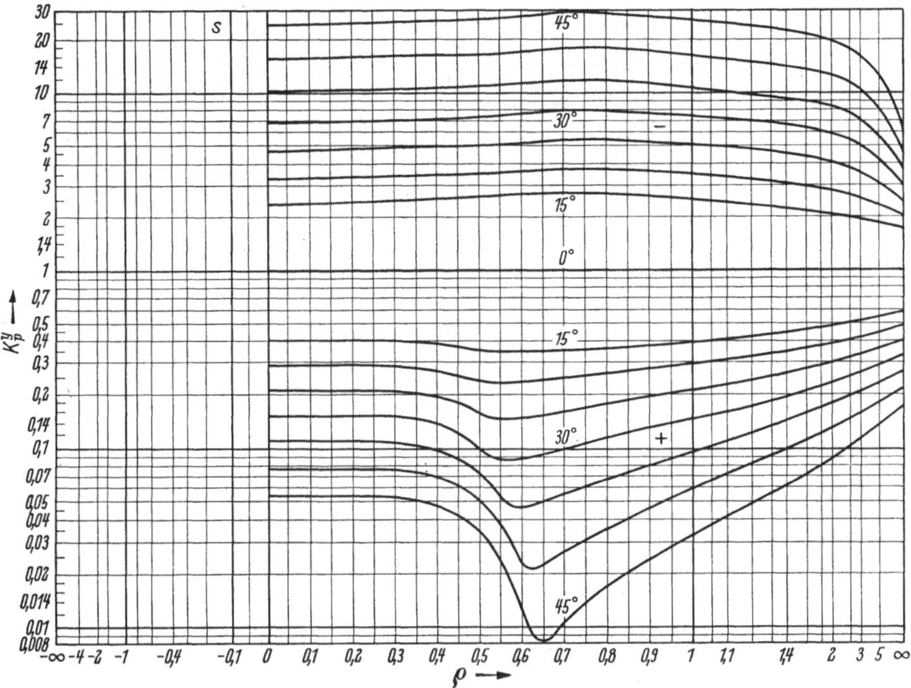

Abb. 5.25.G. K_p^y für glatte Wand

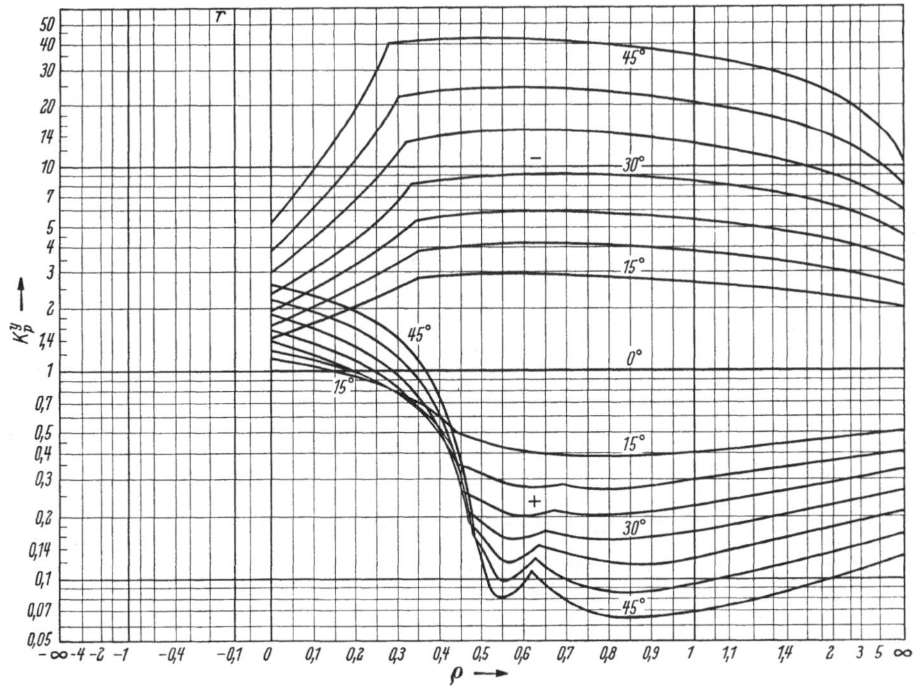

Abb. 5.25.H. K_p^y für rauhe Wand

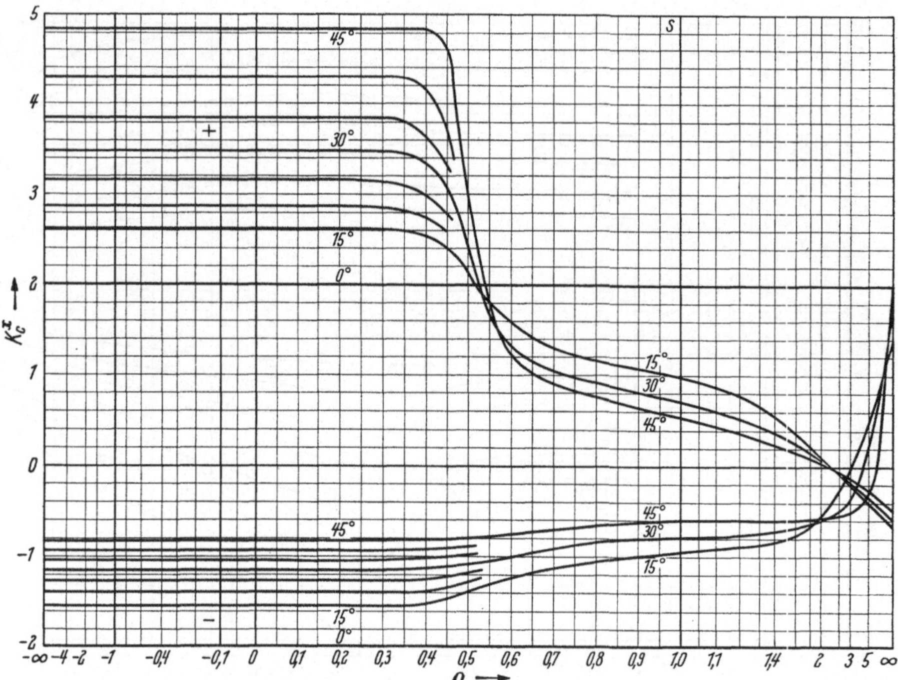

Abb. 5.25.J. K_c^x für glatte Wand

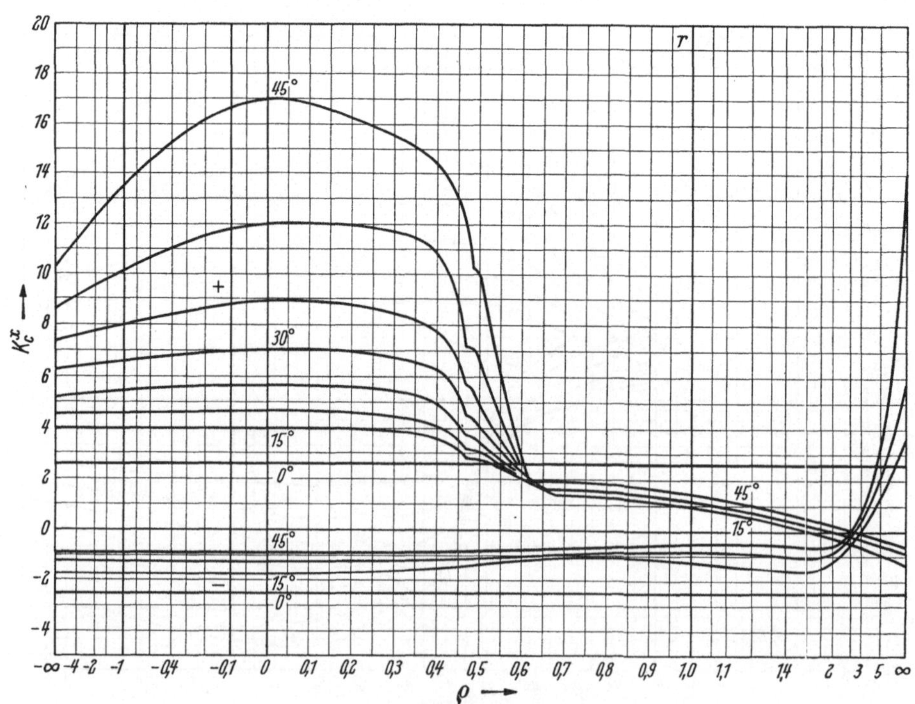

Abb. 5.25.K. K_c für rauhe Wand

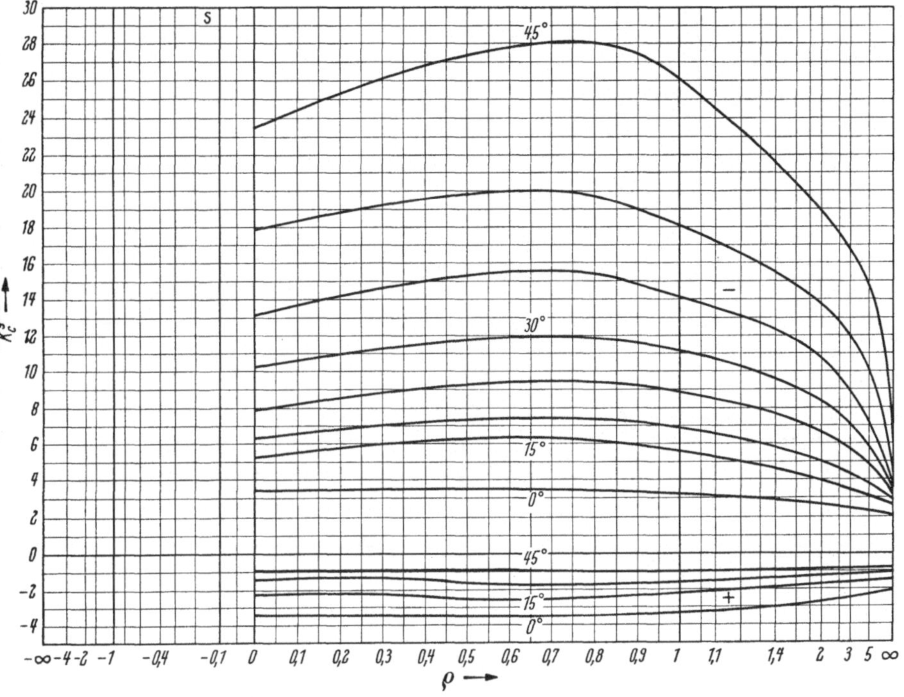

Abb. 5.25.L. K_c^y für glatte Wand

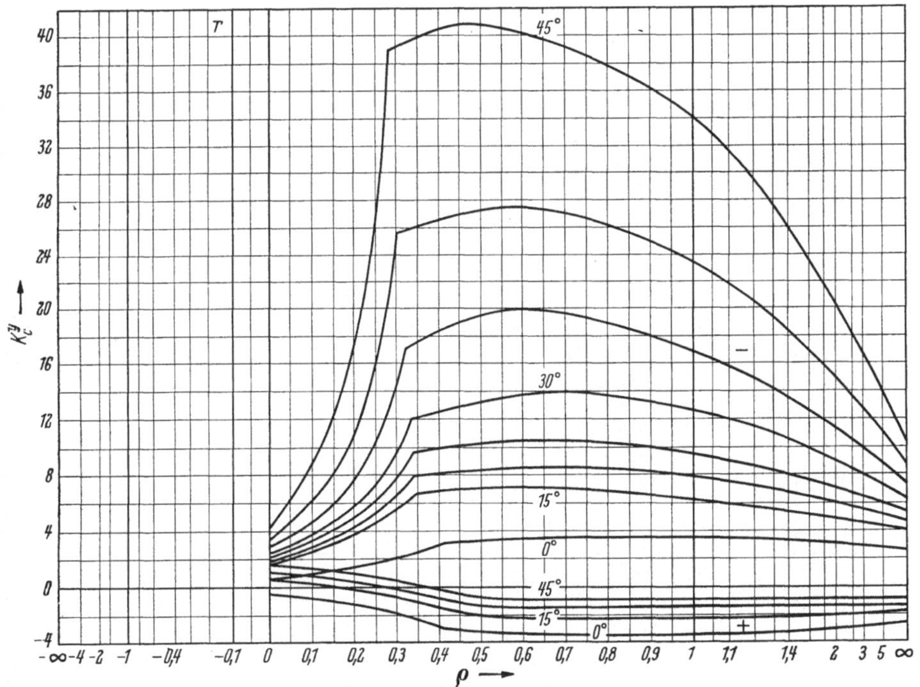

Abb. 5.25.M. K_c^y für rauhe Wand

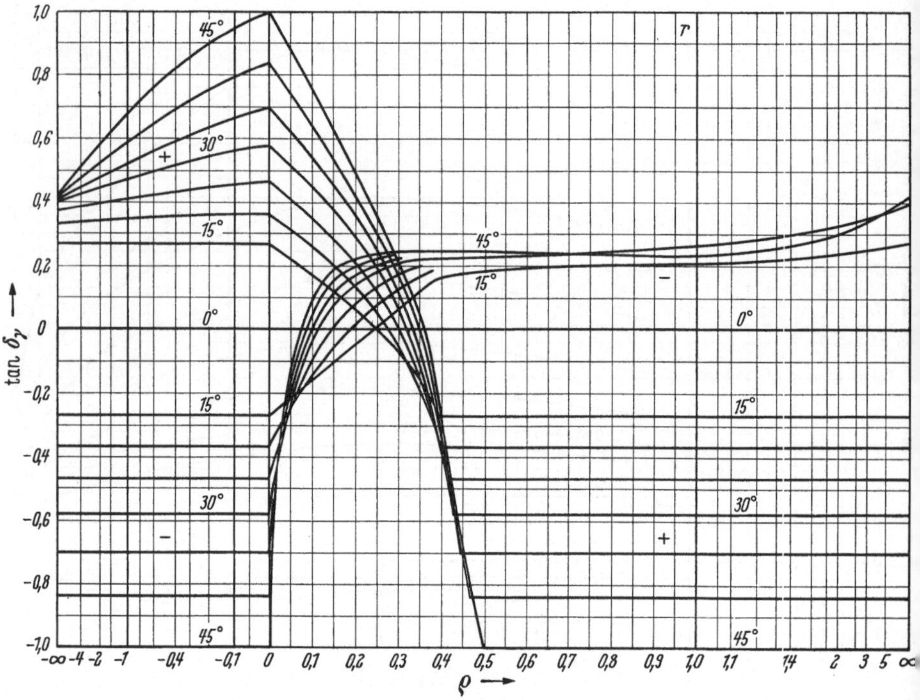

Abb. 5.25.N. tan δ_γ für rauhe Wand

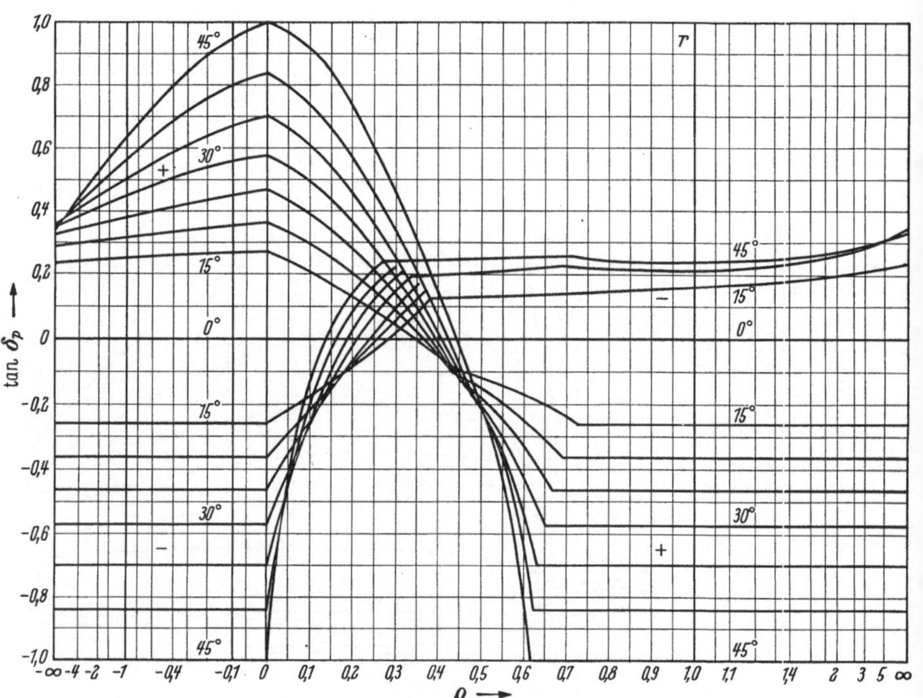

Abb. 5.25.O. tan δ_p für rauhe Wand

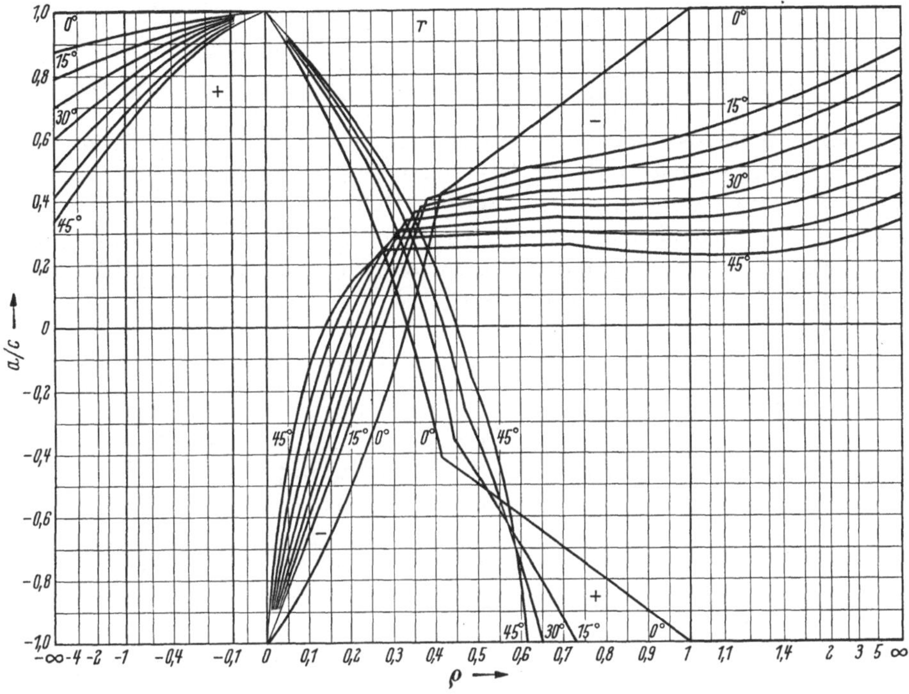

Abb. 5.25.P. a/c für rauhe Wand

Bildet sich in einer Wand ein *Fließgelenk*, kann man im Bruchzustand die Wand als zwei steife Teile (mit einem Gelenk verbunden) ansehen (Abb. 5.25.Q). Jeder Wandteil hat seinen eigenen Drehpunkt; in dem gewählten Beispiel hat der obere Teil positive Drehung, der untere Teil negative. Die Bruchfigur mag ziemlich kompliziert sein, aber die Erdspannungen können mit Annäherung wie folgt berechnet werden.

Die Erdspannungen auf dem *oberen Teil* (Höhe h_1) werden in der gewöhnlichen Weise bestimmt, entsprechend einem ϱ_1 gleich der Höhe des oberen Drehpunktes über dem Fließgelenk, geteilt durch h_1. Hierdurch werden die Lage des oberen Drucksprunges sowie

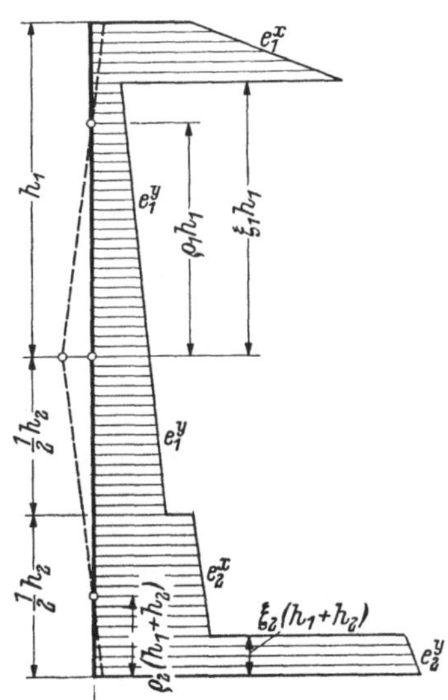

Abb. 5.25.Q. Erddruckverteilung auf Wand mit Fließgelenk

die Spannungen e_1^x und e_1^y bestimmt [Gln. (5.25.4) und (5.25.5)]. Auf der oberen Hälfte des *unteren Wandteiles* (Totalhöhe h_2) rechnet man übrigens auch mit Spannungen entsprechend e_1^y.

Die Spannungen auf der unteren Hälfte des unteren Wandteiles bestimmt man, als ob die gesamte Wand (Höhe $h_1 + h_2$) sich um den unteren Drehungspunkt drehte, d.h. entsprechend einem ϱ_2 gleich der Höhe des unteren Drehpunktes über dem Wandfuß, geteilt durch $h_1 + h_2$. Hierdurch werden die Lage des unteren Drucksprunges sowie die Spannungen e_2^x und e_2^y bestimmt. d in den Gln. (5.25.4) und (5.25.5) ist natürlich die Tiefe unter der wirklichen Erdoberfläche.

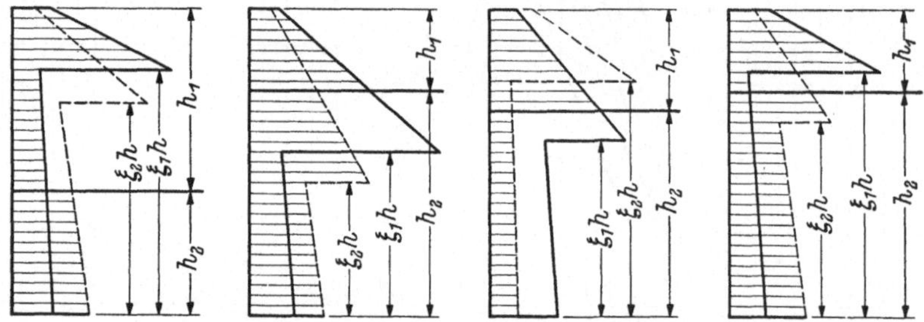

Abb. 5.25.R. Erddruckverteilungen beim geschichteten Boden

Hat man *Bodenschichten* mit verschiedenen *Raumgewichten* aber gleichen Scherfestigkeitsbeiwerten, gelten die Gln. (5.25.4) und (5.25.5) stets, wenn man anstatt $\bar{\gamma}d$ das gesamte wirksame Gewicht der obenliegenden Bodenschichten einsetzt. Die Erdspannungskurve wird dann Knickpunkte aufweisen bei den Schichtgrenzen, hierunter auch beim Grundwasserspiegel.

Haben die einzelnen Bodenschichten auch verschiedene *Beiwerte c* und φ, gelten mit Annäherung dieselben Gleichungen, aber in jeder Schicht muß man mit den für die betreffende Bodenart geltenden Werte von c und φ rechnen. Man bestimmt also für jede Schicht die Erdspannungen, als ob die betreffende Bodenart in der ganzen Wandhöhe vorhanden wäre (jedoch mit den tatsächlichen Raumgewichten der verschiedenen Schichten). Abb. 5.25.R zeigt die vier verschiedenen Möglichkeiten, die im Falle von zwei Schichten vorkommen können. Man wird sehen, daß außer den „normalen" Drucksprüngen auch solche bei den Schichtgrenzen auftreten werden.

Eventuelle hydrostatische *Wasserdrücke* müssen immer separat berechnet werden. Andererseits muß man bei der Berechnung der Erddrücke mit dem für Auftrieb reduzierten, *wirksamen* Raumgewicht γ' des Bodens unter dem Grundwasserspiegel rechnen.

Gibt es eine *Kapillarzone*, muß man hierin mit negativen Wasserdrücken rechnen, und auch mit reduziertem Raumgewicht γ' des Bodens.
Im Kapillarwasserspiegel rechnet man mit dem *Kapillardruck* $p_c = h_c\,\gamma_w$,
der als eine gedachte „Auflast" in diesem Niveau zu betrachten ist.

Findet eine *Porenwasserströmung* statt, ist der Boden durch *Strömungskräfte* $j = i\gamma_w$ beansprucht. In solchen Fällen, wo diese Kräfte
einigermaßen lotrecht und konstant sind, kann man die Erddrücke wie
gewöhnlich berechnen, aber mit einem wirksamen Raumgewicht $\gamma'' = \gamma'$
$\pm\,i\gamma_w$. Das Vorzeichen $+$ wird bei abwärts gerichteter, $\div$ bei aufwärts
gerichteter Strömung verwendet.

5.26 Freie Spundwände

Eine freie Spundwand hat keine Verankerung oder Absteifungen; sie
ist ausschließlich durch die angrenzenden Bodenmassen gestützt (Abb.
5.26.A).

Wenn die Wand genügend kräftig ist, wird sie sich im Bruchzustand
um einen Punkt drehen, der etwas über dem Fußpunkt liegt. Die
Lage dieses Punktes (z_r),
die notwendige Wandhöhe
$(h_1 + \Delta h)$ und der lotrechte
Spitzenwiderstand (Q_p) sind
die drei Unbekannten des
Problems. Für ihre Bestimmung hat man die drei
Gleichgewichtsbedingun-
gen der Wand. In der
Praxis geht man am ein-
fachsten wie folgt vor
(BRINCH HANSEN 1953):

Erfahrungsgemäß liegt
der Drehpunkt immer in
der Nähe des Wandfußes,
und für kleine Werte von
ϱ sieht man aus den Diagrammen Abb. 5.25.C bis

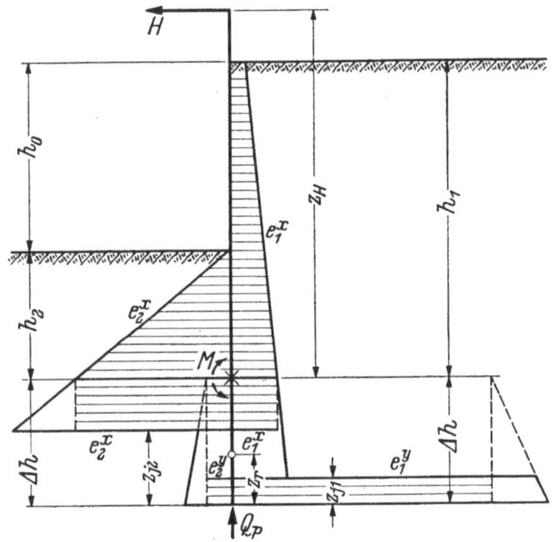

Abb. 5.26.A. Erddruckverteilung auf einer freien Spundwand

F, daß e^x entweder ganz unabhängig von ϱ ist (γ-Beitrag) oder sich nur
wenig mit ϱ ändert (p-Beitrag). Man kann deshalb sofort die Druckverteilung auf dem *oberen Wandteil* berechnen, nämlich entsprechend
$\varrho = 0$. Auf der rechten Seite in Abb. 5.26.A hat man negative Drehung
und auf der linken Seite positive Drehung. Man betrachtet bei der Berechnung den nominellen Bruchzustand, führt also sofort die Partialkoeffizienten ein (Abschn. 5.18).

14 Brinch Hansen/Lundgren, Bodenmechanik

Hiernach bestimmt man leicht die Lage des Punktes (mit einem x markiert), worin die Querkraft Null ist. In diesem Punkt kann man dann auch das *größte Moment M* berechnen.

Dem *unteren Teil* der Wand muß nun eine solche Höhe Δh gegeben werden, daß das Moment M durch „Einspannung" im Boden aufgenommen werden kann. Die „normale" Druckverteilung (voll ausgezogen) wird hierbei wesentlich vereinfacht (punktiert). Man rechnet nur mit den zwei schraffierten Rechtecken, entsprechend folgenden *Differenzspannungen:*

$$\Delta e^x = e_2^x - e_1^x \qquad \Delta e^y = e_1^y - e_2^y. \qquad (5.26.1\text{-}2)$$

Der Einfachheit halber nimmt man an, daß alle vier e-Werte in den Gln. (5.26.1) und (5.26.2) $\varrho = 0$ und der Tiefe h_1 entsprechen sollen.

Waagerechte Projektion und Momentengleichgewicht für den unteren Wandteil geben jetzt:

$$z_{j1}\,\Delta e^y - (\Delta h - z_{j2})\,\Delta e^x = 0, \qquad (5.26.3)$$

$$z_{j1}\,\Delta e^y \frac{1}{2}\,(\Delta h + z_{j2} - z_{j1}) = M. \qquad (5.26.4)$$

Aus den Diagrammen Abb. 5.25.A bis B sieht man, daß für kleine Werte von ϱ Proportionalität zwischen z_j (ξ) und z_r (ϱ) besteht. Man kann folgende *empirische Gleichung* aufstellen:

$$\frac{z_j}{z_r} = \frac{\xi}{\varrho} = 1 + 0{,}1\,\frac{\tan\delta}{\tan\varphi} \mp \tan\varphi = \frac{C_1}{C_2}, \qquad (5.26.5)$$

wo das Vorzeichen $\div$ für negative Drehung (C_1), $+$ für positive Drehung (C_2) gilt.

Im Sonderfall $\varphi = 0$ erhält man:

$$\frac{z_j}{z_r} = \frac{\xi}{\varrho} = 1 + 0{,}1\,\frac{a}{c} = C_1 = C_2. \qquad (5.26.6)$$

Mittels Gl. (5.26.5) kann man z_{j1} und z_{j2} in den Gln. (5.26.3) und (5.26.4) durch z_r ersetzen. Eliminiert man dann z_r aus den zwei Gleichungen, erhält man:

$$\Delta h = \left(\frac{C_2}{C_1} + \frac{\Delta e^y}{\Delta e^x}\right) : \sqrt{\frac{\Delta e^y}{2M}\left(2\,\frac{C_2}{C_1} + \frac{\Delta e^y}{\Delta e^x} - 1\right)}. \qquad (5.26.7)$$

Nach Berechnung von M, Δe^x, Δe^y, C_1 und C_2 kann man unmittelbar die notwendige *zuschlägliche Rammtiefe Δh* bestimmen.

Das notwendige *Widerstandsmoment* der Wand findet man durch Division des nominellen Maximalmomentes M mit der nominellen Baustoffestigkeit (40% größer als die gewöhnliche „zulässige Spannung").

5.27 Verankerte Spundwände

Im Gegensatz zu einer freien Spundwand ist eine verankerte Spundwand mittels einer Reihe von Ankern festgehalten, gewöhnlich etwas über Mittelwasser. Die Anker sind an Ankerplatten oder Pfahlböcken festgemacht.

Vor dem Jahr 1900 wurden verankerte Bohlwände aus Holz gemacht und nach gewissen *Erfahrungsregeln* bemessen. Wenn sie später auch aus Stahlbeton oder Stahl gebaut wurden, versuchte man solche Spundwände mittels Coulombs *Theorie* und unter Verwendung normaler zulässiger Spannungen zu berechnen. Diese Methode führte jedoch zu sehr unwirtschaftlichen Konstruktionen.

Eine praktische Lösung des Problems gelang erst R. Christiani im Jahr 1906. Er versuchte, eine Reihe von früher ausgeführten Bohlwerken mittels Coulombs Theorie zu berechnen und fand dabei Spannungen, die bis dreimal so hoch wie die normalen zulässigen Spannungen für Holz waren. Er schloß hieraus, daß bei verankerten Spundwänden eine derartige Druckumlagerung stattfinden muß, daß die wirklichen Momente nur etwa ein Drittel der Coulombschen Momente ausmachen werden. Infolgedessen fing er an, verankerte Stahlbetonspundwände nach Coulombs Theorie zu berechnen, aber mit „zulässigen Spannungen", die dreimal so hoch wie die normalen waren. Dieser kühne Analogieschluß, der natürlich nicht wissenschaftlich einwandfrei ist, bewies seinen praktischen Wert durch eine lange Reihe von gelungenen und wirtschaftlichen Bauwerken, von Christiani & Nielsen ausgeführt (Brinch Hansen 1946).

Der *Dänische Ingenieurverein* veröffentlichte 1923 seine ersten Vorschriften für Wasserbauwerke. Hierin befand sich auch eine neue halbempirische Methode für die Berechnung von verankerten Spundwänden. Sie war auf der richtigen Betrachtung gegründet, daß die Ausbiegung der Wand eine Druckverminderung in der Mitte, sowie eine Druckerhöhung bei der Verankerung verursachen muß. Dies wurde mittels der sogenannten *Entlastungsparabel* ausgedrückt (Abb. 5.27.A). Außer der so

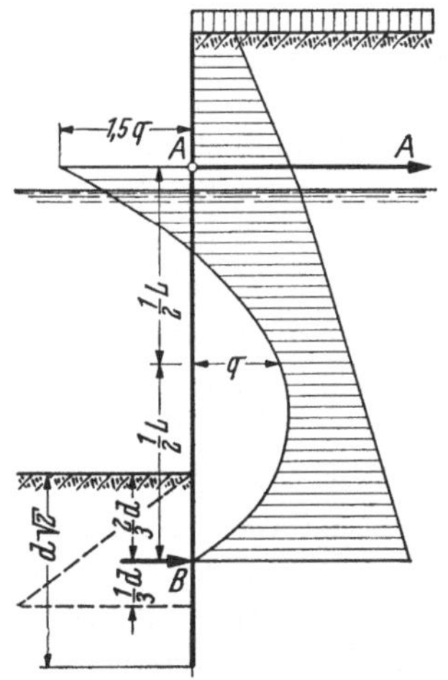

Abb. 5.27.A. Die Entlastungsparabel

erzielten Momentreduktion rechnete man auch mit 25% höheren zulässigen Spannungen als die normalen.

Im folgenden soll gezeigt werden, wie die entwickelte *Bruchtheorie*

14*

für die Bemessung verankerter Spundwände gebraucht werden kann.
Erstens muß man die *Bruchart* der Konstruktion festlegen, aber eine
verankerte Spundwand kann tatsächlich in vielen verschiedenen Arten
versagen. Abb. 5.27.B zeigt einige Beispiele, aber auch andere können
vorkommen, z.B. bei nachgiebiger Verankerung. Wie früher erwähnt,
muß die gewählte Bruchart sowohl kinematisch als auch statisch möglich sein.

Man könnte sich vielleicht vorstellen, daß es – ebenso wie für Bruchfiguren im Boden – notwendig wäre, alle (oder jedenfalls einige) Brucharten zu untersuchen, um die kritische zu finden. Dies ist aber nicht der

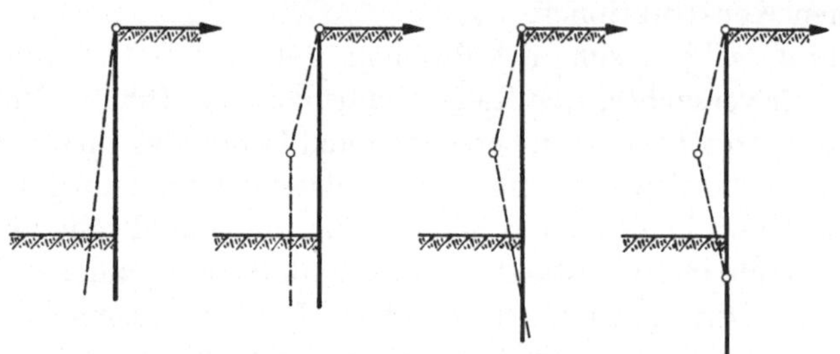

Abb. 5.27.B. Brucharten für eine verankerte Spundwand

Fall. Es zeigt sich im Gegenteil, daß man seine Konstruktion für eine
beliebig gewählte Bruchart bemessen kann und dadurch eine sichere Konstruktion erhalten kann. Man kann nämlich zeigen (BRINCH HANSEN
1953), daß eine folgerichtig bemessene, erddruckbeanspruchte Konstruktion tatsächlich in keiner anderen Weise als bei ihrer Berechnung vorausgesetzt versagen kann. Dies hängt damit zusammen, daß jede andere
Bewegung als die vorausgesetzte eine solche Druckumlagerung verursachen wird, daß der nachgebende Teil entlastet wird und die angefan-
gene Bewegung wieder zum Aufhören kommt.

Wählt man z.B. als Bruchart die in Abb. 5.27.B links angegebene:
Eine einfache Drehung um den Verankerungspunkt, ist es leicht zu sehen,
daß die Wand nicht in einer anderen Weise versagen kann. Ein eventuelles *Nachgeben der Verankerung* wird verminderte Erddrücke auf den
Wandkopf mit sich führen, und da dies auch einen verminderten Ankerzug bedeutet, muß das Nachgeben der Verankerung wieder aufhören. Ein
eventuelles Entstehen eines *Fließgelenkes* in der Wand wird zu verminderten Erddrücken auf der Wandmitte führen, und da dies auch verminderte
Wandmomente ergibt, muß das Fließen in der Wand wieder aufhören.
Nur das vorausgesetzte *Nachgeben des Wandfußes* bedingt keine neue Erd-
druckumlagerung und kann deshalb bis zum Bruch fortsetzen (falls die
Sicherheit zu gering ist).

Wie gesagt, kann man mittels jeder statisch und kinematisch möglichen Bruchart eine *zuverlässige* Konstruktion erhalten, aber die *Wirtschaftlichkeit* solcher Konstruktionen können sehr verschieden sein. Zum Beispiel wird eine Bruchart, in der die Verankerung nachgibt und die Wand sich um ihren Fuß dreht (wobei man COULOMBS Druckverteilung erhält), eine absolut zuverlässige, aber sehr unwirtschaftliche Konstruktion geben. Gewöhnlich wird die Bruchart in der Mitte links auf Abb. 5.27.B (Wand mit einem Fließgelenk) die wirtschaftlichste Konstruktion geben, beim weichen Boden jedoch mitunter die Bruchart links außen (Wand ohne Fließgelenk), und bei großen Wassertiefen oft die Bruchart rechts außen (Wand mit zwei Fließgelenken).

Bei der Bemessung einer Wand *ohne Fließgelenk* (Abb. 5.27.C) nimmt man an, daß die Wand sich um den Verankerungspunkt dreht. Um die Berechnung überhaupt anfangen zu können, muß man erst die Totalhöhe h_1 der Wand schätzungsweise feststellen. Da man dann auch die Höhe z_r des Drehungspunktes kennt, findet man:

$$\varrho_1 = \frac{z_r}{h_1}, \qquad \varrho_2 = \frac{z_r}{h_2} . \qquad (5.27.1\text{-}2)$$

Man rechnet im *nominellen* Bruchzustand und führt also sofort die Partialkoeffizienten ein (Abschn. 5.18). Mit Hilfe von den Gln. (5.25.4), (5.25.5) und (5.25.10) sowie der Diagramme in Abschn. 5.25 kann man jetzt ohne weiteres die Erdspannungen auf beiden Seiten der Wand bestimmen. Man hat positive Drehung auf der rechten Seite, negative auf der linken.

Die geschätzte Wandhöhe wird jetzt *kontrolliert*, indem man untersucht, ob das gesamte Moment der Erddrücke um den Verankerungspunkt gleich Null ist. Ist diese Bedingung nicht erfüllt, ändert man h_1 und rechnet um, bis es stimmt. Gewöhnlich werden zwei Durchrechnungen

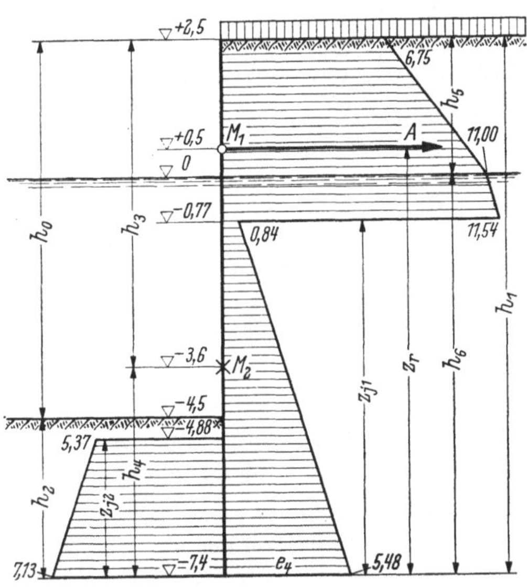

Abb. 5.27.C. Wand ohne Fließgelenk

und eine einfache Interpolation genügen.

Wenn das Momentengleichgewicht gesichert ist, findet man den nominellen *Ankerzug* als die Differenz zwischen den Erddrücken auf den zwei

Seiten der Wand. Außerdem berechnet man die größten nominellen *Momente*, bzw. im Verankerungspunkt (M_1) und im Querkraftnullpunkt (M_2). Den notwendigen Querschnitt der Anker, sowie das notwendige Widerstandsmoment der Wand, findet man durch Division mit der nominellen Baustoffestigkeit (40% höher als die normale zulässige Spannung).

Die bei der Berechnung gefundene *Rammtiefe* h_2 ist die tatsächlich notwendige (um genügend Sicherheit zu haben). Mitunter kann jedoch eine Vergrößerung der Rammtiefe notwendig sein mit Rücksicht auf die lotrechte Tragfähigkeit der Wand, oder wegen einer eventuellen Auskolkungsgefahr vor der Wand.

Die in Abb. 5.27.C gezeigte Stahlspundwand ist in *Ton* gerammt, der später durch Ausbaggerung vor der Wand beseitigt ist. Folgende Voraussetzungen sind zugrunde gelegt worden:

$$\gamma = 1{,}7\,\mathrm{t/m^3}, \qquad p_n = 1{,}83 \cdot 1{,}5 = 2{,}75\,\mathrm{t/m^2}, \qquad \varphi = 0, \quad \delta = 0, \quad a = 0,$$
$$\gamma' = 0{,}7\,\mathrm{t/m^3}, \qquad \sigma_n = 1300 \cdot 1{,}4 = 1820\,\mathrm{kg/cm^2}, \quad c_n = 3 : 1{,}5 = 2\,\mathrm{t/m^2}.$$

Der notwendige Ankerquerschnitt ist mit 19,8 cm²/m, und das notwendige Widerstandsmoment der Wand mit 860 cm³/m bestimmt worden.

Die hier verwendete Bruchart (ohne Fließgelenk) gibt die kleinstmögliche Rammtiefe. Sie gibt auch kleine Wandmomente, aber dafür eine ziemlich große Ankerkraft.

Eine ähnliche Bruchart ist für die auf Abb. 5.27.D gezeigte Stahlbetonspundwand im *Sand* verwendet worden. Die Voraussetzungen sind im übrigen:

$$\gamma = 1{,}7\,\mathrm{t/m^3}, \qquad p_n = 0{,}67 \cdot 1{,}5 = 1{,}00\,\mathrm{t/m^2}, \qquad c = a = 0,$$
$$\gamma' = 1{,}0\,\mathrm{t/m^3}, \qquad \varphi_n = \delta_n = \mathrm{arc\,tan}\,[(\tan 35°) : 1{,}2] = 30°.$$

Diese Spundwand ist oben *eingespannt* im Hinterteil der Entlastungsplattform einer Kaikonstruktion. Die Drehung der Wand um den Einspannungspunkt setzt voraus, daß sich hier ein Fließgelenk bildet, und man erhält die wirtschaftlichste Konstruktion, wenn das negative Einspannungsmoment dem größten positiven Moment numerisch gleich ist. Die Rammtiefe, die anfänglich geschätzt werden muß, soll daher gerade so groß sein, daß diese Bedingung erfüllt wird.

Bei der Berechnung der Erdspannungen auf der *rechten Seite* rechnet man einfachheitshalber, als ob eine „Erdoberfläche" im Niveau der Einspannung vorhanden wäre, und das Erdgewicht über diesem Niveau wird als eine „Auflast" betrachtet. Die Erdspannungen auf der *linken Seite* findet man mit Annäherung aus den Gln. (5.23.1) bis (5.23.4).

Der nominelle Ankerzug wurde mit 12,1 t/m, und die nominellen Maximalmomente mit 6,3 tm/m gefunden.

Bei der Bemessung einer Wand mit *einem Fließgelenk* (Abb. 5.27.E) nimmt man an, daß der obere Wandteil sich um den Verankerungspunkt dreht, während der untere Wandteil sich parallel verschiebt (Abb. 5.27.B in der Mitte links). Um die Berechnung anfangen zu können, muß man erst die Höhe h_3 des *oberen* Wandteiles schätzungsweise feststellen. Wenn die Höhe des Verankerungspunktes über dem Fließgelenk z_r genannt wird, hat man:

$$\varrho_3 = \frac{z_r}{h_3} \qquad (5.27.3)$$

und kann danach die Erddruckverteilung auf dem oberen Wandteil in gewöhnlicher Weise bestimmen.

Hiernach schätzt man auch die Höhe h_4 des *unteren* Wandteils, der in zwei Hälften geteilt wird. Auf der oberen Hälfte sollen die Erdspannungen dem für den oberen Wandteil gefundenen Wert ϱ_3 entsprechen, auf der unteren Hälfte dagegen $\varrho = \infty$. Die passiven Erdspannungen (auf der linken Seite) sollen unter allen Umständen $\varrho = \infty$ entsprechen.

Da man im Fließgelenk die Querkraft Null haben muß, sollen die Erddrücke auf beiden Seiten des unteren Wandteiles (unter dem Fließgelenk) gleich sein. Die Höhe h_4 des unteren Wandteiles muß deshalb so *angepaßt* werden, daß diese Bedingung erfüllt ist.

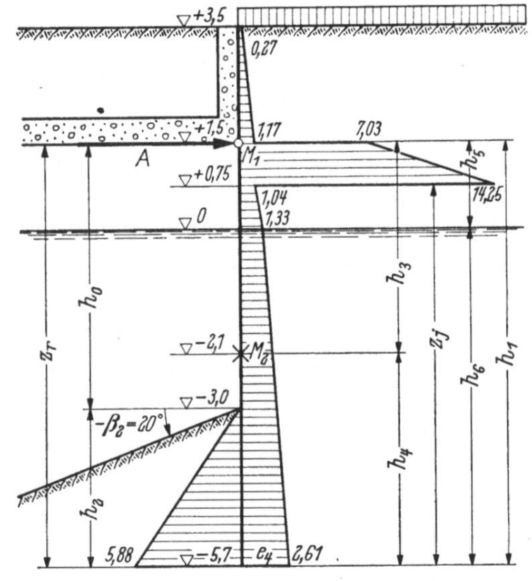

Abb. 5.27.D. Eingespannte Wand hinter Entlastungsplattform

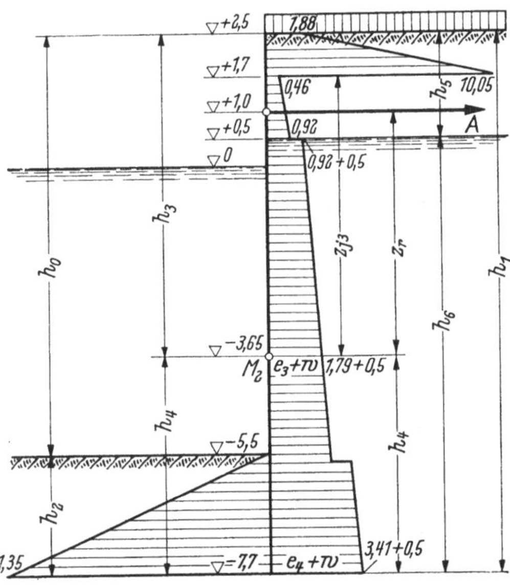

Abb. 5.27.E. Wand mit einem Fließgelenk

Endlich *kontrolliert* man die geschätzte Höhe h_3 des oberen Wandteiles durch die Bedingung, daß das Moment M_2 im Fließgelenk dasselbe sein muß in den beiden Wandteilen. Für den oberen Teil findet man M_2 aus der Momentengleichung um den Verankerungspunkt; für den unteren Teil aus der Momentengleichung um den Fußpunkt. Sind die derart berechneten Momente M_2 nicht einander gleich, muß man die Lage des Fließgelenkes etwas ändern und umrechnen, bis es stimmt. Der Ankerzug ist dann gleich dem Erddruck auf den oberen Wandteil (über dem Fließgelenk).

Die in Abb. 5.27.E gezeigte Stahlspundwand ist in *Sand* gerammt. Außer den Erddrücken hat man hier auch einen *Differenzwasserdruck* berücksichtigt, indem man vorausgesetzt hat, daß der Grundwasserstand 0,5 m höher als der äußere Wasserstand sein kann. Der Einfachheit halber – und auf der sicheren Seite – hat man mit einem Wasserüberdruck gleich 0,5 t/m² in der ganzen Höhe (unter dem Grundwasserspiegel) gerechnet. Man hat auch von der Einwirkung der Gradienten auf die wirksamen Raumgewichte des Bodens abgesehen, was natürlich nur bei kleinen Wasserüberdrücken zulässig ist. Im übrigen sind folgende Voraussetzungen zugrunde gelegt worden:

$$\gamma = 1{,}8\,\text{t/m}^3, \qquad p_n = 1{,}00\,\text{t/m}^2, \qquad \varphi_n = \delta_n = 30°, \qquad c = 0,$$
$$\gamma' = 1{,}0\,\text{t/m}^3, \qquad w_n = 0{,}50\,\text{t/m}^2, \qquad \sigma_n = 1820\,\text{kg/cm}^2, \qquad a = 0.$$

Der notwendige Ankerquerschnitt wurde mit 7,3 cm²/m, und das notwendige Widerstandsmoment der Wand mit 825 cm³/m festgestellt.

Wenn die Wassertiefe groß ist, oder wenn die Spundwand aus anderen Gründen tief eingerammt werden muß, wird es oft wirtschaftlich sein mit „*Einspannung*" *im Boden* zu rechnen. Im Bruchzustand werden sich dann zwei Fließgelenke bilden, deren Momente numerisch gleich sein sollen. Ist die Wand oben in einem Stahlbetonüberbau eingespannt, entsteht hier ein drittes Fließgelenk (Abb. 5.27.F). Der obere Wandteil wird sich um den Verankerungspunkt drehen, während der mittlere Wandteil sich um das untere Fließgelenk dreht, und der untere Wandteil fest steht (Abb. 5.27.B rechts).

Man fängt damit an, die Höhe h_3 des *oberen* Wandteiles zu schätzen und kann dann die Erdspannungen auf diesem Teil bestimmen. Hiernach schätzt man auch die Höhe h_4 des *mittleren* Wandteiles, der in zwei Hälften geteilt wird, auf welchen die Erdspannungen, wie früher angegeben, bestimmt werden (jedoch mit $\varrho = 0$ für die untere Hälfte).

Da man in beiden unteren Fließgelenken (aber natürlich nicht im Fließgelenk bei einer eventuellen Einspannung im Überbau) die Querkraft Null haben muß, wird die Höhe h_4 durch die Bedingung bestimmt, daß die Erddrücke auf beiden Seiten des mittleren Wandteiles einander gleich sein müssn.

Danach *kontrolliert* man die geschätzte Höhe h_3 dadurch, daß alle Fließmomente dieselbe numerische Größe haben sollen. Für den oberen Teil berechnet man das Fließmoment (oder bei Einspannung oben: Das doppelte Fließmoment) durch die Momentengleichung um den Verankerungspunkt. Für den mittleren Teil berechnet man das doppelte Fließmoment durch die Momentengleichung um das untere Fließgelenk. Sind

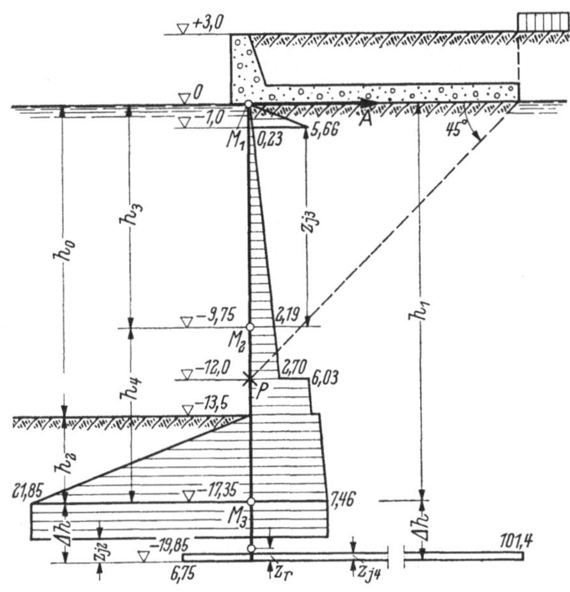

Abb. 5.27.F. Eingespannte Wand vor einer Entlastungsplattform

die gefundenen Fließmomente nicht dieselben, muß man h_3 ändern und umrechnen, bis es stimmt.

Zum Schluß berechnet man die *zusätzliche Rammtiefe* Δh (die Höhe des unteren Wandteiles), die notwendig ist, um das Fließmoment M_3 durch „Einspannung" im Boden aufzunehmen. Zu diesem Zweck verwendet man die in Abschn. 5.26 angegebene Methode mit $M = M_3$. Der *Ankerzug* ist gleich dem Erddruck auf den oberen Wandteil.

Die in Abb. 5.27.F gezeigte Stahlbetonspundwand ist in *Sand* gerammt. Der oberste Wandteil hat positive Drehung, und für den mittleren Wandteil ist die Drehung negativ auf der rechten Seite, positiv auf der linken. Die Wirkung der *Entlastungsplattform* auf die Erddrücke ist einfachheitshalber wie folgt berücksichtigt. Volle Entlastung ist vorausgesetzt über dem Punkt P, wo die Spundwand von einer *Linie unter* 45° durch die Hinterkante der Plattform getroffen wird; unter diesem Punkt rechnet man mit keiner Entlastung. Dies bedeutet, daß man über P mit Auflast Null auf der „Erdoberfläche" unter der Plattform rechnet, wäh-

rend man unter P mit einer „Auflast“ entsprechend dem Erdgewicht
und der wirklichen Auflast über der „Erdoberfläche“ rechnet. Im übrigen
sind folgende Voraussetzungen angewendet worden:

$$\gamma = 1{,}8\,\text{t/m}^3, \qquad p_n = 3{,}33 \cdot 1{,}5 = 5{,}00\,\text{t/m}^2,$$
$$\gamma' = 1{,}0\,\text{t/m}^3, \qquad \varphi_n = \delta_n = 30°, \qquad a = c = 0\,.$$

Der nominelle Ankerzug ist mit 13,4 t/m, und die nominellen Maximalmomente mit 36,5 tm/m bestimmt worden.

5.28 Abgesteifte Wände

Abgesteifte Wände werden fast ausschließlich für zeitweilige Ein-
fassung von *Baugruben* verwendet. Eine abgesteifte Wand ist in waagerechter Richtung durch wenigstens eine, und in der Regel mehrere Reihen
von Absteifungen unterstützt. Die Spundwand ist oft etwas im Boden
der Baugrube eingerammt, wodurch sie unten von einem passiven Erddruck unterstützt wird, aber es ist nicht unbedingt notwendig.

Selbst wenn die Wand nicht im Boden eingerammt ist, kann sie theoretisch mittels nur *einer Reihe* von Absteifungen festgehalten werden.
Tritt überhaupt ein Bruchzustand ein, muß die Wand sich um den Unter-
stützungspunkt drehen, und außerdem muß die Erddruckresultante
durch denselben Punkt gehen ($z_r = z_p$). Betrachtet man z.B. Sand mit
$\varphi = 30°$, findet man, daß das Gleichgewicht möglich ist, wenn die Absteifung irgendwo im Gebiet $z_r = z_p = 0{,}12\,h - 0{,}56\,h$ angebracht ist.

Ist die Wand im Boden eingerammt, kann die Absteifung auch höher
angebracht werden. Hat man nur *eine Reihe* von Absteifungen, kann die
Wand wie eine gewöhnliche verankerte Spundwand berechnet werden.

Hat man *mehrere Reihen* von Absteifungen, wird der Erddruck am
einfachsten durch die folgende Betrachtung der normalen Bauweise bestimmt. Die Wände werden erst gerammt, und man beseitigt nur so viel
Erde, daß die oberste Absteifung angebracht werden kann. Danach gräbt
man so viel tiefer, daß man die nächste Absteifung anbringen kann usw.

Die oberste Absteifung wird also im Betrieb sein, bevor nennenswerte
Bewegungen der Wand vorkommen, aber wenn die Ausgrabung fort-
schreitet, wird die Wand mehr und mehr gegen die Baugrube gepreßt.
Die schon angebrachten Absteifungen werden allerdings weitere Bewegungen oben verhindern, aber unten kann die Wand stets nach innen
gepreßt werden. Die endgültige Bewegung der Wand kann mit guter Annäherung als eine *Drehung um die oberste Absteifung* beschrieben werden.
Diese Drehung ist jedoch mit einer gewissen *Konvexität* der Wand gegen
die Erde verbunden.

Der *gesamte* Erddruck auf die Wand kann deshalb, bezüglich Größe
und Angriffspunkt, mit guter Annäherung berechnet werden wie für eine

Wand, die sich um ihre obere Unterstützung dreht. Die entsprechende Bruchfigur ist bekanntlich ein konkaver Linienbruch (*A*). Die Druckverteilung kann nicht genau angegeben werden, muß aber weitgehend von den elastischen Formänderungen der Wand abhängen.

Die bisher angegebene, angenäherte Druckverteilung bei positiver Drehung, die bei der Berechnung von *verankerten Spundwänden* verwendet wurde, ist durch verhältnismäßig kleine Erdspannungen auf dem mittleren Teil der Wand gekennzeichnet. Dies muß einigermaßen richtig sein für verankerte Spundwände, da diese derartige elastische Formänderungen erhalten werden, daß sie ihre *konkave* Seite gegen die Erde wenden.

Wie oben erklärt, muß man dagegen erwarten, daß *abgesteifte Spundwände* mit mehreren Reihen von Absteifungen ihre *konvexe* Seite gegen die Erde wenden werden. Dies wird nicht die Größe und Angriffspunkt des totalen Erddruckes ändern, aber die *Verteilung* wird ganz anders sein, nämlich mit größeren Erdspannungen auf dem mittleren Teil der Wand, und kleineren oben und unten.

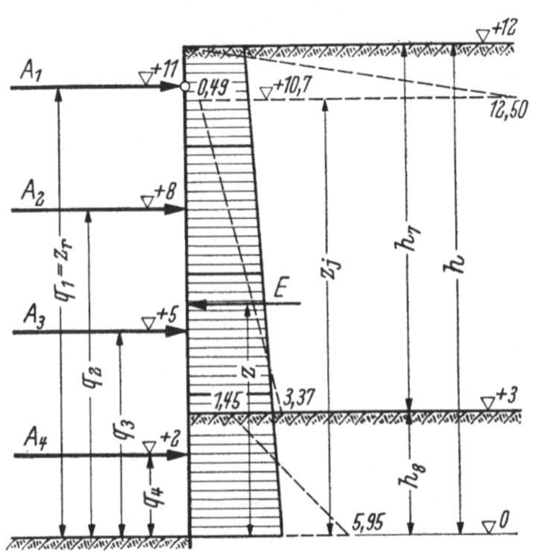

Abb. 5.28.A. Abgesteifte Spundwand

Ausgeführte Messungen auf abgesteiften Wänden bestätigen diese Vermutung, indem man Druckverteilungen gefunden hat, die mit Annäherung parabel- oder trapezförmig sind. Als eine praktische Annäherung wird deshalb folgende Berechnungsmethode vorgeschlagen (Abb. 5.28.A).

Erst bestimmt man die *gewöhnliche Erddruckverteilung* (punktiert in Abb. 5.28.A), entsprechend einer positiven Drehung der Wand um die obere Absteifung. Diese Druckverteilung wird danach in eine *geradlinige* (voll ausgezogen in Abb. 5.28.A) geändert, und zwar in einer solchen Weise, daß Größe und Angriffspunkt des totalen Erddruckes nicht geändert werden.

Mittels einer Trennungslinie in der Mitte zwischen je zwei Nachbarabsteifungen werden die *Kräfte* (*A*) gefunden, die jede Absteifung beanspruchen. Ist die Wand im Boden eingerammt, muß man untersuchen, ob der passive Erddruck groß genug ist, um eine eigentliche Absteifung zu ersetzen. Ist dies nicht der Fall, muß die unterste tatsächliche Absteifung den Überschuß aufnehmen.

Die *Maximalmomente* in der Wand können mittels der einfachen Plastizitätstheorie berechnet werden:

$$\max M = \frac{1}{16}\, e_m\, h^2, \qquad\qquad (5.28.1)$$

wo h der lotrechte Abstand zwischen zwei Nachbarabsteifungen, und e_m die durchschnittliche Erdspannung bezeichnen.

Eventuelle *Wasserdrücke* auf der Spundwand müssen wie gewöhnlich separat berechnet werden, aber in der Regel versucht man mittels Dränierung oder Grundwasserabsenkung solche Wasserdrücke zu vermeiden.

Hinter der in Abb. 5.28.A gezeigten Spundwand befindet sich oben eine Sandschicht ($\gamma = 1,7$ t/m³, $\varphi_n = 30°$), unten eine Tonschicht ($\gamma = 1,5$ t/m³, $c_n = 4$ t/m²). Wenn mit rauher Wand gerechnet wird, findet man die angegebenen nominellen Erdspannungen (punktiert). Die entsprechende geradlinige Erddruckverteilung gibt folgende nominellen Absteifungskräfte:

$$A_1 = 6,0\,\text{t/m}, \qquad A_2 = 8,0\,\text{t/m}, \qquad A_3 = 8,8\,\text{t/m}, \qquad A_4 = 11,3\,\text{t/m}.$$

5.29 Ankerplatten

Spundwände können mittels Ankerplatten (aus Stahlbeton) oder Ankerwänden (aus Stahlspundwänden) verankert werden. In beiden Fällen rechnet man – jedenfalls in erster Annäherung – als ob die Platte oder die Wand unendlich lang ist und bis zur Erdoberfläche reicht.

Gegeben ist eigentlich der bei der Spundwandberechnung gefundene *nominelle Ankerzug*, der von der Ankerplatte aufgenommen werden soll. Da man aber nicht direkt die dazu notwendige Höhe der Ankerplatte berechnen kann, muß man tatsächlich eine Höhe schätzen und den entsprechenden nominellen Widerstand der Platte berechnen.

An und für sich kann man die Bruchart der Ankerplatte beliebig wählen, aber aus wirtschaftlichen Gründen wählt man immer eine *Parallelverschiebung*, weil diese Bewegung den größten Widerstand erzeugt. Im Boden *hinter* der Ankerplatte entsteht dann ein Zonenbruch (P bei rauher Wand), d.h. der aktive Erddruck auf der Rückseite kann wie für eine Stützmauer berechnet werden (mit $\delta^a = \varphi$ bei rauher Wand).

Im Boden *vor* der Ankerplatte erhält man einen kombinierten Bruch (SfP bei rauher Wand), aber dieser ist nicht ohne weiteres zu berechnen, da man den tatsächlichen Wert von δ^p nicht kennt. Man kann nämlich nicht $\delta^p = \varphi$ (Gleitung) haben, weil es dann unmöglich sein würde, die lotrechte Gleichgewichtsbedingung zu erfüllen. Tatsächlich hebt sich die Ankerplatte während der Bewegung, wobei sie der Bewegung des voranliegenden Erdkörpers folgt, ohne daß Gleitung entsteht, aber hierdurch wird δ^p unbestimmt (TH. RASMUSSEN 1948).

Es zeigt sich jedoch, daß die Grenzbruchlinie im *S/P*-Bruch mit guter Annäherung durch eine *Gerade* ersetzt werden kann. Der Winkel dieser Geraden mit der Waagerechten (ω), die Normalkomponente des Ankerzuges (A) und der Abstand des Verankerungspunktes vom Wandfuß (z_A) sind die drei Unbekannten des Problems. Für ihre Bestimmung hat man die drei Gleichgewichtsbedingungen für die Ankerplatte und den Erdkörper über der Grenzbruchlinie.

Als das einfachste, aber auch praktisch wichtigste Beispiel betrachtet man jetzt eine *lotrechte Ankerplatte* unter einer *waagerechten Erdoberfläche*, und mit waagerechtem Anker (Abb. 5.29.A). Der Boden besteht aus kohäsionslosem Sand ($c = 0$) mit wirksamen Raumgewichten γ (über dem Grundwasserspiegel) und γ' (unter dem Grundwasserspiegel).

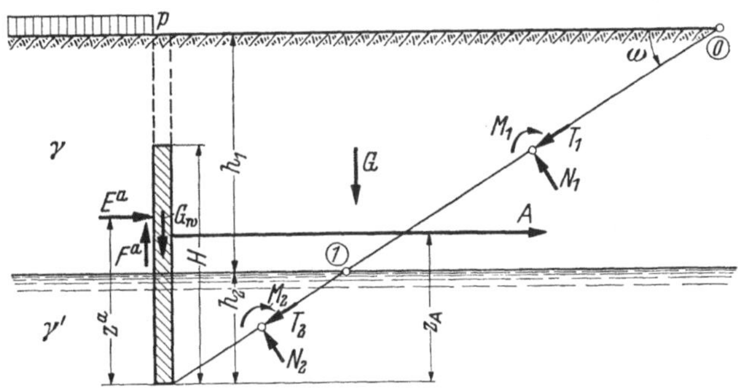

Abb. 5.29.A. Lotrechte Ankerplatte im Sand

Man berechnet erst das wirksame *Eigengewicht* G_w der Ankerplatte, indem man die Abmessungen der Platte schätzt. Unter dem Grundwasserspiegel muß mit reduziertem Raumgewicht gerechnet werden, und das Gewicht des Bodens unmittelbar über der Platte muß mit berücksichtigt werden.

In den folgenden Berechnungen ist es praktisch, den „*hydrostatischen*" *Erddruck* einzuführen:

$$E^h = \frac{1}{2}\,\gamma\,(h_1 + h_2)^2 - \frac{1}{2}\,(\gamma - \gamma')\,h_2^2\,, \qquad (5.29.1)$$

$$E^h\,z^h = \frac{1}{6}\,\gamma\,(h_1 + h_2)^3 - \frac{1}{6}\,(\gamma - \gamma')\,h_2^3\,. \qquad (5.29.2)$$

Die *aktiven Erddrücke* E^a und F^a auf der Rückseite der Ankerplatte können jetzt im nominellen Bruchzustand und für rauhe Wand ($\delta = \varphi$) berechnet werden. φ muß hier als negativ eingesetzt werden, d.h. F^a *wird negativ.* Man findet im übrigen:

$$E^a = E^h K_\gamma^{ar} + p\,(h_1 + h_2)\,K_p^{ar}, \qquad F^a = E^a \tan\varphi, \qquad (5.29.3\text{-}4)$$

$$E^a z^a = E^h z^h K_\gamma^{ar} + \frac{1}{2}\,p\,(h_1 + h_2)^2\,K_p^{ar}, \qquad\qquad (5.29.5)$$

wo die Beiwerte K_γ^{ar} und K_p^{ar} aus Abb. 5.23.A genommen werden können.

Das *Eigengewicht* G des Bodenkörpers über der Bruchlinie auf der passiven Seite wird:

$$G = \left(\frac{1}{2}\,\gamma\,(h_1 + h_2)^2 - \frac{1}{2}\,(\gamma - \gamma')\,h_2^2\right)\cot\omega = E^h \cot\omega. \qquad (5.29.6)$$

Die Schubspannung τ_0 am oberen Ende der Bruchlinie ist Null nach Gl. (5.15.5). Die Spannung τ_1 am Grundwasserspiegel findet man aus Gl. (5.13.31) mit $k = h : \sin\omega$:

$$\tau_1 = \gamma\,h_1 \sin\varphi \sin(\omega + \varphi) : \sin\omega. \qquad\qquad (5.29.7)$$

Die Kräfte N und T in der Bruchlinie werden danach aus den Gln. (5.13.32) und (5.13.33) bestimmt:

$$T_1 + T_2 = E^h \sin\varphi \sin(\omega + \varphi) : \sin^2\omega, \qquad\qquad (5.29.8)$$

$$N_1 + N_2 = E^h \cos\varphi \sin(\omega + \varphi) : \sin^2\omega. \qquad\qquad (5.29.9)$$

Man betrachtet jetzt die auf die Ankerplatte und den Bodenkörper über der Bruchlinie wirkenden Kräfte. Durch *lotrechte Projektion* erhält man:

$$G_w + G - F^a + (T_1 + T_2)\sin\omega - (N_1 + N_2)\cos\omega = 0. \qquad (5.29.10)$$

Durch Einsetzen der Gln. (5.29.6), (5.29.8) und (5.29.9) erhält man eine Gleichung mit der Lösung:

$$\cot\omega = \tan\varphi + \sec\varphi\,\sqrt{1 + (G_w - F^a):(E^h \tan\varphi)}. \qquad (5.29.11)$$

Den *Ankerzug* A findet man dann durch waagerechte Projektion:

$$A = (T_1 + T_2)\cos\omega + (N_1 + N_2)\sin\omega - E^a, \qquad\qquad (5.29.12)$$

welche Gleichung nach Einsetzen der Gln. (5.29.8) bis (5.29.9) das Folgende ergibt:

$$A = E^h \sin^2(\omega + \varphi) : \sin^2\omega - E^a = E^p - E^a. \qquad\qquad (5.29.13)$$

In allen Gln. (5.29.7) bis (5.29.13) muß φ natürlich *positiv* gerechnet werden, weil hier der Erddruck passiv ist. Außerdem rechnet man im *nominellen* Bruchzustand, d.h. mit Partialkoeffizienten (Abschn. 5.18). Die geschätzte Höhe der Ankerplatte ist ausreichend, wenn der gefundene nominelle Ankerwiderstand größer ist als der bei der Spundwandberechnung gefundene nominelle Ankerzug.

Der erste Beitrag in Gl. (5.29.13) ist offensichtlich identisch mit der Normalkomponente E^p des passiven Erddruckes auf der Ankerplatte. Dieser Druck wird annäherungsweise „hydrostatisch" verteilt sein, ebenso wie E^h. Man kann deshalb jetzt die notwendige Höhe z_A des *Verankerungspunktes* bestimmen, nämlich durch die Momentengleichung der auf der Ankerplatte wirkenden Kräfte um den Fußpunkt der Platte:

$$A\,z_A = E^h\,z^h\,\sin^2(\omega + \varphi) : \sin^2\omega - E^a\,z^a = E^p\,z^h - E^a\,z^a\,. \quad (5\ 29.14)$$

In der obigen Berechnung ist die Ankerplatte als unendlich lang und bis zur Erdoberfläche reichend vorausgesetzt. In der Praxis sind diese zwei Bedingungen nur selten erfüllt, aber wenn die Erdüberdeckung der Ankerplatte kleiner ist als $^2/_3$ ihrer tatsächlichen Höhe H, und wenn der freie Abstand zwischen zwei Nachbarplatten kleiner ist als $^1/_3$ ihrer wirklichen Länge L, kann man mit fast vollständiger Ausnützung des berechneten Widerstandes rechnen.

Um die *Momente* in der Platte zu bestimmen nimmt man an, daß die Ankerkraft A_p *je Platte* sich gleichförmig über die Länge L und geradlinig über die Höhe H verteilt (mit der Resultante im Verankerungspunkt). Die *gesamten* Maximalmomente in Höhen- bzw. Längenrichtung der Platte werden dann:

$$M_H = 2\,A_p\,z_\mathrm{A}^2\,(H - z_A)^2 : H^3, \qquad M_L = \frac{1}{8}\,A_p L\,. \quad (5.29.15\text{-}16)$$

Für die gefundenen nominellen Momente soll die Ankerplatte mit nominellen Baustoffestigkeiten (40% größer als die normalen zulässigen Spannungen) bemessen werden.

Man kann natürlich auch den Ankerwiderstand berechnen in dem mehr allgemeinen Fall, wo die Erdoberfläche und die Anker nicht waagerecht sind, wo die Ankerplatte nicht lotrecht ist, und wo man mit bindiger Erde zu tun hat (BRINCH HANSEN 1953 und 1954).

5.3 Tragfähigkeit von Flachgründungen

Durch die Gründung eines Bauwerkes werden seine Belastungen auf die tragfähigen Bodenschichten übertragen, entweder direkt (Flachgründung) oder mittels Pfähle (Pfahlgründung). In diesem Abschnitt wird allein die *Flachgründung* betrachtet.

In den meisten *Bauvorschriften* für Gründungen werden für die verschiedenen Bodenarten gewisse „*zulässige Sohldrücke*" angegeben, gewöhnlich im Bereich 10 bis 50 t/m². Um die „tatsächlichen" Sohldrücke bestimmen zu können, verteilt man die Normalkomponente der Bauwerksbelastung entweder gleichförmig (mittige Belastung), geradlinig (einfach-ausmittige Belastung) oder plan (doppel-ausmittige Belastung) über die Grundfläche. Hierbei rechnet man mit keiner Übertragung von Zugspannungen zwischen dem Boden und dem Fundament. Die Tangentialkomponente der Bauwerksbelastung wird bei der Tragfähigkeitsuntersuchung gewöhnlich vernachlässigt, aber die Sicherheit gegen Gleiten und Kippen wird für sich untersucht. Die wirkliche Sicherheit, die man gegen Grundbruch hat, wenn man die „zulässigen Sohldrücke" verwendet, ist gewöhnlich nicht angegeben.

Die *Plastizitätstheorie* hat schon längst gezeigt, daß die Mehrzahl der Anschauungen, auf welchen die beschriebene „klassische" Methode basiert ist, tatsächlich falsch sind. Die Sohldruckverteilung ist nur ausnahmsweise gleichförmig, geradlinig oder plan, und die Tragfähigkeit hängt in Wirklichkeit von folgenden Verhältnissen ab:

1. Raumgewicht und Scherfestigkeit des Bodens sowie Lage des Grundwasserspiegels.
2. Größe, Form und Tiefe der Gründungsfläche sowie deren eventuellen Neigung.
3. Neigung und Ausmittigkeit der Bauwerksbelastung.

Streng genommen müßte jede Kombination der obengenannten Verhältnisse für sich berechnet werden mittels der allgemeinen Bruchtheorie und unter Verwendung zweckmäßiger Bruchfiguren. Es hat sich jedoch gezeigt, daß man die Ergebnisse gewisser einfacher Sonderfälle in Form von halbempirischen Faktoren ausdrücken kann, und daß man außerdem mit guter Annäherung (und auf der sicheren Seite) die einfachen Fälle superponieren darf.

Bei der Bemessung von Flachgründungen rechnet man im *nominellen Bruchzustand*, d.h. man führt sofort die Partialkoeffizienten ein, sowohl für die Belastungen als auch für die Scherfestigkeitsbeiwerte des Bodens (Abschn. 5.18). Hierdurch findet man erst die nominellen Bauwerksbelastungen V_n und H_n, senkrecht bzw. parallel zur Gründungsfläche. Danach berechnet man die nominelle Normalkomponente Q_n der Tragfähigkeit und wenn $V_n = Q_n$, hat das Fundament gerade die richtigen Abmessungen. Wenn man ferner mit der plastizitätstheoretischen Verteilung der nominellen Sohldrücke rechnet, kann man die nominellen Schnittkräfte im Fundament berechnen. Für diese bemißt man das Fundament mit nominellen Baustoffestigkeiten (40% größer als die gewöhnlichen zulässigen Spannungen).

5.31 Senkrechte, mittige Belastung

Als den einfachsten Fall betrachtet man erst eine unendlich lange Streifengründung mit Breite B, auf einer waagerechten Erdoberfläche angebracht und mit einer senkrechten, mittigen Linienlast (V je Längeneinheit) belastet. Der Boden hat ein wirksames Raumgewicht $\bar{\gamma}$ (eventuelle Wasserdrücke geben nur einen Auftrieb auf das Fundament, der in V eingerechnet werden muß) und die Scherfestigkeitsbeiwerte c und φ. An den Seiten des Fundamentes kann die Erdoberfläche durch eine wirksame Auflast $\bar{q}$ je Flächeneinheit belastet sein (Abb. 5.31.A).

Durch einfache Dimensionsbetrachtungen und nachfolgende Superposition kann folgende Gleichung für die *Bruchtragfähigkeit* je Flächeneinheit des betrachteten Fundamentes abgeleitet werden (TERZAGHI 1943):

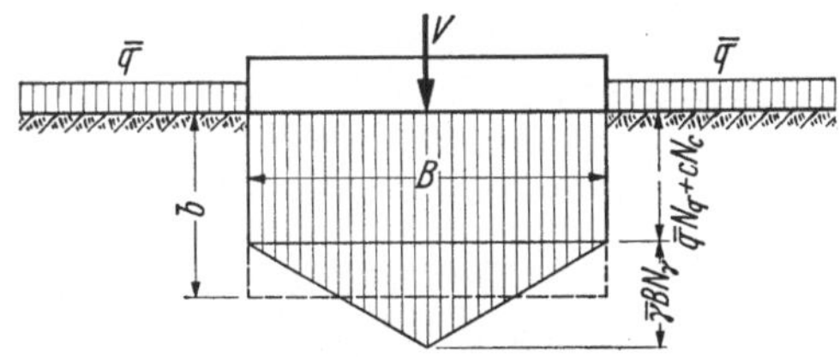

Abb. 5.31.A. Senkrechte, mittige Belastung

$$b = Q : B = \frac{1}{2}\,\bar{\gamma}\,B\,N_\gamma + \bar{q}\,N_q + c\,N_c. \qquad (5.31.1)$$

Hierin sind N_γ, N_q und N_c dimensionslose *Tragfähigkeitsfaktoren*, die nur von φ abhängen und im Prinzip durch Betrachtung von einfachen Sonderfällen bestimmt werden können. Die verwendeten Bruchfiguren müssen natürlich statisch und kinematisch möglich sein, und die Resultante des Sohldruckes muß voraussetzungsgemäß senkrecht und mittig sein.

Für den Sonderfall $\varphi = 0$, d.h. *reibungsloser Boden*, zeigt Abb. 5.31.B eine einwandfreie Bruchfigur (PRANDTL 1920). Sie besteht aus zwei RANKINE-Zonen und einer PRANDTL-Zone; in der letzteren sind die Bruchlinien konzentrische Kreise und deren Halbmesser.

Da sowohl die Erdoberfläche als auch die Gründungssohle waagerecht sind ($\beta = 0$, $\theta = -90°$), erhält man mittels der Gln. (5.15.19) bis (5.15.22) mit $a = 0$ (entsprechend senkrechtem Sohldruck):

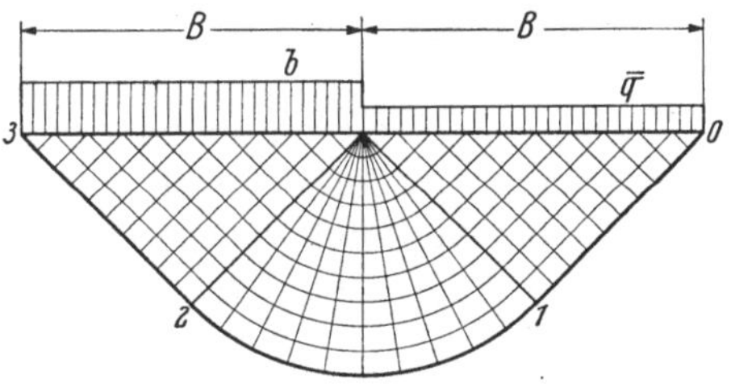

Abb. 5.31.B. Bruchfigur im reibungslosen Boden

$$v_0 = 45°, \qquad \sigma_0 = \bar{q} + c, \qquad (5.31\ 2\text{-}3)$$
$$v_3 = -45°, \qquad b = \sigma_3 + c. \qquad (5.31\ 4\text{-}5)$$

Außerdem erhält man mittels der Gln. (5.13.37) und (5.13.41) für die Bruchlinien *0* bis *1* bzw. *1* bis *2* und *2* bis *3*:

$$\alpha = 0°, \qquad \omega = 45°, \qquad k = \frac{1}{2}B\sqrt{2}: \qquad \sigma_1 = \frac{1}{2}\bar{\gamma}B + \sigma_0, \qquad (5\ 31\ 6)$$

$$\alpha = \frac{1}{4}\pi, \qquad \omega = 0°, \qquad k = B: \qquad \sigma_2 = \pi c + \sigma_1, \qquad (5.31.7)$$

$$\alpha = 0°, \qquad \omega = -45°, \qquad k = \frac{1}{2}B\sqrt{2}: \qquad \sigma_3 = -\frac{1}{2}\bar{\gamma}B + \sigma_2. \qquad (5\ 31.8)$$

15 Brinch Hansen/Lundgren, Bodenmechanik

Durch Elimination aller σ aus den Gln. (5.31.3) und (5.31.5) bis (5.31.8) erhält man:

$$b = c\,(\pi + 2) + \bar{q}\,. \tag{5.31.9}$$

Wenn diese mit Gl. (5.31.1) verglichen wird, findet man die Tragfähigkeitsfaktoren für $\varphi = 0$:

$$N_\gamma^0 = 0\,, \qquad N_q^0 = 1\,, \qquad N_c^0 = \pi + 2 = 5{,}14\,. \tag{5.31.10-12}$$

Da die obige Entwicklung für jede Bruchlinie gültig ist, welche von der Erdoberfläche bis zur Gründungsfläche verläuft, muß b konstant sein, entsprechend einer *gleichförmigen Verteilung* des Sohldruckes.

Für einen anderen, theoretisch wichtigen Sonderfall, nämlich $\bar{\gamma} = 0$, d.h. *gewichtslosen Boden*, kann man auch eine genaue Berechnung durch-

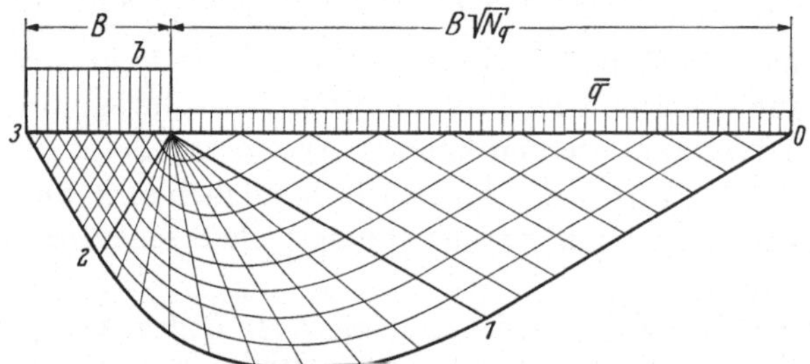

Abb. 5.31.C. Bruchfigur im gewichtslosen Boden

führen. Eine einwandfreie Bruchfigur ist in Abb. 5.31.C gezeigt (PRANDTL 1920). Sie besteht auch aus zwei RANKINE-Zonen und einer PRANDTL-Zone; aber in der letzteren sind die Bruchlinien konfokale logarithmische Spiralen und deren Polstrahlen.

Da sowohl die Erdoberfläche als auch die Gründungssohle waagerecht sind $(\beta = 0,\ \theta = -90°)$, erhält man mittels der Gln. (5.15.4) bis (5.15.5) und (5.15.12) bis (5.15.13) mit $\delta = 0$ (entsprechend senkrechtem Sohldruck):

$$v_0 = 45° - \frac{1}{2}\,\varphi\,, \quad \tau_0 = (\bar{q} + c\cot\varphi)\tan\left(45° + \frac{1}{2}\,\varphi\right)\sin\varphi\,, \tag{5.31.13-14}$$

$$v_3 = -\left(45° + \frac{1}{2}\,\varphi\right), \qquad b = \tau_3\tan\left(45° + \frac{1}{2}\,\varphi\right):\sin\varphi - c\cot\varphi\,. \tag{5.31.15-16}$$

Wenn $\bar{\gamma} = 0$, kann man zeigen, daß die Gln. (5.13.12) bis (5.13.13) für eine beliebige Kurve mit dem Winkel 2α zwischen den Endtangenten gültig sind. Speziell sieht man, daß τ auf einer geraden Bruchlinie konstant ist $(\alpha = 0)$. Man findet deshalb:

$$\tau_1 = \tau_0\,, \qquad \tau_2 = \tau_1\,e^{\pi\tan\varphi}\,, \qquad \tau_3 = \tau_2\,. \tag{5.31.17-19}$$

Durch Elimination aller τ aus den Gln. (5.31.14) und (5.31.16) bis (5.31.19) erhält man:

$$b = (\bar{q} + c \cot\varphi)\, e^{\pi \tan\varphi} \tan^2\left(45° + \frac{1}{2}\,\varphi\right) - c \cot\varphi\,. \qquad (5.31.20)$$

Wenn diese mit Gl. (5.31.1) verglichen wird, findet man zwei der Tragfähigkeitsfaktoren für $\varphi \neq 0$:

$$N_q = e^{\pi \tan\varphi} \tan^2\left(45° + \frac{1}{2}\,\varphi\right), \qquad N_c = (N_q - 1)\cot\varphi\,. \qquad (5.31.21\text{-}22)$$

Infolge der obigen Entwicklung muß b konstant sein, d.h. die $\bar{q}$- und c-Beiträge des Sohldruckes müssen *gleichförmig verteilt* sein (Abb. 5.31.A).

Abb. 5.31.D zeigt in logarithmischer Skala N_c und N_q als Funktionen von φ (voll ausgezogene Kurven). Beispielsweise hat man $N_q \sim 18$ für $\varphi = 30°$.

Es fehlt jetzt nur eine *Bestimmung von N_γ*, was im Prinzip durch Betrachtung des Sonderfalles $\bar{q} = 0$, $c = 0$ möglich sein sollte. Die Schwierigkeit ist aber, daß eine einwandfreie Bruchfigur für diesen Fall bis jetzt noch nicht gefunden ist. Aus Mangel hieran hat man verschiedene angenäherte Bruchfiguren verwendet, aber die Ergebnisse weichen bedeutend voneinander ab.

Terzaghi versuchte als erster N_γ zu berechnen. Er fand für $\varphi = 30°$ $N_\gamma \sim 20$, aber seine Bruchfigur ist nicht statisch möglich. Sie enthält nämlich zwei sich berührende logarithmische Spiralen, was unmöglich ist, weil sie sich unter $90° \pm \varphi$ schneiden müssen.

Meyerhof und andere haben eine Bruchfigur ähnlich der in Abb. 5.31.C gezeigten, aber symmetrisch um die Fundamentsmitte, verwendet. Hierbei findet man für $\varphi = 30°$ $N_\gamma \sim 23$, aber es ist leicht zu zeigen, daß auch diese Bruchfigur statisch unmöglich ist.

Es ist dagegen Lundgren und Mortensen gelungen, eine statisch mögliche Bruchfigur zu konstruieren; sie enthält unmittelbar unter dem Fundament eine elastische (steife) Zone, von zwei krummen Linien begrenzt. Für $\varphi = 30°$ fanden sie $N_\gamma \sim 15$, aber es ist zweifelhaft, ob die Bruchfigur auch kinematisch möglich ist. Sie untersuchten auch die Genauigkeit der in Gl.(5.31.1) vorausgesetzten Superposition und fanden, daß der Fehler für $\varphi = 30°$ bis 17% (auf der sicheren Seite) betragen könnte.

Wie von Drucker und Prager (1951) gezeigt, werden kinematisch mögliche Bruchfiguren zu hohe Werte und statisch mögliche Bruchfiguren zu niedrige Werte ergeben. Dementsprechend sollte N_γ für $\varphi = 30°$ zwischen 15 und 20 liegen, also dieselbe Größenordnung wie N_q haben (18). Als eine einfache Annäherung, die im Grenzfall $\varphi = 0$ die Gln. (5.31.10) bis (5.31.11) erfüllt, und wahrscheinlich ein wenig auf der sicheren Seite ist, wird deshalb vorgeschlagen:

$$N_\gamma \sim N_q - 1\,. \qquad (5.31.23)$$

15*

Dementsprechend kann Gl. (5.31.1) wie folgt geschrieben werden:

$$b = Q : B \sim \left(\frac{1}{2}\,\bar{\gamma}\,B + \bar{q} + c \cot \varphi\right)(N_q - 1) + \bar{q}. \qquad (5.31.24)$$

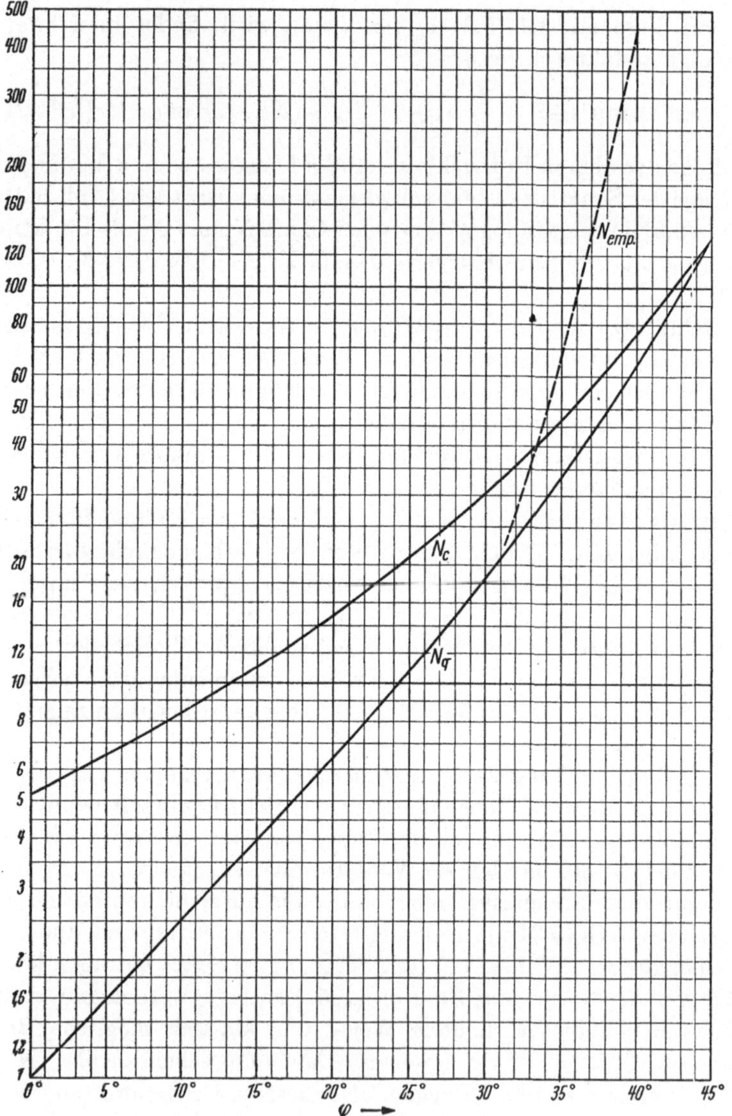

Abb. 5.31.D. Tragfähigkeits-Faktoren

Die Verteilung des $\bar{\gamma}$-Beitrages über die Gründungsfläche kann nicht genau angegeben werden, aber die Sohlspannung muß in der Mitte ein

Maximum haben und gegen die Ränder zu Null abnehmen. Der Einfachheit halber rechnet man mit einer *dreieckförmigen Verteilung* wie in Abb. 5.31.A gezeigt.

Das *Dänische Geotechnische Institut* hat eine große Anzahl von Modellversuchen mit kleinen Platten auf trockenem Sand ausgeführt, um die Gültigkeit der Tragfähigkeitsformeln zu überprüfen. Der Reibungswinkel wurde mittels Dreiaxialversuche bestimmt, wobei bis zu unendlich großem Seitendruck extrapoliert wurde, um die Einwirkung von Apparatfehlern zu beseitigen. Selbst anscheinend „trockener" Sand enthält immer etwas Feuchtigkeit, die eine scheinbare Kohäsion verursacht, aber diese, sowie die gesuchten Größen N_γ und N_q, können durch Belastungsversuche auf Platten mit verschiedenen Durchmessern bestimmt werden.

Die so gemessenen N-Werte stimmen für Reibungswinkel in der Nähe von 30° ganz gut mit den Werten überein, die durch Einsetzen der dreiaxial gemessenen Reibungswinkel in den Tragfähigkeitsformeln erhalten werden. Mit steigendem Reibungswinkel erhält man aber auch steigende *Abweichungen*, und z.B. für 40° mißt man N-Werte, die bis zehnmal so groß wie die berechneten sind.

Eine befriedigende Erklärung dieser Ergebnisse besitzt man noch nicht, aber es wird vermutet, daß die Dilatation des Sandes eine wesentliche Rolle spielt. Die Versuchsergebnisse können aber kaum angezweifelt werden und sind übrigens auch durch Feldversuche bestätigt worden. Es sollte deshalb zulässig sein, anstatt der theoretischen (voll ausgezogenen) Kurve für N_q in Abb. 5.31.D die *empirische Kurve* (punktiert) zu verwenden. Letztere entspricht ungefähr den niedrigsten der bei den Versuchen gefundenen Werte.

5.32 Schräge, ausmittige Belastung

Man betrachtet wie früher eine unendlich lange Streifengründung auf der Erdoberfläche, aber sie ist jetzt von einer schrägen, ausmittigen Linienlast beansprucht mit den Komponenten V und H, senkrecht bzw. parallel zur Gründungssohle. Es wird fast immer so sein, daß H gegen den nächsten Rand des Fundamentes gerichtet ist (Abb.5.32.A). Die Ausmittigkeit der Belastung (Entfernung des

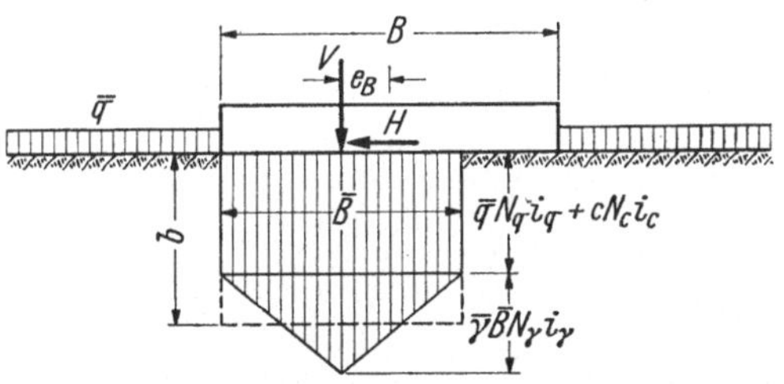

Abb. 5.32.A. Schräge, ausmittige Belastung

Angriffspunktes von der Fundamentsmitte) wird mit e_B bezeichnet.

Für die einfachen *Sonderfälle* $\varphi = 0$ und $\bar\gamma = 0$ ist es möglich, statisch und kinematisch mögliche Bruchfiguren anzugeben und diese durchzurechnen (BRINCH HANSEN 1955). Für $\varphi = 0$ zeigt Abb. 5.32.B Bruchfiguren, die bei keiner, bzw. geringer oder bedeutender Ausmittigkeit vorkommen können. Im letzten Fall muß der Bruchkreis aus kinematischen Gründen die Gründungssohle tangieren. Für $\bar{\gamma} = 0$ werden die Kreise in der PRANDTL-Zone durch logarithmische Spiralen ersetzt.

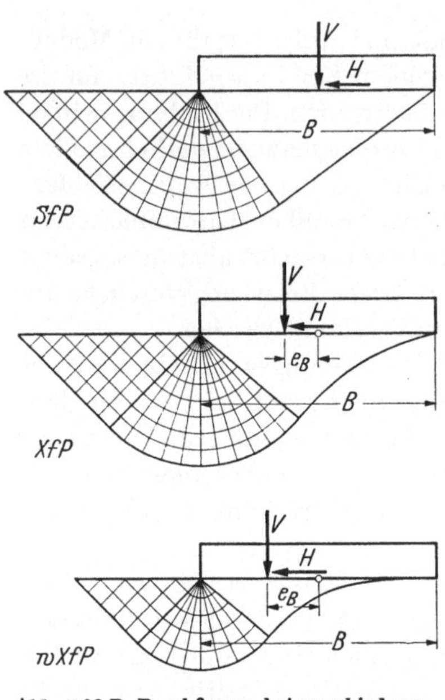

Abb. 5.32.B. Bruchfiguren bei verschiedenen Ausmittigkeiten

Die Berechnungen werden am einfachsten derart durchgeführt, daß man die geometrischen Parameter einer Bruchfigur festlegt und dann die drei Gleichgewichtsbedingungen für den Erdkörper über der unteren Bruchlinie aufstellt. Aus diesen berechnet man V, H und e_B. Wenn der gefundene Wert von V durch die Tragfähigkeit V_0 bei senkrechter, mittiger Belastung geteilt wird, erhält man den sogenannten *Neigungs-Ausmittigkeits-Beiwert*. Dieser muß natürlich von den Verhältnissen H/V und e_B/B abhängen, die auch aus der Berechnung hervorgehen. Wenn man eine große Anzahl solcher Berechnungen ausgeführt hat, kann man die gefundenen Beiwerte in ihrer Abhängigkeit von den zwei genannten Verhältnissen graphisch darstellen.

Die Ergebnisse solcher Berechnungen sind in Abb. 5.32.C ($\varphi = 0$, $\bar{q} = 0$) und Abb. 5.32.D ($\varphi = 30°$, $\bar{\gamma} = 0$, $c = 0$) gezeigt. Als Abszisse ist die *bezogene Ausmittigkeit* ($2e_B/B$) verwendet; sie ist 0 für mittige Belastung und 1 für Belastung auf dem Rande. Als Ordinate ist die *bezogene Neigung* der Resultierenden (H/Bc, bzw. $H/V \tan\varphi$) angewandt; sie ist derart ausgedrückt, daß sie 0 ist für senkrechte Belastung,

Abb. 5.32.C. Neigungs-Ausmittigkeits-Beiwert für $\varphi = 0$ (c-Beitrag)

während sie 1 ist für diejenige Neigung, bei welcher das (rauhe) Fundament waagerecht zu gleiten anfängt. Die punktierte Linie ist die
Grenze zwischen den Gebieten, in welchen die Bruchfiguren $wXfP$
(rechts), bzw. XfP (links) auftreten. Die Punkte auf der Ordinaten-
achse links entsprechen der
Bruchfigur SfP.

Anstatt Abb. 5.32.C bis D
direkt anzuwenden wird empfohlen, das unten beschriebene, *einfachere Verfahren* zu
benutzen.

Aus Abb. 5.32.B (unten)
wird man sehen, daß für nicht
zu geringe Ausmittigkeiten die
wirkliche Breite B des Fundamentes ohne Bedeutung für
die Tragfähigkeit ist. Diese
hängt vielmehr nur von den
Abmessungen der Bruchfigur
ab, und diese müssen mit dem
Abstand des Kraftangriffs-
punktes vom nächsten Rande
proportional sein.

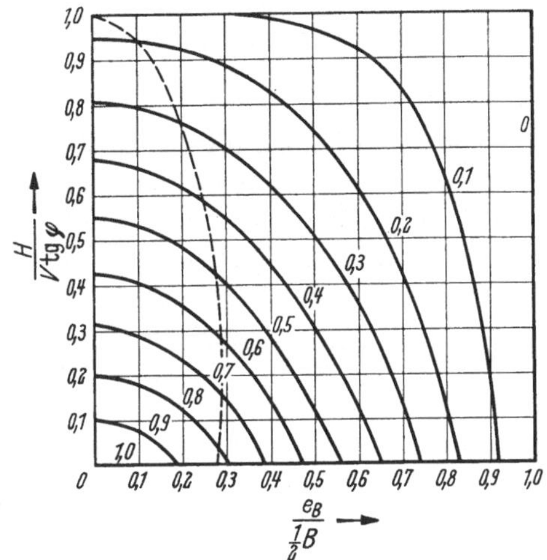

Abb. 5.32.D. Neigungs-Ausmittigkeits-Beiwert für
$\varphi = 30°$ ($\bar{q}$-Beitrag)

Auf den Abszissenachsen von Abb. 5.32.C bis D kann man ablesen,
daß z.B. für eine bezogene Ausmittigkeit 0,5 der Tragfähigkeitsbeiwert
etwas größer als 0,5 ist (senkrechte Belastung). Es ist deshalb auf der
sicheren Seite, die Ausmittigkeit dadurch zu berücksichtigen, daß man
die Tragfähigkeit wie für ein mittig belastetes Fundament mit der folgenden Breite berechnet:

$$\bar{B} = B - 2\,e_B. \tag{5.32.1}$$

Diese sogenannte *wirksame Breite*, die in die Tragfähigkeitsgleichun-
gen anstatt der wirklichen Breite eingesetzt werden muß, ist dadurch gekennzeichnet, daß sie von der Kraftresultante *mittig beansprucht* wird.

Nachdem man in dieser einfachen Weise die Ausmittigkeit berücksichtigt hat, muß man noch die *Neigung* berücksichtigen, wobei jetzt
mittige Belastung vorausgesetzt werden kann. In den behandelten Sonderfällen, deren Ergebnisse in Abb. 5.32.C bis D gezeigt sind, kann man
den reinen Neigungsfaktor an den Ordinatenachsen links ablesen.

Im Sonderfall $\varphi = 0$ sieht man aus Abb. 5.32.C, daß der *Neigungsfaktor* für den c-Beitrag sich auf der sicheren Seite wie folgt ausdrücken
läßt:

$$i_c^0 \sim 1 - H : 2\,\bar{B}\,c \tag{5.32.2}$$

In demselben Sonderfall erhält man im übrigen die gesamte Tragfähigkeit durch Superposition eines c- und eines $\bar{q}$-Beitrages. Da letzterer rein „hydrostatisch" ist, beeinflußt er nur die lotrechten Kräfte, nicht aber die waagerechten. Man findet deshalb für $\varphi = 0$ die *lotrechte* Komponente der *Tragfähigkeit* wie folgt:

$$b = Q : \bar{B} = 5{,}14\,c\,i_c^0 + \bar{q}\,. \tag{5.32.3}$$

Im allgemeinen Fall $\varphi \neq 0$ soll man erst einen $\bar{q}$- und einen c-Beitrag superponieren, indem man vorläufig $\bar{\gamma} = 0$ setzt. Man kann hierbei mit dem Sonderfall $c = 0$, $\bar{q} = 1$ anfangen. Wenn alle Spannungen mit $(\bar{q} + c \cot \varphi)$ multipliziert werden, und eine „hydrostatische" Spannung $c \cot \varphi$ abgezogen wird, erhält man die richtige Auflast $\bar{q}$ und deshalb auch die richtigen Sohlspannungen für den Fall $\bar{q} \neq 0$, $c \neq 0$. Um den Neigungsfaktor für den $(\bar{q} + c \cot \varphi)$-Beitrag zu bestimmen, muß man deshalb erst zu der gegebenen senkrechten Fundamentbelastung V eine senkrechte Belastung $\bar{B} c \cot \varphi$ addieren, wonach das entscheidende Verhältnis gleich $H/(V + \bar{B} c \cot \varphi)$ wird. Da man in Abb. 5.32.D $c = 0$ hat, zeigt es sich, daß der *Neigungsfaktor* für den $(\bar{q} + c \cot \varphi)$-Beitrag (bei $\varphi = 30°$) sich mit guter Annäherung wie folgt ausdrücken läßt:

$$i_q \sim 1 - 1{,}5\,H : (V + \bar{B} c \cot \varphi)\,. \tag{5.32.4}$$

Für $\bar{\gamma} = 0$ wird die lotrechte Komponente der Tragfähigkeit somit wie folgt bestimmt:

$$b = Q : \bar{B} = (\bar{q} + c \cot \varphi)\,N_q\,i_q - c \cot \varphi = \bar{q}\,N_q\,i_q + c\,N_c\,i_c\,. \tag{5.32.5}$$

Hieraus findet man unter Verwendung von Gl. (5.31.22):

$$i_c = \frac{N_q\,i_q - 1}{N_c \tan \varphi} = \frac{N_q\,i_q - 1}{N_q - 1}\,. \tag{5.32.6}$$

Bei einer näheren Untersuchung zeigt es sich, daß der Zahlenkoeffizient 1,5 in Gl. (5.32.4) nicht sehr viel mit φ variiert. Für Sand kann man deshalb ohne weiteres die Gln. (5.32.4) und (5.32.5) anwenden. Für $\varphi = 0$ (wassergesättigter Ton) muß man jedoch die Gln. (5.32.2) und (5.32.3) verwenden.

Um endlich den Neigungsfaktor für den γ-Beitrag zu finden, müßte man im Sonderfall $\bar{q} = 0$, $c = 0$ eine Reihe von Bruchfiguren durchrechnen, aber die genaue Form solcher Bruchfiguren ist leider noch nicht bekannt. SCHULTZE (1952) und MEYERHOF (1953) haben angenäherte Bruchfiguren verwendet und haben dabei *Neigungsfaktoren* gefunden, die in der Hauptsache durch die folgende einfache Gleichung ausgedrückt werden können:

$$i_\gamma = (i_q)^2\,. \tag{5.32.7}$$

Die *vollständige Gleichung* für die lotrechte Tragfähigkeit eines unendlich langen Oberflächenfundamentes ist hiernach:

$$b = Q : \bar{B} = \frac{1}{2}\,\bar{\gamma}\,\bar{B}\,N_\gamma\,i_q^2 + (\bar{q} + c\cot\varphi)\,N_q\,i_q - c\cot\varphi, \qquad (5.32.8)$$

wobei i_q durch Gl. (5.32.4) gegeben ist. Wie gewöhnlich rechnet man die $\bar{q}$- und c-Beiträge gleichförmig, den $\bar{\gamma}$-Beitrag dreieckförmig über der wirksamen Breite $\bar{B}$ verteilt (Abb. 5.32.A).

Ist die Sohle völlig rauh, wird das Fundament anfangen waagerecht zu *gleiten*, wenn:

$$H = V\tan\varphi + \bar{B}c, \qquad (5.32.9)$$

Dies bedeutet, daß man im allgemeinen Fall $\varphi \neq 0$ keinen größeren Wert von H als $V\tan\varphi + \bar{B}c$ haben darf. Gleichfalls darf man im Sonderfall $\varphi = 0$ keinen größeren Wert von H als $\bar{B}c$ haben. Diese Gleitbedingung muß also erst erfüllt sein, bevor man die Tragfähigkeitsformeln verwenden darf.

5.33 Gründung unter der Erdoberfläche

In der Praxis gründet man niemals direkt auf der Erdoberfläche, sondern in einer gewissen *Mindesttiefe D* unter dieser Oberfläche (Abb. 5.33.A).

Häufig haben die Bodenschichten *oberhalb* der Gründungssohle nur eine geringe Festigkeit (z.B. Füllboden). In diesem Fall berechnet man die Tragfähigkeit wie für ein Oberflächenfundament, aber für $\bar{q}$ setzt man dann den wirksamen Überlagerungsdruck der Bodenschichten oberhalb der Gründungssohle:

$$\bar{q} = \bar{\gamma}_0 D. \qquad (5.33.1)$$

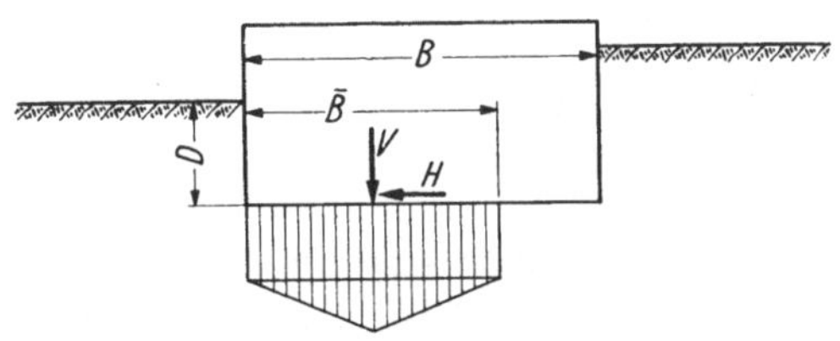

Abb. 5.33.A. Gründung unter der Erdoberfläche

Die Größen $\bar{\gamma}$, c und φ in der Tragfähigkeitsgleichung sollen natürlich dem Boden *unterhalb* der Gründungssohle entsprechen ($\bar{\gamma} = \bar{\gamma}_u$).

Ist dagegen der Boden derselbe über und unter der Gründungssohle, dann erhält man eine Vergrößerung der Tragfähigkeit. Genaue Bruchfiguren für diesen Fall kennt man leider noch nicht.

Für $\varphi = 0$ und senkrechte Belastung hat SKEMPTON (1951) einen *Tiefenfaktor d* eingeführt, für den er die folgenden Ausdrücke angibt:

$$b = Q : \bar{B} = 5{,}14\,c\,d_c^0 + \bar{\gamma}_0 D, \qquad (5.33.2)$$

$$d_c^0 \sim 1 + 0{,}2\,D : \bar{B} \quad (\leq 1{,}5). \qquad (5.33.3)$$

$\bar{B}$ ist wie früher die wirksame Breite, und für $D/\bar{B}$ darf man keinen höheren Wert als 2,5 einsetzen, selbst wenn der tatsächliche Wert höher ist.

Für $\varphi \neq 0$ und senkrechte Belastung hat Meyerhof (1951) eine Reihe von angenäherten Bruchfiguren durchgerechnet. Für $\varphi = 30°$ findet er z.B. Ergebnisse, die einigermaßen der folgenden Gleichung entsprechen (Brinch Hansen 1955):

$$d_q \sim 1 + 0,1\, D : \bar{B} \quad (\leqq 2,5). \qquad (5.33.4)$$

Für $D/\bar{B}$ darf man hier keinen höheren Wert als 15 einsetzen. Es scheint übrigens, als ob man (auf der sicheren Seite) Gl. (5.33.4) auch für $\varphi > 30°$ verwenden kann.

Durch Superposition eines $\bar{q}$- und eines c-Beitrages erhält man Gleichungen entsprechend den Gln. (5.32.5) bis (5.32.6), nur mit d anstatt i.

Um den Tiefenfaktor des $\bar{\gamma}$-Beitrages zu finden, muß man den Sonderfall $\bar{q} = 0$, $c = 0$ betrachten. Der Boden über der Gründungssohle muß also als unbelastet, gewichtslos und kohäsionslos betrachtet werden. In jeder Bruchlinie muß man dann über der Gründungssohle Spannungen Null haben, d.h. man findet dieselben Ergebnisse wie für ein Oberflächenfundament. Folglich hat man:

$$d_\gamma = 1. \qquad (5.33.5)$$

Die *vollständige Gleichung* für die lotrechte Tragfähigkeit eines unendlich langen Fundamentes unter der Oberfläche ist hiernach:

$$b = Q : \bar{B} = \frac{1}{2}\,\bar{\gamma}_u\,\bar{B}\,N_\gamma + (\bar{\gamma}_0\,D + c \cot \varphi)\,N_q\,d_q - c \cot \varphi. \qquad (5.33.6)$$

Liegt die Erdoberfläche in verschiedenen Höhen auf den zwei Seiten des Fundamentes (Abb. 5.33.A), muß man für D die *kleinste* Tiefe einsetzen.

Wie gewöhnlich sind die $\bar{q}$- und c-Beiträge gleichförmig, der $\bar{\gamma}$-Beitrag dreieckförmig über der wirksamen Breite $\bar{B}$ verteilt.

Liegt der *Grundwasserspiegel* in oder über der Gründungsfläche, soll man für $\bar{\gamma}_u$ das für Auftrieb reduzierte Raumgewicht γ' einsetzen. Liegt der Grundwasserspiegel dagegen tiefer als $\bar{B}$ unter der Gründungssohle, soll man für $\bar{\gamma}_u$ das volle Raumgewicht γ einsetzen. In zwischenliegenden Fällen muß man schätzungsweise interpolieren. Um auf der sicheren Seite zu sein, muß man natürlich immer mit dem *höchsten* Grundwasserspiegel rechnen.

Falls das Fundament im Bruchzustand lotrecht *absinkt*, was gewöhnlich nur bei senkrechter, mittiger Belastung erwartet werden kann, kann man die Haftung oder Reibung längs der lotrechten Seiten wie für einen Pfahl berechnen (Abschn. 5.41). Die entsprechenden Kräfte müssen dann in V eingeschlossen werden. Falls das Fundament sich im Bruchzustand auch *dreht*, was bei schräger oder ausmittiger Belastung stattfinden wird, werden auf den lotrechten Seiten Erddrücke wirken, die in V und H eingeschlossen werden müssen, wenn man die Tragfähigkeit der Grundfläche berechnen will.

Wird es später vielleicht notwendig sein, einen Teil des Bodens an der Seite des Fundamentes *auszuheben*, muß man den entsprechenden Zustand betrachten, in dem die Tragfähigkeit dann geringer sein wird. Auf der anderen Seite kann man in einem solchen Zustand, der gewöhnlich nur kurz dauert, mit etwas reduzierten Sicherheiten (Partialkoeffizienten) rechnen.

5.34 Fundamente endlicher Länge

Unendlich lange Fundamente gibt es natürlich nicht. In der Praxis hat jedes Fundament eine endliche Länge L.

Falls das Fundament in der Längsrichtung mittig belastet ist, rechnet man mit der wirklichen Länge L. Hat die Druckresultante dagegen in der Längsrichtung eine Ausmittigkeit e_L, rechnet man nur mit der *wirksamen Länge* $\bar{L}$, definiert durch:

$$\bar{L} = L - 2\,e_L. \tag{5.34.1}$$

Bei *doppelter Ausmittigkeit* der Druckresultante muß man eine wirksame Gründungsfläche $\bar{A}$ derart bestimmen, daß sie von der tatsäch-

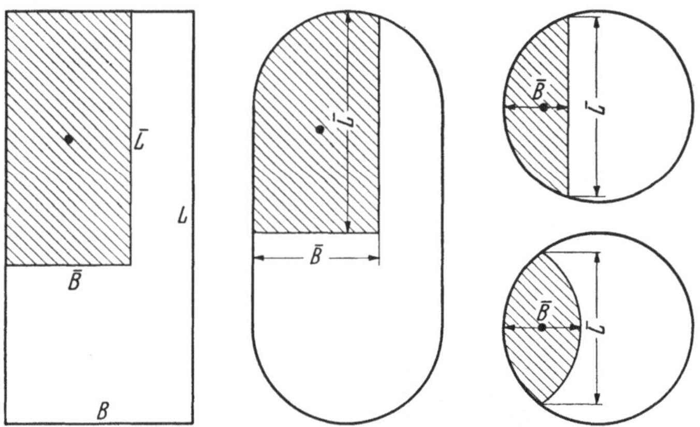

Abb. 5.34.A. Wirksame Gründungsflächen

lichen Druckresultante mittig beansprucht wird, d.h. in ihrem Schwerpunkt. Dies ist aber mitunter in mehreren Weisen möglich, indem man entweder die wirksame Fläche symmetrisch machen kann, oder sie durch eine oder zwei Geraden begrenzt (Abb. 5.34.A). $\bar{L}$ und $\bar{B}$ sollen bzw. die größte Länge und Breite der wirksamen Gründungsfläche sein ($\bar{L} > \bar{B}$).

Im übrigen muß man natürlich bei endlichen Fundamenten in den Gln. (5.32.2), (5.32.4) und (5.32.9) $\bar{B}$ durch $\bar{A}$ ersetzen, wobei die zwei ersterwähnten Gleichungen wir folgt geändert werden:

$$i_c^0 \sim 1 - H : 2\,\bar{A}\,c\,, \tag{5.34.2}$$

$$i_q \sim 1 - 1{,}5\,H : (V + \bar{A}\,c\,\cot\varphi)\,. \tag{5.34.3}$$

Die *Tragfähigkeit* je Flächeneinheit ist natürlich nicht dieselbe wie für unendlich lange Fundamente. Die Berechnungen für endliche Fundamente sind allerdings sehr kompliziert, weil die ebene Plastizitätstheorie hier nicht ausreicht.

Für $\varphi = 0$ hat SKEMPTON (1951) einen *Formfaktor s* eingeführt, für den er die folgenden Ausdrücke angibt:

$$b = Q : \bar{A} = 5{,}14\,c\,s_c^0 + \bar{q}\,, \tag{5.34.4}$$

$$s_c^0 \sim 1 + 0{,}2\,\bar{B} : \bar{L} \quad (\leqq 1{,}2)\,. \tag{5.34.5}$$

Für $\varphi \neq 0$ hat MEYERHOF (1951) einige angenäherte Berechnungen durchgeführt. Für $\varphi = 30°$ findet er z.B. Ergebnisse, die einigermaßen den folgenden Gleichungen entsprechen (BRINCH HANSEN 1955):

$$s_q \sim 1 + 0{,}2\,\bar{B} : \bar{L} \quad (\leqq 1{,}2)\,, \tag{5.34.6}$$

$$s_\gamma \sim 1 - 0{,}4\,\bar{B} : \bar{L} \quad (\geqq 0{,}6)\,. \tag{5.34.7}$$

Es scheint im übrigen, als ob man (auf der sicheren Seite) die Gln. (5.34.6) und (5.34.7) auch für $\varphi > 30°$ verwenden kann.

Durch Superposition eines $\bar{q}$- und eines c-Beitrages erhält man Gleichungen entsprechend den Gln. (5.32.5) bis (5.32.6), nur mit s anstatt i.

Die *vollständige Gleichung* für die lotrechte Tragfähigkeit eines endlichen Oberflächenfundamentes ist hiernach:

$$b = Q : \bar{A} = \frac{1}{2}\,\bar{\gamma}\,\bar{B}\,N_\gamma\,s_\gamma + (\bar{q} + c\cot\varphi)\,N_q\,s_q - c\cot\varphi\,. \tag{5.34.8}$$

Während die $\bar{q}$- und $\bar{c}$-Beiträge wie gewöhnlich gleichförmig über die wirksame Fläche $\bar{A}$ verteilt werden müssen, soll der $\bar{\gamma}$-Beitrag derart verteilt werden, daß die Steigung von jedem Rand nach der Mitte zu konstant ist. Dies bedeutet, daß die Verteilung über ein kreisrundes Fundament kegelförmig, über ein quadratisches pyramidenförmig, und über ein rechteckiges dachförmig sein soll.

5.35 Vollständige Tragfähigkeitsformeln

Im allgemeinen Fall hat man eine Gründungssohle gegebener Form in einer Mindesttiefe D unter der Erdoberfläche. Die Gründungssohle ist von oben durch eine Kraft mit den Komponenten V und H in einem bestimmten Punkt beansprucht. Der Boden hat die Scherfestigkeitsbeiwerte c und φ sowie die wirksamen Raumgewichte $\bar{\gamma}_u$ und $\bar{\gamma}_0$, bzw. unter und über der Gründungssohle. Man rechnet wie gewöhnlich im nominellen Bruchzustand, d.h. mit Partialkoeffizienten (Abschn. 5.18).

Man bestimmt erst die *wirksame Gründungsfläche* $\bar{A}$ (Hauptabmessungen $\bar{L}$ und $\bar{B}$) dadurch, daß sie von der Kraftresultante mittig beansprucht werden soll.

Die *lotrechte Komponente der Tragfähigkeit* je Einheit der wirksamen Fläche kann jetzt durch Superposition der früher behandelten Fälle bestimmt werden. Im allgemeinen findet man:

$$b = Q : \bar{A} = \frac{1}{2} \bar{\gamma}_u \bar{B} N_\gamma i_\gamma s_\gamma + (\bar{\gamma}_0 D + c \cot \varphi) N_q i_q s_q d_q - c \cot \varphi .$$

$$(5.35.1)$$

Durch Einsetzen der früher gefundenen Ergebnisse erhält man folgende allgemeine Gleichung, die für die Berechnung der *Dauertragfähigkeit* von wassergesättigtem *Ton* zu verwenden ist:

$$\left.\begin{aligned} b = Q : \bar{A} = \frac{1}{2} \bar{\gamma}_u \bar{B} (N_q - 1) [1 - 1{,}5 H : (V + \bar{A} c \cot \varphi)]^2 \\ \times (1 - 0{,}4 \bar{B} : \bar{L}) - c \cot \varphi + (\bar{\gamma}_0 D + c \cot \varphi) N_q \\ \times [1 - 1{,}5 H : (V + \bar{A} c \cot \varphi)] (1 + 0{,}2 \bar{B} : \bar{L}) (1 + 0{,}1 D : \bar{B}). \end{aligned}\right\}$$

$$(5.35.2)$$

In den Form-, Tiefen- und Neigungsfaktoren darf $\bar{B}$ nicht größer als $\bar{L}$, D nicht größer als $15\,\bar{B}$ und H nicht größer als $V \tan \varphi + \bar{A} c$ eingesetzt werden. Für c und φ sollen die nominellen Werte der wirksamen Scherfestigkeitsbeiwerte ($\bar{c}_n$, $\bar{\varphi}_n$) verwendet werden. N_q muß natürlich $\bar{\varphi}_n$ entsprechen.

Im Sonderfall $c = 0$, d.h. für *Sand, Kies und Steine*, wird die Gleichung wie folgt vereinfacht:

$$\left.\begin{aligned} b = Q : \bar{A} = \frac{1}{2} \bar{\gamma}_u \bar{B} (N_q - 1) (1 - 1{,}5 H : V)^2 (1 - 0{,}4 \bar{B} : \bar{L}) \\ + \bar{\gamma}_0 D N_q (1 - 1{,}5 H : V) (1 + 0{,}2 \bar{B} : \bar{L}) (1 + 0{,}1 D : \bar{B}). \end{aligned}\right\}$$

$$(5.35.3)$$

Hier gelten dieselben Begrenzungen wie für Gl. (5.35.2).

Im Sonderfall $\varphi = 0$ erhält man durch Zusammenstellung der früher gefundenen Ergebnisse die folgende Gleichung, die für die Berechnung der *Anfangstragfähigkeit* von wassergesättigtem *Ton* zu verwenden ist:

$$\left.\begin{aligned} b = Q : \bar{A} = 5{,}14 c (1 - H : 2 \bar{A} c) \\ \times (1 + 0{,}2 \bar{B} : \bar{L}) (1 + 0{,}2 D : \bar{B}) + \bar{\gamma}_0 D . \end{aligned}\right\}$$

$$(5.35.4)$$

In den Form-, Tiefen- und Neigungsfaktoren darf $\bar{B}$ nicht größer als $\bar{L}$, D nicht größer als $2{,}5\,\bar{B}$ und H nicht größer als $\bar{A} c$ eingesetzt werden. Für c soll die nominelle, undränierte Scherfestigkeit (c_n) verwendet werden.

Die $\bar{q}$- und c-Beiträge sind immer gleichförmig über die wirksame Gründungsfläche verteilt, während der $\bar{\gamma}$-Beitrag von Null am Rande bis zu einem Größtwert in der Mitte anwachsen soll.

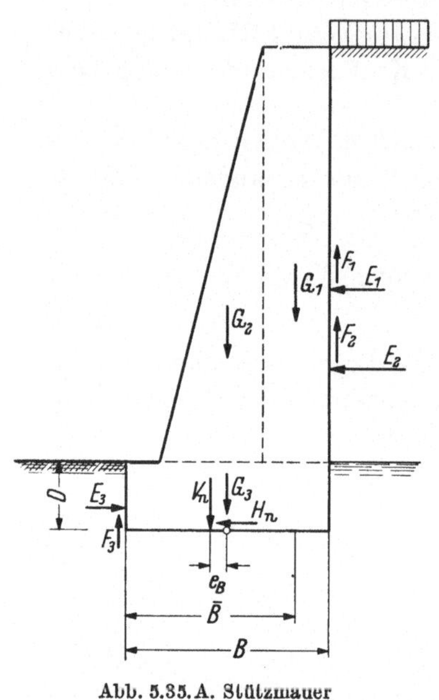

Abb. 5.35.A. Stützmauer

Abb. 5.35.A zeigt beispielsweise eine gewöhnliche *Stützmauer*, deren Standsicherheit man untersuchen soll. Erst berechnet man das Eigengewicht $(G_1 + G_2 + G_3)$ der Mauer, wobei man unter dem Grundwasserspiegel mit dem für Auftrieb reduzierten Raumgewicht rechnet. Danach berechnet man die aktiven Erddrücke E_1 und F_1 (aus Nutzlast) sowie E_2 und F_2 (aus Eigengewicht). Mit der gewählten Vorzeichendefinition werden F_1 und F_2 negativ. Die passiven Erddrücke E_3 und F_3 werden am besten vernachlässigt. Die Erddrücke werden mit nominellen Scherfestigkeitsbeiwerten c_n und φ_n berechnet, und für nominelle Nutzlast p_n. Alle Kräfte werden zu einer Resultante in der Sohle zusammengesetzt. Sie hat die Komponenten V_n und H_n und greift im Abstand e_B von der Sohlenmitte an. Nach Bestimmung der wirksamen Breite $\bar{B}$ mittels Gl. (5.32.1) berechnet man die nominelle, lotrechte Tragfähigkeit aus Gl. (5.35.3) (Sand) mit $\bar{L} = \infty$ und einem N_q entsprechend φ_n. Wenn $Q_n > V_n$, ist die Standsicherheit in Ordnung.

5.4 Tragfähigkeit von Pfählen

Pfähle werden gewöhnlich wegen ihrer tragenden Wirkung verwendet, sie können aber auch andere Zwecke haben, z.B. stabilisierend zu wirken (Abschn. 5.55), oder den Boden durch ihre Rammung zu verdichten (im Sand). In diesem Abschnitt wird allein die *Tragfähigkeit* behandelt.

Pfähle verwendet man, wenn Bodenschichten mit genügender Tragfähigkeit so *tief* liegen, daß eine Flachgründung auf diesen Schichten zu kostspielig sein würde, während eine Flachgründung in höheren Schichten zu große Setzungen oder zu kleine Tragfähigkeiten zur Folge haben würde.

Der *Baustoff* für Pfähle kann Holz, Stahl, Stahlbeton oder Beton sein. Die *Form* ist gewöhnlich zylindrisch; natürliche Holzpfähle sind jedoch schwach konisch. In der Regel werden die Pfähle in den Boden eingerammt; mitunter werden sie auch eingepreßt oder direkt im Boden betoniert (Ortspfähle).

Eine Pfahlfundierung kann meistens in vielen verschiedenen Weisen bemessen werden, weil man innerhalb gewisser Grenzen Länge, Querschnitt, Anzahl und Anordnung der Pfähle frei wählen kann. Es ist jedoch eine Voraussetzung, daß man die *Bruchtragfähigkeit* eines Pfahles mit beliebigen, gegebenen Abmessungen bestimmen kann. Für diesen Zweck sind drei verschiedene Methoden entwickelt worden:

1. Die Tragfähigkeit kann im Prinzip durch eine *geostatische Berechnung* bestimmt werden, wenn man mittels Bohrungen die Bodenverhältnisse klargelegt, und die Konstanten γ, c und φ der verschiedenen Bodenarten bestimmt hat.

2. Bei einer *Proberammung* eines Pfahles mißt man die Einsenkung des Pfahlkopfes je Schlag und kann dann unter Umständen mittels einer Rammformel die Tragfähigkeit berechnen. Es muß jedoch beachtet werden, daß man hierbei die „dynamische" Tragfähigkeit bestimmt, und diese ist nicht immer gleich der „statischen".

3. Bei einer *Probebelastung* eines Pfahles kann man direkt die Tragfähigkeit bestimmen, und diese Methode ist natürlich die genaueste. Leider ist sie auch recht kostspielig und nimmt viel Zeit in Anspruch. Hat man viele Pfähle, lohnt es sich doch, einige Probebelastungen vorzunehmen, weil man dann mit geringerer Sicherheit auskommen kann.

Die Belastung eines Pfahles darf natürlich nie die Grenze übersteigen, die durch die *Festigkeit des Baustoffes* gesetzt wird. Die nominelle Festigkeit kann wie gewöhnlich 40% höher als die normale zulässige Spannung gerechnet werden. Im Prinzip muß der Pfahl als eine *Säule* betrachtet werden, aber als freie Länge braucht man nur die Länge in Luft und Wasser zu rechnen, weil selbst sehr weiche Bodenschichten in der Regel eine Ausknickung verhindern werden.

Pfähle werden gewöhnlich in *Gruppen* angebracht, was insofern eine Komplikation bedeutet, da ein Pfahl in einer Gruppe weder dieselbe Tragfähigkeit, noch dieselbe Setzung wie ein Einzelpfahl haben wird.

Endlich muß man bei der Berechnung oder Bemessung von *Pfahlrosten* die Verteilung der Bauwerksbelastung über die einzelnen Pfähle (oder Pfahlreihen) bestimmen können. Bisher wurde dies entweder nach groben Annäherungsmethoden oder mittels der Elastizitätstheorie (NØKKENTVED 1924) vorgenommen. Jetzt empfiehlt es sich, die Plastizitätstheorie zu verwenden (VANDEPITTE 1953).

Bei der Berechnung der Tragfähigkeit von Pfählen oder Pfahlrosten rechnet man im *nominellen* Bruchzustand, d.h. man führt sofort die nötigen Partialkoeffizienten ein, sowohl auf die Belastungen als auch auf die Scherfestigkeitsbeiwerte des Bodens (bzw. direkt auf die Tragfähigkeit des Pfahles, insofern diese durch eine Rammformel oder Probebelastung bestimmt ist). Der Pfahl oder Pfahlrost ist richtig bemessen, wenn seine nominelle Tragfähigkeit gleich der nominellen Bauwerksbelastung ist.

5.41 Geostatische Berechnung

Die Tragfähigkeit Q eines Einzelpfahles setzt sich aus einem Spitzenwiderstand Q_p und den Mantelwiderständen Q_m in den verschiedenen durchgerammten Bodenschichten zusammen:

$$Q = Q_p + \sum Q_m. \tag{5.41.1}$$

Für die Berechnung des *Spitzenwiderstandes* kann man die in Abschn. 5.3 entwickelten Gleichungen verwenden. Für einen Pfahl wird man fast immer $B \sim L$ und $D > 15\,B$ haben. Dementsprechend wird der Formfaktor, Gln. (5.34.5 bis 5.34.6), gleich 1,2 sowohl für $\varphi = 0$ als auch für $\varphi = 30°$, während der Tiefenfaktor, Gln. (5.33.3 bis 5.33.4), für $\varphi = 0$ gleich 1,5 und für $\varphi > 30°$ gleich 2,5 wird. Ferner wird man für einen Pfahl immer den $\bar\gamma$-Beitrag im Verhältnis zum $\bar q$-Beitrag vernachlässigen können, wobei man aus Gl. (5.35.1) die folgende Gleichung für den Spitzenwiderstand findet:

$$Q_p : A_p = (\bar q_p + c \cot\varphi) N_q s_q d_q - c \cot\varphi. \tag{5.41.2}$$

Hierin ist A_p die Querschnittsfläche der Spitze und $\bar q_p$ das gesamte wirksame Gewicht der über der Pfahlspitze liegenden Bodenschichten. Für Hohlpfähle und Profilpfähle ist A_p gleich dem gesamten Querschnitt des umgeschriebenen, konvexen Polygons zu setzen.

Durch Einsetzen der obenerwähnten Form- und Tiefenfaktoren in Gl. (5.41.2) erhält man die folgende Gleichung, die u. a. für die Berechnung des *Dauerspitzenwiderstandes* in wassergesättigtem *Ton* zu verwenden ist:

$$Q_p = [3 N_q (\bar q_p + c \cot\varphi) - c \cot\varphi] A_p. \tag{5.41.3}$$

Im Sonderfall $c = 0$, d.h. für *Sand, Kies und Steine*, erhält man:

$$Q_p = 3 N_q \bar q_p A_p, \tag{5.41.4}$$

wo N_p der *voll ausgezogenen* Kurve in Abb. 5.31.D entsprechen soll, indem die punktierte (empirische) Kurve erfahrungsgemäß nur für Flachgründungen, nicht aber für Pfähle gilt.

Im Sonderfall $\varphi = 0$ erhält man die folgende Gleichung, die für die Berechnung des *Anfangsspitzenwiderstandes* in wassergesättigtem *Ton* zu verwenden ist:

$$Q_p = 9 c A_p. \tag{5.41.5}$$

Die Richtigkeit dieser Gleichung ist für viele Tonarten experimentell bestätigt worden. Für den dänischen Geschiebelehm scheint der Zahlenfaktor jedoch eher 18 zu sein.

Bei der Berechnung des *Mantelwiderstandes* auf einem völlig rauhen Pfahl kann man als eine Annäherung Gl. (5.13.31) und Gl. (5.15.5) für eine lotrechte Bruchfläche verwenden. Mit $\alpha = 0$, $\omega = v_0 = 90°$, $\beta = 0$ und $\gamma\,k = \bar{q}_m$ gibt dies:

$$Q_m : A_m = (\bar{q}_m + c \cot\varphi)\sin\varphi \cos\varphi. \qquad (5.41.6)$$

Hierin ist A_m derjenige Teil des Pfahlmantels, der mit der betreffenden Bodenschicht in Berührung ist. $\bar{q}_m$ ist das wirksame Gewicht der über der betrachteten Schichtenmitte liegenden Bodenschichten. Für Profilpfähle ist A_m gleich die Fläche des umgeschriebenen, konvexen Prismas zu setzen.

Der theoretische Faktor $\sin\varphi \cos\varphi$ in Gl. (5.41.6) wird für normale Reibungsböden etwa 0,4—0,5. Wirkliche Pfahlbelastungsversuche zeigen aber trotz großer Streuung höhere Werte, im Durchschnitt etwa 0,8. Wird dieser durch einen Partialkoeffizient gleich 2,0 dividiert, erhält man für die *nominelle* Mantelreibung im *Sand, Kies oder Steinen:*

$$Q_m = 0{,}4\,\bar{q}_m A_m. \qquad (5.41.7)$$

Im Sonderfall $\varphi = 0$ erhält man für den *Anfangsmantelwiderstand* in wassergesättigtem *Ton* aus Gl. (5.41.6) einfach den Widerstand c je Flächeneinheit. Es zeigt sich aber, daß nicht weniger als drei Korrektionsfaktoren eingeführt werden müssen:

$$Q_m = m\,s\,r\,c\,A_m. \qquad (5.41.8)$$

m ist ein *Materialfaktor*, der für Beton und Holz gleich 1 gesetzt wird, während er für Stahl etwa 0,7 sein soll.

s ist ein *Formfaktor*, der für prismatische oder zylindrische Pfähle gleich 1 ist, während er für konische Holzpfähle folgende Werte zu haben scheint:

	Druckpfähle	Zugpfähle
Pfähle mit dem dünnen Ende nach unten	1,2	1,0
Pfähle mit dem dünnen Ende nach oben	0,7	1,0

r ist endlich ein *Regenerationsfaktor*, dessen Wert gleich dem Verhältnis zwischen der Scherfestigkeit des umgebenden Tones im betrachteten Zeitpunkt und der Scherfestigkeit in dem ursprünglichen Zustand ist.

Die Rammung des Pfahles verursacht eine intensive *Störung* des Tones nächst dem Pfahl sowie eine Auspressung von Porenwasser, das sich als eine schmierende Haut zwischen Pfahl und Boden legt. Erfahrungsgemäß hat man während der Rammung ungefähr $r \sim 0$.

Im Laufe der Zeit gewinnt der Ton einen Teil seiner verlorenen Festigkeit wieder (Thixotropie). Ferner wird ein Holzpfahl und (in geringerem Maße) auch ein Betonpfahl als ein lotrechter Drän wirken, wobei der gestörte Ton wieder verdichtet wird. Der Regenerationsfaktor wird deshalb eine Funktion der *Zeit* sein, aber wird natürlich auch von der Art des Tones und des Pfahles abhängen.

Der wesentlichste Teil der Regeneration findet gewöhnlich innerhalb des ersten Monats statt, aber man kennt Fälle, wo die Tragfähigkeit auch später eine wesentliche Steigerung gezeigt hat. Der *endgültige Wert* von r scheint in der Hauptsache von der ursprünglichen Festigkeit des Tones abzuhängen (TOMLINSON 1957). Für normalverdichteten Ton wird r oft den Grenzwert 1,0 erreichen, aber für den festen, dänischen Geschiebelehm kommt er selten über 0,4.

Geht der Pfahl durch eine Tonschicht, die nach der Rammung des Pfahles *verdichtet* wird (z. B. durch die Belastung einer Aufschüttung), ist es nur dann zulässig mit einem tragenden Mantelwiderstand in dieser und obenliegenden Schichten zu rechnen, wenn die recht bedeutenden *Setzungen*, die notwendig sind um einen positiven (aufwärts gerichteten) Mantelwiderstand zu gewährleisten, tragbar sind.

Im allgemeinen werden solche Setzungen untragbar sein. Verlangt man aber, daß der Pfahl feststehen soll, während die oberen Schichten absinken, bedeutet dies nicht allein, daß man mit keinem tragenden Mantelwiderstand in diesen Schichten rechnen darf, man muß im Gegenteil mit einer *negativen* (abwärts gerichteten) *Mantelbelastung* in den betreffenden Schichten rechnen. Diese vermindert also die Tragfähigkeit des Pfahles.

Bei der Berechnung der *negativen Adhäsion* (in Tonschichten) rechnet man wie gewöhnlich im nominellen Bruchzustand, aber man muß jetzt bei Verwendung von Gl. (5.41.8) die Scherfestigkeit c mit einem Partialkoeffizienten *multiplizieren*. In diesem Fall kann man jedoch den Partialkoeffizient auf 1,5 herabsetzen. Gleichfalls kann man Gl. (5.41.7) für die Berechnung der *negativen Reibung* (in Sandschichten) verwenden, wenn man den Faktor 0,4 durch 1,2 ersetzt.

Die geostatischen Pfahlformeln eignen sich am besten für Vorausbestimmung der Anfangstragfähigkeit in *wassergesättigtem Ton*, wobei in Dänemark gewöhnlich die Flügelsondenergebnisse zugrunde gelegt werden. Für Pfähle im *Sand* sind die Ergebnisse unsicherer, u. a. weil es schwierig ist, den Reibungswinkel an Ort und Stelle zu messen. Das wichtigste Gerät hierfür ist die holländische Kegelsonde, die ja auch eine Art Modellpfahl ist.

Es ist beachtenswert, daß für einen Pfahl mit der Spitze im *Sand* der größte Teil der Tragfähigkeit von dem Spitzenwiderstand herrühren wird, während für einen Pfahl mit der Spitze im *Ton* der größte Teil der (Anfangs-) Tragfähigkeit von dem Mantelwiderstand herrühren wird. Dies bedeutet z. B., daß ein Pfahl einen wesentlichen Teil seiner Tragfähigkeit verlieren kann, wenn er durch eine Sandschicht in eine unterliegende Tonschicht eingerammt wird.

5.42 Rammformeln

Bei der Rammung eines Pfahles wird man bemerken, daß seine bleibende *Einsenkung* je Schlag (S) mit dem Gewicht des Rammbäres (G_r) und mit der Fallhöhe (H) zunehmen wird, wogegen sie mit dem Widerstand (Q) des Bodens gegen die Einrammung abnehmen wird. Es ist daher ein naheliegender Gedanke, daß der Widerstand Q – d.h. die Tragfähigkeit des Pfahles – sich als eine Funktion von S, G_r und H (und eventuell auch anderer Größen) ausdrücken läßt.

Im Laufe der Zeit sind viele solche *Rammformeln* aufgestellt worden. Anscheinend ermöglichen sie eine schnelle und billige Bestimmung der Tragfähigkeit jedes einzelnen Pfahles, aber tatsächlich sind die meisten sehr ungenau.

Alle theoretisch ermittelten Rammformeln sind auf einer *Energiebetrachtung* gegründet. Man drückt aus, daß die beim Fall des Rammbäres freigemachte Energie teils dazu angewandt wird, den Pfahl in den Boden einzudrücken, und teils in verschiedener Weise verlorengeht:

$$\eta\, H\, G_r = Q\, S + \varDelta E. \tag{5.42.1}$$

η ist ein *Effektivitätsfaktor*, der gleich 1 ist, wenn der Rammbär ganz frei fällt, während er etwa 0,7 ist, wenn der Rammbär die Windentrommel mit sich zieht. Für einen Dampfhammer kann man mit 0,9 rechnen.

Der Energieverlust $\varDelta E$ hat seine Ursache in den Stoßverlusten, sowie in den reversiblen Formänderungen des Pfahles und des Bodens. WEISBACH (1850) bestimmte $\varDelta E$ als Produkt der Mittelpfahlkraft ($1/2\, Q$) und der statischen Zusammendrückung des Pfahles unter der Belastung Q. Hierdurch bekam er die Gleichung:

$$\eta\, H\, G_r = Q\, S + Q^2\, L_p : 2\, A E, \tag{5.42.2}$$

wo A die Querschnittsfläche, L_p die Länge und E den Elastizitätsmodul des Pfahles angeben. Durch Einführung der Größe:

$$S_0 = \sqrt{2\,\eta\, H\, G_r\, L_p : A E}, \tag{5.42.3}$$

welche eine Dimension wie eine Länge hat, erhält man aus Gl. (5.42.2) WEISBACHS Rammformel:

$$Q = \frac{2\,\eta\, H\, G_r}{S + \sqrt{S^2 + S_0^2}}. \tag{5.42.4}$$

Die meisten anderen Rammformeln weichen eigentlich nur dadurch von Gl. (5.42.4) ab, daß gewisse Korrektionskoeffizienten in verschiedener Weise eingeführt worden sind.

T. SØRENSEN und B. HANSEN (1957) bestimmen $\varDelta E$ in Gl. (5.42.1) als Produkt der Mittelpfahlkraft $1/2\, Q$ und der dynamischen Zusammen-

16*

drückung des Pfahles unter der Stoßbeanspruchung. Da es gezeigt werden kann, daß diese Zusammendrückung gleich S_0 ist, findet man:

$$Q = \frac{\eta\,H\,G_r}{S + \dfrac{1}{2}\,S_0}\,,\qquad(5.42.5)$$

Diese sogenannte „*Dänische Rammformel*" ist offenbar etwas einfacher zu verwenden als diejenige, die – wie Gl. (5.42.4) – S^2 unter einem Wurzelzeichen enthalten. Für Betonpfähle soll man immer $E = 2 \cdot 10^6$ t/m² setzen.

Bei allen Rammformeln soll die Einsenkung S je Schlag als der *Mittelwert* einer Serie von zehn Schlägen bestimmt werden. Sie darf nicht unmittelbar nach einer Rammpause gemessen werden.

T. SØRENSEN und B. HANSEN haben übrigens auch die *Genauigkeit* der wichtigsten Rammformeln untersucht. Für diesen Zweck haben sie die Daten von 78 probebelasteten Pfählen (mit den Spitzen im Sand oder in festem Geschiebelehm) verwendet. Um eine Rammformel als eine Kurve darstellen zu können, haben sie als Veränderliche die zwei dimensionslosen Größen S/S_0 und Q/Q_0 verwendet, wo:

$$Q_0 = \sqrt{2\,\eta\,H\,G_r\,A\,E : L_p}\,.\qquad(5.42.6)$$

Die dänische Rammformel kann dann, indem $Q_0\,S_0 = 2\eta\,HG_r$, wie folgt dargestellt werden:

$$Q : Q_0 = 1 : (1 + 2\,S : S_0)\,.\qquad(5.42.7)$$

Das Ergebnis der statistischen Untersuchung war, daß die besten Rammformeln anscheinend die folgenden sind: WEISBACHS, HILEYS, JANBUS *und die dänische Rammformel.* Diese haben ungefähr dieselbe Genauigkeit, und es würde dann zweckmäßig sein, die letzterwähnte vorzuziehen, weil sie die einfachste ist.

Die Rammformel gibt prinzipiell – abgesehen von ihrer Ungenauigkeit – die wirkliche Bruchtragfähigkeit Q. Bei der Bemessung im nominellen Bruchzustand braucht man die *nominelle* Tragfähigkeit Q_n. Diese erhält man aus Q durch Division mit einem Partialkoeffizienten f_d, welcher – für die besten Rammformeln – gleich 2,0 gesetzt werden kann:

$$Q_n = Q : f_d = Q : 2,0\,.\qquad(5.42.8)$$

Wünscht man mit einer Totalsicherheit zu rechnen, soll diese 2,5 betragen.

Aus Gl. (5.42.7) wird hervorgehen, daß man für $Q = Q_0$ die Einsenkung $S = 0$ erhält, d. h. die gesamte Rammenergie geht verloren. Um einigermaßen wirtschaftlich zu rammen, und um den Pfahl nicht bei der Rammung zu zerstören, muß man $Q/Q_0 < 0{,}9$ haben.

T. Sørensen und B. Hansen haben gezeigt, daß man (für $Q/Q_0 < 0,9$) die größte Pfahlspannung bei der *Rammung* wie folgt ausdrücken kann:

$$\sigma_d = \frac{Q_0}{A} \sqrt{\frac{G_p}{G_r}} = \sqrt{2\,\eta\,H\,E\,\gamma_p}, \qquad (5.42.9)$$

worin $G_p = A\,L_p\,\gamma_p$ das volle Eigengewicht des Pfahles ist. Setzt man σ_d kleiner als die Bruchfestigkeit σ_f des Pfahlbaustoffes, erhält man durch Anwendung von Gl. (5.42.6) eine obere Grenze für die *wirksame Fallhöhe*:

$$\eta\,H < \frac{\sigma_f^2}{2\,E\,\gamma_p}. \qquad (5.42.10)$$

Wenn es überhaupt möglich ist, soll man aus *wirtschaftlichen Gründen* den Pfahl so fest rammen, daß seine nominelle Tragfähigkeit im Boden gleich der nominellen Bruchbelastung des Pfahlquerschnittes wird:

$$Q : f_d = A\,\sigma_f : f_\sigma = 1,4\,A\,\sigma_t, \qquad (5.42.11)$$

wo σ_t die normale zulässige Spannung des Pfahlmaterials ist. Durch Anwendung von Gl. (5.42.6) erhält man (mit $Q/Q_0 < 0,9$) folgende untere Grenze für das Verhältnis zwischen *Rammbärgewicht* und Pfahlgewicht:

$$\frac{G_r}{G_p} > \frac{\sigma_f^2\,f_d^2}{1,62\,\eta\,H\,E\,\gamma_p\,f_\sigma^2}. \qquad (5.42.12)$$

Führt man hierin den durch Gl. (5.42.10) bestimmten Maximalwert von $\eta\,H$ ein, erhält man für einen gewöhnlichen Fallhammer (oder einzelwirkenden Dampfhammer):

$$\frac{G_r}{G_p} > \left(\frac{f_d}{0,9\,f_\sigma}\right)^2 = \left(\frac{f_d\,\sigma_t}{0,64\,\sigma_f}\right)^2. \qquad (5.42.13)$$

Durch Einsetzen der für Stahlbeton bzw. Stahl und Holz geltenden Größen in die Gln. (5.42.10) und (5.42.13) erhält man:

	$\max \eta\,H$	$\min G_r/G_p$
Pfähle aus Stahlbeton	etwa 1 m	etwa 0,50
Pfähle aus Stahl	etwa 2 m	etwa 1,50
Pfähle aus Holz	etwa 4 m	etwa 0,75

Selbst die beste Rammformel kann höchstens die Tragfähigkeit des Pfahles *bei der Rammung* angeben, und diese „dynamische" Tragfähigkeit ist nicht unbedingt gleich der „statischen" lange Zeit nach der Rammung.

Bei der Rammung eines Pfahles in *Ton* wird – wie in Abschn. 5.41 erklärt – der Mantelwiderstand sehr klein sein. Umgekehrt wird der Spitzenwiderstand oft viel größer als der statische sein. Hieraus ergibt sich, daß im Ton keine eindeutige Beziehung zwischen dynamischer und statischer Tragfähigkeit besteht. *Jede Rammformel ist deshalb prinzipiell unverwendbar für Pfähle mit den Spitzen im Ton.* Hier ist eine geostatische Berechnung besser.

Bei der Rammung eines Pfahles in *Sand* muß man erwarten, daß die Unterschiede zwischen den dynamischen und den statischen Widerständen nicht sehr groß sind, und im übrigen teilweise einander aufheben werden. Jedenfalls zeigt die Erfahrung, daß *die besten Rammformeln für Pfähle mit den Spitzen im Sand brauchbare Ergebnisse liefern.*

Aus dem oben angeführten wird hervorgehen, daß es unverantwortlich sein würde, eine Rammformel zu verwenden, bevor man sich durch *Bohrungen* od. dgl. gesichert hat, daß jedenfalls die Pfahlspitze in Sand, Kies oder Steinen steht.

Wünscht man die Tragfähigkeit von Pfählen mit *anderen Abmessungen* als die des probegerammten Pfahles zu berechnen, muß man erst die Gln. (5.41.4) und (5.41.7) (mit Zahlenkoeffizienten 0,8 anstatt 0,4) auf den Probepfahl verwenden und dadurch den tatsächlichen Wert von N_q bestimmen.

5.43 Probebelastung

Das beste Mittel, um die Tragfähigkeit eines Pfahles zu bestimmen, ist natürlich eine Probebelastung, wobei man die statische Einsenkung δ des Pfahlkopfes bei verschiedenen Belastungen mißt. Da der Boden fast nie homogen ist, müssen sowohl Proberammungen als auch Probebelastungen mit Pfählen in *voller Länge* ausgeführt werden. Für den Probepfahl müssen vollständige Rammlisten geführt werden, und er muß in unmittelbarer Nähe einer Bohrung angebracht werden, so daß man die Bodenverhältnisse mit Sicherheit kennt.

Die *Belastung* wird entweder durch Gewichte (von Wasser, Erde, Beton od. dgl.), durch eine Hebelanordnung oder durch Ausnützung eines Gegenhaltes (gewöhnlich in Form von Pfählen erzeugt). Da deren Zugwiderstände in der Regel wesentlich geringer sind als der Druckwiderstand des Probepfahles, muß man wenigstens zwei und öfters vier Gegenhaltpfähle verwenden. Die Belastungsübertragung geschieht mittels eines Systems von Stahlträgern. Die Gegenhaltpfähle sollen in einem Mindestabstand von 1 m von dem Probepfahl stehen, und bestehen sie aus Stahlbeton, muß ihre Bewehrung genügend kräftig sein, um die Zugkräfte aufnehmen zu können. Die gesamte Anordnung muß im übrigen derart eingerichtet werden, daß man den Probepfahl sowohl auf Druck als auch auf Zug beanspruchen kann.

Die Druck- oder Zugkraft wird auf den Pfahlkopf durch eine *hydraulische Presse* übertragen, auf deren Manometer man zu jeder Zeit die Pfahlbelastung ablesen kann. Die Bewegungen des Pfahlkopfes werden mittels zwei *Meßuhren* bestimmt, die symmetrisch um die Pfahlachse auf einem unbeweglichen Meßbalken angebracht sind. Wird dieser Balken von Pfählen unterstützt, müssen diese in einem Mindestabstand von 2 m von den Probe- und Gegenhaltpfählen angebracht sein.

Die Belastung wird *stufenweise* vergrößert, z. B. entsprechend 25, 50, 60, 70, 80, 90 und 100% der erwarteten Bruchlast, und falls nötig weiter mit 10% Stufen, bis die tatsächliche Bruchlast erreicht ist. In jeder Belastungsstufe mißt man die Einsenkung in logarithmischen Zeitintervallen, z. B. nach 1, 2, 4, 8, 16, 30 und 60 Minuten, wobei man sich bestrebt, mittels der hydraulischen Pumpe die Belastung konstant zu halten. Wenn die Einsenkungsgeschwindigkeit geringer als z. B. 0,2 mm je Stunde geworden ist, kann man zu der nächsten Belastungsstufe übergehen.

Nach jeder oder jeder zweiten Belastungsstufe *entlastet* man den Pfahl, indem man den Pressendruck bis Null abfallen läßt, und mißt dann die Hebungen des Pfahlkopfes.

In dieser Weise bestimmt man in der einzelnen Belastungsstufe sowohl die *gesamte* Einsenkung δ_t als auch die *elastische* Einsenkung δ_e (gleich der Hebung bei Entlastung). Der Unterschied zwischen diesen zwei Werten ist die *bleibende* Einsenkung δ_p.

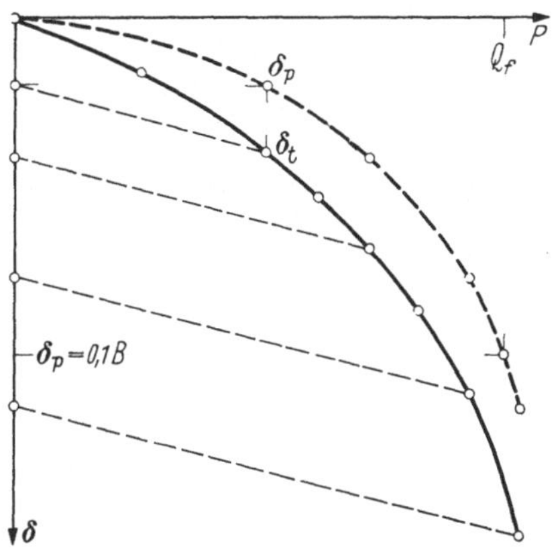

Abb. 5.43.A. Belastungs-Einsenkungs-Diagramm für einen Pfahl

Die *Bruchlast* Q_f des Pfahles sollte eigentlich dem Punkt der Einsenkungskurve entsprechen, deren Tangente lotrecht ist. In der Praxis hat die Kurve jedoch nur selten eine lotrechte Tangente, und man muß dann eine mehr oder weniger willkürliche Definition der Bruchlast festsetzen. In Dänemark definiert man die Bruchlast als die Belastung, bei welcher *die bleibende Einsenkung des Pfahlkopfes* 10% *des kleinsten Durchmessers* des mittleren Pfahlquerschnittes beträgt. Falls die Pfahlkraft für eine geringere Einsenkung ein Maximum erreicht und später abfällt (der Druck in der Presse kann nicht gehalten werden), dann ist jedoch dieses Maximum als die Bruchlast zu betrachten.

Wenn die Belastungsanordnung derart eingerichtet ist, daß man den Probepfahl sowohl auf Druck als auch auf Zug belasten kann, hat man die Möglichkeit, die Spitzen- und Mantelwiderstände getrennt zu bestimmen. Bei einem Zugversuch mißt man natürlich nur den *Mantelwiderstand*, und wenn man annimmt, daß dieser im Druckversuch derselbe ist, erhält man den *Spitzenwiderstand* als den Unterschied der zwei

Versuchsergebnisse. Die erwähnte Annahme ist wahrscheinlich einigermaßen richtig für Ton, aber kaum für Sand, wodurch man deshalb in dieser Weise den Spitzenwiderstand etwas zu groß findet.

Mit einem Probepfahl im *Sand* macht man erst einen *Zugversuch*, woraus man mittels Gl. (5.41.7) den wirklichen Wert des Zahlenkoeffizienten zu $\bar{q}_m A_m$ berechnen kann. Unmittelbar danach macht man einen *Druckversuch*, und aus dem Unterschied zwischen den zwei Versuchswerten, der voraussichtlich den Spitzenwiderstand angibt, berechnet man mittels Gl. (5.41.4) den wirklichen Wert von N_q. Verwendet man dann die so gefundenen Größen direkt in einer *geostatischen Berechnung* der Tragfähigkeit anderer Pfähle, erhält man ihre nominelle Tragfähigkeit durch Division mit einem Partialkoeffizienten $f_b = 1{,}6$ (entsprechend einer Totalsicherheit $F_b = 2{,}0$).

Derselbe Partialkoeffizient $f_b = 1{,}6$ kann auch verwendet werden, wenn man die Tragfähigkeit anderer Pfähle mittels der *dänischen Rammformel* bestimmen will. Diese muß aber dann so *korrigiert* werden, daß sie für den Probepfahl das richtige Ergebnis liefert, d.h. f_d wird durch die folgende Gleichung bestimmt:

$$\frac{\eta\,H\,G_r}{S + \dfrac{1}{2}\,S_0} \cdot \frac{1}{f_d} = \frac{Q}{1{,}6}\,, \qquad (5.43.1)$$

worin man die Ergebnisse des Probepfahles einsetzen soll. Wenn f_d in dieser Weise bestimmt ist, benutzt man folgenden Ausdruck für diejenige *Einsenkung S* je Schlag, die der verlangten nominellen Tragfähigkeit Q_n entspricht:

$$S = \frac{\eta\,H\,G_r}{Q_n\,f_d} - \frac{1}{2}\,S_0\,. \qquad (5.43.2)$$

Mit einem Probepfahl im *Ton* macht man, so schnell wie möglich nach der Rammung, einen *Zugversuch*, woraus man mittels Gl. (5.41.8) (und der z.B. bei Flügelsondenversuchen bestimmten undränierten Scherfestigkeiten c) den Regenerationsfaktor r berechnen kann, indem m und s bekannt sind. Unmittelbar danach macht man einen *Druckversuch*, und aus dem Unterschied zwischen den zwei Versuchswerten, der voraussichtlich den Spitzenwiderstand angibt, berechnet man mittels Gl. (5.41.5) den wirklichen Wert des Zahlenkoeffizienten zu cA_p.

Nun ist ja aber der Regenerationsfaktor eine Funktion der Zeit, und man muß deshalb später (z.B. $^1/_2$, 1, 2 und 4 Monate nach der Rammung) *neue Druckversuche* ausführen, um den zeitlichen Verlauf von r zu bestimmen. Hierbei wird der Spitzenwiderstand als ungeändert vorausgesetzt. Wenn die Ergebnisse in einem Diagramm mit logarithmischer Zeitskala aufgetragen werden, kann man gewissermaßen für die Zeit der Belastung im Bauwerk extrapolieren, aber es muß erinnert werden, daß

r zuletzt einen Grenzwert erreicht, der wesentlich unter 1,0 liegen kann.

Verwendet man die gefundenen Größen direkt in einer *geostatischen Berechnung* der Tragfähigkeit anderer Pfähle, erhält man die nominelle Tragfähigkeit durch Division mit einem Partialkoeffizienten $f_d = 1,6$ (entsprechend einer Totalsicherheit $F_d = 2,0$).

Wie früher erwähnt, können Rammformeln nicht für Pfähle im Ton verwendet werden. Solche Pfähle sollen auch nicht (wie Pfähle im Sand) bis zu einer bestimmten Einsenkung je Schlag gerammt werden, sondern vielmehr bis die Spitze eine bestimmte Tiefe erreicht hat.

5.44 Gruppenwirkung

Das oben Angeführte bezieht sich auf einen Einzelpfahl, der weit von anderen Pfählen entfernt steht. In der Praxis werden Pfähle gewöhnlich in Gruppen mit verhältnismäßig kleinen Pfahlabständen angebracht, und es zeigt sich dann, daß die *Tragfähigkeit der Gruppe* nicht dieselbe ist wie die Summe der Tragfähigkeiten der Einzelpfähle.

Für Pfähle mit den Spitzen im *Sand* ist es leicht zu sehen, daß die Gruppenwirkung immer eine *vergrößerte* Tragfähigkeit bedingen muß. Die Ursache ist, daß die Reibungskräfte, die von den Mantelflächen auf den Boden übertragen werden, eine Vergrößerung der wirksamen Belastung im Niveau der Pfahlspitzen – und damit einen größeren Spitzenwiderstand – geben muß. Dieser Zuschlag ist jedoch schwer zu berechnen und wird deshalb meistens nicht berücksichtigt, aber bedeutet natürlich eine zusätzliche Sicherheit.

Für Pfähle mit den Spitzen im *Ton* wird die Gruppenwirkung dagegen in der Regel eine *verminderte* Tragfähigkeit bedeuten. Einen Begriff hiervon erhält man, wenn man die gesamte Pfahlgruppe – einschließlich des Bodens zwischen den Pfählen – als einen großen „Pfahl" betrachtet. Ein solcher wird natürlich einen sehr großen Spitzenwiderstand haben, aber für dessen Ausnützung benötigt man eine so große Einsenkung (proportional mit der Breite der Pfahlgruppe), daß das Bauwerk es nur selten vertragen kann.

Rechnet man deshalb sicherheitshalber mit keiner Vergrößerung der Spitzenwiderstände im Ton, muß der gesamte Mantelwiderstand derselbe für die Pfahlgruppe wie für die Einzelpfähle sein, um eine Abminderung der Tragfähigkeit zu vermeiden. Dies bedeutet, daß der Umfang eines Querschnittes in der Pfahlgruppe mindestens gleich der Summe der einzelnen Pfahlumfänge sein muß. Für eine quadratische Pfahlgruppe mit n^2 Pfählen wird man z. B. finden, daß der freie Abstand zwischen zwei Nachbarpfählen n-mal so groß wie der Durchmesser des Einzelpfahles sein muß.

Neuere Versuche mit Modellpfahlgruppen (WHITAKER 1957) zeigen jedoch, daß man – selbst unter Einhaltung der genannten Regel – *nicht die volle Tragfähigkeit erhält*. Besonders für Pfahlabstände kleiner als der doppelte Durchmesser fällt die Tragfähigkeit stark ab. Für Pfahlabstände größer als der dreifache Durchmesser kann man 70 bis 90% der vollen Tragfähigkeit ausnutzen.

5.45 Pfahlroste

Soll ein Pfahlrost nur lotrechte Kräfte aufnehmen, braucht er nur *Lotpfähle* zu enthalten, aber sollen auch waagerechte Kräfte aufgenommen werden, muß er *Schrägpfähle* in einer oder mehreren Richtungen enthalten. Ein ebener Pfahlrost mit drei Pfahlreihen, die sich nicht in einem Punkt schneiden, ist statisch bestimmt, indem die äußere Kraft einfach nach den drei Pfahlrichtungen aufgelöst werden kann.

Die Berechnung der Pfahlkräfte in einem statisch unbestimmten Pfahlrost kann entweder mittels der Elastizitätstheorie oder mittels der Plastizitätstheorie erfolgen.

Die beste *elastizitätstheoretische* Methode ist von Nøkkentved (1924) angegeben. Er betrachtet ein unendlich steifes Fundament, an welchem die einzelnen Pfähle gelenkig festgemacht sind; ebenso setzt er voraus, daß die Pfahlspitzen gelenkig mit dem festen Boden verbunden sind. Eine beliebige Pfahlkraft ist dann allein durch die Verkürzung der betreffenden Pfahlachse bestimmt, und diese ist eine bekannte Funktion der drei (im räumlichen Fall sechs) Bewegungskomponenten des Fundamentes. Für die Bestimmung dieser drei Unbekannten hat man die drei (bzw. sechs) statischen Gleichgewichtsbedingungen des Fundamentes. Nøk-kentved hat übrigens die Methode erweitert, so daß man auch Pfähle, die oben oder unten eingespannt sind, behandeln kann.

Ebenso wie man heute den einzelnen Pfahl in einem nominellen Bruchzustand bemißt, sollte man natürlich dasselbe für einen Pfahlrost tun. Man muß dann eine *plastizitätstheoretische* Methode verwenden wie von Vandepitte (1953) angegeben. Die Methode ist übrigens von B. Hansen (1959) und F. Engelund (1959) weiter entwickelt worden. Das allgemeine Prinzip kann wie folgt erklärt werden.

Ein gegebener, ebener Pfahlrost wird von einer äußeren Kraft in einer *bestimmten Wirkungslinie* beansprucht. Wenn die Kraft von Null an langsam anwächst, wird anfänglich keine Pfahlreihe im Bruchzustand sein. Bei einer gewissen Belastung erreicht aber eine Pfahlreihe ihren Bruchzustand, und infolge der Elastizitätstheorie sollte dann die Tragfähigkeit des Pfahlrostes erschöpft sein. Tatsächlich kann man doch die äußere Kraft weiter ansteigen lassen, indem hierbei die genannte Pfahlreihe ihre Belastung konstant hält, während die übrigen Pfahlreihen die Mehrbelastung aufnehmen. Nach und nach erreichen andere Pfahlreihen ihre Bruchbelastung, aber man kann so lange die äußere Kraft vergrößern, bis wenigstens drei Pfahlreihen, die sich nicht in einem Punkt schneiden, sich noch nicht im Bruchzustand befinden.

Erst wenn eine dieser drei letzten Pfahlreihen in den Bruchzustand kommt, ist die Tragfähigkeit des Pfahlrostes völlig erschöpft. Versucht man hiernach die äußere Kraft weiter zu vergrößern, wird sich das Fundament um den Punkt *drehen*, in welchem sich die zwei noch nicht voll ausgenützten Pfahlreihen schneiden. In Sonderfällen kann sich das Fundament um einen Punkt drehen, der auf einer (oder keiner) Pfahlreihe liegt; dies bedeutet, daß nur eine (oder keine) Pfahlreihe den Bruchzustand noch nicht erreicht hat.

Ein Bruchzustand eines Pfahlrostes wird *kinematisch möglich* genannt, wenn alle Pfahlreihen an der einen Seite eines bestimmten Punktes (der Drehpunkt des Fundamentes) auf Druck, während alle Pfahlreihen an der anderen Seite auf Zug voll ausgenützt sind. Pfahlreihen, die durch den betrachteten Punkt gehen, brauchen dagegen nicht voll ausgenützt zu sein. Diese kinematische Bedingung muß erfüllt sein, wenn die Pfahlkräfte der Drehung eines steifen Fundamentes entsprechen sollen.

Ein Bruchzustand eines Pfahlrostes wird *statisch möglich* genannt, wenn eine äußere Kraft in der gegebenen Wirkungslinie im Gleichgewicht sein kann mit Pfahlkräften, die alle – ausgenommen Pfahlreihen durch einen Punkt – voller Ausnützung der Druck- oder der Zugtragfähigkeit entsprechen. Für die ausgenommenen Pfahlreihen muß die Pfahlkraft zwischen der Druck- und der Zugtragfähigkeit liegen.

VANDEPITTE hat gezeigt, daß ein gegebener Pfahlrost nur einen kinematisch und statisch möglichen Bruchzustand besitzt. Hierzu gehört eine bestimmte äußere Kraft P_f (in der gegebenen Wirkungslinie), welche die *Bruchtragfähigkeit* des Pfahlrostes genannt wird.

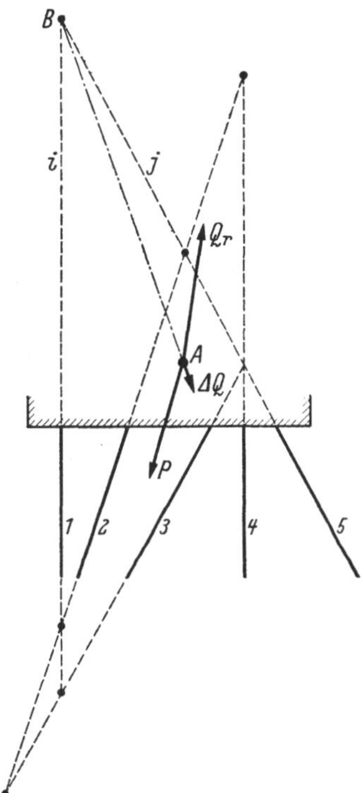

Abb. 5.45.A. Pfahlrost im Bruchzustand

Um die Tragfähigkeit eines ebenen Pfahlrostes mit gegebener Kraftlinie zu bestimmen, geht man z.B. wie folgt vor.

Man fängt an zu untersuchen, ob *alle* voll ausgenützten Pfahlreihen auf *Druck* beansprucht sein können. Dies erfordert offenbar, daß der Drehpunkt des Fundamentes, der gewöhnlich mit dem Schnittpunkt der zwei nicht voll ausgenützten Pfahlreihen zusammenfällt, entweder links oder rechts von allen anderen Pfahlreihen liegen muß. Im Beispiel in Abb. 5.45.A ist diese Bedingung durch die Schnittpunkte der Reihen *1* und *2, 1* und *5, 2* und *3* sowie *3, 4* und *5* erfüllt. Die meisten dieser Punkte können jedoch durch folgende Überlegung ausgeschieden werden.

Die aufwärts gerichtete Resultante Q_r der Druck-Bruchbelastungen in *sämtlichen* Pfahlreihen schneidet die Wirkungslinie der äußeren Kraft P in einem Punkt A. In den zwei Pfahlreihen, die noch nicht im Bruchzustand sind, wirken die Kräfte $Q_i - \varDelta Q_i$ und $Q_j - \varDelta Q_j$, wo Q_i und Q_j die Druck-Bruchbelastungen sind, während $\varDelta Q_i$ und $\varDelta Q_j$ beide positiv sind.

Die Resultante $\varDelta Q$ der Abzugskräfte $\varDelta Q_i$ und $\varDelta Q_j$ muß nach unten gerichtet sein, durch den Schnittpunkt B der Pfahlreihen i und j gehen und in dem *spitzen Winkel* zwischen diesen fallen. Sie muß ferner durch A gehen, weil sie mit P_f und Q_r im Gleichgewicht sein soll. Man kann deshalb jeden Schnittpunkt B, für welchen Punkt A außerhalb der spitzen Winkel zwischen den betreffenden Pfahlreihen fällt, als statisch unmöglich ausscheiden. Im Beispiel in Abb. 5.45.A findet man dementsprechend, daß nur die Schnittpunkte zwischen den Reihen *1* und *5*, sowie *2* und *3*, statisch möglich sind. Die letztere Möglichkeit kann übrigens auch ausgeschieden werden, da hier die Kraft $\varDelta Q$ nach oben gerichtet wäre.

Um $\varDelta Q_i$ und $\varDelta Q_j$ zu bestimmen, löst man die Kraft $\div Q_r$ nach der Linie $A B$ und nach der Richtung der äußeren Kraft auf. Die Komponente nach $A B$ löst man wieder nach den Pfahlrichtungen i und j auf und erhält dadurch $\varDelta Q_i$ und $\varDelta Q_j$. Die gefundene Lösung ist *statisch möglich*, falls sowohl $\varDelta Q_i$ als $\varDelta Q_j$ nach unten gerichtet sind und beide kleiner sind als die numerische Summe der Druck- und Zug-Bruchbelastungen $(Q_c + Q_t)$. Liegen außerdem sämtliche andere Pfahlreihen an derselben Seite von B, ist die Lösung auch *kinematisch möglich*. Die Komponente P_f in der Wirkungslinie der äußeren Kraft ist dann gleich der Bruch-Tragfähigkeit des Pfahlrostes.

Kommt man dagegen zu dem Ergebnis, daß kein statisch und kinematisch möglicher Bruchzustand existiert, dann bedeutet dies, daß jedenfalls eine Pfahlreihe auf *Zug* voll ausgenützt ist (Belastung Q_t). Diese Pfahlreihe wird übrigens diejenige sein, für welche man ein $\varDelta Q_i$ größer als die numerische Summe der Druck- und Zug-Bruchbelastungen $(Q_c + Q_t)$ gefunden hat. Man setzt dann die früher gefundene Resultante Q_r mit einer abwärts gerichteten Kraft $(Q_c + Q_t)$ in der betreffenden Pfahlreihe zusammen und versucht danach mit der neuen Resultante eine befriedigende Lösung zu finden. Ist dies auch nicht möglich, muß man weitere Pfahlreihen auf Zug beansprucht annehmen, bis man eine mögliche Lösung findet.

Bei plastizitätstheoretischer Berechnung von Pfahlrosten soll man wie gewöhnlich im *nominellen* Bruchzustand rechnen, d.h. die äußeren

Belastungen müssen mit ihren Partialkoeffizienten multipliziert werden, während die Bruch-Tragfähigkeiten der Pfähle mit ihren Partialkoeffizienten dividiert werden sollen (Probebelastung oder Rammformel), bzw. mittels der nominellen Scherfestigkeiten des Bodens berechnet werden sollen (geostatische Berechnung). Der Pfahlrost ist zufriedenstellend, wenn die nominelle Belastung gleich oder geringer als die nominelle Tragfähigkeit ist (für dieselbe Wirkungslinie).

Die beschriebene plastizitätstheoretische Berechnung eines Pfahlrostes bestimmt in bestmöglicher Weise die *Bruchsicherheit* des Pfahlrostes. Wie gewöhnlich erhält man aber hierbei keinen Aufschluß über die *Formänderungen* des Pfahlrostes bei Betriebsbelastung. Wünscht man diese zu bestimmen, gibt es kaum eine bessere Methode als NØKKENTVEDS. Es ist klar, daß recht bedeutende Bewegungen des Fundamentes notwendig sein können, um den Pfahlrost in den vorausgesetzten Bruchzustand zu bringen, und obwohl man immer eine gewisse Bruchsicherheit haben muß, können doch Fälle vorkommen, wo die tatsächlichen Bewegungen im Betriebszustand unzulässig groß werden. Die Methode darf deshalb nicht unkritisch verwendet werden.

Bei der *Bemessung* eines ebenen Pfahlrostes für eine gegebene nominelle Belastung hat man im Anfang eine sehr große Anzahl von Veränderlichen, indem weder die Pfahlanordnung, die Abmessungen der einzelnen Pfähle noch die Pfahlabstände in den einzelnen Reihen festgelegt sind. Nur drei Unbekannte können bei der Berechnung bestimmt werden, indem man die drei Gleichgewichtsbedingungen des Fundamentes erfüllen soll. Man muß deshalb damit anfangen, eine Pfahlanordnung zu schätzen, und zwar derart, daß alle Größen mit Ausnahme von drei bereits festgelegt sind.

Die *Pfahllängen* können in der Regel als gegeben angesehen werden, indem eine ausreichende Tragfähigkeit gewöhnlich erst in einer bestimmten Tiefe erreicht wird. Die Pfahllänge bestimmt innerhalb recht enger Grenzen den *Pfahlquerschnitt*, indem der Pfahl auf der einen Seite nicht so schlank sein darf, daß er Transport, Hebung und Rammung nicht vertragen kann, und auf der anderen Seite nicht zu schwer für den Rammbär oder für die Ramme selbst sein darf.

Die *Pfahlanordnung* in der Ebene muß schätzungsweise festgelegt werden im Verhältnis zur Lage der verschiedenen Kraftresultanten. Wo möglich sollen die meisten Pfähle mit derselben *Neigung* wie die der größten Resultante angebracht werden, aber mit Rücksicht auf die Rammung darf die größte Pfahlneigung jedoch nur selten 1 : 3 übersteigen. Hat die Resultante dann eine größere Neigung, muß man außerdem eine kleinere *Zugpfahlgruppe* mit der Maximalneigung in der entgegengesetzten Richtung anordnen. Die Schwerpunktachsen der zwei Gruppen sollen sich auf der größten Resultante schneiden. Kann die Lage der Resultanten sehr variieren, so daß die Pfahlgruppe große Momente aufnehmen soll, muß man ihr „*Trägheitsmoment*" so groß wie möglich machen.

Die *Pfahlabstände* in den einzelnen Reihen wird man gewöhnlich aus praktischen Gründen so anpassen, daß sie in einfachen Verhältnissen zueinander stehen.

5.5 Standsicherheit

Ein Standsicherheitsproblem liegt vor, wenn die Gefahr besteht, daß eine große Erdmasse ins Rutschen geraten kann. Mehr genau formuliert spricht man von einem *Standsicherheitsproblem* (oder Stabilitätsproblem), wenn die untere Grenzbruchlinie zwischen zwei Erdoberflächen oder zwischen zwei Wänden verläuft. Wenn dagegen die Grenzbruchlinie zwischen einer Erdoberfläche und einer Wand (bzw. einem Fundament) verläuft, spricht man von einem Erddruckproblem (bzw. von einem Tragfähigkeitsproblem).

Im Prinzip können auch die Standsicherheitsprobleme mittels der allgemeinen *Gleichgewichtsmethode* behandelt werden, aber die Rechnungen werden ziemlich kompliziert. In der Praxis verwendet man deshalb die viel einfachere *Extremmethode*, die für Standsicherheitsprobleme (aber nicht für Erddruck und Tragfähigkeit) genügend genaue Ergebnisse liefert.

Die reine Extremmethode kann nur in verhältnismäßig einfachen Fällen angewandt werden, nämlich für homogene (eventuell geschichtete) Böden, und nur mit kreisförmigen, bzw. spiralförmigen Bruchlinien. In mehr komplizierten Fällen (inhomogene Böden und Bruchlinien beliebiger Form) muß man die sogenannte *Streifenmethode* verwenden. Sie ist jedoch viel beschwerlicher und kaum so genau.

Wenn man eine Konstruktion (z.B. einen Erddamm) *bemessen* soll, führt man sofort die Partialkoeffizienten ein (Abschn. 5.18) und soll dann der Konstruktion solche Abmessungen geben, daß im nominellen Bruchzustand Gleichgewicht vorhanden ist.

Soll man die *Standsicherheit* eines Bauwerkes mit gegebenen Abmessungen untersuchen, kann man in derselben Weise berechnen, ob es im nominellen Bruchzustand genügend standsicher ist. Wünscht man eine bestimmte Zahlenangabe für die „Sicherheit", muß man erst diesen Begriff definieren. Dies geschieht am besten als $F = f_c = f_\varphi$, indem gleichzeitig alle anderen Partialkoeffizienten gleich 1 gesetzt werden. F nennt man die *Totalsicherheit*.

Tritt eine Rutschung in einer *natürlichen Böschung* ein, ohne daß dies künstlich verursacht ist, muß es sich um eine *Dauererscheinung* handeln. Die Standsicherheitsuntersuchung kann deshalb hier nur als eine $c\,\varphi$-

Analyse mit wirksamen Spannungen durchgeführt werden (KJAERNSLI 1956). Die entsprechenden wirksamen Festigkeitsbeiwerte $\bar{c}$ und $\bar{\varphi}$ werden durch Dreiaxialversuche bestimmt, aber die Porenwasserdrücke u muß man gewöhnlich mittels Feldbeobachtungen finden.

Bei einer künstlichen *Aufschüttung* auf gewachsenem Sandboden besteht nur selten die Gefahr von Rutschungen in dem Sandboden. Bei einer Aufschüttung auf gewachsenen Tonboden muß die Standsicherheit dagegen immer untersucht werden. Im Prinzip muß man sowohl die Anfangsstandsicherheit ($\varphi = 0$-Analyse) als auch die Dauerstandsicherheit ($c\varphi$-Analyse) untersuchen.

Bei einer *Ausschachtung* im Sandboden über dem Grundwasserspiegel ist nur dafür zu sorgen, daß der Böschungswinkel kleiner als der nominelle Reibungswinkel ist. Unter dem Grundwasserspiegel muß man dagegen auch die Strömungskräfte berücksichtigen. Im Tonboden wird es immer notwendig sein, sowohl die Anfangs- als auch die Dauerstandsicherheit zu untersuchen.

5.51 Die Extremmethode

Die Extremmethode ist bereits in Abschn. 5.14 beschrieben worden, aber nur für den Sonderfall $\varphi = 0$. Im folgenden betrachtet man den allgemeinen Fall $\varphi \neq 0$.

Das Prinzip der Extremmethode besteht darin, daß man eine derartige Gleichgewichtsbedingung für den Bodenkörper über einer zweckmäßigen Bruchlinie aufstellt, so daß die unbekannten Spannungskomponenten in der Bruchlinie ausscheiden. In homogenem Boden ist dies möglich, wenn die Bruchlinie eine *logarithmische Spirale* ist (RENDULIC 1935 und 1940), in Sonderfällen ein *Kreis* (W. FELLENIUS 1927) oder eine *Gerade* (COULOMB 1776). Im geschichteten Boden kann man oft eine Kombination dieser Kurven anwenden (BRINCH HANSEN 1953).

Die erwähnte Gleichgewichtsbedingung ist die Momentengleichung um den Pol der Spirale. Aus dieser Gleichung findet man die unbekannte Größe (z.B. den Erddruck, die Tragfähigkeit oder die Totalsicherheit) als eine Funktion der geometrischen Parameter der Bruchlinie. Danach muß man – gewöhnlich durch Probieren – die sogenannte *kritische Bruchlinie* bestimmen als diejenige, der ein *extremer Wert* (Max. oder Min.) der Unbekannten entspricht. Dieser extreme Wert ist die gesuchte Lösung.

Im allgemeinen Fall $\varphi \neq 0$ verwendet man als Bruchlinie eine *logarithmische Spirale* mit einem Steigungswinkel gleich dem Reibungswinkel φ des Bodens. Eine solche Spirale hat die polare Gleichung:

$$r = r_0\, e^{(v - v_0)\,\tan\varphi} \qquad (5.51.1)$$

und ihre wichtigste geometrische Eigenschaft ist, daß der Radiusvektor
in jedem Punkt den Winkel φ mit der Normalen bildet. v ist der Winkel
der Tangente mit der Waagerechten.

Anstatt der Spannungen σ und τ in einem Bruchschnitt kann man
mit einer Schubspannung c und einer schrägen Spannung $t = \sigma \sec\varphi$
rechnen. Letztere bildet den Winkel φ mit der Schnittnormalen. In einer
spiralförmigen Bruchlinie mit der Gl. (5.51.1) sind offenbar alle Spannungen t gegen den Pol gerichtet und scheiden deshalb aus der Momentengleichung um den Pol aus. Die restlichen *Schubspannungen* c geben folgendes Gesamtmoment um den Pol:

$$M_c = \frac{1}{2}\,(r_1^2 - r_2^2)\,c\,\cot\varphi, \qquad\qquad (5.51.2)$$

wo r_1 und r_2 den längsten bzw. den kürzesten Radiusvektor in der Spirale
bezeichnen.

Die Methode soll im übrigen mittels des in Abb. 5.51.A gezeigten Bei-
spieles näher beleuchtet werden. Man betrachtet hier eine Böschung mit
einer Streifengründung an der oberen Kante.

Wie in Abschn. 5.18 erklärt, betrachtet man den *nominellen* Bruchzustand. Da man $f_g = 1{,}0$ hat, werden die nominellen Eigengewichte G_n

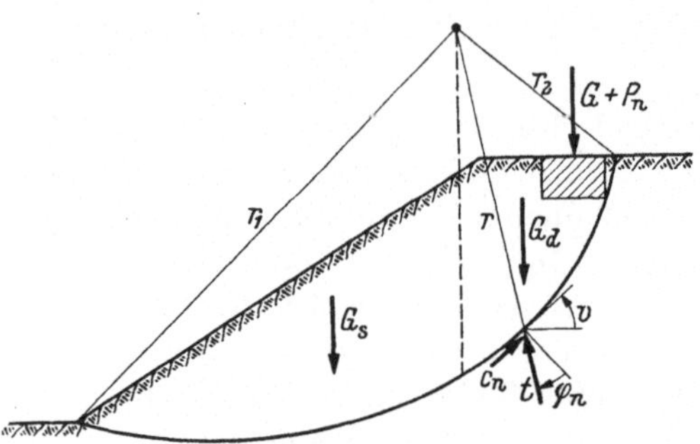

Abb. 5.51.A. Die Extremmethode für $\varphi \neq 0$

gleich den wirklichen. Dagegen erhält man die no-
minellen beweglichen Be-
lastungen P_n aus den
wirklichen durch Multipli-
kation mit f_p. Die nominellen Scherfestigkeitsbeiwerte c_n und φ_n sind mittels den Gln. (5.18.6) bis
(5.18.7) definiert, und die
verwendete Spirale muß φ_n
entsprechen.

Man fixiert jetzt eine *beliebige Lage* der Spirale für nähere Untersuchung. Im betrachteten Beispiel wird die kritische Spirale wahrscheinlich durch den Fußpunkt der Böschung und durch die Hinterkante des
Fundamentes gehen. Mittels einer lotrechten Linie (punktiert) durch den
Pol teilt man das Erdgewicht in einen stabilisierenden Teil G_s und einen
treibenden Teil G_d auf. Nimmt man jetzt die Momente aller auf den Erdkörper über der Bruchlinie wirkenden Kräfte um den Pol, kann man das
sogenannte *Stabilitätsverhältnis* f zwischen den stabilisierenden und den
treibenden Momenten bestimmen:

$$f = \frac{M_s}{M_d} = \frac{M_{Gs} + M_c}{M_{Gd} + M_G + M_P}\,. \qquad\qquad (5.51.3)$$

Danach versucht man mit anderen Lagen der Spirale und findet für jede einen bestimmten Wert von f. Die Spirale, die das *kleinste* Stabilitätsverhältnis gibt, wird die *kritische* genannt, und wenn man findet:

$$\min f \geqq 1 , \qquad (5.51.4)$$

hat die Konstruktion mindestens die erwünschte Standsicherheit. Es muß jedoch beachtet werden, daß min. f kein direkter Ausdruck für die Größe der Sicherheit ist, da diese ja bereits indirekt mittels der Partialkoeffizienten eingeführt ist.

Wünscht man für eine gegebene Konstruktion die *Totalsicherheit* zu bestimmen, kann dies z.B. in folgender Weise geschehen. Man schätzt einen Wert $F_1 = f_c = f_\varphi$ und verwendet entsprechende Spiralen, indem man gleichzeitig alle anderen Partialkoeffizienten gleich 1 setzt; hierdurch findet man ein min. f_1. Man macht danach eine neue Berechnung mit einem anderen Wert F_2 (andere Spiralen) und findet hierbei min. f_2. Mittels einer einfachen Interpolation kann man dann den wirklichen Wert von F bestimmen, der min. $f = 1$ entsprechen soll.

Die beschriebene $c\varphi$-*Analyse* mit spiralförmigen Bruchlinien wird bei Standsicherheitsuntersuchungen im *Sand* verwendet ($c = 0$) und auch bei *Daueranalysen im Ton* ($\bar{c}$ und $\bar{\varphi}$). Es ist aber immer eine Voraussetzung, daß φ als konstant angesehen werden kann.

Im Sonderfall $\varphi = 0$ wird die Spirale zu einem Kreis, und die Methode ist dann eine $\varphi = 0$-*Analyse*. Wie früher erwähnt, ist sie nur für eine *Anfangsanalyse im wassergesättigten Ton* verwendbar. Für c soll man dann die undränierte Scherfestigkeit des Tones einsetzen; diese mag sich längs der Bruchlinie ändern.

Wenn die Voraussetzungen für die Anwendung der $\varphi = 0$-Analyse erfüllt sind, scheint sie fast verblüffend genau zu sein. Zum Beispiel haben SKEMPTON und GOLDER (1948) eine Reihe von Rutschungen in englischen Tonböden untersucht. Wenn sie die Scherfestigkeiten mittels einfacher Druckversuche bestimmten, fanden sie Totalsicherheiten zwischen 0,90 und 1,15. Eine ähnliche Untersuchung wurde in Schweden von CADLING und ODENSTAD (1950) ausgeführt. Wenn sie die Scherfestigkeiten mittels Flügelsondenversuchen bestimmten, fanden sie Totalsicherheiten zwischen 0,85 und 1,16.

Hat man *geschichteten Boden* mit verschiedenen Reibungswinkeln in den einzelnen Schichten, kann eine einfache Extremanalyse nicht mit einer Spirale oder mit einem Kreis durchgeführt werden. Man kann sich aber oft dadurch helfen, daß man eine *zusammengesetzte Bruchlinie* verwendet, und zwar aus konfokalen Spiralen bestehend, jede dem nominellen Reibungswinkel in der betreffenden Schicht entsprechend (BRINCH HANSEN 1953). Hierdurch erreicht man, daß alle unbekannten Kräfte in

den verschiedenen Teilen der Bruchlinie aus der Momentengleichung um
den gemeinsamen Pol ausscheiden.

Als Beispiel betrachtet man die in Abb. 5.51.B gezeigte Kaikonstruktion, die auf einem gewachsenen Tonboden gebaut ist und später mit aufgespültem Sand nachgefüllt wird. Die Anfangsstandsicherheit soll untersucht werden.

Man betrachtet eine Bruchlinie, aus einem Kreis im Ton ($\varphi = 0$) und einer Spirale im Sand ($\varphi = \varphi_n$) bestehend. Das Stabilitätsverhältnis ist:

$$f = \frac{M_s}{M_d} = \frac{M_{Gs} + M_c}{M_{Gd} + M_P}. \tag{5.51.5}$$

Die Auflast auf dem Kaigelände soll natürlich nur auf der rechten Seite einer lotrechten Linie durch den Pol angebracht werden. Die kri-

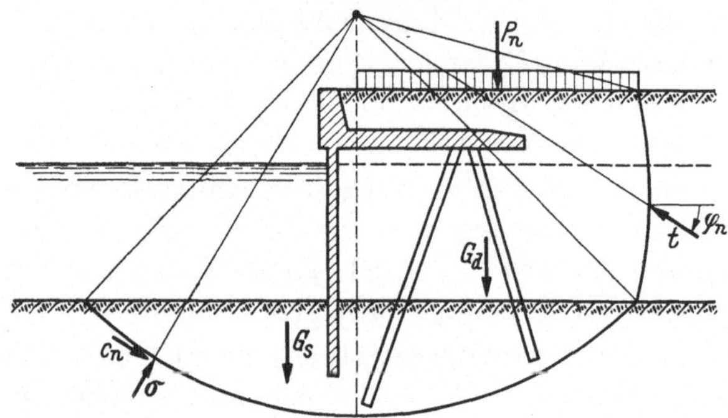

Abb. 5.51.B. Die Extremmethode für geschichteten Boden

tische Bruchlinie ist durch min. f gekennzeichnet, und wenn diese Größe 1,0 übersteigt, besitzt die Konstruktion mindestens die erwünschte Standsicherheit.

Die vorgeschlagene zusammengesetzte Bruchlinie hat *Knickpunkte* (entsprechend $\Delta\varphi_n$) bei den Schichtgrenzen und ist deshalb streng genommen kinematisch unmöglich. Sie kann aber als eine Annäherung betrachtet werden und gibt deshalb vermutlich brauchbare Ergebnisse wenn die kritische Bruchlinie einigermaßen wahrscheinlich aussieht. Dagegen *versagt* die Methode in solchen Fällen, wo die Bruchlinie eine Schichtgrenze unter einem so spitzen Winkel ($< \Delta\varphi_n$) trifft, daß ihre Fortsetzung überhaupt nicht gezeichnet werden kann. Man muß dann die Streifenmethode verwenden (Abschn. 5.52).

Betreffend die Wirkungen eventueller *Wasserdrücke* auf eine Standsicherheitsberechnung (z. B. Abb. 5.51.B) wird auf Abschn. 5.16 verwiesen.

Man kann hiernach von allen äußeren und inneren Wasserdrücken absehen, wenn man mit *reduziertem Raumgewicht* γ' für den Boden unter dem Grundwasserspiegel und in der Kapillarzone rechnet und außerdem die durch Gl. (5.16.4) bestimmten Normalspannungen in den Grenzflächen der Kapillarzone berücksichtigt.

Ist strömendes Grundwasser vorhanden, muß man ein Strömungsnetz konstruieren und soll dann die durch Gl. (5.16.5) bestimmten *Strömungskräfte* berücksichtigen. Aus der Potentialgleichung (1.23.2) erhält man:

$$u = -z\,\gamma_w + h\,\gamma_w. \tag{5.51.6}$$

Der erste Beitrag auf der rechten Seite ist der hydrostatische Wasserdruck, den man vernachlässigen kann, wenn man mit γ' rechnet. Der zweite Beitrag ist der *Potentialdruck*. Letzterer gibt auf einer geschlossenen Kurve eine Resultante gleich der Resultante aller Strömungskräfte auf dem Boden innerhalb der Kurve. Anstatt mit den Strömungskräften auf dem wassergesättigten Teil des Bodens über der Bruchlinie zu rechnen, kann man deshalb auf dem ganzen Umfang dieses Körpers mit Normalspannungen gleich $h\,\gamma_w$ rechnen, was einfacher ist. In den Grenzflächen einer eventuellen Kapillarzone rechnet man sowohl mit Kapillardruck ($h_c\,\gamma_w$) als auch mit Potentialdruck ($h\,\gamma_w$); zusammen geben sie die Normalspannung $z\,\gamma_w$, wo z die Höhe über dem Potentialnull angibt.

5.52 Die Streifenmethode

Die oben beschriebene reine Extremmethode kann in einfacheren Fällen sowohl für eine $\varphi = 0$-Analyse (mit kreisförmigen Bruchlinien) als auch für eine $c\,\varphi$-Analyse (mit spiralförmigen Bruchlinien) verwendet werden.

Wenn φ *nicht konstant ist* (geschichteter oder inhomogener Boden), kann die Methode jedoch unpraktisch oder ganz unmöglich werden. Sie ist natürlich für Bruchlinien *anderer Formen* als Spiralen oder Kreise gar nicht verwendbar. In solchen Fällen verwendet man dann die Streifenmethode.

Das Prinzip ist, daß der Erdkörper über der Bruchlinie in *lotrechte Streifen* eingeteilt wird. In der Regel nimmt man an, daß sich die inneren Kräfte in den zwei lotrechten Seiten eines Streifens gegenseitig aufheben, und man kann dann mittels einer Projektionsgleichung den Normaldruck auf der Unterseite des Streifens berechnen. Dieser Normaldruck bestimmt mittels COULOMBS Gesetz die Scherfestigkeit in der Bruchlinie, und man kann deshalb mittels einer Gleichgewichtsbedingung für den gesamten Erdkörper die Totalsicherheit berechnen. Wie in der Extremmethode bestimmt man – durch Probieren – die kritische Bruchlinie mittels der Bedingung, daß sie einem *Minimum der Totalsicherheit* entsprechen soll. Die Streifenmethode ist also an und für sich auch eine Extremmethode.

17*

Man kann hier eine Bruchlinie *beliebiger Form* betrachten (Abb. 5.52.A).
Der Erdkörper über der Bruchlinie wird in lotrechte Streifen eingeteilt;
sie haben zweckmäßig eine konstante Breite Δx und eine wirksame lotrechte Belastung ΔV. Der Erdkörper mag außerdem von einer waagerechten Belastung H beansprucht sein. Endlich bezeichnet v den Winkel
der Bruchlinientangente mit der Waagerechten; er wird mit Vorzeichen
gerechnet.

Auf der Unterseite eines Streifens wirken eine totale Normalspannung
σ und eine Schubspannung τ. Letztere kann, wenn die *Totalsicherheit*

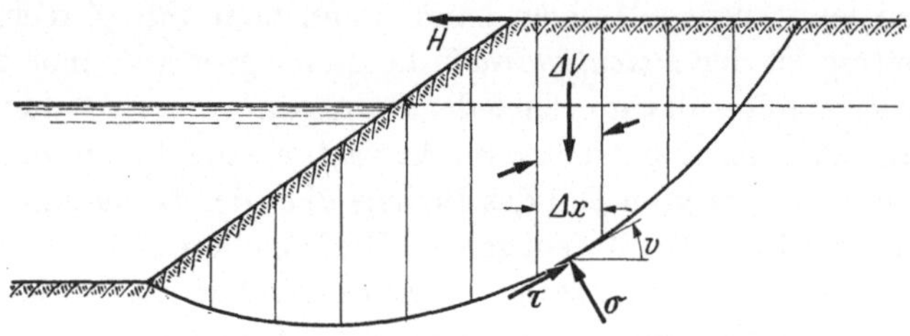

Abb. 5.52.A. Die Streifenmethode

gleich F ist, mittels COULOMBS Gesetz für wirksame Spannungen bestimmt werden:

$$\tau = [\bar{c} + (\sigma - u)\tan\bar{\varphi}] : F \, . \tag{5.52.1}$$

In der „*klassischen*" *Streifenmethode* bestimmt man σ durch Projektion von ΔV auf die Richtung von σ, indem die Kräfte in den lotrechten Streifenseiten voraussichtlich einander aufheben. Dies führte
aber erfahrungsgemäß zu bedeutenden Fehlern, obwohl man in der Regel
auf der sicheren Seite war.

BISHOP (1954) zeigte, daß man viel genauere Ergebnisse erhält durch
Projektion auf eine *lotrechte* Linie. Wenn man auch hier annimmt, daß
sich die Kräfte in den lotrechten Streifenseiten gegenseitig aufheben, erhält man:

$$(\sigma \cos v + \tau \sin v)\,\Delta x \sec v - \Delta V = 0 \, . \tag{5.52.2}$$

Aus den Gln. (5.52.1) und (5.52.2) bekommt man die folgenden Ausdrücke für die Spannungen in der Bruchlinie:

$$\sigma = \Delta V : \Delta x - \tau \tan v \, , \tag{5.52.3}$$

$$\tau = \frac{\bar{c} + (\Delta V : \Delta x - u)\tan\bar{\varphi}}{F + \tan\bar{\varphi}\tan v} \, . \tag{5.52.4}$$

BISHOP bestimmt nun die Totalsicherheit durch die Momentengleichung aller auf den gesamten Erdkörper wirkenden Kräfte um ein „*durch-
schnittliches Zentrum*" für die Bruchlinie, d. h. das Zentrum eines Kreises,
der sich so nahe wie möglich der gewählten Bruchlinie anschließt.

Eine einfachere und vermutlich ebenso genaue Bestimmung der Totalsicherheit erhält man durch Projektion auf eine *waagerechte* Linie (JANBU 1954):

$$H + \sum (\sigma \sin v - \tau \cos v)\, \varDelta x \sec v = 0 .\tag{5.52.5}$$

Nach Einsetzen von Gl. (5.52.3) erhält man:

$$\sum \tau\, (1 + \tan^2 v)\, \varDelta x = H + \sum \varDelta V \tan v\tag{5.52.6}$$

und endlich mittels Gl. (5.52.4) die endgültige Gleichung:

$$F = \frac{\sum [(\varDelta V - u\, \varDelta x)\tan \bar{\varphi} + \bar{c}\, \varDelta x]\, \dfrac{1 + \tan^2 v}{1 + \dfrac{1}{F}\tan \bar{\varphi} \tan v}}{H + \sum \varDelta V \tan v} .\tag{5.52.7}$$

Da F auf beiden Seiten dieser Gleichung eingeht, muß man sie durch *Iteration* bestimmen. Als eine erste Annäherung setzt man $F = 1$ auf der rechten Seite. Die Konvergenz ist übrigens sehr schnell.

Gibt es keinen äußeren Wasserspiegel, soll man für u die wirklichen Porenwasserdrücke in die Bruchlinie einsetzen, und gleichzeitig sollen die Streifenlasten $\varDelta V$ mit vollem Raumgewicht (γ) des Bodens berechnet werden. Gibt es aber einen äußeren Wasserspiegel, wie in Abb. 5.52.A, muß man unter diesem mit reduziertem Raumgewicht (γ') rechnen und für u die Überdrücke (Potentiale) einsetzen; über dem äußeren Wasserspiegel rechnet man dagegen mit vollem Raumgewicht und den wirklichen Porenwasserdrücken.

Wie in der reinen Extremmethode muß man verschiedene Bruchlinien probieren, bis man die *kritische* findet, d.h. diejenige die min. F ergibt.

Die Streifenmethode kann auch für eine Analyse mit *totalen* Spannungen ($\varphi = 0$-Analyse) verwendet werden. Man setzt dann $u = 0$, $\varphi = 0$ und $\bar{c} = $ der undränierten Scherfestigkeit des Tons (c). Hierdurch erhält man:

$$F = \frac{\sum c\, (1 + \tan^2 v)\, \varDelta x}{H + \sum \varDelta V \tan v} .\tag{5.52.8}$$

Dies wird man natürlich nur für *nichtkreisförmige* Bruchlinien tun; für kreisförmige Bruchlinien ist die reine Extremmethode sowohl einfacher als auch genauer.

Will man die Streifenmethode in Verbindung mit *Partialkoeffizienten* verwenden, muß man verlangen, daß:

$$\tau \leqq \bar{c}_n + (\sigma - u) \tan \bar{\varphi}_n .\tag{5.52.9}$$

Die Gln. (5.52.2) und (5.52.3) sind stets gültig, wenn nur $\varDelta V$ durch $\varDelta V_n$ ersetzt wird. Man erhält dann:

$$\tau \leqq \frac{\bar{c}_n + (\varDelta V_n : \varDelta x - u)\tan \bar{\varphi}_n}{1 + \tan \bar{\varphi}_n \tan v} .\tag{5.52.10}$$

Die Gln. (5.52.5) und (5.52.6) sind auch hier gültig. Wenn man den durch Gl. (5.52.10) bestimmten Wert von τ in Gl. (5.52.6) einführt, kann man das *Stabilitätsverhältnis* wie folgt bestimmen:

$$f = \frac{\sum [(\varDelta V_n - u\,\varDelta x)\tan\bar\varphi_n + \bar c_n\varDelta x]\dfrac{1 + \tan^2 v}{1 + \tan\bar\varphi_n\tan v}}{H_n + \sum\varDelta V_n\tan v}. \qquad (5.52.11)$$

Man soll wie gewöhnlich diejenige Bruchlinie suchen, die min. f ergibt, und falls diese Größe 1,0 übersteigt, hat die Konstruktion wenigstens die erwünschte Sicherheit. Man wird bemerken, daß hier keine Iteration nötig ist, aber dafür bekommt man auch keinen Aufschluß über die Größe der tatsächlichen Sicherheit.

5.53 Zellenfangedämme

Ein Zellenfangedamm besteht aus einer zusammenhängenden Reihe von erdgefüllten Stahlzellen. Der Grundriß der Zellen kann verschieden sein; die mittlere Breite nennt man b und die Zellenhöhe h. Der Fangedamm wird in der Regel von einer waagerechten äußeren Kraft H (Erddruck, Wasserdruck oder Wellendruck) beansprucht.

Das Standsicherheitsproblem einer solchen Konstruktion kann mit guter Annäherung als eben betrachtet werden.

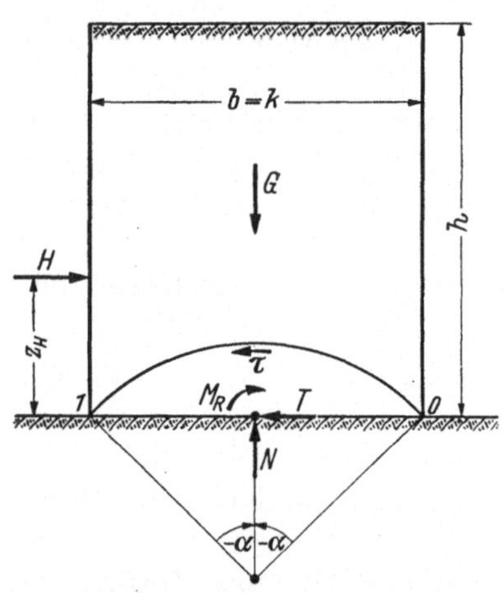

Hat man einen Zellenfangedamm auf *Felsboden* (Abb. 5.53.A), ist die einfachste, kinematisch mögliche Bruchfigur ein *konvexer Linienbruch* (X). Im Bruchzustand dreht sich die über dem Bruchkreis liegende Erdmasse (Gewicht G) wie ein steifer Körper um das Zentrum des Kreises. Die Stahlspundwände, die aus Flachprofilen bestehen, werden der Bewegung der Erdmasse folgen, wobei jedoch Gleitungen in einzelnen Schlössern sowie auch Gleitungen zwischen Wand und Boden stattfinden werden.

Abb. 5.53.A. Gleichgewichtsberechnung für Zellenfangedamm auf Felsboden

Für dieses einfache Standsicherheitsproblem kann man leicht eine Berechnung nach der *Gleichgewichtsmethode* durchführen (BRINCH HANSEN 1953). Man braucht nur die drei Gleichgewichtsbedingungen für den Erdkörper (einschließlich der Wände) über der Bruchlinie aufzustellen:

$$N = G, \qquad T = H, \qquad M_R = -H z_H. \qquad (5.53.1\text{-}3)$$

Wenn die Felsenoberfläche waagerecht ist, hat man $\omega = 0$; außerdem ist $k = b$. Die Gln. (5.13.19) bis (5.13.21) für N, T und M_R sowie eine geometrische Gleichung für G [entsprechend (Gl. 5.24.3)], setzt man nun in die Gln. (5.53.1) bis (5.53.3) ein. Man erhält dadurch folgende Gleichungen, worin γ_m das durchschnittliche Raumgewicht der Füllmasse ist, während $\bar{\gamma}$ das wirksame Raumgewicht in der Nähe der Bruchlinie bedeutet:

$$\bar{\gamma}\, b^2\, N^y + \tau_0\, b\, N^z - c\, b \cot\varphi = \gamma_m\, b\, h + \bar{\gamma}\, b^2\, N_0^y, \qquad (5.53.4)$$

$$\bar{\gamma}\, b^2\, T^y + \tau_0\, b\, T^z = H, \qquad (5.53.5)$$

$$\bar{\gamma}\, b^3\, M^y + \tau_0\, b^2\, M^z = -H\, z_H. \qquad (5.53.6)$$

In keinem der Endpunkte 0 oder 1 der Bruchlinie kann man eine Randbedingung für die Bestimmung der Spannung angeben. τ_0 muß deshalb als eine Unbekannte betrachtet werden. Die zwei anderen Unbekannten sind der halbe Zenterwinkel α des Bruchkreises (α wird hier negativ) und die notwendige Mittelbreite b. Dagegen müssen h, H und z_H als bekannt betrachtet werden.

Aus den Gln. (5.53.4) und (5.53.5) eliminiert man τ_0 und erhält:

$$\bar{\gamma}\,[T^z (N_0^y - N^y) + T^y N^z]\, b^2 + T^z (\gamma_m h + c \cot\varphi)\, b - H N^z = 0. \qquad (5.53.7)$$

Da der Kreis konvex ist, wird α negativ, und da τ von Punkt 0 gegen Punkt 1 wirkt, müssen c und φ positiv gerechnet werden. Man schätzt erst einen Wert von α und berechnet den entsprechenden Wert von b aus Gl. (5.53.7). Danach findet man den entsprechenden Wert von τ_0 aus Gl. (5.53.5), und zuletzt kontrolliert man, ob Gl. (5.53.6) erfüllt ist. Wenn nicht, muß man α ändern und umrechnen, bis es stimmt. In der ganzen Berechnung rechnet man wie gewöhnlich mit *nominellen* Größen c_n, φ_n und H_n (Abschn. 5.18).

Eine solche Berechnung bestimmt die Standsicherheit des Zellenfangedammes als ein Ganzes, gibt aber keinen Aufschluß über die Erddrücke auf die einzelnen Wände.

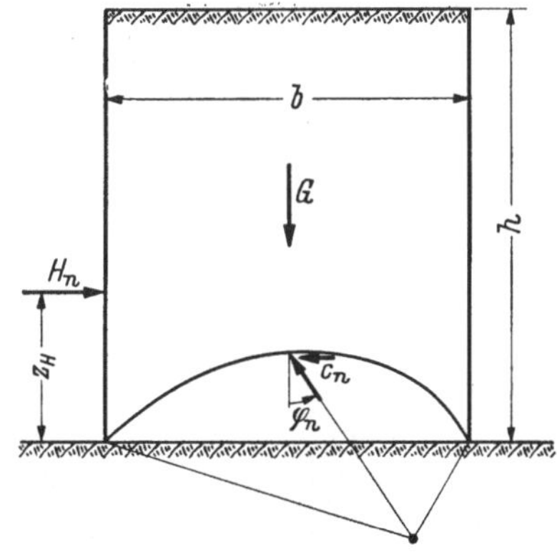

Abb. 5.53.B. Extremberechnung für Zellenfangedamm auf Felsboden

Der betrachtete Zellenfangedamm kann übrigens noch einfacher berechnet werden, nämlich mittels der *Extremmethode* (BRINCH HANSEN 1952). Man braucht nur die Bruchlinie durch eine logarithmische Spirale (entsprechend φ_n) zu approximieren (Abb. 5.53.B). Man findet dann das Stabilitätsverhältnis:

$$f = \frac{M_s}{M_d} = \frac{M_G + M_c}{M_H},\qquad(5.53.8)$$

worin die Momente um den Pol der Spirale genommen werden sollen. Man rechnet natürlich mit den nominellen Größen c_n, φ_n und H_n. Da es nur eine einfache Unendlichkeit von möglichen Spiralen gibt, kann man leicht die kritische finden, und falls das entsprechende min. f größer ist als 1, ist die Standsicherheit in Ordnung. In der Extremmethode muß man natürlich mit einer geschätzten Breite b arbeiten und diese ändern, falls die Standsicherheit zu groß oder zu klein ist.

Man wird bemerken, daß in beiden Berechnungen die Reibung oder Haftung zwischen den Querwänden und der Füllung unter der Bruchlinie vernachlässigt worden ist. Diese kleine zusätzliche Sicherheit existiert nicht bei *doppelten Spundwandbauwerken* (zwei parallele Spundwände, gegeneinander verankert), die übrigens in derselben Weise berechnet werden können. Ein etwas größerer Fehler – aber auch auf der sicheren Seite – entsteht dadurch, daß man die Kräfte zwischen den Spundwandfüßen und dem Felsboden vernachlässigt hat.

Zellenfangedämme (und doppelte Spundwandbauwerke) können auch auf *anderen Böden* als Fels aufgeführt werden, aber die Spundwände müssen dann in den Boden eingerammt werden. Je tiefer sie gerammt werden, je schmaler kann der Fangedamm gemacht werden.

Für einen Zellenfangedamm, dessen Wände im *Sand* gerammt sind, und der von einem einseitigen Wasserdruck beansprucht ist, wird oft die Gefahr für *Wasserdurchbruch* (Erosion) unter der Konstruktion entscheidend sein. Dies ist ein Strömungsproblem.

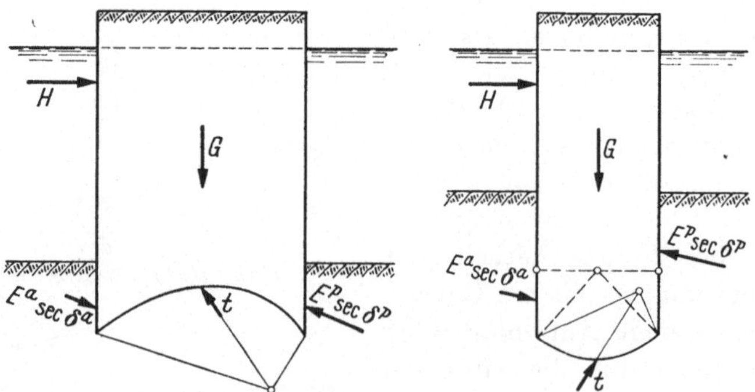

Abb. 5.53.C. Zellenfangedämme im Sandboden

Wo eine solche Gefahr nicht besteht, ist die *Standsicherheit* entscheidend, und eine dementsprechende Analyse kann im Prinzip wie für einen Zellenfangedamm auf Fels ausgeführt werden. Nur muß man hier die auf die Außenseiten der Wände wirkenden, aktiven und psasiven *Erddrücke* mit berücksichtigen. Es ist hierbei am einfachsten, die Extremmethode anzuwenden.

Wenn das Verhältnis zwischen Rammtiefe und Mittelbreite verhältnismäßig klein ist, wird die kritische Bruchlinie *konvex* sein, wie in Abb. 5.53.C links gezeigt. Bei größeren Verhältnissen wird sie *konkav* sein, wie rechts gezeigt. In beiden Fällen findet man das Stabilitätsverhältnis:

$$f = \frac{M_s}{M_d} = \frac{M_G + M_{Ep}}{M_H + M_{Ea}}, \tag{5.53.9}$$

wobei jedoch die Anbringung der Erddruckmomente davon abhängen muß, ob sie im betrachteten Fall stabilisierend oder treibend wirken.

Der einzige berechnungsmäßige Unterschied zwischen den zwei Fällen ist, daß die Erddrücke bei der konvexen Bruchlinie unabhängig von der genauen Lage des Drehpunktes sind, während sie bei der konkaven Bruchlinie von der Lage dieses Punktes abhängen. Das Eigengewicht G des Bodens über der Bruchlinie muß natürlich mit reduziertem Raumgewicht γ' unter dem Wasserspiegel berechnet werden.

Modellversuche mit Zellenfangedämmen hat u.a. KREBS OVESEN (1958) ausgeführt.

5.54 Ankerlängen

Die Bestimmung des notwendigen Abstandes zwischen einer verankerten Spundwand und ihren Ankerplatten ist tatsächlich ein *Standsicherheitsproblem*, das in ähnlicher Weise wie für einen Zellenfangedamm behandelt werden kann.

Mit einer geschätzten Ankerlänge kann man die *Extremmethode* verwenden. Zwischen den Füßen der Spundwand und der Ankerplatte legt man eine, in der Regel konvexe, spiralförmige Bruchlinie ein (Abb. 5.54.A) Der Steigungswinkel der Spirale muß gleich dem nominellen Reibungswinkel des Bodens sein, indem man wie gewöhnlich den *nominellen* Bruchzustand betrachtet.

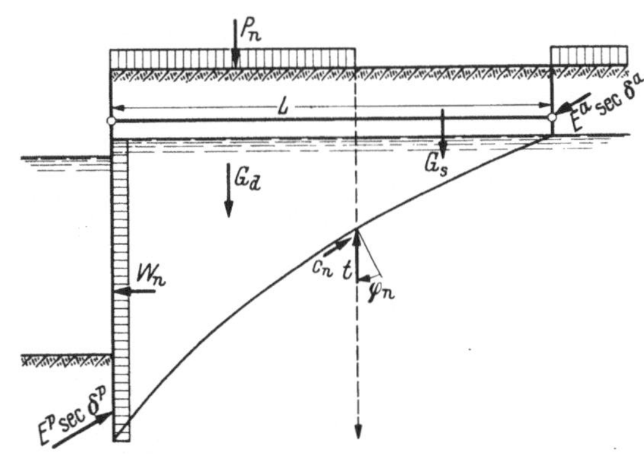

Abb. 5.54.A. Bestimmung der Ankerlänge

Eine lotrechte Linie durch den Pol der Spirale teilt das Erdgewicht in einen stabilisierenden Teil G_s und einen treibenden Teil G_d ein. Die

Auflast P_n wird natürlich nur da angebracht, wo sie treibend wirkt, also
auf der linken Seite des Pols und hinter der Ankerplatte. Auf die Rückseite der Ankerplatte wirkt ein aktiver Erddruck, und auf die Vorder-
seite der Spundwand ein passiver Erddruck; diese können sofort berechnet werden, weil die Drehpunkte beider Wände unter den Fußpunkten
liegen. Falls die Spundwand von einem Differenz-Wasserdruck W_n beansprucht ist, muß dieser als eine treibende Belastung mitgenommen
werden. Nimmt man sämtliche Momente um den Pol der Spirale, findet
man das Stabilitätsverhältnis:

$$f = \frac{M_s}{M_d} = \frac{M_{Gs} + M_{Ep} + M_c}{M_{Gd} + M_{Ea} + M_P + M_W}. \tag{5.54.1}$$

Durch Probieren mit verschiedenen Lagen der Spirale findet man die
kritische als diejenige, die min. f ergibt. Für die gewählte Ankerlänge L_1
findet man ein gewisses min. f_1. Man macht danach dieselbe Berechnung
mit einer anderen Ankerlänge L_2 und findet dadurch ein min. f_2. Mittels
einer einfachen Interpolation kann man dann die *notwendige Ankerlänge*
L bestimmen, nämlich entsprechend min. $f = 1$.

5.55 Stabilisierende Pfähle

Wenn die Konstruktion, deren Standsicherheit man untersuchen soll,
auf Pfählen gegründet ist, wird die kritische Bruchlinie nicht immer
unter den Pfahlspitzen verlaufen. Sie wird vielmehr oft eine oder mehrere
Pfahlreihen *durchschneiden* (Abb. 5.55.A). Solche Pfahlreihen werden
dann die Standsicherheit vergrößern. Tatsächlich haben solche Pfahlreihen zwei verschiedene stabilisierende Wirkungen:

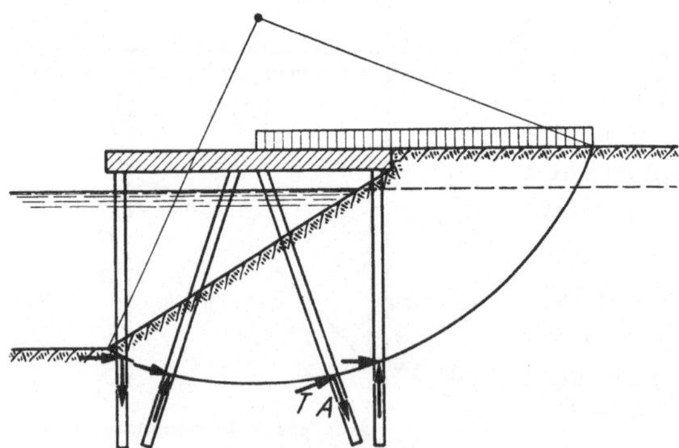

Abb. 5.55.A. Stabilisierende Pfähle im Ton

1. Eine *axiale* Wirkung, deren Ursache ist, daß die sich bewegende Erdmasse
versuchen wird, einige Pfähle (deren Achsen auf der rechten Seite des Zentrums
liegen) in den unterliegenden Boden einzudrücken und andere Pfähle (deren

Achsen auf der linken Seite des Zentrums liegen) aus dem unterliegenden Boden herauszuziehen (B. FELLENIUS 1936).

2. Eine *transversale* Wirkung, deren Ursache ist, daß die Pfähle als Dübel wirken und dabei die gegenseitige Bewegung längs der Bruchlinie erschweren (BRINCH HANSEN 1948).

Als ein Beispiel betrachtet man die in Abb. 5.55.A gezeigte Kaikonstruktion, gegründet auf Pfählen im *Ton*. Für die Untersuchung der Anfangsstandsicherheit mittels einer $\varphi = 0$-Analyse ist ein Bruchkreis eingelegt, der sämtliche Pfahlreihen durchschneidet.

Man berücksichtigt erst die *axiale* Wirkung durch Anbringung einer stabilisierenden Kraft A in der Richtung der Pfahlachse. Vorausgesetzt, daß die gesamte Belastung auf dem Pfahlrost bereits in der Belastung der sich bewegenden Erdmasse eingeschlossen ist, muß man die Kraft A gleich der *kleinsten* der folgenden drei Größen setzen:

a) Die Kraft, die einen Druckbruch (für eingedrückte Pfähle), bzw. einen Zugbruch (für herausgezogene Pfähle) im Pfahlbaustoff erzeugt.

b) Der Eindrückungswiderstand bzw. Herausziehungswiderstand für den Teil des Pfahles, der außerhalb der Bruchlinie liegt.

c) Der Mantelwiderstand für den Teil des Pfahles, der innerhalb der Bruchlinie liegt, plus (für eingedrückte Pfähle) bzw. minus (für herausgezogene Pfähle) die Pfahlbelastung aus dem Überbau. Wird die Kraft A negativ, muß sie als treibende Belastung mitgenommen werden.

Um danach die *transversale* Wirkung zu berücksichtigen, muß man den Widerstand gegen einen Pfahl, der sich in großer Tiefe seitlich verschiebt, berechnen können. Dieser Widerstand muß von derselben Größenordnung sein wie die Tragfähigkeit eines tiefen Fundamentes mit senkrechter Sohle. Für $\varphi = 0$ (undränierter Bruch im wassergesättigten *Ton*) ist $N_c \sim 5$ und max. $d_c = 1{,}5$ [Gl. (5.33.3)], woraus der Widerstand je Längeneinheit eines Pfahles mit dem Durchmesser d senkrecht zur Bewegungsrichtung sich wie folgt ergibt:

$$p = 7{,}5\,c\,d\,. \qquad (5.55.1)$$

Für *Sand* ist max. $d_c = 2{,}5$ [Gl. (5.33.4)], während die wirksame waagerechte Spannung K^0 mal der lotrechten ist. Der Widerstand je Längeneinheit wird dementsprechend:

$$p = 2{,}5\,N_q\,K^0\,\bar{q}\,d\,, \qquad (5.55.2)$$

wo $\bar{q}$ die lotrechte, wirksame Spannung in der Tiefe der Bruchlinie bedeutet, während K^0 der Ruhedruckbeiwert ist. N_q ist der theoretische Tragfähigkeitsfaktor, der aus der *voll ausgezogenen* Kurve in Abb. 5.31.D genommen werden kann.

Man betrachtet jetzt einen gedachten *Pfahldübel* (Abb. 5.55.B) mit der Länge a an jeder Seite der Bruchlinie. Vor der Bewegung befand sich der Dübel in der Lage I, und falls er mit der sich bewegenden Erdmasse mitfolgen würde, wäre er in die Lage *II* gekommen. Tatsächlich wird er in die Lage *III* kommen. Wenn die Bewegung genügend groß geworden ist, wird der Dübel von den gezeigten Belastungen, die alle die durch Gl. (5.55.1) oder (5.55.2) angegebene Größe p je Längeneinheit haben, beansprucht.

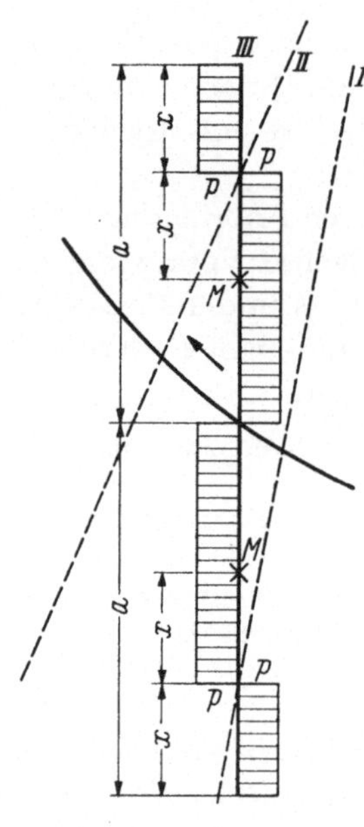

Abb. 5.55.B. Belastungen auf Pfahldübel

Infolge der Antisymmetrie muß die Resultante T der Querbelastungen auf der einen Dübelhälfte durch die Mitte des Dübels gehen, wo das Moment gleich Null sein muß. Nimmt man die Momente um diesen Punkt, findet man:

$$x = 0{,}293\,a\,. \qquad (5.55.3)$$

Außerdem hat man:

$$T = p\,(a - 2\,x) = 0{,}414\,p\,a\,. \qquad (5.55.4)$$

Das größte Moment tritt im Abstand $2\,x$ von dem Dübelende auf, wo die Querkraft Null ist; es wird:

$$M = p\,x^2 = 0{,}086\,p\,a^2\,. \qquad (5.55.5)$$

Durch Elimination von a zwischen den Gln. (5.55.4) und (5.55.5) erhält man:

$$T = \sqrt{2\,p\,M}\,. \qquad (5.55.6)$$

Da die Wirkung eines Pfahles größer sein muß als die eines kürzeren Pfahldübels, kann man die *transversale* Wirkung einer Pfahlreihe dadurch berücksichtigen, daß man eine stabilisierende Kraft T senkrecht zur Pfahlachse anbringt, und zwar im Punkt, wo diese die Bruchlinie schneidet. Die Kraft T soll gleich der *kleinsten* der folgenden drei Größen gesetzt werden:

a) Die Kraft, die einen Scherbruch im Pfahlbaustoff erzeugt.

b) Der durch Gl. (5.55.4) bestimmte Wert mit a gleich der kleinsten der Längen, in welche die Bruchlinie den eingerammten Teil des Pfahles teilt.

c) Der durch Gl. (5.55.6) bestimmte Wert mit M gleich dem Bruchmoment des Pfahles.

Man rechnet natürlich im *nominellen* Bruchzustand, sowohl was die axiale als auch die transversale Wirkung betrifft.

In der entwickelten Theorie ist vorausgesetzt, daß alle Pfahlreihen, die von der Bruchlinie überschnitten werden, ihren maximalen Widerstand gleichzeitig leisten. Tatsächlich wird der Bruch oft *progressiv* sein, indem eine Pfahlreihe nach der anderen bricht, so daß man nicht auf einmal den gesamten Widerstand erhält. In solchen Fällen kann die hier entwickelte Methode unsicher sein.

Literaturverzeichnis

Akroyd, T. N. W.: Laboratory testing in soil engineering. London: Soil Mechanics Ltd. 1957.

Bishop, A. W.: The use of the slip circle in the stability analysis of slopes. Proc. Conf. Stability, Vol. I, p. 1, Stockholm 1954. Géotechnique, Vol. V (1955) p. 7.

Bishop, A. W., u. D. J. Henkel: The measurement of soil properties in the triaxial test. London: Arnold 1957.

Bjerrum, L.: Theoretical and experimental investigations on the shear strength of soils. Norges Geotekniske Institutt, Publ. No. 5, Oslo 1954.

— Stability of natural slopes in quick clay. Proc. Conf. Stability, Vol. II, p. 16, Stockholm 1954.

— Geotechnical properties of Norwegian marine clays. Géotechnique, Vol. IV (1954) p. 49.

Bjerrum, L., u. B. Kjærnsli: Analysis of the stability of some Norwegian natural clay slopes. Géotechnique, Vol. VII (1957) p. 1 (NGI Publ. 24).

Boussinesq, J.: Application des potentiels à l'étude de l'équilibre et du mouvement des solides élastiques. Paris: Gauthier-Villars 1885.

Cadling, L., u. S. Odenstad: The vane borer. Royal Swedish Géotechnical Institute, Proc. No. 2, Stockholm 1950.

Cambefort, H.: La force portante des groupes de pieux. Proc. Third Int. Conf. Soil Mech., Vol. II, p. 22, Zürich 1953.

Casagrande, A., u. S. D. Wilson: Effect of rate of loading on strength of clays and shales at constant water content. Géotechnique, Vol. II (1951) p. 251.

Chen, Liang-Sheng: An investigation of stress-strain and strength characteristics of cohesionless soils by triaxial compression tests. Proc. Sec. Int. Conf. Soil Mech., Vol. V, p. 35, Rotterdam 1948.

Coulomb, C. A.: Essai sur une application des règles des maximis et minimis à quelques problèmes de statique. Mémoires Académie Royale des Sciences, Vol. 7, Paris 1776.

Dansk Ingeniørforening: Normer for bygningskonstruktioner. Fundering og jordtryk. København: Teknisk Forlag 1952.

Drucker, D. C., u. W. Prager: Soil mechanics and plastic analysis or limit design. Office of Naval Research, Technical Report No. 64, Providence, Nov. 1951.

Engelund, F.: On the laminar and turbulent flows of ground water through homogeneous sand. Trans. Dan. Acad. Techn. Sc. No. 3, Kopenhagen 1953.

— On the theory of multiple-well systems. Acta Polytechnica 234. Kopenhagen 1957.

— Safety against failure of pile groups. Ingeniøren, September 1959.

Fellenius, B.: Om beräkning av jordtryck mot spånter vid kohesionära jordarter. Tekn. T. 1936, H. 9.

Fellenius, W.: Erdstatische Berechnungen mit Reibung und Kohäsion und unter Annahme kreiszylindrischer Gleitflächen. Berlin: Ernst 1927.

Forchheimer, P.: Hydraulik. Leipzig: Teubner 1914.

Fox, E. N.: The mean elastic settlement of a uniformly loaded area at a depth below the ground surface. Proc. Sec. Int. Conf. Soil Mech., Vol. I, p. 129, Rotterdam 1948.

Fröhlich, O. K.: Druckverteilung im Baugrunde. Wien: Springer 1934.

Golder, H. Q., u. B. O. Skipp: The buckling of piles in soft clay. Proc. Fourth Int. Conf. Soil Mech., Vol. II, p. 35, London 1957.

Gray, H.: Stress distribution in elastic solids. Proc. Int. Conf. Soil Mech., Vol. II, p. 157, Harvard 1936.

Hansbo, S.: A new approach to the determination of the shear strength of clay by the fall-cone test. Royal Swedish Geotechnical Institute, Proc. No. 14, Stockholm 1957.

Hansen, Bent: Line ruptures regarded as narrow rupture zones. Basic equations based on kinematic considerations. Proc. Conf. Earth Pressure Problems, Vol. I, p. 39, Brüssel 1958.

— Limit design of pile foundations. Bygningsstatiske Meddelelser 1959.

— A new design method for pile foundations. Bygningsstatiske Meddelelser 1960. (Geoteknisk Institut, Bulletin No. 6).

Hansen, J. Brinch: Development of the C. & N. wharf type. Christiani & Nielsen, Bulletin No. 56, Kopenhagen 1946.

— The stabilizing effect of piles in clay. CN-Post No. 3, Nov. 1948.

Hansen, J. Brinch, u. R. E. Gibson: Undrained shear strengths of anisotropically consolidated clays. Géotechnique, Vol. I (1949) p. 189.

Hansen, J. Brinch: Simple statical computation of permissible pileolads. CN-Post No. 13, May 1951.

— A general plasticity theory for clay. Géotechnique, Vol. III (1952) p. 154.

— Earth pressure calculation. Kopenhagen: Teknisk Forlag 1953.

— Geotekniske stabilitetsproblemer. Ingeniøren, 1953, p. 667.

— Brudberegning af jordtrykspåvirkede konstruktioner. Bygningsstatiske Meddelelser 1954, No. 1, p. 1.

— Simpel beregning af fundamenters bæreevne. Ingeniøren, 1955, p. 95.

— Brudstadieberegning og partialsikkerheder i geoteknikken. Ingeniøren, 1956, p. 382. (Geoteknisk Institut, Bulletin No. 1).

— Jordbundsundersøgelser for boligbyggeri. Boligselskabernes Aarbog 1957.

— Calculation of settlements by means of pore pressure coefficients. Acta Polytechnica 235, Kopenhagen 1957.

— The internal forces in a circle of rupture. Geoteknisk Institut, Bulletin, 1957 No. 2.

— Om jordarternes forskydningsstyrker, korttids- og langtidsstabilitet. Ingeniøren 1958, p. 394. (Geoteknisk Institut, Bulletin No. 3.)

Hayashi, K.: Theorie des Trägers auf elastischer Unterlage. Berlin: Springer 1921.

Hessner, J., u. H. Lundgren: Rationel dimensionering af fundamenter på sand. Ingeniøren 1952, p. 303.

Hill, R.: The mathematical theory of plasticity. Oxford 1950.

Hvorslev, M. Juul.: Über die Festigkeitseigenschaften gestörter bindiger Böden. Ing. vid. Skrifter A 45, København 1937.

— Subsurface exploration and sampling of soils for civil engineering purposes. The Engineering Foundation, New York 1949.

— Time lag and soil permeability in ground-water observations. Waterways Exp. Station, Vicksburg, Bull. 36, 1951.

Janbu, N.: Application of composite slip surfaces for stability analysis. Proc. Conf. Stability, Vol. III, p. 43, Stockholm 1954.

JANBU, N., L. BJERRUM, u. B. KJÆRNSLI: Veiledning ved løsning av fundamenteringsoppgaver. Norges Geotekniske Institutt, Publ. No. 16, Oslo 1956.

KEZDI, A.: Beiträge zur Berechnung der Spannungsverteilung im Boden. Bauingenieur, Jg. 33 (1958) S. 54.

KJÆRNSLI, B.: Stabilitetsundersøkelse av elvebredden på Bragernes i Drammen. Norges Geotekniske Institutt, Publ. No. 18, Oslo 1956.

KNUDSEN, A. V.: Beregning af bundpladen i samt dræningsforanstaltninger i forbindelse med tørdokken i Nakskov. I artikel (Tørdok efter et nyt princip) redigeret af A. J. Moe. Ingeniøren, 1956, p. 228.

KREY, H.: Erddruck, Erdwiderstand und Tragfähigkeit des Baugrundes. Berlin: Ernst 1936.

KRYNINE, D. P., u. W. R. JUDD: Principles of engineering geology and geotechnics. New York: McGraw-Hill 1957.

KÖTTER, F.: Die Bestimmung des Druckes an gekrümmten Gleitflächen. Sitzungsber. Kgl. Preuß. Akad. der Wiss., Berlin 1903.

LAMBE, T. W.: Soil testing for engineers. New York: Wiley 1951.

LUNDGREN, H., u. K. MORTENSEN: Determination by the theory of plasticity of the bearing capacity of continuous footings on sand. Proc. Third Int. Conf. Soil Mech., Vol. I, p. 409, Zürich 1953.

LUNDGREN, H.: Dimensional analysis in soil mechanics. Acta Polytechnica 237, Kopenhagen 1957.

MANSUR, CH. I.: Laboratory and in-situ permeability of sand. Proc. Amer. Soc. Civ. Eng., J. Soil Mech. and Found. Div., No. SM 1, Jan. 1957, Paper 1142.

MERTZ, E. L.: De danske jordarter som byggegrund. Afsnit 1 i „Bygningsfundering“, Statens Byggeforskningsinstitut, Anvisning No. 28, Teknisk Forlag 1955.

— Bidrag til Danmarks ingeniørgeologi. Geoteknisk Institut, Bulletin 1959, No. 5.

MEYERHOF, G. G.: The ultimate bearing capacity of foundations. Géotechnique, Vol. II (1951) p. 301.

— The bearing capacity of foundations under eccentric and inclined loads. Proc. Third Int. Conf. Soil Mech., Vol. I, p. 440, Zürich 1953.

MOGENSEN, A. F.: Geoteknik. Foredrag fra kursus i Dansk Ingeniørforening, Kopenhagen 1948.

MOHR, O.: Über die Darstellung des Spannungszustandes und des Deformationszustandes eines Körper-Elements. Zivilingenieur 1882.

MUHS, H.: Die Prüfung des Baugrundes und der Böden. (Mitteilungen der Deutschen Forschungsgesellschaft für Bodenmechanik, Degebo, H. 11.) Berlin/Göttingen/Heidelberg: Springer 1957.

NEWMARK, N. M.: Influence charts for computation of stresses in elastic foundation. University of Illinois, Eng. Exp. Station, Bulletin Series 338, 1942.

NØKKENTVED, CHR.: Beregning af pæleværker. Kopenhagen 1924.

OHDE, J.: Zur Theorie des Erddruckes unter besonderer Berücksichtigung der Erddruckverteilung. Bautechnik, 1938, H. 10/11, 13, 19, 25, 37, 42, 53/54.

OVESEN, N. KREBS: On the stability of cellular cofferdams on a deep sand stratum. Proc. Conf. Earth Pressure Problems, Vol. II, p. 155, Brüssel 1958.

PECK, R. B.: Earth pressure measurements in open cuts. Chicago Subway, Trans. ASCE, Vol. 108 (1943).

PETERMANN, H.: Schrifttum über Bodenmechanik. Bielefeld: Kirschbaum 1953.

POLSHIN, D. E., u. R. A. TOKAR: The maximum allowable non-uniform settlement of structures. Proc. Fourth Int. Conf. Soil Mech., Vol. I, p. 402, London 1957.

PRAGER, W., u. P. G. HODGE: Theory of perfectly plastic solids. New York: Wiley 1951.

PRANDTL, L.: Über die Härte plastischer Körper. Nachr. d. Ges. d. Wiss., Göttingen 1920.
— Über die Eindringungsfestigkeit plastischer Baustoffe und die Festigkeit der Schneiden. Z. angew. Math. Mech., Febr. 1927.
RANKINE, W. J. M.: On the stability of loose earth. Trans. Royal Soc., Vol. 147, London 1857.
RASMUSSEN, TH.: Ankerpladers stabilitet. Ingeniøren, 1948, No. 4.
RENDULIC, L.: Ein Beitrag zu Bestimmung der Gleitsicherheit. Bauingenieur, 1935, H. 19/20.
— Gleitflächen, Prüfflächen und Erddruck. Bautechnik, 1940, H. 13/14.
RIMSTAD, I. A.: Zur Bemessung des doppelten Spundwandbauwerkes. Ing. vid. Skrifter, No. 4. Kopenhagen 1940.
ROSCOE, K. H., A. N. SCHOFIELD, u. C. P. WROTH: On the yielding of soils. Géotechnique, Vol. VIII (1958) p. 22.
ROSENQVIST, I. TH.: Considerations on the sensitivity of Norwegian quick-clays. Géotechnique, Vol. III (1953) p. 195.
— Investigations in the clay-electrolyte-water system. Norges Geotekniske Institutt, Publ. No. 9, Oslo 1955.
— Om korrosjon og korrosjonsbeskyttelse av stålpeler. Norges Geotekniske Institutt, Publ. No. 12, Oslo 1956.
ROWE, P. W.: Anchored sheet-pile walls. Proc. Inst. Civil Eng., Vol. I, Jan. and Sept. 1952.
SCHRÖDER, H.: Grundbau Taschenbuch. Berlin: Ernst 1955.
SCHULTZE, E., u. H. MUHS: Bodenuntersuchungen für Ingenieurbauten. Berlin/Göttingen/Heidelberg: Springer 1950.
SCHULTZE, E.: Der Widerstand des Baugrundes gegen schräge Sohlpressungen. Bautechnik, 1952, S. 336.
SCHØNWELLER, G.: Fundering. Danmarks Tekniske Højskole, Kopenhagen 1945.
SKEMPTON, A. W.: The $\varphi = 0$-analysis of stability and its theoretical basis. Proc. Sec. Int. Conf. Soil. Mech., Vol. I, p. 72, Rotterdam 1948.
SKEMPTON, A. W., u. H. Q. GOLDER: Practical examples of the $\varphi = 0$-analysis of stability of clays. Proc. Sec. Int. Conf. Soil Mech., Vol. II, p. 63, Rotterdam 1948.
SKEMPTON, A. W.: The bearing capacity of clays. Proc. Build. Res. Congr., London 1951.
SKEMPTON, A. W., u. R. D. NORTHEY: The sensitivity of clays. Géotechnique, Vol. III (1952) p. 30.
SKEMPTON, A. W., A. A. YASSIN, u. R. E. GIBSON: Théorie de la force portante des pieux dans le sable. Annales de l'Institut Technique du Bâtiment et des Travaux Publics, Mars-Avril 1953, p. 285.
SKEMPTON, A. W.: The colloidal „activity" of clays. Proc. Third Int. Conf. Soil Mech., Vol. I, p. 57, Zürich 1953.
— The pore pressure coefficients A and B. Géotechnique, Vol. IV (1954) p. 143.
SKEMPTON, A. W., u. D. H. MACDONALD: The allowable settlements of buildings. Proc. Instn. Civ. Eng. 1956, Part. III, 5, p. 727.
SKEMPTON, A. W., u. L. BJERRUM: A contribution to the settlement analysis of foundations on clay. Géotechnique, Vol. VII (1957) p. 168.
SKEMPTON, A. W., u. F. A. DELORY: Stability of natural slopes in London clay. Proc. Fourth Int. Conf. Soil Mech., Vol. II, p. 378, London 1957.
SØRENSEN, T., u. B. HANSEN: Rammeformler for pæle i sand. Bygningsstatiske Meddelelser 1956, No. 3, p. 121.
SPILKER, A.: Mitteilung über die Messung der Kräfte in einer Baugrubenaussteifung. Bautechn. 1937, H. 1.

Taylor, D. W.: Fundamentals of soil mechanics. New York: Wiley 1948.

Terzaghi, K.: Erdbaumechanik auf bodenphysikalischer Grundlage. Wien: Deuticke 1925.

Terzaghi, K., u. O. K. Fröhlich: Theorie der Setzung von Tonschichten. Wien: Deuticke 1936.

Terzaghi, K.: A fundamental fallacy in earth pressure computations. J. Boston Soc. Civil Eng., Vol. 23 (1936).

— Theoretical soil mechanics. New York: Wiley 1943.

— Stability and stiffness of cellular cofferdams. Proc. ASCE, Sept. 1944.

Terzaghi, K., u. R. B. Peck: Soil mechanics in engineering practice. New York: Wiley 1948.

Terzaghi, K.: Evaluation of coefficients of subgrade reaction. Géotechnique, Vol. V (1955) p. 297.

Tomlinson, M. J.: The adhesion of piles driven in clay soils. Proc. Fourth Int. Conf. Soil Mech., Vol. II, p. 66, London 1957.

Tschebotarioff, G. P.: Large-scale model earth pressure tests on flexible bulkheads. Proc. ASCE, Jan. 1948.

— Soil mechanics, foundations and earth structures. New York: McGraw-Hill 1951.

Vandepitte, D.: Het draagvermogen van paalfunderingen. Ann. Trav. publ. Belg., Oct. et Dec. 1953, p. 747 et 901.

Vermeiden, J.: Improved sounding apparatus as developed in Holland since 1936. Proc. Sec. Int. Conf. Soil Mech., Vol. I, p. 281, Rotterdam 1948.

Wagner, A. A.: The use of the Unified Soil Classification System by the Bureau of Reclamation. Proc. Fourth Int. Conf. Soil Mech., Vol. I, p. 125. London 1957.

Westergaard, H. M.: Stresses in concrete pavements computed by theoretical analysis. Public Roads 7, p. 25, 1926.

Whitaker, Th.: Experiments with model piles in groups. Géotechnique, Vol. VII (1957) p. 147.

Zimmermann, H.: Die Berechnung des Eisenbahn-Oberbaues. Berlin: Ernst 1888

Sachverzeichnis